"十二五"职业教育国家规划教材

经全国职业教育教材审定委员会审定

土力学与地基基础

（第四版）

主　编　王雅丽

副主编　都　焱

主　审　郑宏录

U0190906

重庆大学出版社

内 容 简 介

本教材是高职高专建筑工程专业系列教材之一,并参照 2013 年国家最新发布的国家标准进行修订,可使学生学习和掌握新规范的内容。全书共有 11 章,内容包括:土的物理性质及工程分类,土中应力计算,地基变形计算,土的抗剪强度和地基承载力,土压力与土坡稳定、地基勘察,天然地基上浅基础设计,桩基础及其他深基础,地基处理,特殊土地基与山区地基,地基基础工程事故与分析实例。本书内容简明、实用性强,每章正文之后均有思考题和习题,大部分习题附有参考答案,以便于自学。

本书可作为高等专科学校,高等职业技术学院、成人高校等土建类专业的专业基础课教材,也可作为土建类专业勘察与设计及施工技术人员、工程地质勘查技术人员的参考书籍。

图书在版编目(CIP)数据

土力学与地基基础/王雅丽主编.—4 版.—重庆:重庆大学出版社,2016.1(2022.2 重印)
高职高专建筑工程技术专业系列规划教材
ISBN 978-7-5624-8414-1

Ⅰ.①土…　Ⅱ.①王…　Ⅲ.①土力学—高等职业教育—教材②地基—基础(工程)—高等职业教育—教材
Ⅳ.①TU4

中国版本图书馆 CIP 数据核字(2015)第 170097 号

土力学与地基基础
(第四版)

主编　王雅丽
副主编　都 焱
主审　郑宏录

责任编辑:曾显跃　版式设计:曾显跃
责任校对:陈 力　责任印制:张 策

*

重庆大学出版社出版发行
出版人:饶帮华
社址:重庆市沙坪坝区大学城西路 21 号
邮编:401331
电话:(023)88617190　88617185(中小学)
传真:(023)88617186　88617166
网址:http://www.cqup.com.cn
邮箱:fxk@ cqup.com.cn(营销中心)
全国新华书店经销
重庆升光电力印务有限公司印刷

*

开本:787mm×1092mm　1/16　印张:20　字数:499 千
2016 年 1 月第 4 版　2022 年 2 月第 15 次印刷
印数:62 001—65 000
ISBN 978-7-5624-8414-1　定价:49.00 元

第四版前言

为了配合"十二五"高等职业教育国家级规划教材出版的需要,同时为了使教材与2013年最新发布的国家标准统一,特进行此次修订。本书在原有基础上,参照最新发布的国家标准:《建筑地基基础设计》(GB 5007—2011)、《混凝土结构设计》(GB 50010—2010)、《建筑地基处理》(JGJ 79—2012)、《砌体结构设计》(GB 50003—2011),对相关内容进行了修改,修订主要内容有:第6章《地基勘察》、第7章《天然地基上浅基础设计》、第9章《地基处理》、第10章《特殊土地基及山区地基础》局部内容进行了修写,新增第3章、第6章工程实例题。在修订过程中,遵循"全国高等职业教育"教材建设理念,突出了理论与实践相结合的特点,不仅使学生尽快学习和掌握新规范的内容,而且让学生在学习知识的过程中,获得职业技能,培养了工作能力。

本书由昆明冶金高等专科学校王雅丽任主编,主要编写绪论、第2章、第3章、第4章、第6章;贵州大学职业技术学院(现为合并后的贵州大学)都焱任副主编,编写内容为第5章、第7章、第8章。昆明大学(现改名为昆明学院)苏欣编写第1章;河北工业职业技术学院王春梅编写第9章、第10章,第11章由昆明冶金高等专科学校高晓晋编写。全书由王雅丽进行整改、修订、统稿。

在教材修订过程中,相关企业专家、工程师给予了帮助和支持,在此表示感谢。由于编者水平有限,不妥之处难免,恳请使用本教材的广大师生、专家、工程技术人员及其他读者提出宝贵意见和建议。

编　者

2015年10月

前言

"教书育人,教材先行",教育离不开教材。为了贯彻教育部关于高职高专人才培养目标及教材建设的总体要求,为培养适应社会需要的高等技术应用性人才,由全国多所高职高专院校一批有经验、能力强的教师组成编写队伍,进行本系列教材的编写。

本书根据教育部对高职高专教材编写的要求来编写,编写中力图体现基础理论以"必需、够用、能用"的原则,加强应用性、实用性和针对性。在内容上突出了基础理论知识的应用和实践能力的培养。基础理论课以应用为目的,以必需、够用为度,以讲清概念、强化应用为重点;专业课加强了针对性和实用性,强化了实践教学。对例题进行了精选,并进行必要的思路分析,便于读者较快、较好地掌握解题方法。为了扩大使用面,在内容的取舍上也考虑到电大、职大、夜大、函大等教育的教学与自学需要。

本书编写的主要依据为:《建筑地基基础设计规范》(GB 50007—2002)、《建筑桩基技术规范》(JGJ 94—94)、《土工试验方法标准》(GB/T 50123—1999)、《岩土工程勘察规范》(GB 50021—2001)、《混凝土结构设计规范》(GB 50010—2002)、《建筑地基处理技术规范》(JGJ 79—2002)、《砌体结构设计规范》(GB 50003—2001)等,同时编入了一定的新技术、新方法。

由于我国各地区地基情况差别较大,具体内容应根据本地区情况有所选择和侧重。特别是第9章、第10章可根据实际情况取舍。

本书由王雅丽主编,编写绪论、第2章、第3章、第4章、第6章;都焱为副主编,编写第5章、第7章、第8章;第1章由苏欣编写;第9章、第10章由王春梅编写。全书由王雅丽进行统稿、修改。

由于编写时间仓促及编者水平有限,书中难免有不当或不妥之处,恳请专家、同仁和广大读者批评指正。

编 者
2003 年 3 月

目录

绪　论

0.1　土力学与地基基础课程简介

0.1.1　本课程的研究对象及研究内容

土是地表的岩石体经风化、剥蚀等地质作用形成松散的堆积物或沉淀物,是自然界的产物。由于土的形成年代、生成环境及矿物成分不同,所以其性质也复杂多样。

土与工程建筑的关系十分密切,归结起来主要有两类:一类是在土层上修建各类建筑物,由土承受建筑物荷载,另一类是用土做材料,修筑堤坝、路基等。因此,在进行建筑物设计之前,必须对建筑场地进行勘察和评价,然后根据上部荷载、桥梁涵洞或房屋使用及构造上的要求,采取一些必要的措施,使地基变形不超过其允许值,并保证建筑物和构筑物是稳定的。

地基与基础是两个不同的概念,要认真区分:

地基——承受建筑物荷载的地层。其中直接与基础接触的土层称为持力层,其下受建筑物荷载影响范围内的土层称为下卧层,如图0.1所示。地基按地质情况可分为土基和岩基。按设计施工情况分为天然地基(未经过人工处理的地基)和人工地基(详见第9章)。

基础——建筑物向地基传递荷载的下部结构称为基础,基础是建筑体的一部分,由钢筋混凝土、素混凝土以及砖等建筑材料筑成。

基础根据埋深不同可分为浅基础和深基础。如土质较好,埋深在1～5 m间,这类基础称为浅基础。如果建筑物荷载较大或下部地层较软弱时,需要把基础埋置于深处较好的地层,要采用特殊的基础类型或特殊的施工方法,这种基础称为深基础(例如桩基础、沉井等)。

土力学与地基基础这门课程包括土力学及地基基础两部分。土力学是以土为研究对象,利用力学的一般原理,研究土的特性及其受力后应力、变形、渗透、强度和稳定性及其随时间变化规律的学科。它是力学的一个分支,是为解决建筑物的地基基础、土工建筑物和地下结构物的工程问题服务的。地基基础主要研究常见的房屋、桥梁、涵洞等地基基础的类型、设计计算和施工方法。

虽然建筑物的地基、基础和上部结构三部分各自功能及研究方法不同,但对一个建筑物来说,在荷载作用下,三者都是相互联系、相互制约的整体。目前,由于受人们对建筑物的研究程度及计算方法的限制,要把三者完全统一起来进行设计计算还不现实,但在解决地基基础问题时,从地基—基础—上部结构相互作用的整体概念出发,全面考虑问题是建筑物设计的发展方向。

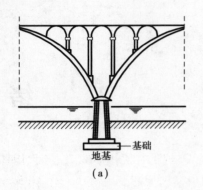
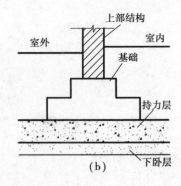

图 0.1　地基与基础

0.1.2　本学科发展简史

土力学与地基基础既是一门古老的工程技术,又是一门新兴的理论,它伴随着生产实践的发展而发展,经历了从感性认识到理性认识、形成独立学科和新的发展四个阶段。

我国劳动人民远在春秋战国时期开始兴建的万里长城以及隋唐时期修通的南北大运河,穿越各种复杂的地质条件;隋朝工匠李春在河北省修建的赵州石拱桥,不仅因其建筑和结构设计而闻名于世,其地基基础处理也是非常合理的,他将桥台砌置于密实粗砂层上,1 300 多年来估计沉降量仅几厘米。现代通过验算确定桥台的基底压力为 500～600 kPa,这与用现代土力学理论方法给出的该土层的承载力非常接近。

18 世纪中叶,随着欧洲工业革命的兴起,大规模的城市建设和水利、铁路的兴建,推动了土力学的发展。18 世纪 70 年代,法国科学家库仑(C. A. Coulomb)提出土的抗剪强度定律和库仑土压力理论;1857 年,英国朗肯(Rankine)建立了朗肯土压力理论,这一土压力理论与库仑土压力理论统称为古典土压力理论,对后来土体强度理论的建立起了推动作用;1885 年,布辛涅斯克(Boussinesq)求得了弹性半无限空间体表面在集中力作用下的应力、应变理论解答;弗伦纽斯(Foilenius)为解决铁路塌方问题提出了土坡稳定分析方法等;1925 年,奥裔美国土力学专家太沙基(Terzaghi)著名的"Eoubakmeceanik"的出版,被公认为是近代土力学的开始。其中,著名的土的有效应力原理和固结理论是他对土力学学科的突出贡献。至此,土力学才成为一门独立学科,太沙基被公认为是现代土力学的奠基人。

20 世纪 50 年代开始,现代科技成就特别是电子技术进入了土力学与地基基础的研究领域。实验技术实现了自动化、现代化,人们对地层的性质有了更深的了解,土力学理论和基础工程技术出现了令人瞩目的进展。

20 世纪 60 年代以前,在计算地基变形时,计算机没有普及,为了简化计算,不得不假定土体是弹性体和理想的刚性体,而实际土体的应力应变关系是非线弹性的,因此,确切地讲,土力学的理论对于那些高层建筑物的设计,其相符性和精度是远远不能满足要求的。20 世纪 60 年代以后,借助电子技术及试验技术,许多学者已开展了土的弹塑性应力应变关系的研究,提出了各种本构关系的模型,有些已用于工程计算和分析。如陈宗基教授于 1957 年提出的土流变学和黏土结构模式,目前已被电子显微镜观测证实;黄文熙教授于 1957 年提出非均质地基考虑侧向变形影响的沉降计算方法和砂土液化理论。我国已成功地建造了一大批高层建筑,解决了大量复杂的基础工程问题,为土力学与地基基础理论和实践积累了丰富的经验。

由于土的性质的复杂性和特殊性,到目前为止,土力学与地基基础的理论虽已有了很大发展,但与其他成熟学科相比较尚不完善,在假定条件下得出的理论应用于实践时多带有近似性,有待于人们不断实践、研究,以获得更加令人满意的突破。

0.2 本课程的任务和作用

地基与基础质量的好坏关系到建筑物的安全、经济和正常使用。例如,建于 1941 年的加拿大特朗斯康谷仓,主体结构由 65 个圆柱形筒仓组成,高 31 m、长约 60 m、宽 23.5 m,其下为片筏基础。由于事前不了解基础下埋藏有厚达 16 m 的软黏土层,建成后初次储存谷物时,基底压力超过了地基承载力,致使谷仓一侧突然陷入土中 8.8 m,另一侧则抬高 1.5 m,仓身倾斜达 27°,如图 0.2 所示。这是地基发生整体滑动、建筑物失稳的典型例子。事后在主体结构下面做了 70 多个支承于基岩上的混凝土墩,用了 388 个 500 kN 的千斤顶,才将仓体扶正,但其标高比原来降低了 4 m。

图 0.2 加拿大特朗斯康谷仓的地基事故

由于地基与基础的质量问题造成建筑物的倾斜、墙面开裂、地基滑动、地基液化失效等实例数不胜数(详见第 11 章)。基础工程在地下或水下进行,施工难度较大,造价、工期和劳动消耗量在整个工程中占的比重均较大。实践证明,建筑物事故的原因很多与地基基础有关,地基基础一旦发生事故就不易补救。随着高层建筑物的兴起,深基础工程增多,这对地基基础的设计与施工提出了更高的要求。

许多工程实例说明,在建筑物地基基础设计中就建筑物安全方面必须遵守两条规则:

①应满足地基强度要求;

②地基变形应在允许范围之内。

这就要求工程技术人员熟练掌握土力学与地基基础的基本原理和主要概念,结合建筑场地及建筑物的结构特点,因地制宜地进行设计和必要的验算。"土力学与地基基础"是土木建筑有关专业的一门重点课程,其任务和作用就是保证各类建筑物安全可靠,使用正常,不发生上述地基基础工程事故。因此,需要掌握土力学的基本理论与地基基础设计原理和经验。

0.3 本课程的特点和学习要求

土力学与地基基础是一门理论性与实践性均较强的技术基础课,其内容广泛,综合性强,研究对象复杂多变性,研究方法也有其独特性,在学习中应注意以下几点:

①人们在对于土的认识过程中,往往把实际的复杂的土加以简化。抓住其突出而主要的性能,这样,原来的土就被某种比较简单的理想的模型所代替,对同一问题的研究常出现不同的模型假设和相应的理论方法。应当指出,任何简化模型的假设都必须以较丰富而且正确的经验和感性知识为依据,应用这些理论时,必须注意其应用场合和条件,并在工程实践的过程中使其不断完善。

②土力学不单纯是一个理论问题,它离不开土的实验。土的物理力学指标和参数多为实验结果,因此,实验的方法和仪器设备的精度对实验结果有较大影响,不断改进实验方法、手段、提高实验设备的精度是非常重要的。

③土力学中的公式和方法绝大部分都是半理论半经验的混合产物,太沙基曾经说过:与其说土力学是一门技术,不如说它是一门艺术。即处理地基基础问题,不仅需要定量的计算,更需要经验来判断计算的正确与否。不仅需要数学、力学的方法来分析,更需要用工程地质的观点来估计计算参数、设计方法、施工方法的可靠性如何;用实测的数据来验证,并作为采取进一步工程措施的依据。因此,既要重视所运用的基础理论,更要重视土力学与地基基础的实践,做到理论与实践性相结合才是学好本课程的关键。

第 1 章
土的物理性质和工程分类

土的性质包括它的物理性质、力学性质、工程性质等。

大多数建筑物都是直接建造在地基土上的,因而土的物理性质及其工程分类是进行土力学计算、地基基础设计和地基处理等必备的知识。

在进行土力学及处理地基基础问题时,不仅要知道土的物理性质特征及其变化规律,了解各类土的特性,还必须熟练掌握反映土三相组成比例和状态的各项指标的定义、试验或计算方法,以及按土的有关特性和指标确定地基土的分类方法。

本章主要介绍土的成因、土的组成、土的三相比例指标、无黏性土的密实度、黏性土的物理特性以及土的工程分类。

1.1 土的生成与基本特征

1.1.1 土的概念

土是地壳表层母岩风化后的产物,是各种矿物颗粒(土粒)的集合体,包括岩石经物理风化崩解而成的碎块以及经化学风化后形成的细粒物质,粗至巨砾,细至黏土,统称为土。土虽然是岩石风化后的产物,但具有一种区别于岩石的特性——散粒性。正是由于土的这一基本特性,决定了土与其他工程材料相比具有压缩性大、强度低、渗透性大的特点。

1.1.2 土的成因

土的形成要经历风化、剥蚀、搬运、沉积等作用过程。风化使岩石破碎,剥蚀将风化产物剥脱开来,通过不同的搬运方式将剥落物搬运和迁移,被搬运的物质在搬运的过程中遇到不同的环境,从搬运的介质中分离而沉积下来。由于成土的过程错综复杂,形成了各种成因的土。根据地质成因的条件不同有以下几类土:

(1)残积土

残积土是残留在原地未被搬运的那一部分岩石风化剥蚀后的碎屑堆积物,其成分与母岩相同,一般没有层理构造,均质性差,孔隙度较大,作为建筑物地基容易引起不均匀沉降,如图 1.1 所示。

(2)坡积土

坡积土是高处的风化碎屑物在雨、雪水或本身重力的作用下搬运而成的山坡堆积物,如图 1.2 所示。它一般分布在坡腰或坡脚下,其上部与残积土相接,厚度变化较大,在斜坡陡处厚度较薄,坡脚处较厚。在坡积土上进行工程建设时,要考虑坡积土本身的稳定性和施工开挖后边坡的稳定。另外,新近堆积的坡积土具有较高的压缩性。

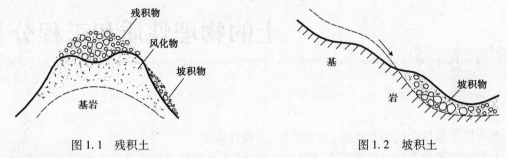

图 1.1　残积土　　　　　　　　　　　图 1.2　坡积土

(3)洪积土

洪积土是指在山区或高地由暂时性水流(山洪急流)作用,将大量的残积物、坡积物搬运堆积在山谷中或山前平原上的堆积物,如图 1.3 所示。洪积物质随近山到远山呈现由粗到细的分选作用,但由于每次洪流的搬运能力不同,使洪积土具有不规则交错层理。

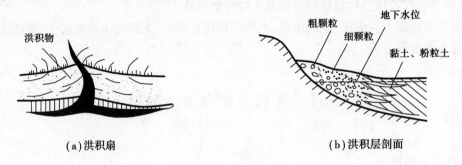

(a)洪积扇　　　　　　　　　　　　(b)洪积层剖面

图 1.3　洪积土

(4)冲积土

冲积土是由河流流水的地质作用,将两岸基岩及其上部覆盖的坡积、洪积物质剥蚀后搬运沉积在河流坡降平缓地带形成的沉积物,如图 1.4 所示。颗粒在河流上游较粗,向下游逐渐变细,分选性和磨圆度较好,呈现明显的层理构造。

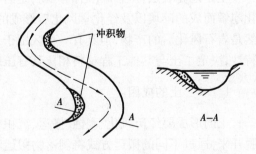

除了以上 4 种土的成因类型外,还有湖泊堆积土、沼泽堆积土、滨海堆积土、冰川堆积土和风力堆积土等,这里不再一一介绍。

图 1.4　冲积土

上述各种堆积或沉积土,一般是在第四纪(Q)地质年代内形成的,而建筑工程中所遇到的地基土,基本上都是第四纪堆积土。

了解土的成因对工程设计是十分重要的。

1.1.3 土的结构与构造

(1)土的结构

土颗粒之间的相互排列和联结形式称为土的结构。土的结构可分为单粒结构、蜂窝结构、絮状结构三大类。

1)单粒结构

单粒结构是由较粗大的土粒在水或空气中自重下落沉积而成的,如图 1.5(a)所示。具有单粒结构的土由砂粒及更粗的土粒组成,土粒之间只有微弱的毛细水联结,土的强度主要来自土粒间的内摩擦力。当土粒排列密实时,土的强度较大,当土粒排列疏松时,结构不稳定,易变形。

2)蜂窝结构

当粉粒(0.005~0.075 mm)在水中下沉碰到已经沉积的土粒时,由于它们之间的吸引力大于其自重,因而土粒停留在接触面上而不再下沉,形成了具有很大孔隙的蜂窝结构,如图 1.5(b)所示。

3)絮状结构

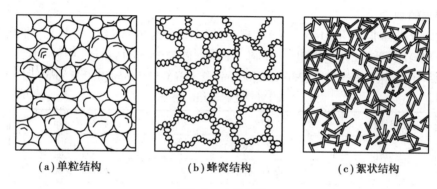

(a)单粒结构　　　　　　(b)蜂窝结构　　　　　　(c)絮状结构

图 1.5　土的结构

长期悬浮在水中的黏粒(<0.005 mm)遇到电解质较大的环境时,黏粒凝聚成絮状集合体下沉,形成孔隙更大的絮状结构,如图 1.5(c)所示。

具有蜂窝结构或絮状结构的土孔隙较多,有较大的压缩性,结构破坏后强度降低很大,是工程性质极差的土。

(2)土的构造

在同一土层中的物质成分和颗粒大小等相近的各部分之间相互关系的特征称为土的构造,常见的有以下几种:

1)层理构造

它是在土的形成过程中,由于不同阶段沉积的物质成分、颗粒大小或颜色不同,而沿竖向呈现的成层特征。

2)分散构造

土粒分布均匀、性质相近的土层,如砂、砾石、卵石层都属于分散构造。

3)裂隙构造

土体被许多不连续的小裂隙所分割,裂隙中往往充填盐类沉淀,不少坚硬与硬塑状态的黏土具有此种构造。

1.2 土的组成

在一般情况下,土是由三相物质组成的三相体系。固相——矿物颗粒和有机质;液相——水溶液;气相——空气。矿物颗粒构成土的骨架,空气和水则填充孔隙。当孔隙完全被水充满时,称为饱和土;当孔隙完全被气体充满时,称为干土。饱和土和干土均属于二相体系。

1.2.1 土的固体颗粒

矿物颗粒是岩石经风化作用后形成的碎粒,粗大的土粒呈块状或粒状,细小的土粒呈片状或粉状。土粒的大小、形状和矿物成分及其组成,对土的物理力学性质有较大的影响。例如,土的颗粒由粗变细,可使土从无黏性变化到有黏性。因此,将不同粒径的土粒按适当的粒径范围分为若干粒组,使每个粒组范围内的土具有相似的工程性质,不同粒组之间具有不同的特性。这种划分粒组的分界尺寸称为界限粒径。

(1)粒组的划分

按《土的分类标准》(GBJ 145—90)的规定,把土划分为 6 个粒组(表 1.1),即漂石(块石)组、卵石(碎石)组、砾粒组(包括粗砾、中砾、细砾)、砂粒组(包括粗砂、中砂、细砂)、粉粒组、黏粒组。各组的界限粒径分别为 200 mm、60 mm、2 mm、0.075 mm、0.005 mm。

表 1.1　土粒粒组的划分

粒组统称	粒组成分		粒径 d/mm
巨粒组	漂石(块石)组		$d > 200$
	卵石(碎石)组		$200 \geqslant d > 60$
粗粒组	圆砾(角砾)组	粗砾	$60 \geqslant d > 20$
		中砾	$20 \geqslant d > 5$
		细砾	$5 \geqslant d > 2$
	砂粒组	粗砂	$2 \geqslant d > 0.5$
		中砂	$0.5 \geqslant d > 0.25$
		细砂	$0.25 \geqslant d > 0.075$
细粒组	粉粒组		$0.075 \geqslant d > 0.005$
	黏粒组		$d \leqslant 0.005$

注:教材中表格内单位符号前的"/",其作用相当于括号。

(2)土的颗粒级配

对于土粒的大小及其组成情况,通常以土中各个粒组的相对含量(各粒组占土粒总量的百分数)来表示,称为土的颗粒级配。

土的颗粒级配是通过土的颗粒分析试验测定的。《土工试验方法标准》(GB/T 50123—1999)中规定:对于粒径小于或等于 60 mm、大于 0.075 mm 的土,可用筛析法测定;对于粒径小于 0.075 mm 的土,可用密度计法或移液管法测定。

1)土的颗粒级配测定

这里只介绍筛析法,密度计法和移液管法详见《土工试验方法标准》(GB/T 50123—1999)。

①仪器设备

分析筛:粗筛孔径为 60 mm、40 mm、20 mm、5 mm、2 mm;细筛孔径为 2.0 mm、1.0 mm、0.5 mm、0.25 mm、0.075 mm。

天平:称量 5 000 g,最小分度值 1 g;称量 1 000 g,最小分度值 0.1 g;称量 200 g,最小分度值 0.01 g。

②筛析法颗粒分析试验步骤

A. 按规定称取试样质量 m(g)。

B. 将试样过 2 mm 筛,分别称取筛上和筛下的试样质量。当筛下的试样质量小于试样总质量的 10% 时,不作细筛分析;当筛上的试样质量小于试样总质量的 10% 时,不作粗筛分析。

C. 取筛上试样倒入依次叠好的粗筛中,筛下的试样倒入依次叠好的细筛中进行筛析。细筛宜置于振筛机上振筛,振筛时间宜为 5 ~ 10 min。再按由上而下的顺序将各筛取下,称各级筛上及底盘内试样的质量,应准确至 0.1 g。

D. 小于某粒径的试样质量占总质量的百分比,应按下式计算:

$$X = \frac{m_A}{m_B} d_X \tag{1.1}$$

式中　X——小于某粒径的试样质量占试样总质量的百分比,%;

m_A——小于某粒径的试样质量,g;

m_B——细筛分析时为所取的试样质量,粗筛分析时为试样总质量,g;

d_X——粒径小于 2 mm 的试样质量占试样总质量的百分比,%。

2)颗粒级配表达方式

①表格法

表格表达方式常见于土工试验报告书,这对于根据粒度成分确定土的分类名称是很方便的。

②颗粒级配曲线

以小于某粒径的试样质量占试样总质量的百分比为纵坐标,以粒径的对数为横坐标,在单对数坐标上绘制的反映颗粒大小分布的曲线(图 1.6),曲线 a、b 分别表示两种土样的颗粒级配曲线。

颗粒级配曲线能表示土的粒径范围和各粒组的含量。若级配曲线平缓,表示土中各种粒径的土粒都有,颗粒不均匀,级配良好;曲线陡峻,则表示土粒均匀,级配不良。级配良好的土较密实,级配不良的土密实性差。图 1.6 中曲线 b 较平缓,故土样 b 的级配要比土样 a 为好。

3)级配指标

①不均匀系数

不均匀系数按下式计算:

$$C_u = \frac{d_{60}}{d_{10}} \tag{1.2}$$

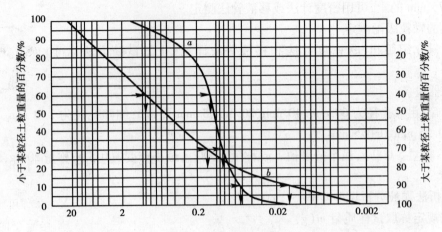

图 1.6　颗粒级配曲线

式中　C_u——不均匀系数；

　　　d_{60}——限定粒径，颗粒级配曲线上的某粒径，小于该粒径的土含量占总质量的60%；

　　　d_{10}——有效粒径，颗粒级配曲线上的某粒径，小于该粒径的土含量占总质量的10%。

不均匀系数 C_u 越大，曲线越平缓，土粒大小越不均匀。工程上把 $C_u < 5$ 的土视为均匀的土；$C_u > 10$ 的土视为不均匀的土，即级配良好，这种土作为填方或垫层材料时，易获得较大的密实度。

②曲率系数

曲率系数按下式计算：

$$C_c = \frac{d_{30}^2}{d_{10} \times d_{60}} \tag{1.3}$$

式中　C_c——曲率系数；

　　　d_{30}——颗粒级配曲线上的某粒径，小于该粒径的土含量占总质量的30%。

曲率系数 C_c 描写的是累积曲线的分布范围，反映曲线的整体形状。一般地，$C_u \geqslant 5$，且 $C_c = 1 \sim 3$ 的土称为级配良好的土。

(3)土的矿物组成

漂石、卵石、圆砾等较粗大土粒的矿物成分与原生矿物相同。砂粒大部分是原生矿物的单矿物颗粒，如石英、长石、云母。粉粒的矿物成分是多样的，主要是石英和 $MgCO_3$、$CaCO_3$ 等难溶解的颗粒。黏粒几乎都是次生矿物及腐殖质，包括黏土矿物、氧化物和各种难溶盐。其中黏土矿物又分为3种：高岭土、伊利土和蒙脱土。高岭土是在酸性介质条件下形成的次生黏土矿物，遇水后膨胀性与可塑性较小；蒙脱土遇水后具有极大的膨胀性与可塑性；伊利土的性质介于高岭土与蒙脱土之间，比较接近蒙脱土。

1.2.2　土中水

水在土中存在的状态有液态水、气态水和固态水。水在土中的不同形式，对土的性质影响很大。

(1)液态水

液态水包括结合水和自由水。

1)结合水

结合水是指受电分子吸引力而吸附在土颗粒表面的水,随电场强度的变化,分为强结合水和弱结合水(图1.7)。

①强结合水

矿物表面一般带负电荷,能吸引水分子及水溶液中的游离阳离子(如 Na^+、Ca^{2+}、Al^{3+} 等)于土粒表面,从而形成土粒周围的结合水膜。结合水膜分两层,内层为固定层,外层为扩散层。在固定层中的

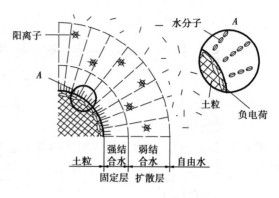

图1.7 土粒与水分子的相互作用

水因直接靠近土粒表面,受到的吸力极大,称为强结合水。强结合水的性质接近于固体,不能流动,不传递静水压力,具有很强的黏滞性、弹性和抗剪强度,在105~200 ℃温度下才能蒸发。黏土中只含有强结合水时,呈固体状态;砂土仅有较少的强结合水时,呈散粒状态。

②弱结合水

在扩散层中的水,因受到土粒的吸力较小,故称为弱结合水。其性质呈黏滞体状态,在外界压力下可以挤压变形。它不能传递静水压力,弱结合水对黏性土的物理力学性质影响最大。砂土可认为不含弱结合水。

2)自由水

自由水是指结合水膜之外的水,其性质和普通水相同。自由水按其移动所受作用力的不同,可分为重力水和毛细水。重力水存在于地下水位以下的土孔隙中,只受重力作用而移动,能传递水压力和产生浮力作用。毛细水存在于地下水位以上的土孔隙中,在表面张力作用下,地下水沿着毛细管上升,上升高度与土的性质有关,一般黏土5~6 m,砂土约2 m以下,故在工程中要注意地基土的润湿、冻胀及基础的防潮。但在碎石土及粒径大于2 mm的土中无此毛细现象。

(2)气态水

气态水是指土中出现的水蒸气,一般对土的性质影响不大。

(3)固态水

固态水是指当温度低于0 ℃时土中的水冻结成冰,形成冻土。由于固态水在土中起着胶结作用,因此土的强度增强。但解冻时土的强度迅速降低,而且往往低于原来的强度。

1.2.3 土中的气体

土中的气体存在于孔隙中未被水所占据的部分。可分为自由气体和封闭气泡。

(1)自由气体

土孔隙中的气体与大气连通的部分为自由气体。粗粒土中的气体常与大气相通,在土受力变形时很快逸出,对工程性质影响不大。

(2)封闭气体

细粒土中的气体常与大气隔绝而成封闭气泡。在受压时气体体积缩小,卸荷后体积恢复,故土的弹性变形增加而透水性减小。含有机质的土,在土中分解出(如甲烷、硫化氢等)可燃气体,使土层在自重作用下长期得不到压密,形成高压缩性软土层。

1.3 土的物理性质指标及其计算

如前所述,土是由固体颗粒、水和空气三部分组成的。组成土的这三部分之间的不同比例,反映土的各种不同状态,它对评价土的物理、力学性质有着重要意义。要研究土的物理性质,就必须掌握土的三个组成部分的比例关系。表示这三部分之间关系的指标,就称为土的物理指标。

1.3.1 三相简图

为了导得三相比例指标和说明问题方便起见,可把土中本来交错分布的固体颗粒、水和气体三相分别集中起来,构成理想的三相关系图(图1.8)。图中各符号意义如下:

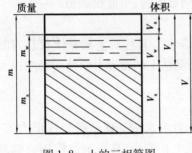

图 1.8 土的三相简图

V——土的体积;

V_a——土中气体所占的体积;

V_w——土中水所占的体积;

V_s——土中颗粒所占的体积;

V_v——土中孔隙所占的体积;

m——土的总质量;

m_w——土中水的质量;

m_s——土中颗粒的质量。

气体的质量相对甚小,可以忽略不计。

1.3.2 试验直接测定的指标

(1)土的天然密度和重力密度

单位体积土的质量称为土的质量密度,简称土的密度,用符号 ρ 表示。

$$\rho = \frac{m}{V} = \frac{m_s + m_w}{V_s + V_w + V_a} \tag{1.4}$$

土的密度一般为 $1.6 \sim 2.0$ t/m^3。

土的密度一般采用"环刀法"测定,用一个圆环刀(刀刃向下)放置于削平的原状土样面上,垂直边压边削至土样伸出环刀口为止,削去两端余土,使土样表面与环刀口齐平,称出环刀内土的质量,求得它与环刀容积的比值即为土的密度。

工程中常用重度 γ 来表示单位体积土所受的重力,它与土的密度有如下关系:

$$\gamma = \frac{mg}{V} = \rho g \tag{1.5}$$

式中 g——重力加速度,近似取 $g = 10$ m/s^2。

(2)土的含水量

土中水的质量与颗粒质量之比称为土的含水量,用百分比表示,其符号为 w。

$$w = \frac{m_w}{m_s} \times 100\% = \frac{m - m_s}{m_s} \times 100\% \tag{1.6}$$

含水量是表示土湿度的一个重要指标。含水量越小,土越干;反之,土很湿或饱和。一般来说,对于同一类土,其含水量增大时,其强度就降低。土的含水量对黏性土、粉土的性质影响较大,对粉砂、细砂稍有影响,而对碎石土等没有影响。

土的含水量一般采用"烘干法"测定。即将天然土样的质量称出,然后置于电烘箱内,在温度 100 ~ 105 ℃烘至恒重,称得干土质量,湿土与干土质量之差即为土中水的质量,故可按式 (1.6)求得土的含水量。

(3)土粒相对密度

土的固体颗粒质量与同体积 4 ℃时纯水质量的比值,称为土粒相对密度,用符号 d_s 表示。

$$d_s = \frac{m_s}{V_s \rho_w} = \frac{\rho_s}{\rho_w} \tag{1.7}$$

式中　ρ_s——土粒的密度,即单位体积土粒的质量;

　　　ρ_w——4 ℃时纯蒸馏水的密度。

因 $\rho_w = 1.0$ g/cm^3,故实用上,土粒相对密度在数值上即等于土粒的密度,但是它是量纲一的量。

土粒相对密度可在实验室采用"比重瓶法"测定。将风干碾碎的土样注入比重瓶内,由排出同体积的水的质量原理测定土颗粒的体积。

土粒相对密度的变化不大。细粒土(黏性土)一般为 2.70 ~ 2.75;砂土一般为 2.65 左右。土中有机质含量增加时,土粒相对密度减小。

以上指标直接由试验测定,也称试验指标。

1.3.3　换算指标

工程上除了上述三项基本指标外,还常用下列指标表示土的物理性质。

(1)反映土的松密程度的指标

土的单位体积内颗粒的质量,称为土的干密度,用符号 ρ_d 表示。

$$\rho_d = \frac{m_s}{V} \tag{1.8}$$

土的单位体积内颗粒的重力,称为土的干重度,用符号 γ_d 表示。

$$\gamma_d = \frac{m_s g}{V} = \rho_d g \tag{1.9}$$

干密度在一定程度上反映了土粒排列的紧密程度,因此,常用它作为人工填土压实质量的控制指标。一般 ρ_d 达到 1.50 ~ 1.65 t/m^3 以上,土就比较密实。

(2)土的饱和密度和饱和重度

土中孔隙完全被水充满时,土的密度称为土的饱和密度,用符号 ρ_{sat} 表示。

$$\rho_{sat} = \frac{m_s + V_v \rho_w}{V} \tag{1.10}$$

土中孔隙完全被水充满时,土的重度称为土的饱和重度,用符号 γ_{sat} 表示。

$$\gamma_{sat} = \frac{m_s g + V_v \gamma_w}{V} \tag{1.11}$$

(3)土的有效重度(浮重度)

在地下水位以下,土体受到水的浮力作用时,土的重度称为土的有效重度,用符号 γ'

表示。

$$\gamma' = \frac{m_s g + V_v \gamma_w - V \gamma_w}{V} = \gamma_{sat} - \gamma_w \tag{1.12}$$

对于非饱和土的密度 ρ,则介于上述二者之间,即

$$\rho_{sat} > \rho > \rho_d$$

同样条件下,上述几种重度在数值上有如下关系,即

$$\gamma_{sat} > \gamma > \gamma_d > \gamma'$$

(4)土的孔隙比和孔隙率

土中孔隙体积与土粒体积之比称为孔隙比,用符号 e 表示。

$$e = \frac{V_v}{V_s} \tag{1.13}$$

土中孔隙体积与土的总体积的比值称为孔隙率,用符号 n 表示。

$$n = \frac{V_v}{V} \times 100\% \tag{1.14}$$

孔隙比和孔隙率均反映土的密实程度,是评价地基土工程性质的一个重要物理指标,尤其对无黏性土,往往决定其工程性质的好坏。一般天然状态的土,若 $e < 0.6$,可作为建筑物的良好地基;若 $e > 1$,说明土中孔隙体积比土粒所占体积还多,因而这种土的工程性质就很差。

(5)饱和度

土中水的体积与孔隙体积之比称为饱和度,用符号 S_r 表示。

$$S_r = \frac{V_w}{V_v} \tag{1.15}$$

饱和度说明土的潮湿程度,如 $S_r = 100\%$,说明土孔隙全部充水,土是完全饱和的;$S_r = 0$ 时,土是完全干燥的。

粉、细砂的饱和程度对其工程性质具有一定的影响。例如,稍湿的粉、细砂表现出微弱的黏聚性,而饱和的粉、细砂则呈散粒状态,并且容易发生流砂现象。因此,在评价粉、细砂工程性质时,除了确定其密度外,还要考虑其饱和度。

1.3.4 基本指标和其他指标的关系

土的密度、含水量和土粒相对密度是直接用试验方法测定的,所以在工程技术中把它们称为基本指标。其他的指标都可由这三个基本指标导出,故称为导出指标。

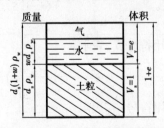

图 1.9 土的三相物理指标换算图

土的 γ_{sat}、γ_d、γ'、n、e、S_r 等指标均可由基本指标求得。图 1.9 是常用的土的三相比例指标换算图,可按下述步骤填绘。

设土粒体积 $V_s = 1$,根据孔隙比定义得:

$$V_v = V_s e = e$$

所以

$$V = V_s + V_v = 1 + e$$

根据相对密度定义　　$m_s = d_s \rho_w V_s = d_s \rho_w$

根据含水量定义

$$m_w = w m_s = w d_s \rho_w$$

所以

$$m = m_s + m_w = d_s \rho_w (1 + w)$$

根据体积与质量的关系　　　　　　　$V_w = \dfrac{m_w}{\rho_w} = w d_s$

根据图 1.9,可由指标的定义得到下述计算公式:

$$e = \frac{V_v}{V_s} = \frac{V - V_s}{V_s} = \frac{m}{\rho} - 1 = \frac{(1 + w) d_s \rho_w}{\rho} - 1$$

$$\rho_d = \frac{m_s}{V} = \frac{d_s \rho_w}{1 + e} = \frac{\rho}{1 + w}$$

$$\rho_{sat} = \frac{m_s + V_v \rho_w}{V} = \frac{(d_s + e) \rho_w}{1 + e}$$

$$\gamma \qquad V_s \rho_w g = \frac{(d_s - 1) \gamma_w}{1 + e}$$

$$\overline{\qquad + e}$$

$$= \frac{w d_s}{e}$$

表 1.2 列出了常用的土的三相比例指标换算公式。

表 1.2　土的三相比例指标换算公式

名　称	符　号	三相比例表达式	常用换算式	单　位	常见的数值范围
含水量	w	$w = \dfrac{m_w}{m_s} \times 100\%$	$w = \dfrac{S_r e}{d_s}$ $w = \dfrac{\rho}{\rho_d} - 1$		$20\% \sim 60\%$
土粒相对密度	d_s	$d_s = \dfrac{m_s}{V_s \rho_w}$	$d_s = \dfrac{S_r e}{w}$		黏性土: $2.72 \sim 2.75$ 粉土: $2.70 \sim 2.71$ 砂土: $2.65 \sim 2.69$
密度	ρ	$\rho = \dfrac{m}{V}$	$\rho = \rho_d (1 + w)$ $\rho = \dfrac{d_s (1 + w) \rho_w}{1 + e}$	g/cm³	$1.6 \sim 2.0$
干密度	ρ_d	$\rho_d = \dfrac{m_s}{V}$	$\rho_d = \dfrac{\rho}{1 + w}$ $\rho_d = \dfrac{d_s}{1 + e} \rho_w$	g/cm³	$1.3 \sim 1.8$
饱和密度	ρ_{sat}	$\rho_{sat} = \dfrac{m_s + V_v \rho_w}{V}$	$\rho_{sat} = \dfrac{(d_s + e) \rho_w}{1 + e}$	g/cm³	$1.8 \sim 2.3$
重度	γ	$\gamma = \dfrac{m}{V} g = \rho g$	$\gamma = \dfrac{d_s (1 + w) \gamma_w}{1 + e}$	kN/m³	$16 \sim 20$
干重度	γ_d	$\gamma_d = \dfrac{m_s g}{V} = \rho_d g$	$\gamma_d = \dfrac{d_s \gamma_w}{1 + e}$	kN/m³	$13 \sim 18$

续表

名　称	符　号	三相比例表达式	常用换算式	单　位	常见的数值范围
饱和重度	γ_{sat}	$\gamma_{\text{sat}} = \dfrac{m_s g + V_v \gamma_w}{V} = \rho_{\text{sat}} g$	$\gamma_{\text{sat}} = \dfrac{(d_s + e)\gamma_w}{1+e}$	kN/m^3	$18 \sim 23$
有效重度	γ'	$\gamma' = \dfrac{m_s - V_s \rho_w}{V} g = \rho' g$	$\gamma' = \dfrac{d_s - 1}{1+e}\gamma_w$	kN/m^3	$8 \sim 13$
孔隙比	e	$e = \dfrac{V_v}{V_s}$	$e = \dfrac{d_s \rho_w}{\rho_d} - 1$ $e = \dfrac{(1+w)d_s \rho_w}{\rho} - 1$		黏性土和粉土：$0.40 \sim 1.20$ 砂土：$0.30 \sim 0.90$
孔隙率	n	$n = \dfrac{V_v}{V} \times 100\%$	$n = \dfrac{e}{1+e}$ $n = 1 - \dfrac{\rho_d}{d_s \rho_w}$		黏性土和粉土：$30\% \sim 60\%$ 砂土：$25\% \sim 45\%$
饱和度	S_r	$S_r = \dfrac{V_w}{V_v} \times 100\%$	$S_r = \dfrac{w d_s}{e}$ $S_r = \dfrac{w \rho_d}{n \rho_w}$		$0 \sim 100\%$

注：水的重度 $\gamma_w = \rho_w g = 1\ t/m^3 \times 9.807\ m/s^2 = 9.807 \times 10^3 (kg \cdot m/s^2)/m^3 \approx 10\ kN/m^3$。

这里要说明的是，在以上计算中，是以 $V_s = 1$ 作为计算的出发点，其实以土的总体积 $V = 1$ 作为计算的出发点，或以其他量为 1 都可以得出相同的结果。事实上，上述各个物理指标都是三相间量的相互比例关系，不是量的绝对值，因此，在换算时，可以根据具体情况决定采用某种方法。

例 1.1　一块原状土样，经试验测得土的天然密度 $\rho = 1.9\ t/m^3$，含水量 $w = 28\%$，土粒相对密度 $d_s = 2.69$。求孔隙比 e、孔隙率 n、饱和度 S_r、饱和重度 γ_{sat}、干重度 γ_d、浮重度 γ'。

解题分析　这种已知一些试验指标（特别是已知三个基本试验指标），求其他换算指标的问题，是工程实践中及各种土力学测试中经常遇到的问题。对于此类问题，只要记住了各指标的定义式，会画三相指标换算图（图 1.9），各种问题都能迎刃而解。

解

① $e = \dfrac{(1+w)d_s \rho_w}{\rho} - 1 = \dfrac{2.69(1+0.28)}{1.9} - 1 = 0.812$

② $n = \dfrac{e}{1+e} = \dfrac{0.812}{1+0.812} = 0.448 = 44.8\%$

③ $S_r = \dfrac{w d_s}{e} = \dfrac{0.28 \times 2.69}{0.812} = 92.8\%$

④ $\gamma_{\text{sat}} = \dfrac{(d_s + e)\gamma_w}{1+e} = \dfrac{(2.69 + 0.812) \times 10}{(1+0.812)}\ kN/m^3 = 19.33\ kN/m^3$

⑤ $\gamma_d = \dfrac{d_s \gamma_w}{1+e} = \dfrac{2.69 \times 10}{(1+0.812)}\ kN/m^3 = 14.85\ kN/m^3$

⑥ $\gamma' = \gamma_{\text{sat}} - \gamma_w = (19.33 - 10)\ kN/m^3 = 9.33\ kN/m^3$

1.4　土的物理状态指标

土的物理状态,对于粗粒土是指土的密实程度,对于细粒土则是指土的软硬程度或称为黏性土的稠度。

1.4.1　无黏性土的密实度

土的密实度通常是指单位体积土中固体颗粒的含量。根据土颗粒含量的多少,天然状态下的砂、碎石等处于从密实到松散的不同物理状态。呈密实状态时,强度较大,可作为良好的天然地基;呈松散状态时,则是不良地基。因此,无黏性土的密实度与其工程性质有着密切的关系。

(1)砂土的密实度

1)以孔隙比 e 评定密实度

孔隙比 e 可以用来表示砂土的密实度。对于同一种土,当孔隙比小于某一限度时,土处于密实状态。孔隙比越大,则土越松散。砂土的这种特性是由它所具有的单粒结构决定的。这种用孔隙含量表示密实度的方法虽然简便,却有其明显的缺陷,即没有考虑到颗粒级配这一重要因素对砂土密实状态的影响。对于砂土层,由于取原状砂样和测定孔隙比存在实际困难,故在实用上也存在问题。

2)以相对密度 D_r 评定密实度

为了较好地表明砂土的密实状态,可采用将现场土的孔隙比 e 与该种土所能达到最密实时的孔隙比 e_{min} 和最疏松时的孔隙比 e_{max} 相对比的方法,来表示孔隙比为 e 时土的密实度。这种度量密实度的指标称为相对密度 D_r。

$$D_r = \frac{e_{max} - e}{e_{max} - e_{min}} \tag{1.16}$$

式中　e——砂土在天然状态下或某种控制状态下的孔隙比;

　　　e_{max}——砂土在最疏松状态下的孔隙比,即最大孔隙比;

　　　e_{min}——砂土在最密实状态下的孔隙比,即最小孔隙比。

当 $D_r = 0$ 时,$e = e_{max}$,表示土处于最疏松状态;当 $D_r = 1.0$ 时,$e = e_{min}$,表示土处于最密实状态。

用相对密度 D_r 判定砂土密实度的标准如下:

$$0 < D_r \leqslant 0.33 \quad 疏松$$
$$0.33 < D_r \leqslant 0.67 \quad 中密$$
$$1 \geqslant D_r > 0.67 \quad 密实$$

应当指出,目前虽已制订出一套测定最大孔隙比和最小孔隙比的试验方法,但是要准确测定各种土的 e_{max} 和 e_{min} 却十分困难,而砂土的天然孔隙比测定的困难已如上文所述,因此,相对密度这一指标在理论上虽然能够更合理地确定土的密实状态,但由于以上原因,通常多用于填方工程的质量控制中,对于天然土尚难以应用。

3）用标准贯入试验划分密实度

对于天然砂土的密实度，可按原位标准贯入试验进行评定。

根据标准贯入试验锤击数 N，可将砂土密实度划分为松散、稍密、中密、密实，见表1.3。

表1.3 砂土的密实度

标准贯入试验锤击数 N	密实度
$N \leqslant 10$	松散
$10 < N \leqslant 15$	稍密
$15 < N \leqslant 30$	中密
$N > 30$	密实

（2）碎石土的密实度

对于碎石土的密实度，可根据野外鉴别方法划分为密实、中密和稍密三种状态，见表1.4。

表1.4 碎石土密实度野外鉴别方法

密实度	骨架颗粒含量和排列	可挖性	可钻性
密实	骨架颗粒含量大于总重量的70%，呈交错排列，连续接触	锹镐挖掘困难，用撬棍方能松动，井壁一般较稳定	钻进极困难，冲击钻探时，钻杆、吊锤跳动剧烈，孔壁较稳定
中密	骨架颗粒含量等于总重量的60%～70%，呈交错排列，大部分接触	锹镐可挖掘，井壁有掉块现象，从井壁取出大颗粒处，能保持颗粒凹面形状	钻进较困难，冲击钻探时，钻杆、吊锤跳动不剧烈，孔壁有坍塌现象
稍密	骨架颗粒含量等于总重量的55%～60%，排列混乱，大部分不接触	锹可以挖掘，井壁易坍塌，从井壁取出大颗粒后，砂土立即塌落	钻进较容易，冲击钻探时，钻杆稍有跳动，孔壁易坍塌
松散	骨架颗粒含量小于总重的55%，排列十分混乱，绝大部分不接触	锹易挖掘，井壁极易坍塌	钻进容易，冲击钻探时，钻杆无跳动，孔壁极易坍塌

注：①骨架颗粒是指与《建筑地基基础设计规范》（GB 50007—2002）中表4.1.5 相对应粒径的颗粒；

②碎石土的密实度，应按表列各项要求综合确定。

1.4.2 黏性土的稠度

黏性土就是指具有可塑状态性质的土。它们在外力的作用下，可塑成任何形状而不发裂，当外力去掉后，仍可保持原形状不变，土的这种性质称为可塑性。

（1）黏性土的稠度状态

黏性土的土粒很细，单位体积的颗粒总表面积较大，土粒表面与水相互作用的能力较强，土粒间存在黏结力。当土中含水量较小时，土呈固体状态，强度较大，随着含水量的增大，土将从固体状态经可塑状态转为流塑状态，相应地，土的强度显著降低。土的这一特性——软硬程度,称为稠度。稠度是指黏性土在某一含水量下,对外力引起的变形或破坏的抵抗能力,是黏性土最主要的物理状态特征,用坚硬、可塑和流塑等状态来描述。

图 1.10　土的物理状态与含水量的关系

(2) 黏性土的界限含水量

黏性土从一种状态转变为另一种状态的分界含水量称为界限含水量。如图 1.10 所示,土由固态转为半固态的界限含水量称为缩限(w_s);土由半固态转为可塑状态的界限含水量称为塑限(w_p);土由可塑状态变化到流动状态的界限含水量称为液限(w_L)。

黏性土物理状态的改变,反映了土中水对土性质的影响。当土中含水量很大时,土粒被自由水所隔开,表现为浆液状;随着含水量的减少,土浆变稠,逐渐变为可塑的状态,这时土中水分主要为弱结合水;含水量再减少,土就进入半固态;当土中主要含强结合水时,土就处于固体状态。

对于黏性土液限的测定,我国过去常用锥式液限仪(图 1.11)。它是将浓糊状土样装满盛土杯,刮平表面,使重为 76 g 的圆锥体(含有平衡球,锥角 30°)在自重作用下徐徐沉入试样,如经过 15 s 深度恰好为 10 mm 时,该试样的含水量即为液限 w_L 值。

在欧美一些国家大都采用碟式液限仪(图 1.12)测定液限。它是将浓糊状土样装满碟内,刮平表面,用切槽器在碟中划一条槽,槽底宽 2 mm,然后将碟子抬高 10 mm,自由下落撞击在硬橡皮垫板上。连续下落 25 次后,如果土槽合拢长度刚好为 13 mm,该试样的含水量就是液限。一般情况下,碟式仪测得的液限大于锥式仪液限。

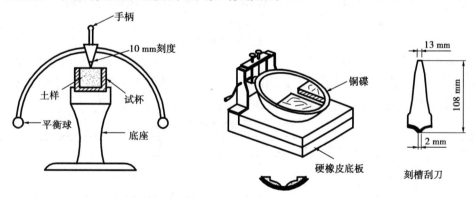

图 1.11　锥式液限仪　　　　　　　　图 1.12　碟式液限仪

塑限多用"搓条法"测定。把塑性状态的土重塑均匀后,用手掌在毛玻璃板上把土团搓成小土条,在搓滚过程中,水分逐渐蒸发,若土条刚好搓至直径为 3 mm 时产生裂缝并开始断裂,此时土条的含水量即为塑限 w_p 值。

为了使测定标准向国际通用标准靠拢,又考虑到我国几十年的使用习惯,《土工试验方法标准》(GB/T 50123—1999)采用了液塑限联合测定法。该方法是采用液塑限联合测定仪(无平衡球)以电磁放锥,利用光电方式测读锥入土中深度。试验时,一般对三个不同含水量的试样进行测试,在双对数坐标纸上作出各锥入土深度及相应含水量的关系曲线(大量试验表明

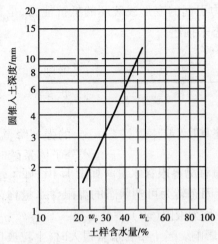

图 1.13　圆锥入土深度与含水量关系

其接近于一直线,如图 1.13 所示),则对应于圆锥体入土深度为 17 mm 及 2 mm 时土样的含水量就分别为该土的液限和塑限。对应于圆锥体入土深度为 1 mm 时土样的含水量为 10 mm 液限。

应当说明的是,10 mm 液限适用于确定黏性土承载力标准值。当用于了解土的物理性质及塑性图分类时,应采用 17 mm 时的含水量确定液限。

(3)黏性土的塑性指数和液性指数

1)塑性指数

液限与塑限的差值即为塑性指数,记为 I_P,习惯上略去百分号,即

$$I_P = w_L - w_p \tag{1.17}$$

塑性指数表示土处在可塑状态的含水量变化范围,其值的大小取决于土颗粒吸附结合水的能力,亦即与土中黏粒含量有关。黏粒含量越多,土的比表面积越大,塑性指数就越高。

塑性指数能综合反映土的矿物成分和颗粒大小的影响,因此,塑性指数常作为工程上对黏性土进行分类的依据。

2)液限指数

虽然土的天然含水量对黏性土的有很大影响,但对于不同的土,即使具有相同的含水量,如果它们的塑限、液限不同,则它们所处的状态也就不同。因此,还需要一个表征土的天然含水量与分界含水量之间的相对关系的指标,这就是液性指数。

土的天然含水量与塑限的差值与塑性指数 I_P 之比即为液性指数,记为 I_L,即

$$I_L = \frac{w - w_p}{I_P} = \frac{w - w_p}{w_L - w_p} \tag{1.18}$$

液性指数一般用小数表示。由上式可见,当 $I_L \leq 0$ 时,$w \leq w_p$,表示土处于坚硬状态;当 $I_L > 1$ 时,$w > w_L$,表示土处于流动状态;I_L 在 $0 \sim 1$ 之间,土体处于可塑状态。因此,根据 I_L 值的大小,可将黏性土的状态分为坚硬、硬塑、可塑、软塑和流塑,见表 1.5。

表 1.5　黏性土的状态

液性指数 I_L	状　态
$I_L \leq 0$	坚硬
$0 < I_L \leq 0.25$	硬塑
$0.25 < I_L \leq 0.75$	可塑
$0.75 < I_L \leq 1$	软塑
$I_L > 1$	流塑

(4)黏性土的灵敏度和触变性

对于天然的黏性土,由于地质历史作用常具有一定的结构性,当土体受到外力扰动作用,其结构遭受破坏时,土的强度降低,压缩性增高。在工程上,常用灵敏度 S_t 来衡量黏性土结构性对强度的影响,即

$$S_t = \frac{q_u}{q_u'} \tag{1.19}$$

式中 q_u、q_u'——原状土和重塑土试样的无侧限抗压强度。

根据灵敏度可将饱和黏性土分为:低灵敏、中等灵敏和高灵敏三类。土的灵敏度越高,其结构性越强,受扰动后土的强度降低就越明显。因此,在基础施工中,必须注意保护基槽,尽量减少对土结构的扰动。

与结构性相反的是土的触变性。饱和黏性土受到扰动后,结构受到破坏,土的强度降低。但当扰动停止后,土的强度随时间又会逐渐增长,这是土体中土颗粒、离子和水分子体系随时间而逐渐趋于新的平衡状态的缘故,也可以说,土的结构逐步恢复而导致强度恢复。黏性土结构遭到破坏,强度降低,但随时间发展土体强度恢复的胶体化学性质称为土的触变性。例如,打桩时,会使周围土体遭到扰动,使黏性土的强度降低;而打桩停止后,土的强度会部分恢复。所以,打桩时要"一气呵成",才能进展顺利,提高工效,这就是受土的触变性影响的结果。

1.5 土的压实原理

在工程中广泛用到填土,如路基、堤坝、飞机跑道、平整场地修建建筑物以及开挖基坑后回填土等。这些填土都要经过分层压实,以减少其沉降量,降低其透水性,提高其强度。这种经过分层压实的填土称为压实填土。

实际工程中采用的压实方法很多,但可以归纳为碾压、夯实和振动三类。大量工程实践经验表明,当填土含水量很小时,无论怎样进行碾压或夯实,都不会压实。随着含水量的增加,压实效果明显增大,当含水量增大到超过某一限值时,随着含水量的增加,压实效果反而降低,当含水量远超过这一限值,夯击时,填土很快接近饱和,再夯击时,就变成"橡皮土",这时夯击功能不能用来使土密实,只能使土变形。只有在适当的含水量范围内,才能使压实效果最好。在一定的压实功能下,使土最容易压实,并能达到最大密实度时的含水量称为土的最优(或最佳)含水量,用 w_{op} 表示。相对应的干密度则称为最大干密度,以 ρ_{dmax} 来表示。

1.5.1 击实试验

击实试验是研究土的压实性能的室内试验方法。试验时,将同一种土配制成 5~6 份不同含水量的试样,用同样的压实功能分别对每一份试样进行击实(试验方法和试验仪器见《土工试验方法标准》(GB/T 50123—1999)),然后测定各试样击实后的含水量 w 和干密度 ρ_d,从而绘制 w-ρ_d 关系曲线(即击实曲线),如图 1.14 所示,它具有如下特点:

(1)峰值

在一定击实功能下,只有当含水量达到某一特

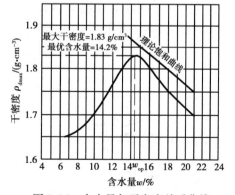

图 1.14 含水量与干密度关系曲线

定值时,土才被击实至最大干密度。含水量大于或小于此特定含水量,其对应的干密度都小于最大值,这一特定含水量称最优含水量。

(2)击实曲线位于理论饱和曲线左侧

因为理论饱和曲线假定土中空气全部被排出,孔隙完全被水占据,而实际上不可能做到(图1.14)。

(3)击实曲线的形态

击实曲线在最优含水量两侧左陡右缓,且大致与饱和曲线平行,其表明土在较最优含水量偏干状态时,含水量对土的密实度影响更为显著。

1.5.2 影响击实效果的因素

影响击实效果的因素很多,但最重要的是含水量、击实功能和土的性质。

(1)含水量的影响

含水量的大小对土的击实效果影响极大。可以这样解释击实机理:当土很干时,水处于强结合水状态,土粒之间摩擦力、黏结力都很大,土粒的相对移动有困难,因而不易被击实;当含水量增加时,水的薄膜变厚,摩擦力和黏结力减小,土粒之间彼此容易移动,故随着含水量增大,土的击实干密度增大,至最优含水量时,干密度达最大值;当含水量超过最优含水量后,水所占据的体积增大,限制了颗粒的进一步接近,含水量越大,水占据的体积越大,颗粒能够占据的体积越小,因而干密度逐渐变小。由此可见,含水量不同,则改变了土中颗粒间的作用力,并改变了土的结构与状态,从而在一定击实功能下,改变着击实效果。

试验统计证明,最优含水量 w_{op} 与土的塑限 w_p 有关,大致为 $w_{op} = w_p + 2(\%)$。土中黏土矿物含量越大,则最优含水量越大。

(2)击实功能的影响

夯击的压实功能与夯锤的重量、落高、夯击次数以及被夯击土的厚度等有关,碾压的压实功能则与碾压机具的重量、接触面积、碾压遍数以及土层的厚度等有关。

对于同类土,图1.15说明击实功能对击实曲线的影响。在不同的击实功能时,曲线的形状不变,但最大干密度的位置却随着击实功能的增大而变化,并向左上方移动。这就是说,当击实功能增大时,最优含水量减小,相应的最大干密度增大。所以,在压实工程中,若土的含水量较小,则需选用夯击功能较大的机具,才能把土压实至最大干密度;在碾压过程中,如未能将土压实至最密实的程度,则须增大压实功能(选用功能较大的机具或增加碾压遍数等);若土的含水量较大,则应选用压实功能较小的机具,否则会出现"橡皮土"现象。因此,若要把土压实到工程要求的干密度,必须合理控制压实时的含水量,选用适合的压实功能,才能获得预期的效果。

(3)不同土类和级配的影响

土的颗粒粗细、级配、矿物成分和添加的材料等因素对压实效果有影响。颗粒越粗,就越能在低含水量时获得最大的干密度;颗粒级配越均匀,压实曲线的峰值范围就越宽广而平缓;对于黏性土,压实效果与其中的黏土矿物成分含量有关;添加木质素和铁基材料,可改善土的压实效果。

砂性土也可用类似黏性土的方法进行试验。干砂在压力和振动作用下,容易密实;稍湿的砂

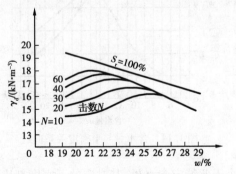

图 1.15 击实功能对击实曲线的影响

土,因有毛细压力作用使砂土互相靠紧,阻止颗粒移动,击实效果不好;饱和砂土,毛细压力消失,击实效果良好。

1.5.3　压实特性在现场填土中的应用

上述所揭示的土的压实特性是从室内击实试验中得到的,而现场碾压或夯实的情况与室内击实试验有差别。例如,现场填筑时的碾压机械和击实试验的自由落锤的工作情况就不一样,前者大都是碾压,而后者则是冲击。现场填筑中的土在填方中的变形条件与击实试验时土在刚性击实筒中的也不一样,前者可产生一定的侧向变形,后者则完全受侧限,目前还未能从理论上找出两者的普遍规律。但为了把室内击

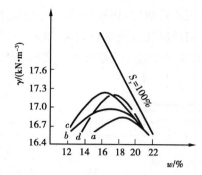

图 1.16　工地试验与普氏击实试验的比较
a—羊足碾,碾压 6 遍;b—羊足碾,碾压 12 遍;
c—羊足碾,碾压 24 遍;d—普氏击实仪

实试验的结果用于设计与施工,必须研究室内击实试验与现场碾压的关系。图 1.16 是羊足碾不同碾压遍数的工地试验结果与室内击实试验结果的比较。

该图说明,用室内击实试验来模拟工地压实是可靠的。为了便于工地压实质量的控制,可采用压实系数 λ 来表示,即

$$\lambda = \frac{\rho_d}{\rho_{dmax}} \tag{1.20}$$

式中　ρ_{dmax}——室内试验得到的最大干密度;

　　　ρ_d——工地碾压时的最大干密度。

λ 值越接近 1,表示对压实质量的要求越高,这应用于主要受力层或者重要工程中;对于路基的下层或次要工程,λ 值可取得小一些。

从工地压实和室内击实试验对比可见,击实试验既是研究土的压实特性的室内基本方法,而又对实际填方工程提供了两方面用途:一方面是用来判别在某一击实功作用下,土的击实性能是否良好及土可能达到的最佳密实度范围与相应含水量值,为填方设计(或为现场填筑试验设计)合理选用填筑含水量和填筑密度提供依据;另一方面是为准备试样以研究现场填土的力学特性时,提供合理的密度和含水量。

1.6　地基土的工程分类

土(岩)工程分类就是根据工程实践经验和土(岩)的主要特征,把工程性能近似的土(岩)划分为一类,这样既便于正确选择对土的研究方法,又可根据分类名称大致判断土(岩)的工程特性,评价土(岩)作为建筑材料或地基的适宜性以及结合其他指标来确定地基的承载力等。

根据工程的用途不同,不同的工程部门有自己的分类方法。下面介绍的是作为建筑物地基土(岩)的工程分类方法,把土划分为岩石、碎石土、砂土、粉土、黏性土和人工填土。

1.6.1 岩石

岩石根据成因可分为岩浆岩、沉积岩和变质岩。

岩石的坚硬程度应根据岩块的饱和单轴抗压强度 f_{rk} 按表1.6划分为坚硬岩、较硬岩、较软岩、软岩和极软岩。当缺乏饱和单轴抗压强度资料或不能进行该项试验时,可在现场通过观察定性分析,见表1.7。

表1.6 岩石坚硬程度分类

坚硬程度类别	坚硬岩	较硬岩	较软岩	软岩	极软岩
饱和单轴抗压强度标准值 f_r/MPa	$f_r > 60$	$60 \geqq f_r > 30$	$30 \geqq f_r > 15$	$15 \geqq f_r > 5$	$f_r \leqq 5$

注:①当无法取得饱和单轴抗压强度数据时,可用点荷载试验强度换算,换算方法按现行国家标准《工程岩体分级标准》(GB 50218)执行;

②当岩体完整程度为极破碎时,可不进行岩石坚硬程度分类。

表1.7 岩石坚硬程度的定性划分

名 称		定性鉴定	代表性岩石
硬质岩	坚硬岩	锤击声清脆,有回弹,震手,难击碎 基本无吸水反应	未风化、微风化的花岗岩、闪长岩、辉绿岩、玄武岩、安山岩、片麻岩、石英岩、硅质砾岩、石英砂岩、硅质石灰岩等
	较硬岩	锤击声较清脆,有轻微回弹,稍震手,较难击碎 有轻微吸水反应	①微风化的坚硬岩 ②未风化、微风化的大理岩、板岩、石灰岩、钙质砂岩等
软质岩	较软岩	锤击声不清脆,无回弹,较易击碎 指甲可刻出印痕	①中风化的坚硬岩和较硬岩 ②未风化、微风化的凝灰岩、千枚岩、砂质泥岩、泥灰岩等
	软岩	锤击声哑,无回弹,有凹痕,易击碎 浸水后,可捏成团	①强风化的坚硬岩和较硬岩 ②中风化的较软岩 ③未风化、微风化的泥质砂岩、泥岩等
极软岩		锤击声哑,无回弹,有较深凹痕,手可捏碎 浸水后,可捏成团	①风化的软岩 ②全风化的各种岩石 ③各种半成岩

岩石按风化程度可划分为未风化、微风化、中风化、强风化和全风化。

岩石完整程度按完整性指数划分为完整、较完整、较破碎、破碎和极破碎,见表1.8。当缺乏试验数据时,可按表1.9划分岩体的完整程度。

表 1.8　岩体完整程度划分

完整程度等级	完 整	较完整	较破碎	破 碎	极破碎
完整性指数	>0.75	0.75~0.55	0.55~0.35	0.35~0.15	<0.15

注:完整性指数为岩体纵波波速与岩块纵波波速之比的平方。选定岩体、岩块测定波速时应有代表性。

表 1.9　岩体完整程度的划分

名　称	结构面组数	控制性结构面平均间距/m	代表性结构类型
完整	1~2	>1.0	整块结构
较完整	2~3	0.4~1.0	块状结构
较破碎	>3	0.2~0.4	镶嵌状结构
破碎	>3	<0.2	破裂状结构
极破碎	无序	—	散体状结构

1.6.2　碎石土

碎石土为粒径大于 2 mm 的颗粒含量超过全重 50% 的土,根据粒组含量及形状可分为漂石、块石、卵石、碎石、圆砾、角砾,见表 1.10。

表 1.10　碎石土的分类

土的名称	颗粒形状	粒组含量
漂石	圆形及亚圆形为主	粒径大于 200 mm 的颗粒含量超过全重 50%
块石	棱角形为主	
卵石	圆形及亚圆形为主	粒径大于 20 mm 的颗粒含量超过全重 50%
碎石	棱角形为主	
圆砾	圆形及亚圆形为主	粒径大于 2 mm 的颗粒含量超过全重 50%
角砾	棱角形为主	

注:分类时应根据粒组含量栏从上到下以最先符合者确定。

1.6.3　砂土

砂土为粒径大于 2 mm 的颗粒含量不超过全重的 50%、粒径大于 0.075 mm 的颗粒超过全重 50% 的土。根据粒组含量分为砾砂、粗砂、中砂、细砂和粉砂,见表 1.11。

表 1.11　砂土的分类

土的名称	粒组含量
砾砂	粒径大于 2 mm 的颗粒含量占全重 25%~50%
粗砂	粒径大于 0.5 mm 的颗粒含量超过全重 50%
中砂	粒径大于 0.25 mm 的颗粒含量超过全重 50%
细砂	粒径大于 0.075 mm 的颗粒含量超过全重 85%
粉砂	粒径大于 0.075 mm 的颗粒含量超过全重 50%

注:分类时应根据粒组含量栏从上到下以最先符合者确定。

砂土的湿度根据饱和度 $S_r(\%)$ 分为三种:稍湿、很湿和饱和,见表1.12。

表1.12 砂土湿度按饱和度 $S_r(\%)$ 划分

饱和度 S_r	$S_r \leqslant 50$	$50 < S_r \leqslant 80$	$S_r > 80$
湿度	稍湿	很湿	饱和

1.6.4 粉土

粉土为粒径大于 0.075 mm 的颗粒含量不超过全重的 50%,且塑性指数 $I_p \leqslant 10$ 的土。它的性质介于黏性土与砂土之间,其状态的分类参照黏性土和砂土的标准划分。

1.6.5 黏性土

黏性土为塑性指数 $I_p > 10$ 的土。黏性土按塑性指数可分为黏土和粉质黏土,当 $I_p > 17$ 时,为黏土;$10 < I_p \leqslant 17$ 时,为粉质黏土。

黏性土按液性指数可分为五种状态:坚硬、硬塑、可塑、软塑和流塑,见表1.5。

(1)黏性土

工程实践表明,土的沉积年代对土的工程性质影响很大,不同沉积年代的黏性土,尽管其物理性质指标可能很接近,但其工程性质可能相差很悬殊。如湖南的网纹状黏土,具有较高的结构强度和较低的压缩性。因此,《岩土工程勘察规范》按土的沉积年代又分为:老黏性土、一般黏性土和新近沉积黏性土。

1)老黏性土

老黏性土是指第四纪晚更新世(Q_3)及其以前沉积的黏性土。广泛分布于长江中下游、湖南、内蒙古等地。其沉积年代久,工程性能好。通常在物理指标相近的情况下,比一般黏性土强度高而压缩性低。但也必须注意:一些地区的老黏性土,强度并不高,甚至有低于一般黏性土的,因此,使用时尚需根据当地的实践经验取值。

2)一般黏性土

一般黏性土是指第四纪全新世(Q_4,文化期以前)沉积的黏性土,在工程上最常遇到,透水性较小,其力学性质在各类土中属于中等。

3)新近沉积的黏性土

新近沉积的黏性土是指文化期以来新近沉积的黏性土。其沉积年代较短,结构性差,一般压缩尚未稳定,而且强度很低,其主要分布于山前洪积扇和冲积扇的表层以及掩埋的湖、塘、沟、谷和河水泛滥区。

(2)淤泥与淤泥质土

淤泥为在静水或缓慢的流水环境中沉积,并经生物化学作用形成,天然含水量大于液限,天然孔隙比大于或等于 1.5 的黏性土。天然孔隙比小于 1.5 且大于或等于 1.0 的土为淤泥质土。

淤泥和淤泥质土的主要特点是:强度低,压缩性高,透水性差,压实所需时间长。

(3)红黏土

红黏土为碳酸盐岩系的岩石经红土化作用形成的高塑性黏土,其液限一般大于 50,经再搬运后,仍保留红黏土基本特征,液限大于 45 的土为次生红黏土。

1.6.6　人工填土

人工填土是指由于人类活动而堆积的土,其物理成分杂乱,均匀性较差。根据其物质组成和成因可分为素填土、压实填土、杂填土和冲填土。

(1)素填土

由碎石、砂土、粉土、黏性土等组成的填土。其不含杂质或含杂质很少,按主要组成物质分为碎石素填土、砂性素填土、粉性素填土、黏性素填土。

(2)压实填土

经压实或夯实的素填土称为压实填土。

(3)杂填土

含大量建筑垃圾、工业废料或生活垃圾等杂物的填土。按组成物质分为建筑垃圾土、工业垃圾土及生活垃圾土。

(4)冲填土

由水力冲填泥沙形成的填土。

人工填土可按堆填时间分为老填土和新填土,通常把堆填时间超过 10 年的黏性填土或超过 5 年的粉性填土称为老填土,否则称为新填土。

例 1.2　某土样的颗粒分析见表 1.13,试确定该土样的名称。

表 1.13

筛孔直径/mm	20	10	2	0.5	0.25	0.1	底盘<0.1	总　计
留筛土重/g	189	201	349	583	791	634	168	2 915
占全部土重的百分比/%	6.5	6.9	12	20	27.1	21.7	5.8	100
大于某筛孔径的土重百分比/%	6.5	13.4	25.4	45.4	72.5	94.2		
小于某筛孔径的土重百分比/%	93.5	86.6	74.6	54.6	27.5	5.8		

解　已知大于某颗粒粒径的土重占全重的百分比如下:大于 20 mm 的占 6.5%;大于 10 mm 的占 13.4%;大于 2 mm 的占 25.4%;大于 0.5 mm 的占 45.4%;大于 0.25 mm 的占 72.5%;大于 0.1 mm 的占 94.2%。对照表 1.10 和表 1.11,以粒径分组由大到小,最先符合者确定名称。本题大于 20 mm 的 6.5% <50%,不能作为卵石(碎石);大于 2 mm 的 25.4% <50%,不能作为圆砾(角砾);符合粒径大于 2 mm 的颗粒占全重的 25% ~50%(表 1.11),故该土定名为砾砂。

小　　结

土是固体颗粒、水、空气所组成的三相体系。土中颗粒的大小、成分及三者之间的相互作用和比例关系,反映出土的不同性质,可据此对土进行分类和鉴定。同时,土的物理性质指标又都与土的力学性质发生联系,并在一定程度上决定土的工程性质。因此,土的物理性质是土最基本的工程特性。

学习本章要求掌握土的生成与组成的基本概念,掌握并能熟练计算土的物理性质及物理状态指标,熟悉土的压实原理,了解地基土工程分类,为后续土力学计算等知识的学习打下基础。

思 考 题

1.1　何谓土? 土的基本性质是什么? 土与其他工程材料相比有何特性?

1.2　土是怎样生成的? 何谓残积土、坡积土、冲积土? 其工程性质各有什么特征?

1.3　何谓土粒粒组? 土粒六大粒组划分标准是什么?

1.4　黏土颗粒表面哪一层水膜对土的工程性质影响最大,为什么?

1.5　土的结构通常分为哪几种? 它和矿物成分及成因条件有何关系?

1.6　在土的三相比例指标中,哪些指标是直接测定的? 其余指标是如何导出的?

1.7　液性指数是否会出现 $I_L > 1.0$ 和 $I_L < 0$ 的情况? 相对密度是否会出现 $D_r > 1.0$ 和 $D_r < 0$ 的情况?

1.8　判断砂土松密程度有哪些方法?

1.9　地基土分几大类? 各类土的划分根据是什么?

1.10　何谓最优含水量? 影响填土压实效果的主要因素有哪些?

习 题

1.1　某土样颗粒分析结果见表 1.14,试绘出颗粒级配曲线,并确定该土的 C_u 和 C_c,以及评价该土的级配情况。

表 1.14

粒径/mm	>2	2~0.5	0.5~0.25	0.25~0.1	0.1~0.05	<0.05
粒组含量/%	9	27	28	19	8	9

(答案:$C_u = 8.04$;$C_c = 1.59$;属良好级配)

1.2　在某土层中,用体积为 72 cm³ 的环刀取样。经测定,土样质量 129.1 g,烘干质量 121.5 g,土粒相对密度为 2.70。问该土样的含水量、湿重度、饱和重度、浮重度、干重度各是多少? 按上述计算结果,试比较该土样在各种情况下的重度值有何区别?

(答案:6.3%;17.6;20.2;10.4;16.6 kN/m³)

1.3　某饱和土的干重度为 16.2 kN/m³,其含水量为 20%,试求土粒相对密度、孔隙比和饱和重度?

(答案:2.46;0.49;19.44 kN/m³)

1.4　试证明下列换算公式:

$$①\rho_d = \frac{d_s\rho_w}{1+e} \qquad ②\gamma = \frac{\gamma_w(S_r e + d_s)}{1+e} \qquad ③S_r = \frac{wd_s(1-n)}{n}$$

1.5　已知某土样的天然含水量 $w = 42.6\%$,天然重度 $\gamma = 17.15$ kN/m³,土粒相对密度 $d_s = 2.74$,液限 $w_L = 42.4\%$,塑限 $w_p = 22.9\%$,试确定该土样的名称。

(答案:淤泥质土)

1.6　已知某土样的天然含水量 $w = 28\%$,液限 $w_L = 36\%$,塑限 $w_p = 18\%$,试求:

①土样的塑性指数 I_p;

②土样的液性指数 I_L;

③确定土的名称及其状态。

(答案:$I_p = 18$;$I_L = 0.56$;黏土,可塑)

1.7　某砂土地基,其土样的天然含水量 $w = 28\%$,天然重度 $\gamma = 18.62$ kN/m³,土粒相对密度 $d_s = 2.67$,筛析试验结果见表1.15。

表 1.15

孔径/mm	2	0.5	0.25	0.1	底　盘
各粒组相对含量/%	4.2	19.8	28	30	18

试确定土的名称及物理状态。

(答案:中砂,饱和)

第**2**章
土中应力计算

2.1 土中应力形式

建筑物地基的稳定性和沉降(变形)与地基土中的应力密切相关,因此,必须了解和计算在建筑物修建前后土体中的应力。在实际工程中,土中应力主要包括:①由土体自重引起的自重应力;②由建筑物荷载在地基土体中引起的附加应力;③水在孔隙中流动产生的渗透应力;④由于地震作用在土中引起的地震应力或其他振动荷载作用在土体中引起的振动应力等。本章只介绍自重应力和附加应力。

土中应力计算通常采用经典的弹性力学方法求解,即假定地基是均匀、连续、各向同性的无限空间线性变形体。这样的假定与地基土层往往是层状、非均匀各向异性和为弹塑性材料的实际情况不太相符。但在一般情况下,用弹性理论计算结果与实际较为接近,能够满足一般工程设计的要求。

2.2 土中自重应力

由土体的自重在地基引起的应力为自重应力,是始终存在于土中的。当将地基土视为半无限空间体时,在地面以下 $z(\mathrm{m})$ 深度处的平面上,由天然土重所引起的垂直方向的自重引力 σ_{cz},其值为:

$$\sigma_{cz} = \gamma \cdot z \tag{2.1}$$

式中 γ——土的天然重度,$\mathrm{kN/m}$;

z——土的深度,m;如图 2.1 所示。

由式(2.1)可知,σ_{cz} 随深度成正比例增加,沿水平面则为均匀分布。

通常情况下,地基是成层的或有地下水存在,在天然地面下深度 z 范围内各层土的厚度自上而下分别为 $h_1, h_2, \cdots, h_n$,对应的重度为 $\gamma_1, \gamma_2, \cdots, \gamma_n$,则 z 深度处的铅直向自重应力可按下式进行计算:

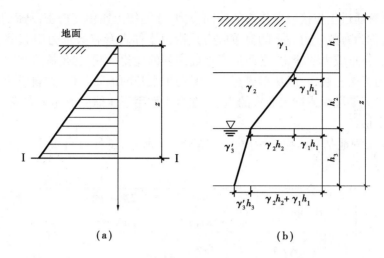

（a）　　　　　　　　　　（b）

图 2.1　土中自重应力分布

$$\sigma_{cz} = \gamma_1 h_1 + \gamma_2 h_2 + \cdots + \gamma_n h_n = \sum_{i=1}^{n} \gamma_i h_i \qquad (2.2)$$

式中　n——从天然地面起到深度 z 处的土层数；

　　　γ_i——第 i 层土的重度，地下水位以下用浮重度：γ_i'，kN/m^3；

　　　h_i——第 i 层土的厚度，m。

按式（2.2）计算出各土层界面处的自重应力后，在所计算竖直线的左侧用水平线按一定比例将自重应力表示出来，再用直线连接，即得到每层土的自重应力分布线。图 2.1（b）是由三层土组成的土体，在第三层底面处土体铅直方向的自重应力为：$\sigma_{cz} = \gamma_1 h_1 + \gamma_2 h_2 + \gamma_3 h_3$，即地下水位以下土层必须以浮重度（即有效重度）$\gamma'$ 代替天然重度 γ。

土层中有不透水层时，在不透水层中不存在浮力作用，其层面及层面以下部分自重应力计算时，应取上覆土及其上水的总重。

地基中除在水平面上作用着铅直向自重应力外，在铅直面上也作用着水平向的自重应力，根据弹性力学由广义胡克定律，$\varepsilon_x = \varepsilon_y = 0$，$\varepsilon_x = \dfrac{\sigma_x}{E_0} - \dfrac{\mu(\sigma_y + \sigma_z)}{E_0} = \varepsilon_y = 0$

经整理后得：

$$\sigma_{cx} = \sigma_{cy} = K_0 \sigma_{cz} \qquad (2.3)$$

式中　K_0——土的侧压力系数（也称静止土压力系数），其值见表 2.1，水平面与铅直面剪应力均为零。

表 2.1　K_0 的经验值

土的种类和状态	K_0	土的种类和状态	K_0
碎石土	0.18 ~ 0.25	黏土：坚硬状态	0.33
砂土	0.25 ~ 0.33	软塑及流塑状态	0.72
粉土	0.33	可塑状态	0.53
粉质黏土：坚硬状态	0.33		
可塑状态	0.43		
软塑及流塑状态	0.53		

应指出,只有通过土粒接触点传递的粒间应力,才能使土粒相互挤密,从而引起地基变形,因此,粒间应力称为有效应力。土的自重应力是指由土体自身有效重力引起的应力。地下水位的升降会引起自重应力的变化,进而造成地面高程的变化,应引起足够重视。

自然界中的天然土层,一般从形成至今已经历了很长的地质年代,在自重应力作用其变形已稳定。但对于近期沉积或堆积而成的土层,在自重作用下压缩变形还未完成,应考虑还将产生一定数值的变形。

例 2.1 某工程地基土的物理性质指标如图 2.2 所示,试计算自重应力并绘出自重应力分布曲线。

土层	柱状图	深度 z/m	分层厚度 $/\mathrm{m}$	重度 $\gamma/(\mathrm{kN\cdot m^{-3}})$	竖向自重应力分布 $\sigma_{cz}/(\mathrm{kN\cdot m^{-2}})$
填土		1	1	15.7	0 1　15.7
粉质黏土		3.0	2.0	17.5	2　50.7
		5.0	2.0	18.5	3　67.7
粉砂		10	5	20.5	4　120.2　190.2
不透水层		13	3.0	19.2	5　247.8

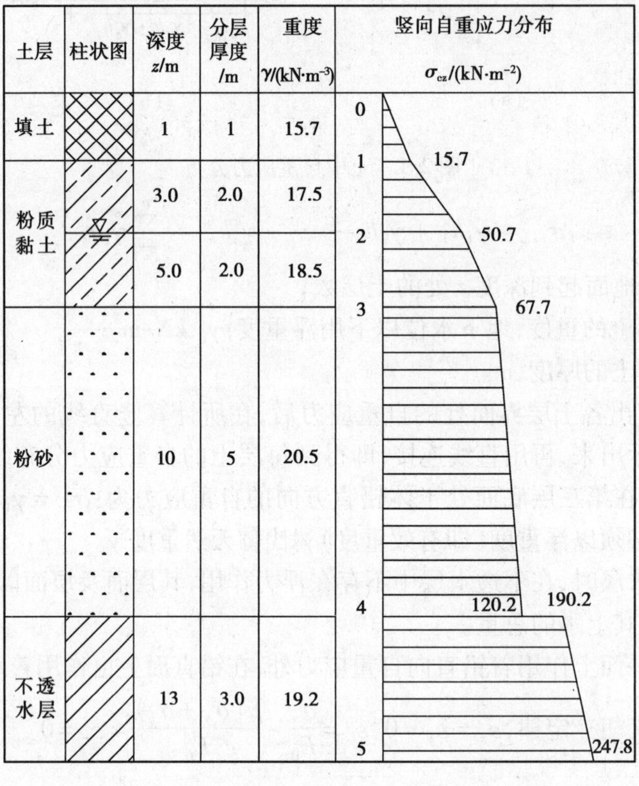

图 2.2 例 2.1

解题分析 本题涉及自重应力的计算和绘制自重应力分布曲线,故需根据式(2.2)计算自重应力,并根据计算结果绘出自重应力分布曲线如图 2.2 所示。

解 填土层底:

$$\sigma_{cz1} = \gamma_1 h_1 = 15.7 \times 1 \text{ kPa} = 15.7 \text{ kPa}$$

地下水位处:

$$\sigma_{cz2-1} = \gamma_1 h_1 + \gamma_2 h_{2-1} = (15.7 + 17.5 \times 2)\text{kPa} = 50.7 \text{ kPa}$$

粉质黏土层底:

$$\sigma_{cz2-2} = \gamma_1 h_1 + \gamma_2 h_{2-1} + \gamma_2' h_{2-2} = \left[50.7 + (18.5 - 10) \times 2\right]\text{kPa} = 67.7 \text{ kPa}$$

粉砂土层底:

$$\sigma_{cz3} = \gamma_1 h_1 + \gamma_2 h_{2-1} + \gamma_2' h_{2-2} + \gamma_3' h_3 = \left[67.7 + (20.5 - 10) \times 5\right]\text{kPa} = 120.2 \text{ kPa}$$

不透水层面：

$$\sigma_{cz4} = \sigma_{cz3} + \gamma_w(h_{2-2} + h_3) = [120.2 + (2 + 5) \times 10]\,kPa = 190.2\,kPa$$

不透水层底：

$$\sigma_{cz4'} = \sigma_{cz4} + \gamma_4 h_4 = (190.2 + 19.2 \times 3)\,kPa = 247.8\,kPa$$

2.3　基底压力

基础底面处单位面积土体所受到的压力，即为基底压力（又称接触压力），它是建筑物荷载通过基础传给地基的压力，是计算地基中附加应力的依据，也是基础设计的依据。

准确地确定基底压力的分布是相当复杂的问题，它既受基础刚度、尺寸、形状和埋置深度的影响，又受作用于基础上荷载的大小、分布、地基土性质的影响。例如，有一受中心荷载作用的圆形刚性基础，在不同情况下压力分布不同，见表 2.2。

表 2.2　圆形刚性基础基底压力分布情况

上部荷载	地基土情况	压力分布情况	备　注
中心荷载作用	较硬的黏性土	马鞍形分布（基础周围有边荷载）	图 2.3(a)
中心荷载作用	砂土	抛物线形分布	图 2.3(b)
中心荷载加大	砂土	钟形分布（地基接近破坏）	图 2.3(c)

刚度较小的基础的变形能够适应地基的变形，则基底压力的分布与作用于基础的荷载形式相同。如路基、土坝的荷载是梯形的，基底压力也接近梯形分布。对于刚性较大的基础，虽然基底压力分布十分复杂，但试验表明，当基础宽度大于 1 m 且荷载不大于 300 ~ 500 kPa 时，基底压力可近似按直线变化规律计算，它在地基变形计算中引起的误差一般工程是允许的。这样，基底压力分布可近似地按材料力学公式进行计算。对于较复杂的基础，需要用弹性地基梁的方法计算。

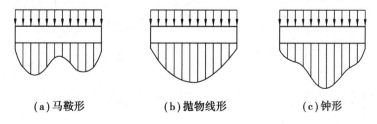

(a) 马鞍形　　　　(b) 抛物线形　　　　(c) 钟形

图 2.3　圆形刚性基础底面压力分布

2.3.1　中心荷载下的基底压力

当基础受中心荷载作用时，荷载的合力通过基础形心，基底压力呈均匀分布如图 2.4 所示。如果基础为矩形，此时基底压力设计值按下式计算，即

$$p = \frac{F + G}{A} \tag{2.4}$$

式中　F——作用在基础上的竖向力设计值,kN;

　　　G——基础自重设计值及其上回填土重标准值的总和,$G = \gamma_G Ad$,kN;

　　　γ_G——基础及回填土的平均重度,一般取 20 kN/m³,地下水位以下扣除浮力 10 kN/m³;

　　　d——基础埋深,必须从设计地面或室内外平均设计地面算起,m;

　　　A——基底面积,m²。

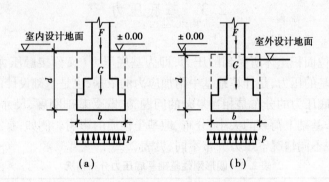

图 2.4　中心荷载下的基底压力分布

如基础长度为宽度 10 倍时,可将基础视为条形基础,则沿长度方向截取一单位长度进行基底压力 p 的计算,此时,式(2.5)中的 A 取基础宽度 b,而 F 和 G 则为单位长度基础内的相应值,单位为 kN/m。

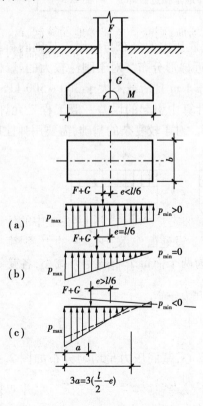

图 2.5　按简化法计算偏心受压的基底压力

2.3.2　偏心荷载下的基底压力

在单向偏心荷载作用下,设计时通常将基础长边方向定为偏心方向(图 2.5),此时,基础边缘压力可按下式计算:

$$\begin{matrix} p_{max} \\ p_{min} \end{matrix} = \frac{F+G}{bl} \pm \frac{M}{W} = \frac{F+G}{bl}\left(1 \pm \frac{6e}{l}\right) \qquad (2.5)$$

式中　p_{max}, p_{min}——基底边缘最大、最小压力,kPa;

　　　M——作用在基底形心上的力矩,kN·m;

　　　W——基础底面的抵抗矩,$W = \dfrac{bl^2}{6}$,m³;

　　　e——偏心矩,$e = \dfrac{M}{F+G}$,m。

由式(2.5)可知,当 $e < \dfrac{l}{6}$ 时,基底压力呈梯形分布(图 2.5(a));当 $e = \dfrac{l}{6}$ 时,呈三角形分布(图 2.5(b));当 $e > \dfrac{l}{6}$ 时,按式(2.5)计算出的 p_{min} 为负值,如图 2.5(c)中虚线所示。由于基底

与地基之间承受拉力的能力很小,在 $p < 0$ 的情况下,基底与地基局部脱开,基底压力将重新分布。由基底压力与上部荷载相平衡的条件,荷载合力 $(F + G)$ 应通过三角形反力分布图的形心,由此得出:

$$p_{max} = \frac{2(F + G)}{3ba}, \quad a = \frac{l}{2} - e \tag{2.6}$$

式中　a——合力作用点至 p_{max} 处距离,m;

　　　b——垂直于力矩作用方向的基础底面边长;

　　　l——偏心方向基础底面边长。

2.3.3　基底附加压力

一般土层在自重作用下已压缩稳定,地基变形主要是由新增加于基底平面处的外荷载(即基底附加压力)引起。基础一般都埋置在天然地面以下一定深度处,该处原有的自重应力由于开挖基坑而卸除。因此,由建筑物建造后的基底压力应扣除基底标高处原有的自重应力,才是基底处新增加给地基的附加压力,也称基底净压力。其大小可按下式计算:

$$p_0 = p - \sigma_{cz} = p - \gamma_0 d \tag{2.7}$$

式中　p——基底压力,kPa;

　　　σ_{cz}——基底处自重应力,kPa;

　　　γ_0——基础底面标高以上天然土层的加权平均重度;

　　　$\gamma_0 = (\gamma_1 h_1 + \gamma_2 h_2 + \cdots + \gamma_n h_n)/(h_1 + h_2 + \cdots + h_n)$,kN/m^3;

　　　d——基础埋深,从天然地面算起,对于新近填土场地,则应从老天然地面算起,m。

有了基底附加压力,就可以将它看作是作用在弹性半无限空间体表面上的局部荷载,采用弹性力学公式计算地基中不同深度处的附加应力。应注意,当基坑的平面尺寸和深度相差较大时,由于基底压力的卸除,基坑回弹是很明显的,在沉降计算时,应考虑这种回弹再压缩而增加的沉降,改用 $p = p_0 - a\sigma_{cz}$,系数 $a = 0 \sim 1$。

2.4　土中附加应力

在外荷载作用下,地基中各点均会产生应力,称为附加应力。为说明应力在土中的传递情况,假定地基土是由无数等直径的小圆球组成(图 2.6)。设地面作用有 1 kN 的力,则第一层受力的小球将受到 1 kN 的铅直力,第二层受力小球增为两个而每个小球受力减小,各受铅直力 1/2 kN,以此类推,可知土中小球受力情况如图 2.6 所示。

从图 2.6 中还可看到附加应力的分布规律:

①在荷载轴线上,离荷载越远,附加应力越小;

②在地基中任一深度处的水平面上,沿荷载轴线上的附加应力最大,向两边逐渐减小。该现象称为应力扩散。

实际上,应力在地基中的分布、传递情况要比图 2.6 复杂得多,并且基底压力也并非集中力。在计算地基中的附加应力时,一般均假定土体是连续、均质、各向同性的,采用弹性力学解答。以下介绍工程中常遇到的一些荷载情况和应力计算方法。

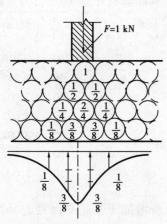

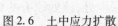

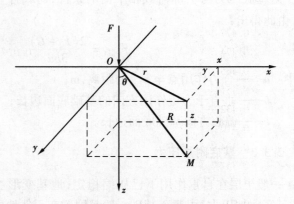

图 2.6　土中应力扩散　　　　　图 2.7　铅直集中力作用下土中附加压力

2.4.1　铅直集中荷载作用下的附加应力

当地基表面受到集中力作用下时,地基内附加应力的分布情况通常可采用弹性理论的方法计算。将地基当作一个半空间弹性体,设半空间弹性体的表面作用着一个集中力 F (图 2.7),半空间弹性体任意一点 $M(x,y,z)$ 的全部应力 $(\sigma_x,\sigma_y,\sigma_z,\tau_{xy},\tau_{yz},\tau_{xz})$ 和全部位移 (u_x,u_y,u_z),已按弹性力学的方法由法国的布辛涅斯克推导出(由集中力 F 引起的 6 个应力分量和 3 个位移分量的计算式),这里仅写出与地基沉降计算直接有关的垂直压应力 σ_z 的计算公式。

$$\sigma_z = \frac{3F}{2\pi} \cdot \frac{z^3}{R^5} \tag{2.8}$$

利用几何关系 $R^2 = r^2 + z^2$ 则

$$\sigma_z = \frac{3F}{2\pi} \cdot \frac{z^3}{(r^2 + z^2)^{5/2}} = \frac{3}{2\pi} \cdot \frac{1}{\left[\left(\frac{r}{z}\right)^2 + 1\right]^{5/2}} \cdot \frac{F}{z^2} \tag{2.9}$$

令

$$\alpha = \frac{3}{2\pi} \cdot \frac{1}{\left[\left(\frac{r}{z}\right)^2 + 1\right]^{5/2}}$$

则

$$\sigma_z = \alpha \frac{F}{z^2} \tag{2.10}$$

式中　F——作用在坐标原点的集中力;

　　　　r——M 点与集中力作用点的水平距离;

　　　　z——M 点的深度;

　　　　R——M 点至坐标原点的距离;

　　　　α——为铅直集中荷载作用下地基铅直向附加应力系数,它是 r/z 的函数,其值可查表
　　　　2.3。

表 2.3　铅直集中荷载作用下地基铅直向附加应力系数 α

r/z	α	r/z	α	r/z	α	r/z	α	r/z	α
0	0.477 5	0.50	0.273 3	1.00	0.084 4	1.50	0.025 1	2.00	0.008 5
0.05	0.474 5	0.55	0.246 6	1.05	0.074 4	1.55	0.022 4	2.20	0.005 8
0.10	0.465 7	0.60	0.221 4	1.10	0.065 8	1.60	0.020 0	2.40	0.004 0
0.15	0.451 6	0.65	0.197 8	1.15	0.058 1	1.65	0.017 9	2.60	0.002 9
0.20	0.432 9	0.70	0.176 2	1.20	0.051 3	1.70	0.016 0	2.80	0.002 1
0.25	0.410 3	0.75	0.156 5	1.25	0.045 4	1.75	0.014 4	3.00	0.001 5
0.30	0.384 9	0.80	0.138 6	1.30	0.040 2	1.80	0.012 9	3.50	0.000 7
0.35	0.357 7	0.85	0.122 6	1.35	0.035 7	1.85	0.011 6	4.00	0.000 4
0.40	0.329 4	0.90	0.108 3	1.40	0.031 7	1.90	0.010 5	4.50	0.000 2
0.45	0.301 1	0.95	0.095 6	1.45	0.028 2	1.95	0.009 5	5.00	0.000 1

利用式(2.10)可求出地基中任意一点的附加应力值。将地基划分成许多网格,求出各网格交点上的 σ_z 值,就可绘出土中铅直附加应力等值线分布图及附加应力沿荷载轴线和不同深度处的水平面上的分布(图 2.8),由图可知:当 $r=0$ 时的荷载轴线上,随着深度 z 的增大,σ_z 减小;当 z 一定时,$r=0$ 时,σ_z 最大,随着 r 的增大,σ_z 逐渐减小,该规律和如前阐述的应力在土中传递(扩散)情况是一致的。

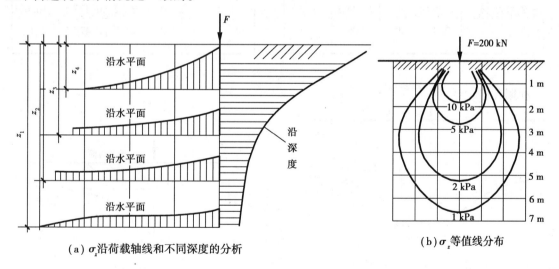

(a) σ_z 沿荷载轴线和不同深度的分析　　　　(b) σ_z 等值线分布

图 2.8　土中附加应力分布图

若地基表面作用着多个铅直向集中荷载 F_i 时 $(i=1,2,3,\cdots,n)$,按照叠加的原理,则地面下 z 深度某点 M 处的铅直向附加应力应为各个集中力单独作用时产生的附加应力之和,即

$$\sigma_z = \alpha_1 \frac{F_1}{z^2} + \alpha_2 \frac{F_2}{z^2} + \cdots + \alpha_n \frac{F_n}{z^2} = \sum_{i=1}^{n} \alpha_i \frac{F_i}{z^2} \tag{2.11}$$

式中　α_i——第 i 个集中力作用下,地基中的铅直向附加应力系数。根据 r_i/z 按表 2.3 查得,
　　　　其中 r_i 为第 i 个集中力作用点到 M 点的水平距离。

　　当局部荷载的平面形状或分布不规则时,可将荷载的作用面分成若干个形状规则的面积单元,每个单元的分荷载可近似地用作用于单元面积形心上的集中力代替,再利用式(2.11)计算地基中某点 M 的附加应力。但对于靠近荷载面的点不适用($R=0$ 的荷载作用点上 σ_z 为无限大),又由于建筑物总是布置在一定面积上,故可利用布辛涅斯克解答,通过积分或等代荷载法,求得各种荷载面积下的附加应力值。

　　例2.2　在地基上作用一集中力 $F=200$ kN,要求确定:①$z=2$ m 深度处的水平面上附加应力分布;②在 $r=0$ 的荷载作用线上附加应力的分布。

　　解题分析　本题主要求在集中力作用下附加应力的分布情况,故需根据 $\sigma_z=\alpha\dfrac{F}{z^2}$,求得一组 $z=2$ m 处水平面上附加应力值和一组荷载作用线上附加应力值。

　　解　附加应力的计算结果见表2.4和表2.5,沿水平面的分布如图2.9所示,附加应力沿深度的分布如图2.10所示。

表2.4

z/m	r/m	r/z	F/z^2	α	σ_z/kPa
2	0	0	50	0.477 5	23.9
2	1	0.5	50	0.273 3	13.6
2	2	1.0	50	0.084 4	4.2
2	3	1.5	50	0.025 1	1.2
2	4	2.0	50	0.008 5	0.4

表2.5

z/m	r/m	r/z	F/z^2	α	σ_z/kPa
0	0	0	∞	0.477 5	∞
1	0	0	200	0.477 5	95.5
2	0	0	50	0.477 5	23.9
3	0	0	22.2	0.477 5	10.6
4	0	0	12.5	0.477 5	6.0

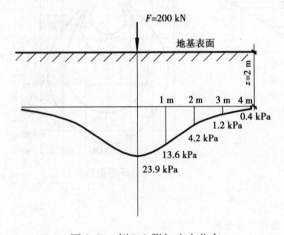

图2.9　例2.2附加应力分布

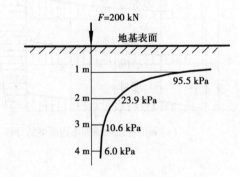

图2.10　例2.2附加应力分布

2.4.2　矩形基础底面铅直荷载作用下地基中的附加应力

(1)铅直均布荷载作用角点下的附加应力

　　矩形(指基础底面)基础,边长分别为 b、l,基底附加压力均匀分布,计算基础四个角点下地基中的附加应力。因四个角点下应力相同,只计算一个即可。

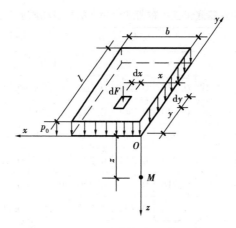

图 2.11　铅直均布荷载作用时角点下附加应力

将坐标原点选在基底角点处(图 2.11),在矩形面积内取一微面积 $dxdy$,距离原点 O 为 x、y,微面积上的均布荷载用集中力 $dF = p_0 dxdy$ 代替,则角点下任意深处的 M 点由集中力 dF 引起的铅直向附加应力 $d\sigma_z$,可按式(2.12)计算:

$$d\sigma_z = \frac{3}{2\pi} \cdot \frac{p_0 z^3}{(x^2 + y^2 + z^2)^{5/2}} dxdy \tag{2.12}$$

将其在基底 A 范围内进行积分可得:

$$\sigma_z = \iint_A d\sigma_z = 3\frac{p_0 z^3}{2\pi} \int_0^b \int_0^l \frac{1}{(x^2 + y^2 + z^2)^{5/2}} dxdy$$

$$= \frac{p_0}{2\pi} \left[\frac{blz(b^2 + l^2 + 2z^2)}{(b^2 + z^2)(l^2 + z^2)\sqrt{b^2 + l^2 + z^2}} + \right.$$

$$\left. \arctan \frac{bl}{z\sqrt{b^2 + l^2 + z^2}} \right] \tag{2.13}$$

令　　　　$$a_c = \frac{1}{2\pi} \left[\frac{blz(b^2 + l^2 + 2z^2)}{(b^2 + z^2)(l^2 + z^2)\sqrt{b^2 + l^2 + z^2}} + \arctan \frac{bl}{z\sqrt{b^2 + l^2 + z^2}} \right] \tag{2.14}$$

则　　　　　　　　　　　　　　$$\sigma_z = a_c p_0 \tag{2.15}$$

式中　a_c——矩形基础底面铅直均布荷载作用下角点下的铅直附加应力系数,据 l/b、z/b 查表 2.6 取得。注意,l 恒为基础长边,b 为短边。

(2)铅直均布荷载作用任意点下的附加应力

在实际工程中,常需计算地基中任意点下的附加应力。此时,只要按角点下应力的计算公式分别进行计算,然后采用叠加原理求代数和即可,此方法称角点法。

图 2.12 中列出了几种计算点不在角点的情况(即任意点),其计算方法为:通过任意点,把荷载面分成若干个矩形面积,这样点就必然落到所划出的各个小矩形的公共角点然后再按式(2.15)计算每个矩形角点下同一深度 z 处的附加应力 σ_z,并求出代数和恒为 l_i,短边为 b_i。

表 2.6 矩形基底铅直均布荷载作用下的铅直向附加应力系数 α_c

z/b	l/b											
	1.0	1.2	1.4	1.6	1.8	2.0	3.0	4.0	5.0	6.0	10.0	条形
0.0	0.250	0.250	0.250	0.250	0.250	0.250	0.250	0.250	0.250	0.250	0.250	0.250
0.2	0.249	0.249	0.249	0.249	0.249	0.249	0.249	0.249	0.249	0.249	0.249	0.249
0.4	0.240	0.242	0.243	0.243	0.244	0.244	0.244	0.244	0.244	0.244	0.244	0.244
0.6	0.223	0.228	0.230	0.232	0.232	0.233	0.234	0.234	0.234	0.234	0.234	0.234
0.8	0.200	0.207	0.212	0.215	0.216	0.218	0.220	0.220	0.220	0.220	0.220	0.220
1.0	0.175	0.185	0.191	0.195	0.198	0.200	0.203	0.204	0.204	0.204	0.205	0.205
1.2	0.152	0.163	0.171	0.176	0.179	0.182	0.187	0.188	0.189	0.189	0.189	0.189
1.4	0.131	0.142	0.151	0.157	0.161	0.164	0.171	0.171	0.174	0.174	0.174	0.174
1.6	0.112	0.124	0.133	0.140	0.145	0.148	0.157	0.159	0.160	0.160	0.160	0.160
1.8	0.097	0.108	0.117	0.124	0.129	0.133	0.143	0.146	0.147	0.148	0.148	0.148
2.0	0.084	0.095	0.103	0.110	0.116	0.120	0.131	0.135	0.136	0.137	0.137	0.137
2.2	0.073	0.083	0.092	0.098	0.104	0.108	0.121	0.125	0.126	0.127	0.128	0.128
2.4	0.064	0.073	0.081	0.088	0.093	0.098	0.111	0.116	0.118	0.118	0.119	0.119
2.6	0.057	0.065	0.072	0.079	0.084	0.089	0.102	0.107	0.110	0.111	0.112	0.112
2.8	0.050	0.058	0.065	0.071	0.076	0.080	0.094	0.100	0.102	0.104	0.105	0.105
3.0	0.045	0.052	0.058	0.064	0.069	0.073	0.087	0.093	0.096	0.097	0.099	0.099
3.2	0.040	0.047	0.053	0.058	0.063	0.067	0.081	0.087	0.090	0.092	0.093	0.094
3.4	0.036	0.042	0.048	0.053	0.057	0.061	0.075	0.081	0.085	0.086	0.088	0.089
3.6	0.033	0.038	0.043	0.048	0.052	0.056	0.069	0.076	0.080	0.082	0.084	0.084
3.8	0.030	0.035	0.040	0.043	0.048	0.052	0.065	0.072	0.075	0.077	0.080	0.080
4.0	0.027	0.032	0.036	0.040	0.044	0.048	0.060	0.067	0.071	0.073	0.076	0.076
4.2	0.025	0.029	0.033	0.037	0.041	0.044	0.056	0.063	0.067	0.070	0.072	0.073
4.4	0.023	0.027	0.031	0.034	0.038	0.041	0.053	0.060	0.064	0.066	0.069	0.070
4.6	0.021	0.025	0.028	0.032	0.035	0.038	0.049	0.056	0.061	0.063	0.066	0.067
4.8	0.019	0.023	0.026	0.029	0.032	0.035	0.046	0.053	0.058	0.060	0.064	0.064
5.0	0.018	0.021	0.024	0.027	0.030	0.033	0.043	0.050	0.055	0.057	0.061	0.062
6.0	0.013	0.015	0.017	0.020	0.022	0.024	0.033	0.039	0.043	0.046	0.051	0.052
7.0	0.009	0.011	0.013	0.015	0.016	0.018	0.025	0.031	0.035	0.038	0.043	0.045
8.0	0.007	0.009	0.010	0.011	0.013	0.014	0.020	0.025	0.028	0.031	0.037	0.039
9.0	0.006	0.007	0.008	0.009	0.010	0.011	0.016	0.020	0.024	0.026	0.032	0.035

续表

z/b	l/b											
	1.0	1.2	1.4	1.6	1.8	2.0	3.0	4.0	5.0	6.0	10.0	条形
10.0	0.005	0.006	0.007	0.007	0.008	0.009	0.013	0.017	0.020	0.022	0.028	0.032
12.0	0.003	0.004	0.005	0.005	0.006	0.006	0.009	0.012	0.014	0.017	0.022	0.026
14.0	0.002	0.003	0.004	0.004	0.004	0.005	0.007	0.009	0.011	0.013	0.018	0.023
16.0	0.002	0.002	0.003	0.003	0.003	0.004	0.005	0.007	0.009	0.010	0.014	0.020
18.0	0.001	0.002	0.002	0.002	0.003	0.003	0.004	0.006	0.007	0.008	0.012	0.018
20.0	0.001	0.001	0.002	0.002	0.002	0.002	0.004	0.005	0.006	0.007	0.010	0.015
25.0	0.001	0.001	0.001	0.001	0.001	0.002	0.002	0.003	0.004	0.004	0.007	0.013
30.0	0.001	0.001	0.001	0.001	0.001	0.001	0.002	0.002	0.003	0.003	0.005	0.011
35.0	0.000	0.000	0.001	0.001	0.001	0.001	0.001	0.002	0.002	0.002	0.004	0.009
40.0	0.000	0.000	0.000	0.000	0.001	0.001	0.001	0.001	0.001	0.002	0.003	0.008

1)O 点在基底边缘(图 2.12(a))

$$\sigma_z = (\alpha_{cI} + \alpha_{cII})p_0$$

式中　α_{cI}、α_{cII}——分别表示相应于面积Ⅰ、面积Ⅱ的角点下附加应力系数。

2)O 点在基础底面内(图 2.12(b))

$$\sigma_z = (\alpha_{cI} + \alpha_{cII} + \alpha_{cIII} + \alpha_{cIV})p_0$$

若 O 点在基底中心,则 $\sigma_z = 4\alpha_{cI}p_0$(也可直接查中心点应力系数表计算)。

3)O 点在基础底面边缘以外(图 2.12(c))

此时,可设想将基础底面增大,使 O 点成为基础底面边缘上的点。基础底面是由Ⅰ($Ofbg$)与Ⅱ($Ofah$)之差和与Ⅲ($Oecg$)与Ⅳ($Oedh$)之差合成(因 $efad$ 设想出来的),因此

$$\sigma_z = (\alpha_{cI} - \alpha_{cII} + \alpha_{cIII} - \alpha_{cIV})p_0$$

4)O 点在基底角点外侧(图 2.12(d))

设想将基础底面扩大,使 O 点位于基础底面的角点上。基础底面是由中的Ⅰ($Ohce$)扣除Ⅱ($Ohbf$)和Ⅲ($Ogde$)之后再加上Ⅳ($Ogaf$)而成,即

$$\sigma_z = (\alpha_{cI} - \alpha_{cII} - \alpha_{cIII} + \alpha_{cIV})p_0$$

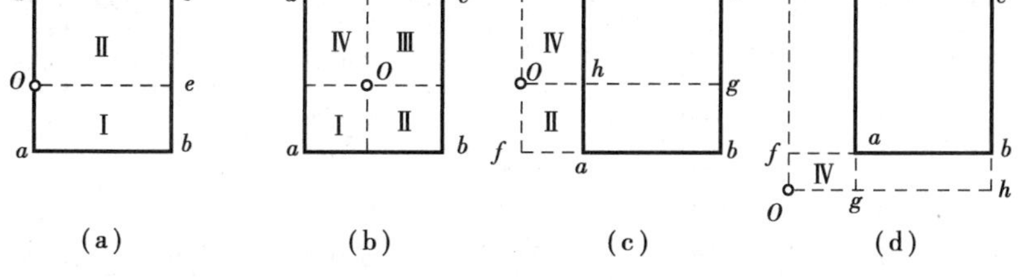

图 2.12　角点法的应用

例 2.3　某柱下两独立基础,埋置深度为 2 m,基底尺寸为 2 m×3 m,作用于两个基础上

的荷载均为 $F = 1\,260$ kN，两基础中心距离为 6 m，埋深范围内土的重度为 18.5 kN/m³。试求：
①A 基础在自身所受荷载作用下地基中产生的附加应力（O 点，A 点），利用计算结果说明附加应力的扩散规律；②考虑相邻基础影响 A 基础下地基中的附加应力（只求基础中心点下的附加应力）。

解题分析 本题为矩形基础底面铅直荷载作用下地基中任意点的附加应力的求解，故需根据 $\sigma_z = \alpha_c p_0$ 和角点法来求，其解题过程应为先求 p，再求 p_0，最后求 σ_z。

求基础底面的附加应力：

$$G = \gamma_G bld = 20 \times 2 \times 3 \times 2 \text{ kPa} = 240 \text{ kPa}$$

$$p = \frac{F + G}{bl} = \frac{1\,260 + 240}{2 \times 3} \text{ kPa} = 250 \text{ kPa}$$

$$p_0 = p - \gamma_0 d = (250 - 18.5 \times 2) \text{ kPa} = 213 \text{ kPa}$$

1）计算 A 基础中心点 O 的附加应力（不考虑 B 基础的影响）

过中心点将基底分为四部分，每部分 $l = 1.5$ m，$b = 1$ m，$l/b = 1.5$，$\sigma_z = 4\alpha_c p_0$ 列表 2.7 计算。

表 2.7

点	z/m	z/b	α_c	σ_z/kPa
0	0	0	0.250	213.0
1	1.0	1.0	0.193	164.4
2	2.0	2.0	0.107	91.2
3	3.0	3.0	0.061	52.0
4	4.0	4.0	0.038	32.4
5	5.0	5.0	0.026	22.2
6	6.0	6.0	0.019	16.2
7	7.0	7.0	0.014	11.9

2）计算 A 基础边缘点 A 的附加应力（不考虑 B 基础的影响）

过边缘点将基底分为两部分，每部分 $l = 3$ m，$b = 1$ m，$l/b = 3$，$\sigma_z = 2\alpha_c p_0$ 列表 2.8 计算。

表 2.8

点	z/m	z/b	α_c	σ_z/kPa
0	0	0	0.250	106.5
1	1.0	1.0	0.203	86.5
2	2.0	2.0	0.131	55.8
3	3.0	3.0	0.087	37.1
4	4.0	4.0	0.060	25.6
5	5.0	5.0	0.043	18.3
6	6.0	6.0	0.033	14
7	7.0	7.0	0.025	10.7

从计算结果可知，附加应力随深度的增加而逐步减小，A 点的附加应力比 O 点要小。

3)考虑相邻基础的影响所产生的附加应力 σ_z'

将 B 基底面积分为两块,每块对 A 基础的影响可看成荷载面 I($Oabc$)和荷载面 II($Oaed$)对 O 点附加应力之差合成。荷载 I 的 $l/b = 7.0/1.5 = 4.67$。荷载 II 的 $l/b = 5.0/1.5 = 3.33$列表 2.9 计算,最后将计算结果按适当比例绘于图 2.13 中。

表2.9

点	z/m	z/b	α_{cI}	α_{cII}	$\Delta\sigma_z$	σ_z'/kPa
0	0	0	0.250	0.250	0	213
1	1.0	0.67	0.229	0.229	0.04	164.44
2	2.0	1.33	0.179	0.177	0.85	92.05
3	3.0	2.0	0.136	0.132	1.70	53.7
4	4.0	2.67	0.106	0.100	2.56	34.96
5	5.0	3.33	0.086	0.079	2.98	25.18
6	6.0	4.0	0.070	0.062	3.41	19.61
7	7.0	4.67	0.058	0.050	3.41	15.30

注:荷载面 I 的 $l/b = 4.67$;荷载面 II 的 $l/b = 3.33$;$\Delta\sigma_z = 2(\alpha_{cI} - \alpha_{cII})p_0$;$\sigma_z' = \sigma_z + \Delta\sigma_z$(其中 σ_z 为表2.7 中的)。

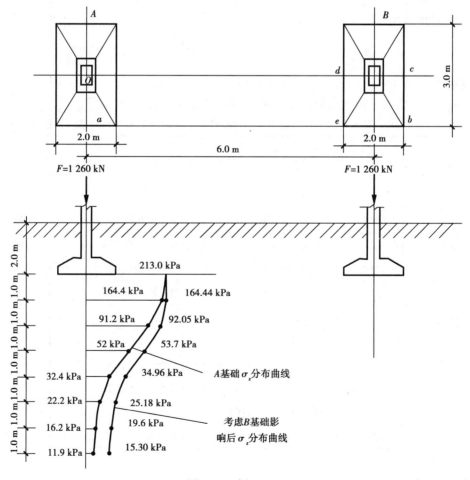

图 2.13　例 2.3

43

（3）铅直三角形分布荷载作用角点下的附加应力

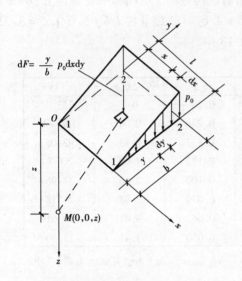

由于弯矩作用,基底反力呈梯形分布,此时可采用均匀分布及三角形分布叠加。

将坐标原点 O 建在荷载强度为零的一个角点上,由荷载的分布情况可知,荷载为零的两个角点下附加应力相同,荷载为 p_0 的两个角点下附加应力相同。将荷载为零的角点记作 1 角点,荷载为 p_0 的角点为 2 角点。在基底面积内任取一微面积 $\mathrm{d}x\mathrm{d}y$,微面积上的荷载用 $\frac{y}{b}p_0\mathrm{d}x\mathrm{d}y$ 表示,则角点 O 下 z 深度处的附加应力 $\mathrm{d}\sigma_z$,可按式(2.16)计算,如图 2.14。

$$\mathrm{d}\sigma_z = \frac{3}{2\pi} \cdot \frac{yp_0z^3}{b(x^3 + y^3 + z^3)^{5/2}}\mathrm{d}z\mathrm{d}y \qquad (2.16)$$

图 2.14　矩形基底铅直三角形分布荷载作用角点下的附加应力

在整个矩形基础底面内积分,并整理后得:

$$\sigma_z = \iint_A \mathrm{d}\sigma_z = \frac{3p_0z^3}{2\pi b}\int_0^b\int_0^l \frac{y}{(x^2 + y^2 + z^2)^{5/2}}\mathrm{d}x\mathrm{d}y$$

$$= \frac{l}{2\pi}\left[\frac{z}{\sqrt{b^2 + l^2}} - \frac{z^3}{(b^2 + z^2)\sqrt{b^2 + l^2 + z^2}}\right]p_0$$

同理得:
$$\sigma_z = a_{z1}p_0 \qquad (2.17)$$

式中　a_{z1}——1 角点下铅直向附加应力系数,由 l/b、z/b 查表 2.10。

表 2.10　矩形基底铅直三角形分布荷载作用下角点下的铅直向附加应力系数

z/b ＼ l/b → 点	0.2		0.4		0.6		0.8		1.0	
	1	2	1	2	1	2	1	2	1	2
0.0	0.000 0	0.250 0	0.000 0	0.250 0	0.000 0	0.250 0	0.000 0	0.250 0	0.000 0	0.250 0
0.2	0.022 3	0.182 1	0.028 0	0.211 5	0.029 6	0.216 5	0.030 1	0.217 8	0.030 4	0.218 2
0.4	0.026 9	0.109 4	0.042 0	0.160 4	0.048 7	0.178 1	0.051 7	0.184 4	0.053 1	0.187 0
0.6	0.025 9	0.070 0	0.044 8	0.116 5	0.056 0	0.140 5	0.062 1	0.152 0	0.065 4	0.157 5
0.8	0.023 2	0.048 0	0.042 1	0.085 3	0.055 3	0.109 3	0.063 7	0.123 2	0.068 8	0.131 1
1.0	0.020 1	0.034 6	0.037 5	0.063 8	0.050 8	0.085 2	0.060 2	0.099 6	0.066 6	0.108 6
1.2	0.017 1	0.026 0	0.032 4	0.049 1	0.045 0	0.067 3	0.054 6	0.080 7	0.061 5	0.090 1
1.4	0.014 5	0.020 2	0.027 8	0.038 6	0.039 2	0.054 0	0.048 3	0.066 1	0.055 4	0.075 1
1.6	0.012 3	0.016 0	0.023 8	0.031 0	0.033 9	0.044 0	0.042 4	0.054 7	0.049 2	0.062 8
1.8	0.010 5	0.013 0	0.020 4	0.025 4	0.029 4	0.036 3	0.037 1	0.045 7	0.043 5	0.053 4

续表

z/b	l/b 0.2 点 1	2	0.4 1	2	0.6 1	2	0.8 1	2	1.0 1	2
2.0	0.009 0	0.010 8	0.017 6	0.021 1	0.025 5	0.030 4	0.032 4	0.038 7	0.038 4	0.045 6
2.5	0.006 3	0.007 2	0.012 5	0.014 0	0.018 3	0.020 5	0.023 6	0.026 5	0.028 4	0.031 3
3.0	0.004 6	0.005 1	0.009 2	0.010 0	0.013 5	0.014 8	0.017 6	0.019 2	0.021 4	0.023 3
5.0	0.001 8	0.001 9	0.003 6	0.003 8	0.005 4	0.005 6	0.007 1	0.007 4	0.008 8	0.009 1
7.0	0.000 9	0.001 0	0.001 9	0.001 9	0.002 8	0.002 9	0.003 8	0.003 8	0.004 7	0.004 7
10.0	0.000 5	0.000 4	0.000 9	0.001 0	0.001 4	0.001 4	0.001 9	0.001 9	0.002 3	0.002 4

z/b	l/b 1.2 点 1	2	1.4 1	2	1.6 1	2	1.8 1	2	2.0 1	2
0.0	0.000 0	0.250 0	0.000 0	0.250 0	0.000 0	0.250 0	0.000 0	0.250 0	0.000 0	0.250 0
0.2	0.030 5	0.218 4	0.030 5	0.218 5	0.030 6	0.218 5	0.030 6	0.218 5	0.030 6	0.218 5
0.4	0.053 9	0.188 1	0.054 3	0.188 6	0.054 3	0.188 9	0.054 6	0.189 1	0.054 7	0.189 2
0.6	0.067 3	0.160 2	0.068 4	0.161 6	0.069 0	0.162 5	0.069 4	0.163 0	0.069 6	0.163 3
0.8	0.072 0	0.135 5	0.073 9	0.138 1	0.075 1	0.139 6	0.075 9	0.140 5	0.076 4	0.141 2
1.0	0.070 8	0.114 3	0.073 5	0.117 6	0.075 3	0.120 2	0.076 6	0.121 5	0.077 4	0.122 5
1.2	0.066 4	0.096 2	0.069 8	0.100 7	0.072 1	0.103 7	0.073 8	0.105 5	0.074 9	0.106 9
1.4	0.060 6	0.081 7	0.064 4	0.086 4	0.067 2	0.089 7	0.069 2	0.092 1	0.070 7	0.093 7
1.6	0.054 5	0.069 6	0.058 6	0.074 3	0.061 6	0.078 0	0.063 9	0.080 6	0.065 6	0.082 6
1.8	0.048 7	0.059 6	0.052 8	0.064 4	0.056 0	0.068 1	0.058 5	0.070 9	0.060 4	0.073 0
2.0	0.043 4	0.051 3	0.047 4	0.056 0	0.050 7	0.059 6	0.053 3	0.062 5	0.055 3	0.064 9
2.5	0.032 6	0.036 5	0.036 2	0.040 5	0.039 3	0.044 0	0.041 9	0.046 9	0.044 0	0.049 1
3.0	0.024 9	0.027 0	0.028 0	0.030 3	0.030 7	0.033 3	0.033 1	0.035 9	0.035 2	0.038 0
5.0	0.010 4	0.010 8	0.012 0	0.012 3	0.013 5	0.013 9	0.014 8	0.015 4	0.016 1	0.016 7
7.0	0.005 6	0.005 6	0.006 4	0.006 6	0.007 3	0.007 4	0.008 1	0.008 5	0.008 9	0.009 1
10.0	0.002 8	0.002 8	0.003 3	0.003 2	0.003 7	0.003 7	0.004 1	0.004 2	0.004 6	0.004 6

续表

l/b 点 z/b	3.0		4.0		6.0		8.0		10.0	
	1	2	1	2	1	2	1	2	1	2
0.0	0.000 0	0.250 0	0.000 0	0.250 0	0.000 0	0.250 0	0.000 0	0.250 0	0.000 0	0.250 0
0.2	0.030 6	0.218 6	0.030 6	0.218 6	0.030 6	0.218 6	0.030 6	0.218 6	0.030 6	0.218 6
0.4	0.054 8	0.189 4	0.054 9	0.189 4	0.054 5	0.189 4	0.054 9	0.189 4	0.054 9	0.189 4
0.6	0.070 1	0.163 8	0.070 2	0.163 9	0.070 2	0.164 0	0.070 2	0.164 0	0.070 2	0.164 0
0.8	0.077 3	0.142 3	0.077 6	0.142 4	0.077 6	0.142 6	0.077 6	0.142 6	0.077 6	0.142 6
1.0	0.079 0	0.124 4	0.079 4	0.124 8	0.079 5	0.125 0	0.079 6	0.125 0	0.079 6	0.125 0
1.2	0.077 4	0.109 6	0.077 9	0.110 3	0.078 2	0.110 5	0.078 3	0.110 5	0.078 3	0.110 5
1.4	0.073 9	0.097 3	0.074 8	0.098 2	0.075 2	0.098 6	0.075 2	0.098 7	0.075 3	0.098 7
1.6	0.069 7	0.087 0	0.070 8	0.088 2	0.071 4	0.088 7	0.071 5	0.088 8	0.071 3	0.088 9
1.8	0.065 2	0.078 2	0.066 6	0.079 7	0.067 3	0.080 5	0.067 5	0.080 6	0.067 5	0.080 8
2.0	0.060 7	0.070 7	0.062 4	0.072 6	0.063 4	0.073 4	0.063 6	0.073 6	0.063 6	0.073 8
2.5	0.050 4	0.059 9	0.052 5	0.058 5	0.054 3	0.060 1	0.054 7	0.060 4	0.054 8	0.060 5
3.0	0.041 9	0.045 1	0.044 9	0.048 2	0.046 9	0.050 4	0.047 4	0.050 9	0.047 6	0.051 1
5.0	0.021 4	0.022 1	0.024 8	0.026 5	0.028 3	0.029 0	0.029 6	0.030 3	0.030 1	0.030 9
7.0	0.012 4	0.012 6	0.015 2	0.015 4	0.018 6	0.019 0	0.020 4	0.020 7	0.021 2	0.021 6
10.0	0.006 6	0.006 6	0.008 4	0.008 3	0.011 1	0.011 1	0.012 8	0.013 0	0.013 9	0.014 1

根据相同的方法，也可求得荷载 p_0 角点下的铅直向附加应力计算公式：

$$\sigma_z = a_{z2}p_0 \qquad\qquad (2.18)$$

式中　a_{z2}——2 角点下铅直向附加应力系数，l/b、z/b 查表 2.10 获得。

应特别注意，对于三角形分布荷载，b 为荷载变化边，l 为另一边，这与均布荷载是不同的。

(4)铅直三角形分布荷载作用任意点下的附加应力

任意点下的附加应力计算也是采用叠加法，基本概念与均匀荷载的情况相同，只是在计算过程中每块基底面所对应的荷载都不同，除了荷载面积需叠加外，荷载也应考虑叠加。

(5)矩形基底铅直梯形分布荷载作用角点、任意点下的附加应力

梯形荷载可分成均布荷载与三角形分布荷载，然后按上述各自的方法计算、叠加即可。

2.4.3　圆形基础底面铅直均布荷载作用下中心点及边缘下的附加应力

设圆形基底面积半径为 r_0，均布荷载强度为 p_0，计算基底中心点及边缘下的铅直附加应力。现将极坐标的原点建在圆心 O 处,在圆面积内取微面积 $\mathrm{d}A = r\mathrm{d}\theta\mathrm{d}r$,将作用在微面积上的荷载视为一集中力 $\mathrm{d}F = p_0\mathrm{d}A = p_0 r\mathrm{d}\theta\mathrm{d}r$,如图 2.15 所示。由此集中力在地基中 M 点引起的附加应力可按式(2.19)计算:

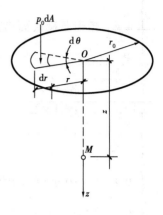

$$\mathrm{d}\sigma_z = \frac{3p_0 z^3 r\mathrm{d}\theta\mathrm{d}r}{2\pi(r^2 + z^2)^{5/2}} \qquad (2.19)$$

在整个圆面积内积分,并整理得:

$$\sigma_z = \iint\limits_A \mathrm{d}\sigma_z = \frac{3p_0 z^3}{2\pi}\int_0^{2\pi}\int_0^{r_0}\frac{r\mathrm{d}\theta\mathrm{d}r}{(r^2 + z^2)^{5/2}}$$

$$= \left[1 - \left(\frac{z^2}{z^2 + r_0^2}\right)^{3/2}\right]p_0$$

图 2.15　圆形基底铅直均布荷载作用下中心点的附加应力

同理　　　　　　　$$\sigma_z = a_0 p_0 \qquad (2.20)$$

式中　a_0——圆形基底铅直均布荷载作用中心点下的铅直附加应力系数,可按 z/r_0,查表 2.11。

表 2.11　圆形基底铅直均布荷载作用中心点下及边缘下的铅直向附加应力系数

z/r_0	a_0	a_r	z/r_0	a_0	a_r	z/r_0	a_0	a_r
0	1.00	0.500	1.6	0.390	0.244	3.2	0.130	0.103
0.1	0.999	0.482	1.7	0.360	0.229	3.3	0.124	0.099
0.2	0.993	0.464	1.8	0.332	0.217	3.4	0.117	0.094
0.3	0.976	0.447	1.9	0.307	0.204	3.5	0.111	0.089
0.4	0.949	0.432	2.0	0.285	0.193	3.6	0.106	0.084
0.5	0.911	0.412	2.1	0.264	0.182	3.7	0.100	0.079
0.6	0.864	0.374	2.2	0.246	0.172	3.8	0.096	0.074
0.7	0.811	0.369	2.3	0.229	0.162	3.9	0.091	0.070
0.8	0.756	0.363	2.4	0.211	0.154	4.0	0.087	0.066
0.9	0.701	0.347	2.5	0.200	0.146	4.2	0.079	0.058
1.0	0.646	0.332	2.6	0.187	0.139	4.4	0.073	0.052
1.1	0.595	0.313	2.7	0.175	0.133	4.6	0.067	0.049
1.2	0.547	0.303	2.8	0.165	0.125	4.8	0.062	0.047
1.3	0.502	0.286	2.9	0.155	0.119	5.0	0.057	0.045
1.4	0.461	0.270	3.0	0.146	0.113			
1.5	0.424	0.256	3.1	0.138	0.108			

用相同的方法,可求出圆形基底边缘下的附加应力计算公式:

$$\sigma_z = a_r p_0 \qquad (2.21)$$

式中　a_r——圆形基底铅直均布荷载作用边缘下的铅直向附加应力系数,由 z/r_0 查表 2.11。

2.4.4　条形基础底面铅直均布荷载作用下地基中的附加应力

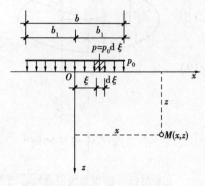

图 2.16　条形基底铅直均布
荷载作用下地基附加应力

地基表面作用一宽度为 b 的均布条形荷载 p_0，沿 y 轴方向无限延伸，如图 2.16 所示。在计算条形基底铅直均布荷载作用下地基中任意一点 M 的附加应力时，可在宽度 b 方向取一微条 $\mathrm{d}\xi$，微条上的荷载可以用 $p = p_0\mathrm{d}\xi$（kN/m）表示，该微条可看作是铅直均布线荷载作用，在这种荷载作用下，地基中的附加应力可在 b 宽度内积分，即可得到条形基底铅直均布荷载作用下地基中任意点 M 的附加应力计算公式为：

$$\sigma_z = \int_{-b1}^{b1} \frac{2p_0 z^3 \mathrm{d}\xi}{\pi\left[(x-\xi)^2 + z^2\right]^2}$$
$$= a_{sz}p_0 \tag{2.22}$$

$$\sigma_x = a_{sx}p_0 \tag{2.23}$$

式中　a_{sz}、a_{sx}——σ_z、σ_x 的附加应力系数，由 x/b、z/b 查表 2.12。

表 2.12　条形基底铅直均布荷载作用下的附加应力系数

| z/b | \multicolumn{12}{c}{x/b} |
| | 0.00 | | 0.25 | | 0.50 | | 1.00 | | 1.50 | | 2.00 | |
	a_{sz}	a_{sx}	a_{sz}	a_{sx}	a_{sz}	a_{sx}	a_{sz}	a_{sx}	a_{sz}	a_{sx}	a_{sz}	a_{sx}
0.00	1.00	1.00	1.00	1.00	0.50	0.50	0	0	0	0	0	0
0.25	0.96	0.45	0.90	0.39	0.50	0.35	0.02	0.17	0.00	0.07	0	0.04
0.50	0.82	0.18	0.74	0.19	0.48	0.23	0.08	0.21	0.02	0.12	0	0.07
0.75	0.67	0.08	0.61	0.10	0.45	0.14	0.15	0.22	0.04	0.14	0.02	0.10
1.00	0.55	0.04	0.51	0.05	0.41	0.09	0.19	0.15	0.07	0.14	0.03	0.13
1.25	0.46	0.02	0.44	0.03	0.37	0.06	0.20	0.11	0.10	0.12	0.04	0.11
1.50	0.40	0.01	0.38	0.02	0.33	0.04	0.21	0.08	0.11	0.10	0.06	0.10
1.75	0.35	—	0.34	0.01	0.30	0.03	0.21	0.06	0.13	0.09	0.07	0.09
2.00	0.31	—	0.31	—	0.28	0.02	0.20	0.03	0.14	0.07	0.08	0.08
3.00	0.21	—	0.21	—	0.20	—	0.17	0.02	0.13	0.05	0.10	0.04
4.00	0.16	—	0.16	—	0.15	—	0.14	0.01	0.12	0.03	0.10	0.03
5.00	0.13	—	0.13	—	0.12	—	0.12	—	0.11	—	0.09	—
6.00	0.11	—	0.10	—	0.10	—	0.10	—	0.10	—		

2.4.5　条形基底铅直三角形分布荷载作用下地基中的附加应力

如图 2.17 为条形基底铅直三角形分布荷载作用地基中的附加应力情况，将坐标原点取在零荷载处。以 $\mathrm{d}p = \dfrac{\xi}{2b_1}p_0\mathrm{d}\xi$ 代表线荷载，在整个基础范围内积分得：

$$\sigma_z = a_{tz}p_0 \tag{2.24}$$

$$\sigma_x = a_{tx}p_0 \qquad (2.25)$$
$$\tau_{zx} = a_{tzx}p_0 \qquad (2.26)$$

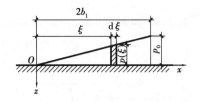

式中 a_{tz}、a_{tx}、a_{tzx}——σ_z、σ_x、τ_{zx} 对应的附加应力系数,可查表 2.13。

例 2.4 某基础基底宽 $b = 10$ m,$l = 120$ m,铅直荷载(含基础重)1 000 kN/m。弯矩 $M = 500$ kN·m,基础边荷载可忽略(即不计基坑挖除的土重),试分

图 2.17 条形基底铅直三角形分布荷作用地基中的附加应力

析基底压力的分布,计算距基础中心 2.5 m 的 C 点下附加应力 σ_z 沿深度的分布(C 点位于荷载偏心方向)。如本题改为在中心荷载作用下,C 点下附加应力 σ_z 沿深度的分布又如何?

表 2.13 条形基底铅直三角形分布荷载作用下的附加应力系数

z/b \ 系数 \ x/b		-0.25	零角点 0.00	0.25	中点 0.50	0.75	角点 1.00	1.25	1.50
0.01	a_{tz}	0.000	0.003	0.249	0.500	0.750	0.497	0.000	0.000
	a_{tx}	0.005	0.026	0.249	0.487	0.718	0.467	0.015	0.006
	a_{tzx}	-0.000	-0.005	-0.010	-0.010	-0.009	0.313	0.001	0.000
0.1	a_{tz}	0.002	0.032	0.251	0.498	0.737	0.468	0.010	0.002
	a_{tx}	0.049	0.116	0.233	0.376	0.452	0.321	0.032	0.054
	a_{tzx}	-0.008	-0.044	-0.078	-0.075	-0.040	0.272	0.034	0.008
0.2	a_{tz}	0.009	0.061	0.255	0.489	0.682	0.437	0.050	0.009
	a_{tx}	0.084	0.146	0.219	0.269	0.259	0.230	0.186	0.097
	a_{tzx}	-0.025	-0.075	-0.219	-0.108	-0.016	0.231	0.091	0.028
0.4	a_{tz}	0.036	0.110	0.263	0.441	0.534	0.379	0.137	0.043
	a_{tx}	0.114	0.142	0.149	0.130	0.099	0.127	0.160	0.128
	a_{tzx}	-0.060	-0.108	-0.138	-0.104	0.020	0.167	0.139	0.071
0.6	a_{tz}	0.066	0.140	0.258	0.378	0.421	0.328	0.177	0.080
	a_{tx}	0.108	0.114	0.096	0.065	0.046	0.074	0.112	0.116
	a_{tzx}	-0.080	-0.112	-0.123	-0.077	0.025	0.122	0.132	0.093
0.8	a_{tz}	0.089	0.155	0.243	0.321	0.343	0.285	0.188	0.106
	a_{tx}	0.091	0.085	0.062	0.035	0.025	0.046	0.077	0.093
	a_{tzx}	-0.085	-0.104	-0.010	-0.056	0.021	0.090	0.112	0.096
1.0	a_{tz}	0.104	0.159	0.224	0.275	0.286	0.250	0.184	0.121
	a_{tx}	0.074	0.061	0.041	0.020	0.013	0.029	0.053	0.072
	a_{tzx}	-0.083	0.091	-0.079	-0.040	0.017	0.068	0.092	0.089

续表

z/b \ 系数 \ x/b		-0.25	零角点 0.00	0.25	中点0.50	0.75	角点1.00	1.25	1.50
1.2	a_{tz}	0.111	0.154	0.204	0.239	0.246	0.221	0.176	0.126
	a_{tx}	0.058	0.047	0.028	0.013	0.009	0.020	0.038	0.048
	a_{tzx}	-0.077	-0.081	-0.065	-0.030	0.014	0.053	0.076	0.080
1.4	a_{tz}	0.114	0.151	0.186	0.210	0.215	0.198	0.165	0.127
	a_{tx}	0.045	0.033	0.019	0.008	0.007	0.014	0.027	0.042
	a_{tzx}	-0.069	-0.066	-0.051	-0.023	0.010	0.042	0.062	0.070
2.0	a_{tz}	0.108	0.127	0.143	0.153	0.155	0.147	0.134	0.115
	a_{tx}	0.022	0.015	0.000 8	0.003	0.002	0.005	0.012	0.019
	a_{tzx}	-0.048	-0.041	-0.028	-0.012	0.006	0.023	0.037	0.046

解题分析 $l/b = \dfrac{120}{10} > 10$，为条形基础，据题意 C 点下的 σ_z 应根据 $\sigma_z = a_{sz}p_0$、$\sigma_z = a_{tz}p_0$ 求的。解题步骤为先求 p，再求 p_0，最后求 σ_z。

解 1)求偏心荷载作用下，C 点下附加应力 σ_z 沿深度的分布

①先求基底附加应力，因忽略边荷载，因此，$p_0 = p = \dfrac{F + G}{b}\left(1 \pm \dfrac{6e}{b}\right)$。

又因

$$e = \frac{M}{F + G} = \frac{500}{1\,000}\,\text{m} = 0.5\,\text{m}$$

$$\frac{p_{0max}}{p_{0min}} = \frac{1\,000}{10}\left(1 \pm \frac{6 \times 0.5}{10}\right)\,\text{kPa}$$

$p_{0max} = 130\,\text{kPa}$，$p_{0min} = 70\,\text{kPa}$，故基底压力呈梯形分布。

②将条形基底铅直梯形分布荷载分成一个 $p_0 = 60\,\text{kPa}$ 的三角形分布荷载与一个 $p_0 = 70\,\text{kPa}$ 的均布荷载，计算 C 点以下不同深度的 σ_z 值(表2.14)，按一定比例将 σ_z 绘在图2.18中。

表2.14

点号	z/m	z/b	均布荷载 $p_0 = 70\,\text{kPa}$，$\sigma_z = a_{sz}p_0$			三角形分布荷载 $p_0 = 60\,\text{kPa}$，$\sigma_z = a_{tz}p_0$			总铅直应力 σ_z/kPa
			x/b	a_{sz}	σ_z/kPa	x/b	a_{tz}	σ_z/kPa	
1	0.10	0.01	0.25	0.999	70.0	0.75	0.750	45.0	115.0
2	1.0	0.1	0.25	0.986	69.0	0.75	0.737	44.2	113.2
3	2.0	0.2	0.25	0.936	65.5	0.75	0.682	40.9	106.4
4	4.0	0.4	0.25	0.797	55.8	0.75	0.534	32.0	87.8
5	6.0	0.6	0.25	0.697	48.8	0.75	0.421	25.3	74.1
6	8.0	0.8	0.25	0.586	41.0	0.75	0.343	20.6	61.6
7	10.0	1.0	0.25	0.511	35.8	0.75	0.286	17.1	52.9
8	12.0	1.2	0.25	0.450	31.5	0.75	0.246	14.7	46.2

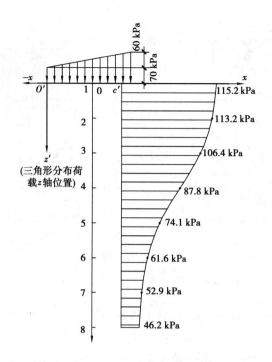

图 2.18　例 2.4 附加应力分布

2）中心荷载作用下，C 点下附加应力 σ_z 沿深度的分布

同理，先求基底附加应力，由于忽略边荷载，因此，$p_0 = p = \dfrac{F+G}{b}$，则

$$p_0 = \frac{1\ 000}{10}\ \text{kPa} = 100\ \text{kPa}$$

计算 C 点以下不同深度的 σ_z 值，$\sigma_z = a_{tz}p_0$（表 2.15），图略，由读者学习绘制。

表 2.15

点　号	z/m	z/b	x/b	a_{sz}	σ_z/kPa
1	0.15	0.01	0.25	0.999	99.9
2	1.5	0.1	0.25	0.986	98.6
3	3.0	0.2	0.25	0.936	93.6
4	6.0	0.4	0.25	0.797	79.7
5	9.0	0.6	0.25	0.697	69.7
6	12.0	0.8	0.25	0.586	58.6
7	15.0	1.0	0.25	0.511	51.1
8	18.0	1.2	0.25	0.450	45.0

地基中铅直附加应力分布与基础形态有关，图 2.19 为条形基底铅直均布荷载作用和方形基底铅直均布荷载作用时，地基中铅直向附加应力的等值线图。从图中可看到，相同的基底附加应力，方形基底所引起的 σ_z 较条形基底要小。例如，方形基底中心点下，深度为 $2b$ 处 $\sigma_z = 0.1p_0$，而条形的 $\sigma_z = 0.3p_0$。

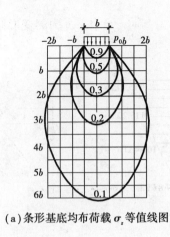

（a）条形基底均布荷载 σ_z 等值线图　　　　（b）方形基底均布荷载 σ_z 等值线图

图 2.19　σ_z 等值线图

2.4.6　非均质地基中的附加应力

如上所述的附加应力计算方法，是假定地基为均质、连续、各向同性的线弹性半无限空间体而得出的。实际上，地基往往是非均质和各向异性的。非均质地基和各向异性地基同均质各向同性地基相比，地基中的应力有两种变化情况，一种是发生应力集中现象，另一种是应力扩散现象，如图 2.20 所示。下面就非均质地基中附加应力的几个突出问题进行介绍。

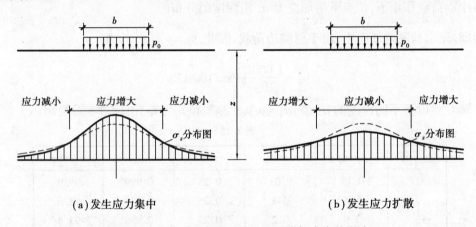

（a）发生应力集中　　　　　　　　　（b）发生应力扩散

图 2.20　非均质和各向异性地基对附加应力的影响
（虚线表示均质地基中水平的附加应力分布）

（1）变形模量随深度而增大的非均质地基

在天然地基中，土层在自重应力作用下已压缩稳定，自重应力的分布随深度增大而增大，因而土的变形模量也常随地基深度增大而增大，在砂土中这种情况最明显。与通常假定的均质地基比较，沿荷载中心线下，前者的地基中附加应力，将发生图 2.20 中所示的应力集中现象。这种现象在现场测试和理论上都得到了证明。

（2）各向异性地基

土层在生成过程中，因各时期沉积物成分上的变化，土层会出现水平薄交互层现象，这种层理构造往往导致土层沿铅直方向与水平方向的变形模量不同，常有水平方向的模量大于铅直方向的模量的现象，这同样导致了土中附加应力的改变。理论证明：在多数情况下，当水平方向的变形模量大于铅直方向的变形模量时,出现应力集中现象;当水平方向的变形模量小于铅直方向的变形模量时,出现应力扩散现象。

(3)双层地基

天然形成的地基有两种情况:一种为岩层上覆盖着不太厚的可压缩土层,另一种则是上层坚硬、下层软弱的双层地基。前者将发生应力集中现象,而后者将发生应力扩散现象。

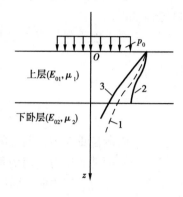

图 2.21 表示条形基底铅直均布荷载作用下铅直向附加应力的分布,图中曲线 1 表示均质地基中附加应力分布图,曲线 2 为可压缩土层下存在岩层的附加应力分布图,曲线 3 表示上层为坚硬土层、下为软弱土层的附加应力分布图。

由于下卧刚性岩层的存在,从而引起的应力集中的现象,这一现象与岩层的埋藏深度或上覆可压缩土层厚度有关,岩层埋藏越浅,应力集中的影响越显著。

图 2.21 双层地基附加应力分布

小 结

土中应力问题是研究地基和工程结构变形及稳定问题的依据,学习本章要求掌握土中应力的基本形式及基本定义,熟练掌握土中各种应力在不同条件下的计算方法。其中重要的计算有:

1)土中自重应力计算

竖向自重应力

$$\sigma_{cz} = \gamma \cdot z$$

成层土或有地下水存在时:

$$\sigma_{cz} = \gamma_1 h_1 + \gamma_2 h_2 + \cdots + \gamma_n h_n = \sum_{i=1}^{n} \gamma_i h_i$$

2)基底压力计算

中心荷载下的基底压力:

$$P = \frac{F + G}{A}$$

偏心荷载下的基底压力:

$$\frac{p_{max}}{p_{min}} = \frac{F + G}{bl} \pm \frac{M}{W} = \frac{F + G}{bl} \left(1 \pm \frac{6e}{l} \right)$$

基底附加压力:

$$p_0 = p - \sigma_{cz} = p - \gamma_0 d$$

3)地基附加应力计算

①基本课题 将地基当作一个半空间弹性体,当其表面受到集中力作用下时,空间体内任意点应力与位移通常可采用布辛涅斯克公式。

②空间问题 矩形基础下地基中的附加应力计算,采用角点法。

③平面问题 条形基础下地基中的附加应力计算,可不受角点法约束。计算公式仍需用布辛涅斯克公式导出。为了方便计算,空间问题和平面问题下的附加应力计算可借助附加应力系数表格。

此外,要求熟悉附加应力在土中的分布形式,了解非均质地基中的附加应力的变化规律。

思 考 题

2.1 何谓自重应力?何谓附加应力?二者在地基中如何分布?怎样计算?

2.2 何谓基底压力?何谓基底附加应力?二者如何区别?

2.3 计算自重应力时,为什么地下水位以下要用浮重度?

2.4 在偏心荷载作用下,基底压力如何计算?为什么会出现应力重新分布?

2.5 对于空间问题是如何求地基中任意点下附加应力的?

2.6 如作用于基础底面的总压力不变,附加应力在基底以外是如何沿深度分布的?

2.7 自重应力能使土体产生压缩变形吗?水位下降能使土体产生压缩变形吗?

习 题

2.1 某建筑场地地表及各层土水平地质剖面图如图 2.22 所示,绘自重应力沿深度的分布曲线。

(答案:57.4 kPa、75.05 kPa、109.4 kPa、133.45 kPa)

2.2 如图 2.23 所示,在地基表面作用有集中荷载,试计算地基中 1、2、3、4、5 点附加应力。

(答案:183.6 kPa,54.02 kPa,11.78 kPa,略)

图 2.22 习题 2.1

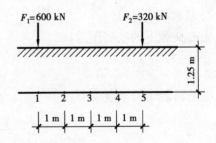

图 2.23 习题 2.2

2.3 有一条形基础,基础宽度为 4 m,基底附加应力为 280 kPa,试求基底中心、边缘、边缘外 2 m 地基中深度为 1 m、2 m、3 m、4 m、5 m、6 m、7 m、8 m 处的 σ_z 值,并绘出在基底中心、边缘处 σ_z 沿深度的分布曲线和深度为 4 m 处沿水平面的分布曲线。

2.4 如例 2.3 中荷载为梯形分布,$p_{max}=380$ kPa,$p_{min}=180$ kPa,σ_z 将如何分布?

2.5 有一矩形基底,面积为 2 m×4 m,均布荷载 $p_0 = 180$ kPa,求基底中心点及两个边缘中心点下 $z = 5$ m 处的附加应力 σ_z。 (答案:23.76 kPa,18 kPa,21.78 kPa)

2.6 某柱下独立基础,埋置深度为 3 m,基底尺寸为 2.5 m×4 m,作用于基础上的荷载为 $F = 1\ 300$ kN,埋深范围内土的重度为 18.0 kN/m³,试求基础在自身所受荷载作用下地基中心点处的附加应力。

第**3**章
地基变形计算

地基土体在建筑物荷载作用下会发生变形,建筑物基础也会随之沉降,可能导致建筑物开裂或影响其正常使用,甚至造成建筑物破坏。因此,在建筑物设计与施工时,必须重视基础的沉降与不均匀沉降问题,并将建筑物的沉降量控制在《规范》容许的范围内。

土的压缩性是导致地基土变形的主要因素。通过室内和现场试验,可求出土的压缩性指标,利用这些指标可计算基础的最终沉降量,并可研究地基变形与时间的关系,求出建筑物使用期间某一时刻的沉降量或完成一定沉降量所需要的时间。

3.1　土的压缩性

土的压缩性是指土体在外部压力和周围环境作用下体积减小的特性。土体体积减小包括三个方面:

①土颗粒发生相对位移,土中水及气体从孔隙中排出,从而使土孔隙体积减小;②土颗粒本身的压缩;③土中水及封闭在土中的气体被压缩。在一般情况下,土颗粒及水的压缩变形量不到全部土体压缩变形量的1/400,可以忽略不计。因此,土的压缩变形主要是由于土体孔隙体积减小的缘故。

土体压缩变形的快慢取决于土中水排出的速度,排水速率又取决于土体孔隙通道的大小和土中黏粒含量的多少。对于透水性大的砂土,其压缩过程在加荷后较短时期内即可完成;对于黏性土,尤其是饱和软黏土,由于透水性小,孔隙水的排出速率很低,其压缩过程很长。土体在外部压力下,压缩随时间增长的过程称为土的固结。依赖于孔隙水压力变化而产生的固结,称为主固结。不依赖于孔隙水压力变化,在有效应力不变时,由于颗粒间位置变动引起的固结称为次固结。

3.1.1　压缩试验及压缩性指标

(1)压缩试验

土的压缩性一般可通过室内压缩试验来确定,试验的过程大致如下:先用金属环刀切取原状土样,然后将土样连同环刀一起放入压缩仪内(图3.1),再分级加载。在每级荷载作用下,压至变形稳定,测出土样稳定变形量后,再加下一级压力。一般土样加四级荷载,即 50、100、200、400 kPa,根据每级荷载下的稳定变形量,可以计算出相应荷载作用下的孔隙比。由于在整个压缩过程中土样不能侧向膨胀,这种方法又称为侧限压缩试验。

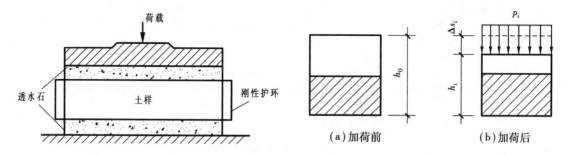

图 3.1　压缩仪的压缩容量简图试验　　　　图 3.2　压缩试验土样变形

设土样的初始高度为 h_0(图 3.2(a))、土样的断面积为 A(即压缩仪取样环刀的断面积),此时土样的初始孔隙比 e_0 可用下面公式表示:

$$e_0 = \frac{V_v}{V_s} = \frac{Ah_0 - V_s}{V_s}$$

式中　V_v——土中孔隙体积;

　　　V_s——土颗粒体积。

则土粒体积为:

$$V_s = \frac{Ah_0}{1 + e_0} \tag{3.1}$$

压力增加至 p_i 时,土样的稳定变形量为 Δs_i,土样的高度 $h_i = h_0 - \Delta s_i$(图 3.2(b))。此时,土样的孔隙比为 e_i,土颗粒体积为:

$$V_{si} = \frac{A(h_0 - \Delta s_i)}{1 + e_i} \tag{3.2}$$

由于土样是在侧限条件下受压缩,所以土样的截面积 A 不变。假定土颗粒是不可压缩的,则 $V_s = V_{si}$,即

$$\frac{Ah_0}{1 + e_0} = \frac{A(h_0 - \Delta s_i)}{1 + e_i}$$

则

$$\Delta s_i = \frac{(e_0 - e_i)h_0}{1 + e_0} \tag{3.3}$$

$$e_i = e_0 - \frac{\Delta s_i}{h_0}(1 + e_0) \tag{3.4}$$

式中:$e_0 = (d_s \rho_w / \rho_d) - 1$,其中 d_s、ρ_w、ρ_d 分别为土粒的相对密度、水的密度和土样的初始密度(即试验前土样的干密度)。

(2)压缩系数 a 和压缩指数 C_C

根据某级荷载下的稳定变形量 Δs_i,按式(3.4)即可求出该级荷载下的孔隙比 e_i,然后以横坐标表示压力 p、纵坐标表示孔隙比 e,可绘出 e-p 关系曲线,此曲线即为压缩曲线(图 3.3 (a))。

1)压缩系数 a

从压缩曲线可见,在侧限压缩条件下,孔隙比 e 随压力的增加而减小。压缩系数 a 即为在

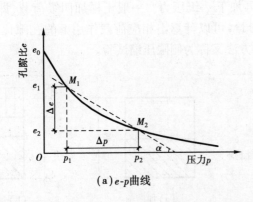 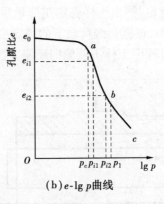

图 3.3 压缩曲线

压缩曲线上相应于压力 p 处的切线斜率,表示在压力 p 作用下土的压缩性,即

$$a = -\frac{de}{dp} \tag{3.5}$$

式中的负号表示随着压力增加,孔隙比减小。当对于 M_1M_2 区段内的压缩性可用割线 M_1M_2 的斜率表示(图 3.3(a))。设 M_1M_2 与横轴的夹角为 α,则

$$a = \tan\alpha = -\frac{\Delta e}{\Delta p} = \frac{e_1 - e_2}{p_2 - p_1} \tag{3.6(a)}$$

规范规定:p_1 和 p_2 的单位为 kPa,a 的单位为 MPa^{-1}(或 m^2/MN),则上式可写为:

$$a = 1\,000\,\frac{e_1 - e_2}{p_2 - p_1} \tag{3.6(b)}$$

从图 3.3(a)可见,压力系数 a 大,则表示在一定压力范围内孔隙比变化大,说明土的压缩性高。不同的土压缩性变化是很大的。就同一种土而言,压缩曲线的斜率也是变化的,当压力增加时,曲线的直线斜率 a 将减小。一般对研究土中实际压力变化范围内的压缩性,均以压力由原来的自重应力增加到外荷载作用下的土中应力(自重应力与附加应力之和)时土体显示的压缩性为代表,在实际工程中,土的压力变化范围常为 $100 \sim 200$ kPa。在此压力作用下土的压缩系数用 $a_{1\text{-}2}$ 表示,利用 $a_{1\text{-}2}$ 可评价土的压缩性高低(表 3.1)。

表 3.1 地基土的压缩性

低压缩性土	中压缩性土	高压缩性土
$a_{1\text{-}2} < 0.1$ MPa	0.1 MPa $\leqslant a_{1\text{-}2} < 0.5$ MPa	$a_{1\text{-}2} \geqslant 0.5$ MPa

2)压缩指数 C_C

根据压缩试验资料,如果横坐标采用对数值,可绘出 $e\text{-}\lg p$ 曲线(图 3.3(b)),从图可以看出,该曲线的后半段接近直线。它的斜率称为压缩指数,用 C_C 表示:

$$C_C = \frac{e_1 - e_2}{\lg p_2 - \lg p_1} \tag{3.7}$$

压缩指数越大,土的压缩性越高(表 3.2)。$e\text{-}\lg p$ 曲线除了用于计算 C_C 之外,还用于分析研究土层固结历史对沉降计算的影响。

表 3.2　地基土的压缩性 C_C

低压缩性土	中等压缩性土	高压缩性土
$C_C < 0.2$ MPa	$C_C = 0.2 \sim 0.4$ MPa	$C_C > 0.4$ MPa

(3)压缩模量 E_s

土的压缩模量 E_s 是指在完全侧限条件下,土的竖向附加应力与应变增量 ε 的比值。与一般材料弹性模量的区别在于:①土在压缩试验时不能侧向膨胀,只能竖向变形;②土不是弹性体,当压力卸除后,不能恢复到原位。除了部分弹性变形外,还有相当部分是不可恢复的残余变形。

在压缩试验中,在 p_1 作用下至变形稳定时,土样的高度为 h_1,此时土样的孔隙比为 e_1(图3.4)。当压力增至 p_2,待土样变形稳定,其稳定变形量为 Δs,此时土样的高度为 h_2,相应的孔隙比为 e_2,根据式(3.3)可得:

$$\Delta s = \frac{e_1 - e_2}{1 + e_1} h_1 \tag{3.8}$$

根据 E_s 的定义及式(3.8)有:

$$E_s = \frac{\Delta p_z}{\varepsilon_z} = \frac{\Delta p_z}{\dfrac{\Delta s}{h_1}} = \frac{p_2 - p_1}{\dfrac{e_1 - e_2}{1 + e_1}} = \frac{1 + e_1}{a} \tag{3.9}$$

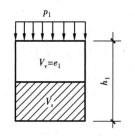
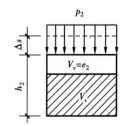

（a）在 p_1 作用下变形至稳定　　　　　　（b）在 p_2 作用下变形至稳定

图 3.4　土样压缩变形

土的压缩模量 E_s 是表示土压缩性高低的又一个指标,从上式可见,E_s 与 a 成反比,即 a 越大,E_s 越小,土越软弱。

一般 $E_s < 4$ MPa 属高压缩性土,$E_s = 4 \sim 15$ MPa 属中等压缩性土,$E_s > 15$ MPa 为低压缩性土。

应当注意,这种划分与按压缩系数划分不完全一致,因为不同的土其天然孔隙比是不相同的。

(4)变形模量 E_0

土的变形模量 E_0 是土体在无侧限条件下的应力与应变的比值,可以由室内侧限压缩试验得到的压缩模量求得,也可通过静载荷试验确定。

1)由室内试验测定的 E_s 推求 E_0

土样在侧限压缩试验时,由于受到压缩仪容器侧壁的阻挡(如图3.1所示,假定器壁的摩

擦力为零),在铅直方向的压力作用下,试样中的正应力为 σ_z,根据试样的受力条件和广义胡克定律有:

$$K_0 = \frac{\mu}{1 - \mu} \tag{3.10}$$

式中　K_0——土的侧压力系数,通过侧限条件下的试验确定。无试验条件时,可查表2.1所列经验值。

铅直向的应变可按下式计算:

$$\varepsilon_z = \frac{\sigma_x}{E_0} - \mu \frac{\sigma_y + \sigma_x}{E_0} = \frac{\sigma_z}{E_0} - \mu \frac{2K_0\sigma_z}{E_0} \tag{3.11}$$

经整理得:

$$E_0 = \frac{\sigma_z}{\varepsilon_z} \left(1 - \frac{2\mu^2}{1 - \mu}\right) \tag{3.12}$$

令　　　　　　　　$$\beta = \left(1 - \frac{2\mu^2}{1 - \mu}\right)$$

则　　　　　　　　$$E_0 = \beta \frac{\sigma_z}{\varepsilon_z} = \beta E_s \tag{3.13}$$

式(3.13)即为按室内侧限压缩试验测定的压缩模量 E_s 计算变形模量的公式,反映了 E_s 与 E_0 之间的理论关系。室内侧限压缩试验与现场土体受力情况是不完全一致的。如:①室内压缩试验的土样一般受到的扰动较大(尤其是低压缩性土体);②现场受荷情况与室内压缩试验的加荷速率不对应;③土的泊松比不易精确测定。故要得到能较好地反映土的压缩性的指标,应在现场进行静载荷试验。

2)由静载荷试验确定 E_0

静载荷试验装置一般由加荷装置(由载荷板、千斤顶组成),反力装置(由地锚或堆载组成),观测装置(包括百分表、固定支架)三大部分组成,如图6.3所示。

在试验过程中,由逐级增加的荷载测定相应的载荷板的稳定沉降量。根据试验结果,按一定比例以压力 p 为横坐标,稳定沉降量 s 为纵坐标,可绘出压力与变形的 p-s 关系曲线(得到土的变形与应力之间的近似比例关系如图6.3所示)。此时,可以利用弹性力学公式反求地基土的变形模量土 E_0,计算公式为:

$$E_0 = \omega(1 - \mu^2)\frac{pb}{s} \tag{3.14}$$

式中　E_0——地基土的变形模量,MPa;

　　　ω——载荷板形状系数,方形板取0.88,圆形板取0.79;

　　　μ——土的泊松比;

　　　b——载荷板宽度或直径,mm。

按现场静载荷试验确定的土体变形模量 E_0 比按 βE_s 计算值更能反映土体压缩性质。只有当土体为软土时,二者才比较接近,对于坚硬土 E_0 可能是 βE_s 的几倍。因此,对于重要建筑物,最好采用现场载荷试验确定 E_0 值。

3.1.2　土的回弹与再压缩性质

据室内侧限压缩试验不仅可以得到逐级加荷的压缩曲线,也可以得到逐级卸荷的回弹曲线,如图 3.5 所示。这两条曲线并不重合,这说明土不是完全弹性体,其中有一部分为不能恢复的塑性变形。如果卸荷后重新逐级加荷,则可以得到再压缩曲线。从 e-p 曲线及 e-lg p 曲线均可看到,压缩曲线、回弹曲线、再压缩曲线都不重合,只有经过卸除荷载之后,再压缩曲线才趋于压缩曲线的延长线。从图中可看到:回弹曲线和再压缩曲线构成一滞后环,这是土体并非完全弹性体的又一表征;压缩曲线的斜率大于再压缩曲线的斜率。当有些基坑开挖量很大、开挖时间较长时,就可能造成基坑土的回弹,因此,在预估这种基础的沉降时,应该考虑到因回弹产生的沉降量增加。

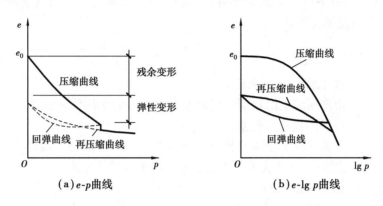

图 3.5 回弹与再压缩曲线

在计算地基变形量时,相同的附加应力产生的变形不同,往往是由于土的压缩性质不同,从图 3.5 可看到,对于同一种土同一压力 p 值,可以得到不同的孔隙比 e,这说明孔隙比的变化不仅与荷载有关,还与土体受荷载的历史(即应力历史)有关。

3.2 地基最终沉降量计算

地基最终沉降量是指地基在建筑物荷载作用下最后的稳定沉降量。它是建筑物地基基础设计的重要内容,目前地基最终变形计算常用室内土的压缩试验成果来进行。由于室内压缩试验具有侧限条件,所以该计算未考虑侧向变形的影响。计算地基最终沉降量的方法较多,以下主要阐述计算地基最终变形的单向压缩分层总和法、规范法。

3.2.1 单向压缩分层总和法

在荷载作用下,地基最终变形计算常用单向压缩分层总和法进行。单向压缩是指只计算地基土铅直向的变形,不考虑侧向变形,并以基础中心点的沉降代表基础的沉降量。

(1)计算公式

在荷载作用下,土体的压缩情况如前所述的压缩试验,根据前面所推结论(式(3.8))有:

$$\Delta s = \frac{(e_1 - e_2)}{1 + e_1} h_1$$

现设 $\quad \Delta s = s$

则 $\qquad\qquad\qquad s = h_1 - h_2 = \frac{(e_1 - e_2)}{1 + e_1} h_1 \qquad\qquad\qquad (3.15)$

将式 3.6(a) $-\Delta e = a\Delta p$ 代入上式得:

$$s = \frac{a\Delta p}{1 + e_1}h_1 \tag{3.16}$$

将 $E_s = \frac{1 + e_1}{a}$ 代入上式得:

$$s = \frac{\Delta p}{E_s}h_1 \tag{3.17}$$

将地基土在压缩范围内划分成若干薄层,按式(3.15)或式(3.17)计算每一薄层的变形量,然后叠加即得到地基变形量。

$$s = s_1 + s_2 + \cdots + s_n = \sum_{i=1}^{n} \frac{(e_{1i} - e_{2i})}{1 + e_i}h_i = \sum_{i=1}^{n} \left(\frac{a}{1 + e_i}\right)_i \overline{\sigma}_{zi}h_i = \sum_{i=1}^{n} \frac{\overline{\sigma}_{zi}}{E_{si}}h_i \tag{3.18}$$

以上各式中　　h_i——薄压缩土层的厚度,m;

e_1——由薄压缩土层顶面和底面处自重应力的平均值 σ_{cz}(即 p_1)从压缩曲线上查得的相应的孔隙比;

e_2——由薄压缩土层顶面和底面处自重应力平均值与附加应力平均值(即 Δp)之和(即 p_2)从压缩曲线上查得的相应的孔隙比;

a——土的压缩系数;

E_s——土的压缩模量;

Δp——薄压缩土层顶面和底面的附加应力平均值,kPa;

e_{1i}——第 i 层土的自重应力平均值 $\frac{\sigma_{czi} + \sigma_{cz(i-1)}}{2}$ 即(p_{1i})对应的压缩曲线上的孔隙比;

σ_{czi}、$\sigma_{cz(i-1)}$——第 i 层土底面、顶面处的自重应力,kPa;

e_{2i}——第 i 层自重应力平均值与附加应力平均值之和对应的压缩曲线上的孔隙比;

h_i——第 i 层土的厚度,m。

(2)计算步骤

1)将土分层

将基础下的土层分为若干薄层,分层的原则是:①不同土层的分界面;②地下水位处;③应保证每薄层内附加应力分布线近似于直线,以便较准确地求出各层内附加应力平均值,一般可采用上薄下厚的方法分层;④每层土的厚度应小于基础宽度的 0.4 倍。

2)计算自重应力

按计算公式 $\sigma_{cz} = \sum_{i=1}^{n} \gamma_i h_i$ 计算出铅直自重应力在基础中心点沿深度 z 的分布,并按一定比例将自重应力分布曲线绘于 z 深度线的左侧,如图 3.6 所示。

注意:若开挖基坑后土体不产生回弹,自重应力从地面算起;地下水位以下采用土的浮重度计算。

3)计算附加应力

计算附加应力在基底中心点处沿深度 z 的分布,按一定比例将附加应力分布曲线绘在 z 深度线右侧,如图 3.6 所示。注意:附加应力应从基础底面算起。

4）受压层下限的确定

从理论上讲，在无限深度处仍有微小的附加应力，仍能引起地基的变形。考虑到在一定的深度处，附加应力已很小，它对土体的压缩作用已不大，可忽略不计。因此，在实际工程计算中，可采用基底以下某一深度 z_n 作为基础沉降计算的下限深度。

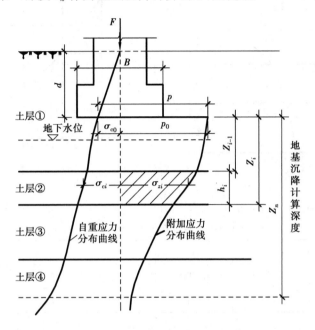

图 3.6　分层总和法计算地基沉降

工程中常以下式作为确定 z_n 的条件：

$$\sigma_{zn} \leqslant 0.2\sigma_{czn} \tag{3.19}$$

式中　σ_{zn}——深度 z_n 处的铅直向附加应力，kPa；

　　　σ_{czn}——深度 z_n 处的铅直向自重应力，kPa。

即在深度 z_n 处，自重应力应该超过附加应力的 5 倍以上，其下的土层压缩量可忽略不计。但当 z_n 深度以下存在较软的高压缩土层时，实际计算深度还应加大，对软黏土应该加深至 $\sigma_{zn} \leqslant 0.1\sigma_{czn}$。

5）计算各分层的自重应力、附加应力平均值

在计算各分层自重应力平均值与附加应力平均值时，可将薄层底面与顶面的计算值相加除以 2（即取算术平均值）。

6）确定各分层压缩前后的孔隙比

由各分层平均自重应力、平均自重应力与平均附加应力之和在相应的压缩曲线上查得初始孔隙比 e_{1i}、压缩稳定后的孔隙比 e_{2i}。

7）计算地基最终变形量

$$s = \sum_{i=1}^{n} \frac{(e_{1i} - e_{2i})}{1 + e_i} h_i = \sum_{i=1}^{n} \left(\frac{a}{1 + e_i}\right)_i \overline{\sigma}_{zi} h_i = \sum_{i=1}^{n} \frac{\overline{\sigma}_{zi}}{E_{si}} h_i$$

例 3.1　某建筑物地基中的应力分布及土的压缩曲线如图 3.7、图 3.8 及表 3.3 所示，计算第一层土和第二层土的变形量（第二层土图压缩曲线如图 3.8 所示）。

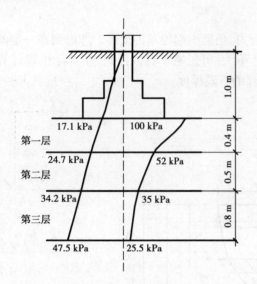

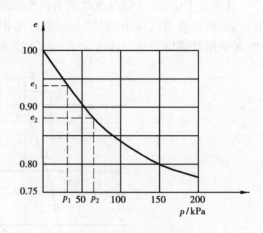

图 3.7　例 3.1 应力分布图　　　　　　图 3.8　例 3.1 压缩曲线

表 3.3

p_i/kPa		20	50	100	200
e_i	第一层土	0.990	0.981	0.952	0.905
	第三层土	0.810	0.801	0.790	0.768

解题分析　根据题意及所提供的资料,应选用公式 $s = s_1 + s_2 + \cdots + s_n = \sum_{i=1}^{n} \dfrac{(e_{1i} - e_{2i})}{1 + e_{1i}} h_i$ 来求解,并学会根据提供的资料,求 $\overline{\sigma}_{cz}$、$\overline{\sigma}_z$,据此求 e_{1i}、e_{2i} 和 s。解决此类问题的关键是求 s_i,求 s_i 的基本过程如下:

先求 $\overline{\sigma}_{cz}$ 其相当于 p_{1i},其对应 e_{1i},据此求 e_{1i}	→	再根据 $s_i = \dfrac{(e_{1i} - e_{2i})}{1 + e_{1i}} h_i$ 求即可
再求 $\overline{\sigma}_z$,而 $(\overline{\sigma}_{cz} + \overline{\sigma}_z)$ 其相当于 p_{2i},其对应 e_{2i},据此求 e_{2i}		

解

①计算第一层土的自重应力平均值

$$\overline{\sigma}_{cz} = \frac{17.1 + 24.7}{2} \text{ kPa} = 20.9 \text{ kPa} = p_1$$

②计算第一层土的附加应力平均值

$$\overline{\sigma}_z = \frac{100 + 52}{2} \text{ kPa} = 76 \text{ kPa} = \Delta p$$

③自重应力与附加应力之和

$$\overline{\sigma}_{cz} + \overline{\sigma}_z = (20.9 + 76)\text{kPa} = 96.9 \text{ kPa} = p_2$$

④查表求 e_1、e_2

$$e_1 = 0.99, \quad e_2 = 0.95$$

⑤计算第一层的变形量

$$s_1 = \frac{(e_1 - e_2)}{1 + e_1}h_1 = \frac{0.99 - 0.95}{1 + 0.99} \times 40 \text{ cm} = 0.80 \text{ cm}$$

⑥同理可求第二层土的变形量,所不同的是要查压缩曲线求 e_1、e_2,土层变形计算见表 3.4。

表 3.4

土　层	h_i/cm	$\overline{\sigma}_{cz}/\text{kPa}$	$\overline{\sigma}_z/\text{kPa}$	$(\overline{\sigma}_{cz} + \overline{\sigma}_z)/\text{kPa}$	e_1	e_2	$\dfrac{e_1 - e_2}{1 + e_1}$	S_i/cm
第一层土	40	20.9	76	96.9	0.99	0.95	0.02	0.80
第二层土	50	29.5	43.5	72.95	0.945	0.882	0.032	1.62

$$S_{12} = S_1 + S_2 = (0.80 + 1.62) \text{ cm} = 2.42 \text{ cm}$$

例 3.2　某方形基础的底面尺寸为 4 m × 4 m,中心荷载为 $F = 1\ 440$ kN,基础埋置深度为 $d = 1.2$ m。地下水位深为 3.6 m,粉质黏土中压缩系数地下水位以上 $a_1 = 0.28$ MPa^{-1},地下水位以下 $a_2 = 0.25$ MPa^{-1},其余资料见图 3.9,求基础中心点的沉降量。

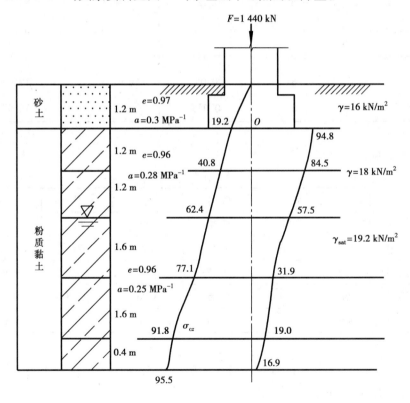

图 3.9　例 3.2

解题分析　该题必须先对地基土进行分层,然后选用公式 $s = \sum\limits_{i=1}^{n} \left(\dfrac{a}{1 + e_i}\right)_i \overline{\sigma}_{zi} h_i$ 求解较合适,解题程序可按上述总结的步骤进行。

解

①分层:

根据分层原则对地基土进行分层,结果如图 3.9 所示。

②计算基底压力:

$$p = \frac{F + G}{A} = \frac{1\ 440 + 16 \times 1.2 \times 20}{16} \text{ kPa} = 114 \text{ kPa}$$

③计算基底附加应力:

$$p_0 = p - \gamma_0 d = (114 - 16 \times 1.2) \text{kPa} = 94.8 \text{ kPa}$$

④计算地基中的附加应力与自重应力:

自重应力从地面起算,附加应力从基底起算。附加应力:矩形面积用角点法,分成四小块计算,计算边长 $l = b = 2$ m,$l/b = 1$。$\sigma_z = 4\alpha_c p_0$,α_c 查表 2.6 求得。附加应力与自重应力计算结果见表 3.5。

表 3.5 附加应力自重应力计算表

深度/m	Z/b	α_c	σ_{cz}/kPa	σ_z/kPa
0	0	0.250	19.2	94.8
1.2	0.6	0.223	40.8	84.5
2.4	1.2	0.152	62.4	57.5
4.0	2.0	0.084	77.1	31.9
5.6	2.8	0.05	91.8	19.0
6.0	3.0	0.045	95.5	16.9

⑤计算变形见表 3.6。

表 3.6 沉降计算表

土层编号	z	h_i/cm	a/MPa^{-1}	e_1	$\bar{\sigma}_z$/kPa	S_i/cm
第一层土	120	120	0.28	0.96	89.7	1.54
第二层土	240	120	0.28	0.96	71	1.22
第三层土	400	160	0.25	0.96	44.7	0.91
第四层土	560	160	0.25	0.96	25.5	0.52
第五层土	600	40	0.25	0.96	18.0	0.09

总沉降量为 $s = \sum s_i = (1.54 + 1.22 + 0.91 + 0.52 + 0.09)\text{cm} = 4.28 \text{ cm}$

⑥地基受压深度的确定

当 $z = 5.6$ m 时,$\sigma_{cz} = 91.8$ kPa,$\sigma_z = 19.0$ kPa,$\sigma_z > 0.2\sigma_{cz} = 18.36$ kPa,不可;

当 $z = 6$ m 时,$\sigma_{cz} = 95.5$ kPa,$\sigma_z = 16.9$ kPa,$\sigma_z < 0.2\sigma_{cz} = 19.1$ kPa,故 $z_n = 6.0$ m(从基底起算)。

3.2.2 规范法

规范法是由单向压缩分层总和法推导出的一种简化形式(图 3.10),目的在于简化计算工作,它仍然是采用侧限条件下的压缩试验获得的压缩性指标。在单向压缩分层总和法中,计算一薄层的附加应力平均值是采用薄层顶面和底面附加应力的算术平均值,而规范法采用平均附加应力系数计算。该方法还规定了计算深度的标准,提出了基础沉降计算的修正系数,使计算结果与基础实际沉降更趋一致。另外,规范法对建筑物基础埋置较深的情况,提出了考虑开挖基坑时地基土的回弹和施工时又产生再压缩所造成的变形量的计算方法。

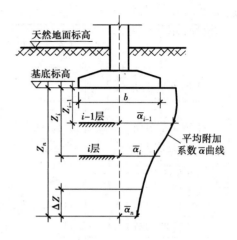

图 3.10 规范法分层

《建筑地基基础设计规范》(GB 50007—2002)推荐的基础最终变形量计算方法认为:计算地基变形时,地基内的应力分布可用各向同性均质线性变形体理论。其最终变形量可按下式计算:

$$s' = \sum_{i=1}^{n} \frac{p_0}{E_{si}} (z_i \overline{\alpha}_i - z_{i-1} \overline{\alpha}_{i-1}) \tag{3.20}$$

$$s = \psi_s s' = \psi_s \sum_{i=1}^{n} \frac{p_0}{E_{si}} (z_i \overline{\alpha}_i - z_{i-1} \overline{\alpha}_{i-1}) \tag{3.21}$$

式中　s——地基的变形量,mm;

　　　s'——按分层总和法计算出的地基变形量;

　　　ψ_s——沉降计算的经验系数,根据地区沉降观测资料及经验确定,无地区经验时可采用表 3.9 数值;

　　　n——地基变形计算深度范围内所划分的土层数(图 3.10);

　　　p_0——对应于荷载效应准永久组合时的基础底面处的附加压力,kPa;

　　　E_{si}——基础底面下第 i 层土的压缩模量,MPa,应取土的自重应力至自重应力与附加应力之和的压力段计算;

　　　z_i、z_{i-1}——基础底面至第 i 层土、第 $i-1$ 层土底面的距离,m;

　　　$\overline{\alpha}_i$、$\overline{\alpha}_{i-1}$——基础底面计算点至第 i 层土、第 $i-1$ 层土底面范围内平均附加应力系数,可查表 3.7。对于矩形基底铅直均布荷载,由 l/b、z/b 查表 3.7(条形基底 l/b 取 10),l 为基础长边,b 为基础短边。

表 3.7　矩形基底铅直均布荷载作用角点下的平均铅直向附加应力系数 $\overline{\alpha}_i$

z/b \ l/b	1.0	1.2	1.4	1.6	1.8	2.0	2.4	2.8	3.2	3.6	4.0	5.0	10.0
0.0	0.250 0	0.250 0	0.250 0	0.250 0	0.250 0	0.250 0	0.250 0	0.250 0	0.250 0	0.250 0	0.250 0	0.250 0	0.250 0
0.2	0.249 6	0.249 7	0.249 7	0.249 8	0.249 8	0.249 8	0.249 8	0.249 8	0.249 8	0.249 8	0.249 8	0.249 8	0.249 8
0.4	0.247 4	0.247 9	0.248 1	0.248 3	0.248 4	0.248 5	0.248 5	0.248 5	0.248 5	0.248 5	0.248 5	0.248 5	0.248 5
0.6	0.242 3	0.243 7	0.244 4	0.244 8	0.245 1	0.245 2	0.245 4	0.245 5	0.245 5	0.245 5	0.245 5	0.245 5	0.245 6
0.8	0.234 6	0.237 2	0.238 7	0.239 5	0.240 0	0.240 3	0.240 7	0.240 8	0.240 9	0.240 9	0.241 0	0.241 0	0.241 0

续表

z/b \ l/b	1.0	1.2	1.4	1.6	1.8	2.0	2.4	2.8	3.2	3.6	4.0	5.0	10.0
1.0	0.2252	0.2291	0.2313	0.2326	0.2335	0.2340	0.2346	0.2349	0.2351	0.2352	0.2352	0.2353	0.2353
1.2	0.2149	0.2199	0.2229	0.2248	0.2260	0.2268	0.2278	0.2282	0.2285	0.2286	0.2287	0.2288	0.2289
1.4	0.2043	0.2102	0.2140	0.2164	0.2190	0.2191	0.2204	0.2211	0.2215	0.2217	0.2218	0.2220	0.2221
1.6	0.1936	0.2006	0.2049	0.2079	0.2099	0.2113	0.2130	0.2138	0.2143	0.2146	0.2148	0.2150	0.2152
1.8	0.1840	0.1912	0.1960	0.1994	0.2018	0.2034	0.2055	0.2066	0.2073	0.2077	0.2079	0.2082	0.2084
2.0	0.1746	0.1822	0.1875	0.1912	0.1938	0.1958	0.1982	0.1996	0.2004	0.2009	0.2012	0.2015	0.2018
2.2	0.1659	0.1737	0.1793	0.1833	0.1862	0.1883	0.1911	0.1927	0.1937	0.1943	0.1947	0.1952	0.1955
2.4	0.1578	0.1657	0.1715	0.1757	0.1789	0.1812	0.1843	0.1862	0.1873	0.1880	0.1885	0.1890	0.1895
2.6	0.1503	0.1583	0.1642	0.1686	0.1719	0.1745	0.1779	0.1799	0.1812	0.1820	0.1825	0.1832	0.1838
2.8	0.1433	0.1514	0.1574	0.1619	0.1654	0.1680	0.1717	0.1739	0.1753	0.1763	0.1769	0.1770	0.1784
3.0	0.1396	0.1449	0.1510	0.1556	0.1592	0.1619	0.1658	0.1682	0.1698	0.1708	0.1715	0.1725	0.1733
3.2	0.1310	0.1390	0.1450	0.1497	0.1533	0.1562	0.1602	0.1628	0.1645	0.1657	0.1664	0.1675	0.1685
3.4	0.1256	0.1334	0.1394	0.1441	0.1478	0.1508	0.1550	0.1577	0.1595	0.1607	0.1616	0.1628	0.1639
3.6	0.1205	0.1282	0.1342	0.1389	0.1427	0.1456	0.1550	0.1528	0.1548	0.1561	0.1570	0.1583	0.1595
3.8	0.1158	0.1234	0.1293	0.1340	0.1378	0.1408	0.1452	0.1482	0.1502	0.1516	0.1526	0.1541	0.1554
4.0	0.1114	0.1189	0.1248	0.1294	0.1332	0.1362	0.1408	0.1438	0.1459	0.1474	0.1485	0.1500	0.1516
4.2	0.1035	0.1107	0.1164	0.1210	0.1248	0.1279	0.1325	0.1357	0.1379	0.1396	0.1407	0.1425	0.1444
4.4	0.1035	0.1107	0.1164	0.1210	0.1248	0.1279	0.1325	0.1357	0.1379	0.1396	0.1407	0.1425	0.1444
4.6	0.1000	0.1070	0.1127	0.1172	0.1209	0.1240	0.1287	0.1319	0.1342	0.1359	0.1371	0.1390	0.1410
4.8	0.0967	0.1036	0.1091	0.1136	0.1173	0.1204	0.1250	0.1283	0.1307	0.1324	0.1337	0.1357	0.1379
5.0	0.0935	0.1003	0.1057	0.1102	0.1139	0.1169	0.1216	0.1249	0.1273	0.1291	0.1304	0.1325	0.1348
5.2	0.0906	0.0972	0.1026	0.1070	0.1106	0.1136	0.1183	0.1217	0.1241	0.1259	0.1273	0.1295	0.1320
5.4	0.0878	0.0943	0.0996	0.1039	0.1075	0.1105	0.1152	0.1186	0.1211	0.1229	0.1243	0.1265	0.1292
5.6	0.0852	0.0916	0.0968	0.1010	0.1046	0.1076	0.1122	0.1156	0.1181	0.1200	0.1215	0.1238	0.1266
5.8	0.0828	0.0980	0.0941	0.0983	0.1018	0.1047	0.1094	0.1128	0.1153	0.1172	0.1187	0.1211	0.1240
6.0	0.0805	0.0866	0.0915	0.0957	0.0991	0.1021	0.1067	0.1101	0.1126	0.1146	0.1161	0.1185	0.1216
6.2	0.0783	0.0842	0.0891	0.0932	0.0966	0.0995	0.1041	0.1075	0.1101	0.1120	0.1136	0.1161	0.1193
6.4	0.0762	0.0820	0.0869	0.0909	0.0942	0.0971	0.1016	0.1050	0.1076	0.1096	0.1111	0.1137	0.1171
6.6	0.0742	0.0799	0.0847	0.0886	0.0919	0.0948	0.0993	0.1027	0.1053	0.1073	0.1088	0.1114	0.1149
6.8	0.0723	0.0779	0.0826	0.0865	0.0898	0.0926	0.0970	0.1004	0.1030	0.1050	0.1066	0.1092	0.1129
7.0	0.0705	0.0761	0.0806	0.0844	0.0877	0.0904	0.0949	0.0982	0.1008	0.1028	0.1044	0.1071	0.1109
7.2	0.0688	0.0742	0.0787	0.0852	0.0857	0.0884	0.0928	0.0962	0.0987	0.1008	0.1023	0.1051	0.1090
7.4	0.0672	0.0725	0.0769	0.0806	0.0838	0.0865	0.0908	0.0942	0.0967	0.0988	0.1004	0.1031	0.1071
7.6	0.0656	0.0709	0.0752	0.0789	0.0820	0.0846	0.0889	0.0922	0.0948	0.0968	0.0984	0.1012	0.1054
7.8	0.0642	0.0693	0.0736	0.0771	0.0802	0.0828	0.0872	0.0904	0.0929	0.0950	0.0966	0.0994	0.1036

续表

z/b \ l/b	1.0	1.2	1.4	1.6	1.8	2.0	2.4	2.8	3.2	3.6	4.0	5.0	10.0
8.0	0.062 7	0.067 8	0.072 0	0.075 5	0.078 5	0.081 1	0.085 3	0.088 5	0.091 2	0.093 2	0.094 8	0.097 6	0.102 0
8.2	0.061 4	0.066 3	0.070 5	0.073 9	0.076 9	0.079 5	0.083 7	0.086 9	0.089 4	0.091 4	0.093 1	0.095 9	0.100 4
8.4	0.060 1	0.064 9	0.069 0	0.072 4	0.075 4	0.077 9	0.082 0	0.085 2	0.087 8	0.089 8	0.091 4	0.094 3	0.098 8
8.6	0.058 8	0.063 6	0.067 6	0.071 0	0.073 9	0.076 4	0.080 5	0.083 6	0.086 2	0.088 2	0.089 8	0.097 2	0.097 3
8.8	0.057 6	0.062 3	0.066 3	0.069 6	0.072 4	0.074 9	0.079 0	0.082 1	0.084 6	0.086 6	0.088 2	0.091 2	0.095 9
9.2	0.055 4	0.059 9	0.063 7	0.067 0	0.069 7	0.072 1	0.076 1	0.079 2	0.081 7	0.083 7	0.085 3	0.088 2	0.093 1
9.6	0.053 3	0.057 7	0.061 4	0.064 5	0.067 2	0.069 6	0.073 4	0.076 5	0.078 9	0.080 9	0.082 5	0.085 5	0.090 5
10.0	0.051 3	0.055 6	0.059 2	0.062 2	0.064 9	0.067 2	0.071 0	0.073 9	0.076 3	0.078 3	0.079 9	0.082 9	0.088 0
10.4	0.049 6	0.053 3	0.057 2	0.060 1	0.062 7	0.064 9	0.068 6	0.071 6	0.073 9	0.075 9	0.077 5	0.090 4	0.085 7
10.8	0.047 9	0.051 9	0.055 3	0.058 1	0.060 6	0.062 8	0.066 4	0.069 3	0.071 7	0.073 6	0.075 1	0.078 1	0.083 4
11.2	0.046 3	0.050 2	0.053 5	0.056 3	0.058 7	0.060 9	0.064 4	0.067 2	0.069 5	0.071 4	0.073 0	0.075 9	0.081 3
11.6	0.044 8	0.048 6	0.051 8	0.054 5	0.056 9	0.059 0	0.062 5	0.065 2	0.097 5	0.069 4	0.070 9	0.073 8	0.079 3
12.0	0.043 5	0.047 1	0.050 2	0.052 9	0.055 2	0.057 3	0.060 6	0.063 3	0.065 6	0.067 4	0.069 0	0.071 9	0.077 4
12.8	0.040 9	0.044 4	0.047 4	0.049 9	0.052 1	0.054 1	0.057 3	0.059 9	0.062 1	0.063 9	0.065 4	0.068 2	0.073 9
13.6	0.038 7	0.042 0	0.044 8	0.047 2	0.049 3	0.051 2	0.054 3	0.056 8	0.058 9	0.060 7	0.062 1	0.064 9	0.070 7
14.4	0.036 7	0.039 8	0.042 5	0.044 8	0.046 8	0.048 6	0.051 6	0.054 0	0.056 1	0.057 7	0.059 2	0.061 9	0.067 7
15.2	0.034 9	0.037 9	0.040 4	0.042 6	0.044 6	0.046 3	0.049 2	0.051 5	0.053 5	0.055 1	0.056 5	0.059 2	0.065 0
16.0	0.033 2	0.036 1	0.038 5	0.040 7	0.042 5	0.044 2	0.046 9	0.049 2	0.051 1	0.052 7	0.054 0	0.056 7	0.062 5
18.0	0.029 7	0.032 3	0.034 5	0.036 4	0.038 1	0.039 6	0.042 2	0.044 2	0.046 0	0.047 5	0.048 7	0.051 2	0.057 0
20.0	0.026 9	0.026 2	0.031 2	0.033 0	0.034 5	0.035 9	0.038 3	0.040 2	0.041 8	0.043 2	0.044 4	0.046 8	0.052 4

　　根据大量沉降观测资料与式(3.20)计算结果比较发现:对较紧密的地基土,公式计算值较实测沉降值偏大;对较软弱的地基土,按公式计算得出的沉降值偏小。这是由于在公式推导过程中作了某些假定,有些复杂情况在公式中得不到反映。如使用弹性力学公式计算弹塑性地基土的应力,将三向变形假定为单向变形,非均质土层按均质土层计算等。因此,《规范》对式(3.20)用乘以经验系数的方法进行修正,得到式(3.21)。

　　与单向压缩分层总和法相同,地基变形计算深度采用符号 z_n 表示,规定 z_n 应满足下式要求:

$$\Delta s'_n \leqslant 0.025 \sum_{i=1}^{n} \Delta s'_i \tag{3.22}$$

式中　$\Delta s'_i$ ——在计算深度范围内,第 i 层土的计算变形量;

　　　　$\Delta s'_n$ ——由该深度向上取计算厚度为 Δz 所得的计算变形量。(Δz 如图 3.10 所示,由基础宽度 b 查表 3.8 确定)。

　　若 z_n 以下存在软弱土层时,应向下继续计算,至软弱土层中 $\Delta s'_n$ 满足上式为止。式(3.22)中 $\Delta s'_i$ 包括相邻建筑的影响,可按应力叠加原理采用角点法计算。当无相邻建筑物荷

载影响,基础宽度在 1~30 m 范围内时,基础中心点的沉降计算深度可按下式计算:

$$z_n = b(2.5 - 0.4 \ln b) \tag{3.23}$$

式中　b——基础宽度,$\ln b$ 为 b 的自然对数。

在计算深度范围内存在基岩时,z_n 可取至基岩表面;如存在较厚的坚硬黏性土,其孔隙比小于 0.5、压缩模量大于 50 MPa 时,或存在较厚的密实砂卵石层,其压缩模量大于 80 MPa 时,z_n 可取至该层土表面。

表 3.8　Δz 值表

基础宽度 b/m	≤2	2~4	4~8	>8
$\Delta z/m$	0.3	0.6	0.8	1.0

在表 3.9 中,f_{ak} 为地基承载力特征值(见第 7 章),$\overline{E}_s$ 为沉降计算深度范围内土体压缩模量的当量值,按下式计算:

$$\overline{E}_s = \frac{\sum A_i}{\sum \dfrac{A_i}{E_{si}}} \tag{3.24}$$

式中　A_i——第 i 层土平均附加应力系数沿该土层厚度的积分值;

　　　E_{si}——第 i 层土的压缩模量。

表 3.9　沉降计算经验系数 ψ_s

$\overline{E}_s/MPa$　　基底附加压力	2.5	4.0	7.0	15.0	20.0
$p_0 \geq f_{ak}$	1.4	1.3	1.0	0.4	0.2
$p_0 \leq 0.75 f_{ak}$	1.1	1.0	0.7	0.4	0.2

表 3.7 为矩形基底角点下的平均附加应力系数表。若计算荷载作用面(基底面)中心或任意点的平均附加应力时,仍可按前面章节讲述的叠加法计算;梯形荷载仍可分为均布荷载与三角形分布荷载进行计算。

当建筑物地下室基础埋置较深时,应考虑开挖基坑时地基土的回弹和建筑物施工时又产生地基土再压缩的状况,该部分沉降量可按下式计算:

$$s_c = \psi_c \sum_{i=1}^{n} \frac{p_c}{E_{ci}} (z_i \overline{\alpha}_i - z_{i-1} \overline{\alpha}_{i-1}) \tag{3.25}$$

计算深度取至基坑底面以下 5 m,当基坑底面在地下水位以下时,取 10 m。

式中　s_c——地基的回弹变形量;

　　　ψ_c——考虑回弹影响的沉降计算经验系数,$\psi_c = 1.0$;

　　　p_c——基坑底面以上土的自重压力,kPa,地下水位以下应扣除浮力;

　　　E_{ci}——土的回弹模量,按《土工试验方法标准》(GB/T 50123—1999)进行试验确定。

例 3.3　利用例 3.2 资料,且 $f_{ak} = 128$ kPa,用规范法计算矩形基础的最终沉降量。

①地基分层:从基底底面以下基本按天然分界面划分: $z_1 = 2.4$ m, $z_2 = 4$ m, $z_3 = 7.2$ m。

②求基底附加应力:据例3.2, $p_0 = 94.8$ kPa。

③计算 E_{si},地下水位以上 $a_1 = 0.28$ MPa^{-1},则

$$E_{s1} = \frac{1 + e_1}{a_1} = \frac{1 + 0.96}{0.28} \text{ MPa} = 7 \text{ MPa}$$

地下水位以下 $a_2 = 0.25$ MPa^{-1},同理, $E_{s2} = 7.84$ MPa。

④计算 a_i,把基础分成四个小矩形,用角点法, $l/b = 1$, z_i/b 查表3.7,将计算结果列于表3.10中。

⑤各分层沉降量计算,将计算过程列成表3.10。

表3.10　计算表

z/m	l/b	z_i/b	$\bar{\alpha}_i$	$z_i\bar{\alpha}_i$	$z_i\bar{\alpha}_i - z_{i-1}\bar{\alpha}_{i-1}$	E_{si} /MPa	$\Delta s' = p_0\left(\dfrac{z_i\bar{\alpha}_i - z_{i-1}\bar{\alpha}_{i-1}}{E_{si}}\right)$ /mm	$s' = \sum s_i'$ /mm
0	1	0	$0.250\ 0 \times 4 = 1.00$	0	0	—	0	0
2.4	1	1.2	$0.214\ 9 \times 4 = 0.859$	2.063	2.063	7.0	27.94	27.94
7.2	1	3.6	$0.120\ 5 \times 4 = 0.482$	3.470	1.407	7.84	17.01	45
6.6	1	3.3	$0.128\ 3 \times 4 = 0.513$	3.387	0.083	7.84	1.0	—

⑥确定地基变形深度,试取地基变形深度 $z_n = 7.2$ m,从 z_n 底面处向上取计算厚度0.6 m(查表3.8),由表3.10查得 $\Delta s_n' = 1.0$ mm,则

$$\Delta s_n' / \sum \Delta s_i' = 1.0/45 = 0.022 < 0.025$$

符合地基沉降计算深度的规定,故取 $z_n = 7.2$ m。

⑦求 z_n 范围内土层压缩模量当量值 $\bar{E}_s$

$$\bar{E}_s = \frac{\sum A_i}{\sum \dfrac{A_i}{E_{si}}} = \frac{\sum p_0(z_i\bar{\alpha}_i - z_{i-1}\bar{\alpha}_{i-1})}{\sum \dfrac{p_0(z_i\bar{\alpha}_i - z_{i-1}\bar{\alpha}_{i-1})}{E_{si}}} = \frac{p_0(2.063 + 1.407)}{p_0\left(\dfrac{2.063}{7} + \dfrac{1.407}{7.84}\right)} \text{ MPa} = 7.38 \text{ MPa}$$

⑧求沉降计算修正系数

$$\frac{p_0}{f_{ak}} = \frac{94.8}{128} = 0.74 < 0.75$$

查表3.9得 $\psi_s = 0.68$。

⑨求基础的最终沉降量

$$S = \psi_s \cdot s' = 0.68 \times 45 \text{ mm} = 30.6 \text{ mm}$$

例3.4　某箱形基础,基础底面尺寸为50 m×10 m,基础埋置深度为 $d = 6$ m。地下水位深14 m,基底附加应力为120 kN/m^2,其余数据如图3.11所示。基础底面以下各土层分别在自重压力下作回弹试验,测得回弹模量见表3.11,求基础中心点的最大回弹量。

表 3.11　土的回弹模量

土层	层厚/m	回弹模量 E_{ci}/MPa			
		$E_{0-0.025}$	$E_{0.025-0.05}$	$E_{0.05-0.1}$	$E_{0.1-0.2}$
粉土	2	28.7	30.2	49.1	570
粉质黏土	6	12.8	14.1	22.3	280
碎石	6.7	100(无试验资料,估算值)			

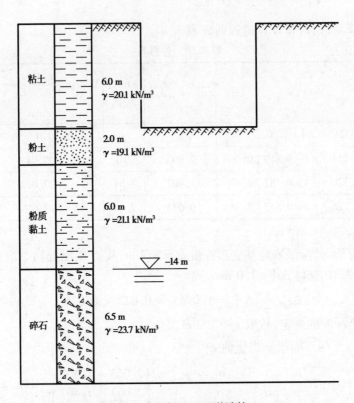

图 3.11　例 3.4 回弹计算

解　当建筑物基础埋置较深时,地基回弹再压缩变形在总沉降中占重要位置,故应进行回弹计算。

①地基分层。从基底底面以下基本按天然分界面划分:$z_1 = 2$ m、$z_2 = 5$ m、$z_3 = 6$ m、$z_4 = 7$ m。

②计算 a_i。将基础分成 4 个小矩形,用角点法:$l = 25$ m、$b = 5$ m、$l/b = 5$,z_i/b 查表 3.7,将计算结果列于表中 。

③求基坑底面以上土的自重压力 p_c。$p_c = \gamma h = 20.1 \times 6$ kPa $= 120.6$ kPa

④利用式(3.25)进行各分层回弹量计算,其中 $\psi_c = 1.0$,将计算过程列成表 3.12。

⑤总回弹量为各分层之和。$S = \sum S_c = 23.27$ mm

表 3.12　回弹量计算表

z/m	l/b	z_i/b	$\bar{a}_i$	$z_i\bar{a}_i$	$z_i\bar{a}_i - z_{i-1}\bar{a}_{i-1}$	σ_{cz} /kPa	E_{ci} /MPa	$S_c = p_c\left(\dfrac{z_i\bar{a}_i - z_{i-1}\bar{a}_{i-1}}{E_{ci}}\right)$ (mm)
0	5	0	0.250 0 × 4 = 1.00	0	0	0	—	0
2	5	0.4	0.248 5 × 4 = 0.994	1.988	1.988	38.2	30.2	7.92
5	5	1	0.235 2 × 4 = 0.941	4.705	2.717	101.5	22.3	14.69
6	5	1.2	0.228 8 × 4 = 0.915	5.490	0.785	122.6	280	0.338
7	5	1.4	0.222 0 × 4 = 0.888	6.216	0.726	143.7	280	0.312
回弹量合计								23.27

注:σ_{cz} 为基础底面以下各土层的自重压力,根据 σ_{cz} 值、查表 3.11 确定 E_{ci} 之值。

3.3　应力历史对地基沉降的影响

土的应力历史是指土体在历史上曾经受到过的应力状态。如前所述,根据室内压缩试验可绘出反映土体压缩性质的 e-p 曲线及 e-lg p 曲线,根据 e-p 曲线及 e-lg p 曲线也能计算土层变形量。如图 3.11 所示,该曲线可用于表示原状黏土的压缩曲线,其初始坡度较平缓,当压力接近 p_c 时,曲线曲率明显变化,其后又近似为坡度较陡的斜直线,p_c 称为土的先(前)期固结压力,即土在生成历史中曾受的最大有效固结压力,故当对式样所施加压力 $p < p_c$ 时,ea 段为再压曲线,故曲线平缓。当 $p > p_c$ 时,abc 段为正常压缩曲线,故斜率变陡,土体压缩量变大。因此,土层在历史上所受到的最大固结压力对其固结程度和压缩性有明显影响。一般用先(前)期固结压力 p_c 与现时上覆土重 p_1 进行比较来描述土层的应力历史,并将土层分为三种情况(图 3.13):

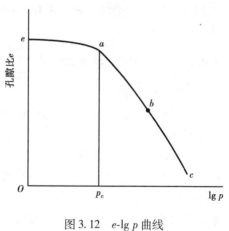

图 3.12　e-lg p 曲线

①土层在历史上所受到的先期固结压力等于现有上覆土重时,即 $p_c = p_1$ 称为正常固结土;

②土层在历史上所受的先期固结压力大于现有上覆土重时,$p_c > p_1$ 称为超固结土;

③土层在历史上所受到的先(前)期固结压力小于现有上覆土重时,$p_c < p_1$ 称为欠固结土。

在工程实践中,最常见的是正常固结土,其土层的压缩由建筑物荷载产生的附加应力所致,超固结土相当于其形成历史中已受过预压力,只有当附加应力与自重应力大于先期固结土,土层才有明显压缩。因而超固结土压缩性小,对工程有利。欠固结土不仅要考虑附加应力产生的压缩,还要考虑自重应力产生的压缩,因而欠固结土压缩性对工程不利。

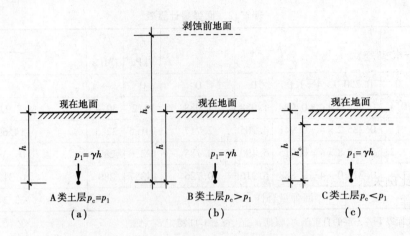

图 3.13　沉积土层按先期固结压力分类

3.4　地基沉降与时间的关系

前面研究了地基的最终变形计算理论和方法,由于土体在压力作用下要经历一定的时间才能完成全部压缩变形而达到基本稳定,因此,本节主要讨论变形与时间的关系,并介绍其计算方法。

3.4.1　土的渗透性与渗透变形

(1)达西渗透定律

土的渗透性是由于土体是多孔介质,土孔隙中的水在有水头差作用时,便会发生流动。如上下游水位不同时,上游的水就在水头差作用下,通过地基土的孔隙流向下游。又如在水位较高的建筑场地开挖基坑,地下水在水头差作用下,也会发生这种现象。在水头差的作用下,水透过土中孔隙流动的现象称为渗透或渗流。而土能被水透过的性能称为土的渗透性。它是决定地基沉降与时间关系的关键因素。

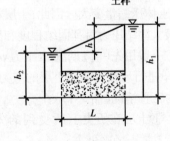

图 3.14　渗透试验

工程中常见的土(黏性土、粉土及砂土)孔隙较小,因而水在其中流动时,流速一般很小,其渗流多属层流(流速很大的水流属紊流)。通过图 3.14 所示的试验装置研究砂土的渗透性,可以得到如下的关系式:

$$u = ki = k\frac{h}{L} \qquad (3.26)$$

或

$$u = \frac{Q}{At} \qquad (3.27)$$

式中　u——渗透速度,cm/s;

　　　　Q——渗透水量,cm³;

i——水力梯度或称水力坡降，$i = \dfrac{h}{L}$；

h——水头差，cm；

L——渗透路径长度，cm；

A——试样截面积，cm^2；

t——渗流时间，s；

k——渗透系数，即水力梯度为 1 时的渗透速度，cm/s。

式(3.26)称为渗透定律，表明水在土中的渗透速度与水力坡降成正比例关系。达西(H.Darcy)首先提出这一定律，故又称达西定律。

对于砂性较重及密实度较低的黏土，其渗透规律与达西定律相符(图3.15)。密实黏土中孔隙全部或大部分充满薄膜水时，黏土渗透性就具有特殊的性能。由于受薄膜水的阻碍，其渗透规律可表达为：

$$u = k(i - i_0)$$

式中，i_0 为黏性土的起始水力坡降表明用于克服薄膜水的阻力所消耗的能量。

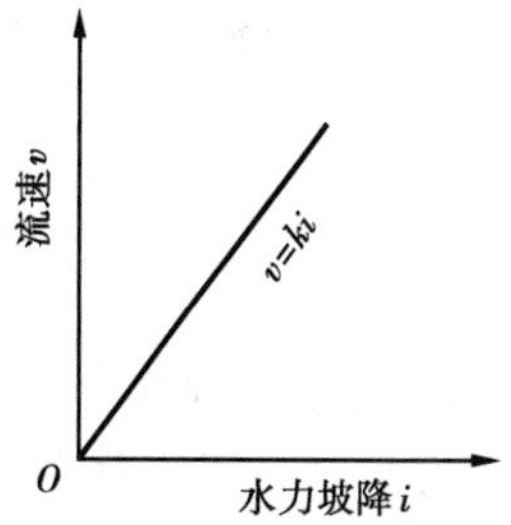

图 3.15　砂土的 $v\text{-}i$ 关系曲线

对于粗颗粒土(如砾石、卵石等)中的渗流，只有在水力坡降很小和流速不大时才属于层流，遵从达西定律；否则，属于紊流，渗透流速与水力坡降之间不再是直线关系。还应指出：水在土中渗透，并不是通过土体的整个截面，仅是通过土粒间的孔隙，所以达西定律中的渗透速度只是假想的平均速度。因此，水在土中的实际平均流速要比达西定律求得的值大得多，它们之间的大致关系为：

$$u' = \frac{1 + e}{e} u = \frac{u}{n} \tag{3.28}$$

式中　u——达西定律求得的平均渗透速度；

u'——实际平均渗透速度；

e、n——土的孔隙比、孔隙率。

式(3.28)的所谓平均流速仍不是土体孔隙中的真正平均流速，因为土的孔隙通道并非直道，而是弯弯曲曲不规则的曲道。由于土中孔隙的大小和形状极为复杂，尚难确定通过孔隙的真正流速，所以在工程中都采用达西定律计算的平均流速。

(2)土的渗透变形

水在土的孔隙中流动时，将会产生水头损失，而这种水头损失是因为水在土的孔隙中流动时，作用在土粒上的拖曳力而引起的，由渗透水流作用于单位土体内土粒上的拖曳力称为渗透力。

下例试验可观察水在土体孔隙中流动时的一些现象。图 3.16 中圆筒容器 1 中装有均匀的砂土，厚度为 L，容器底部由管子与供水容器 2 相通，当两个容器的水面保持齐平时，无渗流发生；若容器 2 逐渐提升，由于水头差 h 逐渐增大，容器 2 内的水便从底部透过砂层从容器 1 的顶部边缘不断溢出，当 h 达到某一高度时，砂土表面便会出现类似沸腾的现象，这种现象称为流土。此现象说明水在土的孔隙中流动时，确有沿水流方向的渗透力存在，并使土体失稳。

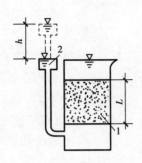

图 3.16　流土试验

大量的研究和实践均表明,渗透失稳可分为流土与管涌两种基本类型。

1)流土及临界坡降

流土通常是在渗流作用下,黏性土或无黏性土体中某一范围内的颗粒或颗粒群同时发生移动的现象,流土发生在水流出溢口处,不发生在土体内部。在开挖基坑时,常遇到的所谓流砂现象均属流土的类型。

流土的临界坡降 i_{cr} 为濒临发生流土的水力坡降。根据力的平衡关系通过计算得:

$$j = i_{cr} r_w = r'$$

$$i_{cr} = \frac{r'}{r_w} = \frac{r_{sat} - r_w}{r_w} = \frac{d_s - 1}{1 + e} \tag{3.29}$$

式中　j——渗流作用于单位土体的力;

　　　d_s——土粒比重;

　　　e——土的孔隙比;

　　　r_{sat}——土的饱和重度;

　　　r_w——水的重度。

防止发生流土的允许水力坡降为 $[i] = \dfrac{i_{cr}}{F_s}$,$F_s$ 为安全系数,一般取 2.0 ~ 2.5。

2)管涌及临界坡降

管涌是指在渗流力作用下,无黏性土中的细小颗粒通过粗大颗粒的孔隙,发生移动或被水流带出的现象,在水流出溢口或土体内部均有可能发生,黏性土土粒间具有黏聚力。颗粒联结较紧,不易发生管涌。

产生管涌的条件比较复杂,我国科学家在总结前人经验的基础上,经过研究,得出了发生管涌的临界坡降 i_{cr} 的简化经验公式:

$$i_{cr} = \frac{d}{\sqrt{\dfrac{k}{n^3}}} \tag{3.30}$$

式中　d——被冲动的细粒粒径,一般小于 $d_5 \sim d_3$,cm;

　　　k——土的渗透系数,cm/s;

　　　n——土的孔隙率。

防止发生管涌的允许水力坡降为 $[i] = \dfrac{i_{cr}}{F_s}$,$F_s$ 为安全系数,一般取 1.5 ~ 2.0。

3.4.2　有效应力原理

土的压缩性原理揭示饱和土的压缩主要是由于土在荷载作用下孔隙水被挤出,使孔隙体积减小所至。饱和土是由土颗粒和孔隙水组成的两相体,当荷载作用于饱和土体时,这些荷载是由土颗粒和孔隙水共同承担的。通过土粒接触点传递的粒间应力称为有效应力,通过孔隙水传递的应力称为孔隙水应力,则

$$\sigma = \sigma' + u \qquad (3.31)$$

或
$$\sigma' = \sigma - u \qquad (3.32)$$

即饱和土中任意点的总应力 σ 总是等于有效应力 σ' 与孔隙水应力 u 之和,这就是著名的有效应力原理,是由太沙基(K. Terzaghi)1925 年首先提出的。主要用以说明与自由水的渗透速度有关的饱和土固结过程,可用太沙基渗压模型来说明。

太沙基为研究土的固结问题提出了一维渗压模型来模拟现场土层中一点的固结过程,如图 3.17 所示。它由圆筒、开孔的活塞板、弹簧及筒中充满的水组成。活塞板上的小孔模拟土的孔隙,弹簧模拟土的颗粒骨架,筒中水模拟孔隙中的水,土颗粒承担的应力称为有效应力 σ',由外荷在孔隙水中引起的压力称为超静水压力 u。

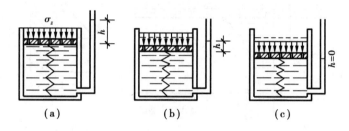

图 3.17　太沙基饱和土的一维渗压模型

当活塞板上没有外荷载作用时,测压管中的水位与圆筒中的静水位齐平,没有超静水压力,筒中水不会通过活塞板上小孔流出,说明土中未出现渗流。而当活塞板上作用一压力 σ 时,在荷载作用的瞬时,筒中水来不及排出,弹簧无变形,说明弹簧没受力,那么外荷产生的压力只能由孔隙水承担,超静水压力 $u = \sigma$ 测压管中的水位升高,升高水头为:

$$h = \frac{u}{r_{\mathrm{w}}} \qquad (3.33)$$

在超静水压力作用下,筒中水通过活塞板上的小孔向外挤出,筒内水的体积减小,活塞随之下沉,继而弹簧发生变形,承担了部分外荷,超静水压力减小,孔隙水不再承担全部应力。此时,应力由弹簧(颗粒骨架)和孔隙水共同承担,即 $\sigma = \sigma' + u$。

随着时间的增长,筒中的水不断挤出,筒内水体积逐渐减小,弹簧变形增大,承担更多的外荷,而孔隙水承担的超静水压力越来越小,最终消散为零时,活塞停止下沉,弹簧承担全部应力,即 $\sigma = \sigma'$,而超静水压力 $u = 0$,渗流过程终止,该过程即为固结过程。

由上述分析可知,土层的排水固结过程即是土中孔隙水应力的消散和有效应力增长的过程,即两种应力的相互转换过程。这个过程可表述如下:

荷载施加瞬间: $t = 0$, $\sigma = \sigma' + u = u$

渗流过程中: $0 < t < \infty$, $\sigma = \sigma' + u$

渗流终止时: $t = \infty$, $\sigma = \sigma' + u = \sigma'$

上述渗压模型说明了土中一点的应力随时间的转化过程,即在渗透固结过程中,随着孔隙水压力逐渐消失,有效应力逐渐增大,土的体积逐渐减小,强度不断提高。

3.4.3　饱和土的单向渗透固结理论

经上述分析已知地基的变形是随时间 t 而增长的,要确定饱和黏性土层在渗透固结过程中任意时间的变形,通常采用太沙基提出的一维(单向)渗透固结理论进行计算。该理论对无限大均布荷载作用和孔隙水主要沿铅直向渗流是适用的。

图 3.18 所示的土层情况属单向渗透固结,图中表示厚度为 H 的饱和黏土层的顶面是透水的,而底面是不透水的不可压缩层。该饱和黏土层在自重作用下已压缩稳定,在透水面上一次施加的连续均布荷载 p_0 引起土层固结。

单向渗透固结理论的假定条件为:

①土是均质、各向同性和完全饱和的;

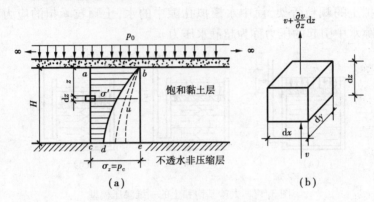

图 3.18 饱和黏性土的固结过程

②土粒和孔隙水都是不可压缩的,土的压缩速率取决于孔隙中水的排出速度;

③土中铅直向附加应力沿水平面是无限均布的,土的压缩和渗流都是一维的;

④渗流为层流,服从于达西定律;

⑤固结过程中,渗透系数 k 与压缩系数 a 为常数;

⑥荷载为一次瞬时施加。

由图 3.18 中 σ、u 的分布曲线及前面的分析已知,土中有效应力和超静水压力是深度 z 和时间 t 的函数,即

$$\sigma' = f(z,t) \tag{3.34}$$

$$u = F(z,t) \tag{3.35}$$

当 $t=0$ 时(加荷瞬时),图 3.18 中 bd 与 ac 线重合,$\sigma'=f(z,t)=0$ 及 $u=F(z,t)=\sigma_z$,即全部附加应力都由孔隙水承担;当 $t=\infty$ 时,bd 线与 be 线重合,$\sigma'=f(z,t)=\sigma_z$ 及 $u=F(z,t)=0$,即全部附加应力都由土骨架承担。

在饱和土层顶面下 z 深度处取一微分体,如图 3.18(b)所示,微分体的体积 $V=\mathrm{d}x\mathrm{d}y\mathrm{d}z$,微分体孔隙体积为 $V_v=\dfrac{e}{1+e}\mathrm{d}x\mathrm{d}y\mathrm{d}z$,微分体土颗粒体积为 $V_s=\dfrac{1}{1+e}\mathrm{d}x\mathrm{d}y\mathrm{d}z$,$V_s$ 在固结过程中保持不变。

根据渗流连续条件,达西定律及有效应力原理,可建立起固结微分方程为:

$$c_v \frac{\partial^2 u}{\partial z^2} = \frac{\partial u}{\partial t} \tag{3.36}$$

式中　c_v——$c_v = \dfrac{k(1+e)}{a r_w}$,称为土的铅直向固结系数,$\mathrm{m}^2/$年。

式(3.36)为饱和黏性土单向渗透固结微分方程。根据图 3.18 所示的开始固结时的附加应力分布情况,即初始条件;土层顶面、底面的排水条件,即边界条件:

当 $t=0$ 时和 $0 \leqslant z \leqslant H$ 时, $u=\sigma_z$;

当 $0<t \leqslant \infty$ 和 $z=0$ 时, $u=0$;

当 $0 \leqslant t \leqslant \infty$ 和 $z=H$ 时, $\dfrac{\partial u}{\partial z}=0$, 在不透水层顶面, 超静水压力的变化率为零;

当 $t=\infty$ 和 $0 \leqslant z \leqslant H$ 时, $u=0$。

根据边界条件、初始条件的不同, 可求得它的特解。利用分离变量法求得式(3.36)的特解如下:

$$u_{z,t} = \frac{4}{\pi}\sigma_z \sum_{m=1}^{\infty} \frac{1}{m}\sin\frac{m\pi z}{2H}\exp\left(-\frac{m^2\pi^2}{4}T_v\right) \tag{3.37}$$

式中　$u_{z,t}$——某一时刻深度 z 处的超静水压力, kPa;

　　　m——正整奇数(1,3,5,…);

　　　T_v——时间因数, $T_v=\dfrac{c_v t}{H^2}$, 量纲一;

　　　H——土层最远排水距离, m。单面排水时, 取土层厚度; 双面排水时, 土层中心点排水距离最远, 故取土层厚度之半, 即 $H/2$。

有了孔隙水应力随时间 t 和深度 z 变化的函数解, 据此可以求得基础在任一时间的沉降量。此时, 通常用到地基的固结度这一指标。地基的固结度是指地基固结的程度。它是地基在一定压力下, 经某段时间产生的变形量 s_t 与地基最终变形量 s 的比值。其表达式为:

$$u = \frac{s_t}{s} \quad 或 \quad s_t = us \tag{3.38}$$

式中　s_t——基础在某一时刻 t 的沉降量;

　　　s——基础最终沉降量。

地基最终变形量 s 的计算已在前文中论述。经过时间 t 产生的变形量 s_t, 取决于地基中的有效应力, 在压缩应力土层性质和排水条件等已定情况下, 固结度 u_t 仅为时间因数 t 的函数, 即

$$u_t = f(T_v) \tag{3.39}$$

由时间因数 T_v 和 C_v 的定义可知, 只要土的物理力学性质指标是 k、a、e 和土层厚度 H 为已知, u-t 的关系就可求得。

地基固结度基本表达式中的 u_t 值视地基产生固结情况不同而有所区别。因而式(3.39)所示关系也随之而变。所谓情况, 是指地基所受压缩应力分布和排水条件两个方面。对于单向固结问题, 大致可分为五种情况, 如图 3.19(a)所示。其中 α 为描述附加应力分布的系数定义, 即

$$\alpha = \frac{\sigma_{z0}}{\sigma_{z1}} = \frac{透水面的压缩应力(附加应力)}{不透水面的压缩应力(附加应力)}$$

为了便于应用, 现将饱和黏性土中附加应力为不同分布情况下的固结度 u_t 与时间因数 T_v 的关系曲线绘于图 3.19(b)中, 以备查用。

从图中可看出, 在不同情况下的 α 值如下:

情况①: $\alpha=1$, 地基中压缩应力沿深度没有变化, 而且只有一面排水;

情况②: $\alpha=0$, 相当于大面积新填土, 自重应力引起的固结;

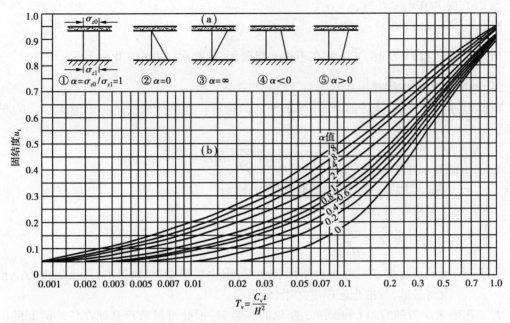

图 3.19 u_t-T_v 关系曲线

情况③: $\alpha = \infty$,相当于土层很厚,基底面积很小的情况;

情况④: $0 < \alpha < 1$,相当于自重应力作用下,土层尚未固结完毕,又在地面上施加荷载(如建房、筑路等);

情况⑤: $0 < \alpha < \infty$,与情况②相近,只是在不透水层面的附加应力大于零。

以上均为单面排水情况。如固结土层上下面均有排水砂层,即属双面排水,其固结度均按情况①计算。但应注意:时间因数 $T_v = \dfrac{C_v t}{H^2}$ 中的 H 应以 $H/2$ 代替。

应用时,解决地基沉降与时间关系的计算题步骤一般如下:

1)求某一时刻的沉降量 s_t

①根据土层的 k、α、e 求 C_v ;

②根据时间 t 和土层厚度 H 及 C_v ,求 T_v ;

③通过 α 及 T_v 查图得 u_t ,由 $u_t = \dfrac{s_t}{s}$,求 s_t 。

2)计算达到某一沉降量 s_t 所需时间 t

①根据 s_t 计算 u_t ,通过 α 及 u_t ,查图得相应的 T_v ;

②根据已知条件求 C_v ,再由 $t = T_v H^2 / C_v$,求 t 。

例 3.5 某饱和黏土层厚度为 12 m,在连续均布荷载 $p_0 = 130$ kPa 作用下固结。土层单面排水,其初始孔隙比 $e_0 = 1.0$,压缩系数 $a = 0.3$ MPa^{-1} ,压缩模量 $E_s = 6.0$ MPa,渗透系数 $k = 0.018$ m/年。试分别计算:①加荷一年时的沉降量;②沉降量为 160 mm 所需要的时间。

解 根据题意,可采用上述总结的步骤来解该题。

①求: $t = 1$ 年的沉降量

铅直向固结系数: $C_v = \dfrac{k(1+e)}{a\gamma_w} = \dfrac{0.018(1+1.0)}{0.3 \times 10} \times 1\,000 \text{ m}^2/\text{年} = 12 \text{ m}^2/\text{年}$

时间因数：$T_v = \dfrac{C_v t}{H^2} = \dfrac{12 \times 1}{12^2} = 0.083$

查图 3.19，$\alpha = \dfrac{\sigma_{z0}}{\sigma_{z1}} = 1$（情况①），相应的固结度 $u_t = 0.33$

附加应力沿深度均匀分布：$\sigma_z = p_0 = 130\ \text{kPa}$

黏土层的最终沉降量：$s = \dfrac{\sigma_z}{E_s} H = \dfrac{130}{6\,000} \times 12\ \text{m} = 0.26\ \text{m} = 260\ \text{mm}$

固结时间 1 年的沉降量：$s_t = u_t s = 0.33 \times 260\ \text{mm} = 85.8\ \text{mm}$

②求沉降量为 160 mm 所需时间

$$u_t = \frac{s_t}{s} = \frac{160}{260} = 0.62$$

查图 3.19，$\alpha = 1$ 查相应的时间因数 $T_v = 0.33$，由 $t = T_v H^2 / C_v$ 得：

$$t = (0.33 \times 12^2 / 12)\ 年 = 3.96\ 年$$

3.5　建筑物沉降观测与地基变形允许值

建筑物地基不均、荷载作用差异大等因素致使地基变形，引起基础沉降，可能导致建筑物的开裂、倾斜甚至破坏，地基变形就成为地基设计必须予以充分考虑的问题。在地基设计中所用到的地基变形量往往是理论计算得到的数值，尽管在使用时进行了经验修正，但仍与实际情况有所差异。因此，对某些建筑物必须进行系统的沉降观测，并规定相应的地基变形允许值，以确保建筑物的正常使用。

3.5.1　建筑物的沉降观测

建筑物的沉降观测不仅能反映地基变形的实际情况，而且还能反映地基变形对建筑物的影响程度。系统的沉降观测资料不仅是验证地基基础设计、分析地基事故以及判别施工质量的重要依据；也是确定建筑物地基的允许变形值的重要资料。此外，通过对沉降计算值与实际观测值的对比，还可了解沉降计算方法的准确性，以便改进或发展更符合实际的沉降计算方法。

一般情况，对于高层建筑物，重要的新型的或有代表性的建筑物，形式特殊或构造上、使用上对不均匀沉降有严格限制的建筑物，大型高炉、平炉，大型筒式钢制油罐，以及软弱地基或基础下有古河道、池塘、暗沟的建筑物，需进行系统的沉降观测。沉降观测主要注意以下几点：

（1）水准基点的设置

通常水准基点的设置以保证其稳定可靠为原则，要求不少于 2 个，宜设置在坚实的土层上，离观测的建筑物 30～80 m。应对水准基点妥加保护，使其不受外界影响与损害。在一个观测区内，水准基点不应少于 2 个。

（2）观测点的布置

应能全面反映建筑物基础的沉降，并根据建筑物的规模、类型和结构特征以及建筑场地的工程地质和水文地质条件等确定，要求便于施测和不易遭到损坏。如观测点宜设在建筑物的四周角点、中点和转角处。沉降缝的两侧、高低层交界处、地基土软硬交界两侧等,测点间距 8～12 m,数量不少于 6 个。

(3) 观测时间的控制

为了取得较完整的资料,要求在灌筑基础时开始施测,施工期的观测可根据施工进度确定,如民用建筑每加高一层应观测一次;工业建筑物在不同荷载阶段分别进行观测。竣工后,前 3 个月每月测一次,以后根据沉降速率每 2～6 个月测一次,至沉降稳定为止。沉降稳定标准可采用半年沉降量不超过 2 mm。遇地下水位升降、打桩、地震、洪水淹没现场等情况,应及时观测。如建筑物出现突然严重裂缝或大量沉降时,应连续观测建筑物的沉降量。

(4) 观测资料的整理

观测资料的整理要及时,测量后立即算出各测点的标高、沉降量和累计沉降量,绘出荷载-时间-沉降关系的实测曲线和修正曲线,经成果分析,写出观测报告。

3.5.2 地基变形允许值

为了保证建筑物的正常使用,必须使地基变形值不大于地基变形允许值。在地基基础设计中,一般针对各类建筑物的结构特点、整体刚度及使用要求的不同,计算地基变形的某一特征,验算其是否超过相应的允许值。

(1) 地基变形特征

地基变形特征可分为沉降量、沉降差、倾斜、局部倾斜。

①沉降量:指基础中心的沉降量,单位 mm。沉降量若过大,将可能影响建筑物的正常使用。例如会导致室内外的上下水管、照明与通讯电缆以及煤气管道的折断,污水倒灌,雨水积聚等。

②沉降差:指相邻单独基础沉降量的差值;单位 mm。如果建筑物中相邻两个基础的沉降差过大,会使相应的上部结构产生额外应力,超过限度时,建筑物将发生裂缝、倾斜甚至破坏。

③倾斜:指单独基础倾斜方向两端点的沉降差与其距离的比值,如图 3.20、图 3.21 所示,倾斜 $\tan \theta = (s_2 - s_1)/b$;若建筑物倾斜过大,将影响正常使用,遇台风或强烈地震时危及建筑物整体稳定,甚至倾覆。

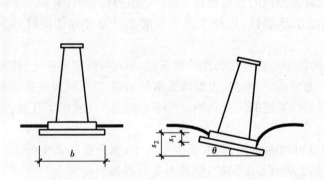

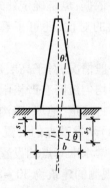

图 3.20　倾斜　　　　　　　　　　　　图 3.21　高耸构筑物基础的倾斜

④局部倾斜:指砌体承重结构沿纵墙 6～10 m 之内基础两点的沉降差与其距离的比值,如图 3.22 所示,砌体基础的局部倾斜 $\delta = (s_2 - s_1)/l$。如建筑物的局部倾斜过大,往往使砖石砌体承受弯矩而拉裂。

（2）地基变形允许值

地基变形允许值的确定涉及的因素很多，除了要考虑各类建筑物对地基不均匀沉降反应的敏感性及结构强度储备等有关情况外，还与建筑物的具体使用要求有关。根据《建筑地基基础设计规范》（GB 50007—2002），按建筑物的类型、变形特征将地基变形允许值规定如下，见表 3.13。

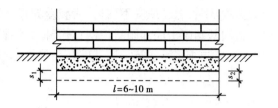

图 3.22　砌体承重结构基础的局部倾斜

表 3.13　建筑物地基变形允许值

变形特征		地基土类别	
		中、低压缩性土	高压缩性土
砌体承重结构的局部倾斜		0.002	0.003
工业与民用建筑相邻柱基的沉降差			
①框架结构		0.002 l	0.003 l
②砌体墙填充的边排柱		0.000 7 l	0.001 l
③当基础不均匀沉降时不产生附加应力的结构		0.005 l	0.005 l
单层排架结构（柱距为 6 m）柱基的沉降量/mm		（120）	200
桥式吊车轨面的倾斜（按不调整轨道考虑）			
纵向		0.004	
横向		0.003	
多层和高层建筑的整体倾斜	$H_g \leqslant 24$	0.004	
	$24 < H_g \leqslant 60$	0.003	
	$60 < H_g \leqslant 100$	0.002 5	
	$H_g > 100$	0.002	
体型简单的高层建筑基础的平均沉降量/mm		200	
高耸结构基础的倾斜	$H_g \leqslant 20$	0.008	
	$20 < H_g \leqslant 50$	0.006	
	$50 < H_g \leqslant 100$	0.005	
	$100 < H_g \leqslant 150$	0.004	
	$150 < H_g \leqslant 200$	0.003	
	$200 < H_g \leqslant 250$	0.002	
高耸结构基础的沉降量/mm	$H_g \leqslant 100$	400	
	$100 < H_g \leqslant 200$	300	
	$200 < H_g \leqslant 250$	200	

注：①本表数值为建筑物地基实际最终变形允许值；

②有括号者仅适用于中压缩性土；

③l 为相邻柱基中心距离，mm；H_g 为自室外地面起算的建筑物高度，m。

实践证明,由于地基不均匀、荷载差异很大或体形复杂等因素引起的地基变形,对于砌体承重结构基础应由局部倾斜控制;对于框架结构和单层排架基础,应由相邻两柱基的沉降差控制;对于多层或高层建筑结构基础和高耸结构基础,应由倾斜值控制。

小　结

为了计算地基变形,需研究土的压缩性指标,以解决地基沉降量问题,学习本章要求理解土的压缩性,掌握土的压缩性指标的应用范围,熟悉土的渗透性与渗透变形、达西定律、有效应力原理,熟练掌握以下重要的计算:

①地基最终沉降量计算:分层总和法、规范法。

②地基沉降与时间关系问题的计算。利用 $u_t = \dfrac{s_t}{s}$ 与 u_t、T_v 间的关系来求解。

通过学习应熟悉饱和土单向固结渗透理论、地基变形特征与地基变形允许值,了解土的回弹与再压缩性及应力历史对地基沉降的影响。

思　考　题

3.1　什么是土体的压缩曲线? 它是如何获得的?

3.2　何谓土的压缩系数? 如何应用它?

3.3　什么是土的弹性变形和残余变形?

3.4　压缩指数与压缩系数哪个更能准确反映土的压缩性质? 为什么?

3.5　何谓压缩模量? 与压缩系数有何区别与联系?

3.6　什么是孔隙水压力、有效应力? 在土层固结过程中,它们如何变化?

3.7　何谓固结系数、固结度? 它们的物理意义是什么?

3.8　总结分层总和法、规范法的异同。

3.9　何谓沉降量、沉降差、倾斜、局部倾斜?

3.10　哪些建筑物需要进行沉降观测,其主要内容有哪些?

3.11　规范法计算变形为什么还要进行修正?

3.12　什么是达西定律,密实黏土的达西定律与砂土有何区别?

3.13　由于大量开采地下水导致水位大面积下降,对土体有何影响?

习　题

3.1　已知某土样的比重 $d_s = 2.8$,体积为 $100\ cm^3$,湿土重 $190\ g$,含水量 $\omega = 20\%$,取该土样进行压缩试验,环刀高 $h_0 = 2\ cm$,当压力 $p_1 = 100\ kPa$ 时,测得稳定压缩量 $\Delta s_2 = 0.75\ mm$,$p_2 = 200\ kPa$ 时,$\Delta s_2 = 0.95\ mm$,试求 e_0、$\alpha_{1\text{-}2}$、$E_{s1\text{-}2}$,并评价该土的压缩性。

3.2　地基中自重应力与附加应力分布如图 3.23 所示,地基土的压缩试验结果如下表,试用分层总和法计算基础最终沉降量。

(答案:18.15 cm)

荷载/kPa	32	48	64	80	100	109	128	142
孔隙比	1.08	1.02	0.98	0.96	0.94	0.92	0.91	0.90

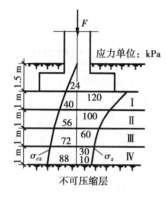

图 3.23　习题 3.2

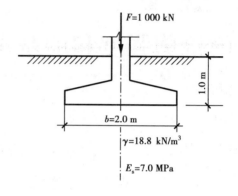

图 3.24　习题 3.3

3.3　如图 3.24 所示,某柱基础底面尺寸为 2.0 m × 3.0 m,基础埋深见图,上部荷载 $F = 1\,000$ kN,地基为黏土,重度 $\gamma = 18.8$ kN/m,压缩模量 $E_s = 7.0$ MPa,地基承载力标准值 130 kPa,试分别用单向压缩分层总和法与规范法计算基础最终沉降量(压缩资料见下表)。

(答案:规范法 51.78,分层总和法略)

压力/kPa	0	50	100	150	200
孔隙比	1.211	1.085	0.920	0.765	0.697

3.4　某建筑物基底压力为 240 kPa、建筑物建在 8 m 厚的黏土层上,附加应力如图 3.25 所示,黏土层上下均为透水砂层,黏土层的初始孔隙比 $e_0 = 0.887$,渗透系数 $k = 0.001\,8$ m/年。压缩系数 $a = 0.46$ MPa^{-1}。

试确定:

①黏土层的最终沉降量;

②加荷一年后的地基变形量;

③沉降 110 mm 所需时间;

④固结度达 80% 时所需要的时间。(答案:390.2 mm、101.4 mm、0.90 年、13.4 年)

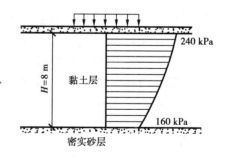

图 3.25　习题 3.4

第 4 章
土的抗剪强度和地基承载力

4.1　土的抗剪强度与极限平衡理论

4.1.1　抗剪强度的基本概念

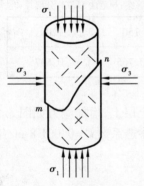

图 4.1　土体破坏

大量的工程实践和室内试验都表明,土的破坏大多为剪切破坏。例如堤坝边坡太陡时常发生滑坡,为边坡上的一部分土体相对于坝体发生的剪切破坏。又如图 4.1 所示的土体沿 m-n 面产生的滑动。土的抗剪强度是指土体抵抗剪切破坏的极限能力。土的抗剪强度的数值等于剪切破坏时滑动面上的剪应力大小。

为了确保建筑物的安全,在各类建筑物地基基础设计中,必须同时满足地基变形和地基强度两个条件。土体中滑动面的产生就是由于滑动面上的剪应力达到土的抗剪强度所引起。

土的抗剪强度是土的重要力学性质之一。地基承载力、挡土墙土压力、边坡的稳定等都受土的抗剪强度的控制。因此,研究土的抗剪强度及其变化规律对于工程设计、施工及管理都有非常重要的意义。

土体是否达到剪切破坏状态,除了决定于土本身的性质外,还与它所受的应力组合密切相关。这种破坏时的应力组合关系就称为破坏准则。土的破坏准则是一个十分复杂的问题,目前在生产实践中广泛采用的准则是莫尔-库仑破坏准则。

4.1.2　库仑定律

18 世纪 70 年代法国科学家库仑(C. A. Coulomb)根据砂土的摩擦试验,总结土的破坏现象和影响因素后,将砂土抗剪强度表达为滑动面上法向总应力的线性函数,即

$$\tau_f = \sigma \tan \phi \tag{4.1}$$

后来为适应不同土类和试验条件,把上式改写成更为普遍的形式,即

$$\tau_f = c + \sigma \tan \phi \qquad (4.2)$$

式中　τ_f——土的抗剪强度,kPa;

　　　σ——剪切滑动面上的法向总应力,kPa;

　　　c——土的黏聚力,kPa,对于无黏性土,$c = 0$;

　　　ϕ——土的内摩擦角,(°)。

式(4.1)和式(4.2)即为库仑定律。c、ϕ 值是决定土的抗剪强度的两个重要指标。如图 4.2 所示,对于无黏性土,直线通过坐标原点,其抗剪强度仅仅是土粒间的摩擦力;对于黏性土,直线在 τ_f 轴上的截距为 c,其抗剪强度由黏聚力和摩擦力两部分组成。

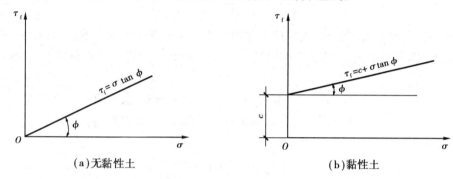

图 4.2　土的抗剪强度曲线

库仑定律用有效应力可表达为:

$$\tau_f = c' + \sigma' \tan \phi = c' + (\sigma - u) \tan \phi'$$

式中　σ'——剪切滑动面上的有效法向总应力,kPa;

　　　c'——土的有效黏聚力,kPa;

　　　ϕ'——土的有效内摩擦角,(°)。

　　　u——土中的超静空隙水压力,kPa。

c'、ϕ' 称为土的有效抗剪强度指标,从理论上讲,对于同一种土,其值接近于常数。

与一般固体材料不同,土的抗剪强度不是常数,而是与剪切滑动面上的法向应力 σ 相关,但在一般压力范围内,抗剪强度采用这种直线关系,是能够满足工程精度要求的。此外,土的抗剪强度指标 c、ϕ 的测定,随试验方法和土样排水条件的不同而有较大差异。

4.1.3　土中某点的应力状态

在工程实践中,若已知地基或结构物的应力状态和抗剪强度指标,利用库仑定律,就可以判断土体所处的状态。通常以研究土体内任一微小单元体的应力状态入手。

土体内某微小单元体的任一平面上,一般都作用着一个合应力,它与该面法向成某一倾角,并可分解为法向应力 σ(正应力)和切向应力 τ_f(剪应力)两个分量。如果某一平面上只有法向应力,没有切向应力,则该平面称为主应力面,而作用在主应力面上的法向应力就称为主应力。由材料力学可知,通过一微小单元体的三个主应力面是彼此正交的,因此,微小单元体上三个主应力也是彼此正交的。

对于平面问题,从土中任取某一单元体如图 4.3(a)所示,假设最大主应力和最小主应力

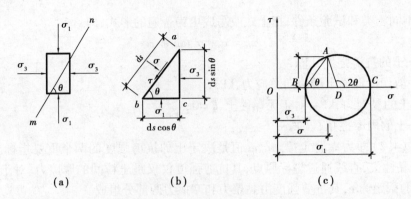

$$(a) \qquad\qquad (b) \qquad\qquad (c)$$

图 4.3　土中某点的应力状态

分别为 σ_1、σ_3，方向见图，则与最大主应力作用面成 θ 角的任一平面上的法向应力 σ 和剪应力 τ_f 可由力的平衡条件求得。现取楔形脱离体（图 4.3(b)）分析。根据楔形体的静力平衡条件有：

$$\sigma_3 ds \sin\theta - \sigma ds \sin\theta + \tau ds \cos\theta = 0（水平向）$$

$$\sigma_1 ds \cos\theta - \sigma ds \cos\theta - \tau ds \sin\theta = 0（竖直向）$$

经换算可得：

$$\sigma = \frac{\sigma_1 + \sigma_3}{2} + \frac{\sigma_1 - \sigma_3}{2}\cos 2\theta \tag{4.3}$$

$$\tau = \frac{\sigma_1 - \sigma_3}{2}\sin 2\theta \tag{4.4}$$

土力学中规定，法向应力以压为" + "，拉为" - "；剪应力以逆时针方向为" + "，顺时针方向为" - "。现消去式(4.3)和式(4.4)中的 θ，则得应力圆方程，即

$$\left(\sigma - \frac{\sigma_1 + \sigma_3}{2}\right)^2 + \tau^2 = \left(\frac{\sigma_1 - \sigma_3}{2}\right)^2 \tag{4.5}$$

可见，在 $\sigma\text{-}\tau$ 坐标平面内，土单元体应力状态的轨迹将是一个圆，圆心落在 σ 轴上，与坐标原点的距离为 $\frac{\sigma_1 + \sigma_3}{2}$，半径为 $\frac{\sigma_1 - \sigma_3}{2}$，该圆称为莫尔应力圆，如图 4.3(c)所示。若某土单元体的莫尔应力圆一经确定，那么该单元体的应力状态也就确定了。由图 4.3(c)可知，A 点的横坐标即为 mn 面上的正应力 σ，纵坐标即为 mn 面上的剪应力 τ，且最大剪应力 $\tau_{max} = \frac{\sigma_1 - \sigma_3}{2}$。该面与大主应力作用面的夹角等于 AC 弧所含圆心角的一半。

4.1.4　莫尔-库仑破坏准则

土中某点的剪应力等于土的抗剪强度时，则该点处在极限平衡状态，此时的应力圆称为莫尔极限应力圆。而某点处于极限平衡状态时最大主应力和最小主应力之间的关系称为莫尔-库仑破坏准则。

为了判断土体中某点的平衡状态，现将抗剪强度包线与描述土体中某点应力状态的莫尔圆绘于同一坐标系中，如图 4.4 所示。其应力状态有三种情况：

①当莫尔圆在强度线以内时，即 A 圆，表示通过该单元的任何平面上的剪应力都小于它

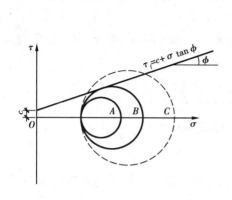

图 4.4　莫尔-库仑破坏准则

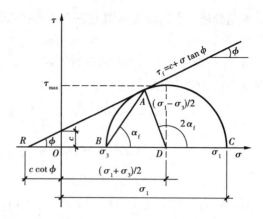

图 4.5　土的极限平衡状态

的强度($\tau < \tau_f$),故土中单元体处于稳定状态,没有剪切破坏。

②当莫尔圆与强度线相切,即 B 圆,表示已有一对平面上的剪应力达到它的强度($\tau = \tau_f$),该单元体处于极限平衡状态,濒临剪切破坏。

③当莫尔圆与强度线相割,如 C 圆,表示该单元体已剪切破坏($\tau > \tau_f$)。实际上,这种应力状态并不存在,因为在此之前,土单元体早已沿某一对平面发生剪切破坏了。

图 4.5 表示某一土体单元处于极限平衡状态时的应力条件,抗剪强度线和极限应力圆相切于 A 点。根据几何关系可得:

$$\sin \phi = \frac{(\sigma_1 - \sigma_3)/2}{c \cot \phi + (\sigma_1 + \sigma_3)/2} \tag{4.6}$$

经整理后可得:

$$\sigma_1 = \sigma_3 \tan^2\left(45° + \frac{\phi}{2}\right) + 2c \tan\left(45° + \frac{\phi}{2}\right) \tag{4.7}$$

或

$$\sigma_3 = \sigma_1 \tan^2\left(45° - \frac{\phi}{2}\right) - 2c \tan\left(45° - \frac{\phi}{2}\right) \tag{4.8}$$

土处于极限平衡状态时,破坏面与大主应力作用面间的夹角为 a_f,则

$$a_f = \frac{1}{2}(90° + \phi) = 45° + \frac{\phi}{2} \tag{4.9}$$

式(4.6)至式(4.10)即为土的极限平衡条件。当为无黏性土时,$c = 0$ 则

$$\sigma_1 = \sigma_3 \tan^2\left(45° + \frac{\phi}{2}\right) \tag{4.10}$$

$$\sigma_3 = \sigma_1 \tan^2\left(45° + \frac{\phi}{2}\right) \tag{4.11}$$

上面推导的极限平衡表达式(4.6)至式(4.11)是用来判别土是否达到破坏的强度条件,是土的强度理论,通常称作莫尔-库仑强度理论,由该理论所描述的土体极限平衡状态可知,土的剪切破坏并不是由最大剪应力所控制,即剪切破坏并不产生于最大剪应力面,而与最大剪应力面成 $\frac{\phi}{2}$ 的夹角。

例 4.1　某粉质黏土地基内一点的大主应力 σ_1 为 132 kPa,小主应力 σ_3 为 20 kPa,黏聚力 $c = 19.5$ kPa,内摩擦角 $\phi = 30°$,试判断该点土体是否破坏。

解题分析 本题涉及判别土是否达到破坏的问题,故应用莫尔-库仑强度理论来解决。

解

解法一:设达到极限平衡状态时所需的大主应力为 σ_{1f},即此时 σ_{1f} 与 σ_3 构成的应力圆与强度线相切,则由式(4.7)可得:

$$\sigma_{1f} = \sigma_3 \tan^2\left(45° + \frac{\phi}{2}\right) + 2c \tan\left(45° + \frac{\phi}{2}\right)$$

$$= 20 \times \tan^2\left(45° + \frac{30°}{2}\right) + 2 \times 19.5 \tan\left(45° + \frac{30°}{2}\right)$$

$$= 127.5 \text{ kPa}$$

而实际的大主应力 $\sigma_1 = 132 \text{ kPa} > \sigma_{1f}$,即由 σ_1 与 σ_3 构成的应力圆必与强度线相割,故该点土体已破坏。

解法二:设达到极限平衡时所需的小主应力为 σ_{3f},即此时 σ_{3f} 与 σ_1 构成的应力圆与强度线相切,则由式(4.8)可得:

$$\sigma_{3f} = \sigma_1 \tan^2\left(45° - \frac{\phi}{2}\right) - 2c \cdot \tan\left(45° - \frac{\phi}{2}\right)$$

$$= \left[132 \times \tan^2\left(45° - \frac{30°}{2}\right) - 2 \times 19.5 \times \tan\left(45° - \frac{30°}{2}\right)\right] \text{Pa}$$

$$= 21.4 \text{ kPa}$$

而实际小主应力 $\sigma_3 = 20 \text{ kPa} < \sigma_{3f} = 21.4 \text{ kPa}$,即实际由 σ_3 与 σ_1 构成的应力圆必与强度线相割,故该点土体已破坏。

解法三:根据式(4.6),则土体达到极限平衡状态时有:

$$\sin\phi = \frac{(\sigma_1 - \sigma_3)/2}{c \cot\phi + (\sigma_1 + \sigma_3)/2}$$

等式左边(极限平衡状态)为: $\sin\phi = \sin 30° = 0.5$

等式右边(实际应力状态)为: $\dfrac{(\sigma_1 - \sigma_3)/2}{c \cot\phi + (\sigma_1 + \sigma_3)/2} = \dfrac{(132 - 20)/2}{19.5 \times \cot 30° + (132 + 20)/2} = 0.51$

因为

$$\sin\phi < \frac{(\sigma_1 - \sigma_3)/2}{c \cot\phi + (\sigma_1 + \sigma_3)/2}$$

故土体破坏。

4.2 土的剪切试验

测定土的抗剪强度指标的试验称为剪切试验。常用的方法有室内的直接剪切试验、三轴压缩试验、无侧限抗压强度试验以及原位十字板剪切试验等。室内试验的特点是边界条件比较明确,并且容易控制。但是,要求从现场采集样品,在取样的过程中不可避免地引起土的应力释放和土的结构扰动。原位试验的优点是简捷、快速,能够直接在现场进行,不需取试样,能够较好反映土的结构和构造特性。

下面分别介绍工程上常用的土的抗剪强度的试验方法。

4.2.1　直接剪切试验

直接剪切试验是测定土的抗剪强度指标的室内试验方法之一,它可以直接测出预定剪切破裂面上的抗剪强度。直接剪切试验的仪器称直剪仪,可分为应变控制式和应力控制式两种。前者以等应变速率使试样产生剪切位移直至剪切破坏,后者是分级施加水平剪应力,并测定相应的剪切位移。目前我国采用较多的是应变控制式直剪仪(图 4.6),剪切盒由两个可互相错动的上下金属盒组成。试样一般呈扁圆柱形,高为 2 cm,面积 30 cm^2。试验中,若不允许试样排水,则以不透水板代替透水石。

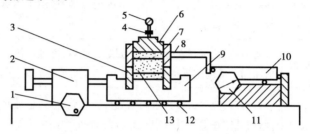

图 4.6　应变控制式直剪仪

1—剪切传动机构;2—推动器;3—下盒;4—垂直加压框架;5—垂直位移计;6—传压板;
7—透水板;8—上盒;9—储水盒;10—测力计;11—水平位移计;12—滚珠;13—试样

试验时,先通过加压盖板对试样施加某一竖向压力,然后以规定速率对下盒逐渐施加水平剪切力并逐渐加大,直至试样沿上下盒间预定的水平交界面剪破。在剪切力施加过程中,要记录下盒的位移及所加水平剪力的大小。由于破坏面为水平面,且试样较薄,试样侧壁摩擦力可不计,故剪前施加在试样顶面上的竖向压力即为破坏面上的法向应力。剪切面上的剪应力由试验中测得的剪切力除以试样断面面积求得。

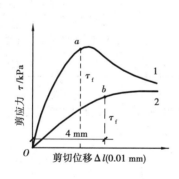

图 4.7　剪应力与剪切位移关系

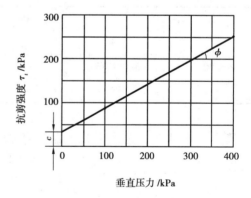

图 4.8　抗剪强度与垂直压力的关系曲线

以剪应力为纵坐标,剪切位移为横坐标,根据试验记录数据可绘制竖向应力 σ 下的剪应力与剪切位移关系曲线,如图 4.7 所示。以曲线的剪应力峰值作为该级法向应力下土的抗剪强度。如果剪应力不出现峰值,则取某一剪切位移(如上述尺寸的试样,常取 4 mm)相对应的剪应力作为它的抗剪强度。

为了确定土的抗剪强度指标,通常要取 4 组(或 4 组以上)相同的试样,分别施加不同的竖向应力,测出它们相应的抗剪强度,将结果绘在以竖向应力为 σ 横轴,以抗剪强度 t_f 为纵轴的平面图上,通过图上各试验点可绘一直线,即为土的抗剪强度线,如图 4.8 所示。抗剪强度线与水平线的夹角为试样的内摩擦角 ϕ,直线与纵坐标的截距为试样的黏聚力 c。

为了近似模拟土体在现场受剪时的排水条件,通常将直剪试验按加荷速率的不同,分为快剪、固结快剪和慢剪三种,具体做法总结见表 4.1。

表 4.1　快剪、固结快剪和慢剪的特点

名　称	施力方法	特　点
快剪	施加竖向应力	施力后,立即进行剪切,速率要快。《土工试验方法标准》(GB/T 50123—1999)规定,要使试样在 3 ~ 5 min 内剪破,适用于渗透系数小于 $10^{-6}/s$ 的细粒土
固结快剪	施加竖向应力	施力后,让试样充分固结。固结完成后,再进行快速剪切,其剪切速率与快剪相同。适用于渗透系数小于 $10^{-6}/s$ 的细粒土
慢剪	施加竖向应力	施力后,允许试样排水固结。待固结完成后,施加水平剪应力,剪切速率放慢,使试样在剪切过程中有充分的时间产生体积变形和排水(对剪胀性土为吸水)。适用于细粒土

对于正常固结的黏性土(通常为软土),在竖向应力和剪应力作用下,土样都被压缩,所以,通常在一定应力范围内快剪的抗剪强度 τ_q 最小,固结快剪的抗剪强度 τ_{cq} 有所增大,而慢剪抗剪强度 τ_s 最大,即正常固结土 $\tau_q < \tau_{cq} < \tau_s$。

例 4.2　取某一黏性土进行直剪试验,分别作固结快剪、快剪、慢剪试验。测得结果见表 4.2,试用作图法求该土的抗剪强度指标。

表 4.2　直剪试验结果

σ/kPa		100	200	300	400
τ_f/kPa	快剪	64	67	70	73
	固结快剪	64	87	110	132
	慢剪	80	128	175	225

解　据表 4.2 中数据,依次绘制抗剪强度包线,如图 4.9 所示。并求得抗剪强度如下:

$$c_q = 62 \text{ kPa}, \varphi = 1.5°$$

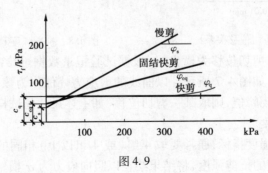

图 4.9

$$c_{cq} = 41 \text{ kPa}, \varphi = 13°$$

$$c_s = 28 \text{ kPa}, \varphi_s = 27°$$

对于直接剪切试验,由于仪器简单,操作方便,至今在工程实践中仍被广泛应用。但该试验存在着以下不足:

①不能控制试样排水条件,不能量测试验过程中试件内孔隙水压力的变化。

②剪切面上受力不均匀,试件先在边缘剪破,在边缘处发生应力集中现象。

③在剪切过程中,应变分布不均匀,受剪面减小,计算土的抗剪强度时未能考虑。

④人为限定上下盒的接触面为剪切面,该面未必是试样的最薄弱面。

为了保持直剪仪简单易行的优点而克服上述缺点,直剪仪正在向单剪仪发展。

4.2.2　三轴压缩试验

三轴压缩试验是直接量测试样在不同恒定周围压力下的抗压强度,然后利用莫尔-库仑破坏理论间接推断土的抗剪强度。

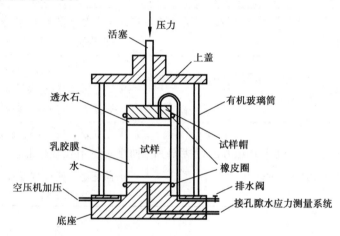

图 4.10　三轴压力室

三轴压缩仪是目前测定土抗剪强度较为完善的仪器。三轴仪的压力室如图 4.10 所示。它是一个由金属上盖、底座和透明有机玻璃圆筒组成的密闭容器。试样为圆柱形,高度与直径之比一般采用 2~2.5。试样用乳胶膜封裹,避免压力室的水进入试样。试样上下两端可根据试验要求放置透水石或不透水板。试验中试样的排水情况可由排水阀控制。试样底部与孔隙水压力量测系统连接,可根据需要测定试验中试样的孔隙水压力值。

试验时,首先通过空压机或其他稳压装置对试样施加各向相等的围压 σ_3,然后通过压活塞在试样顶上逐渐施加轴向力 $(\sigma_1 - \sigma_3)$,逐渐加大 $(\sigma_1 - \sigma_3)$ 的值,直至土样剪破。在受剪过程中同时要测读试样的轴向压缩量,以便计算轴向应变 ε。

根据三轴试验结果绘制某一 σ_3 作用下的主应力差 $(\sigma_1 - \sigma_3)$ 与轴向应变 ε 的关系曲线,如图 4.11 所

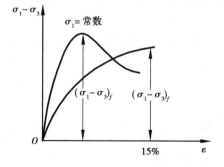

图 4.11　主应力差 $(\sigma_1 - \sigma_3)$ 与轴向应变 ε 的关系曲线

示。以曲线峰值$(\sigma_1 - \sigma_3)$，该级σ_3下的抗压强度作为该级σ_3的极限应力圆的直径。如果不出现峰值，则取与某一轴向应变（如15%）对应的主应力差作为极限应力圆的直径。通常至少需要3~4个土样在不同的外作用下进行剪切，得到3~4个不同的极限应力圆，绘出各应力圆的公切线，即为土的抗剪强度包线。由此可求得抗剪强度指标c、ϕ值，如图4.12所示。

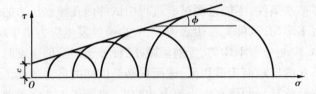

图4.12　土的抗剪强度包线

按照试样的固结排水情况，常规的三轴试验有三种方法，见表4.3。

表4.3　三轴试验

名　称	简　称	施力方法	过程特点
不固结不排水剪 UU	不排水剪	先施加周围压力σ_3，然后施加轴向力$(\sigma_1 - \sigma_3)$	在整个试验中，排水阀始终关闭，不允许试样排水，试样的含水量保持不变
固结不排水剪 CU		先施加周围压力σ_3，然后施加轴向力$(\sigma_1 - \sigma_3)$	先施加σ_3，打开排水阀，使试样排水固结。排水终止，固结完成，关闭排水阀，然后施加$(\sigma_1 - \sigma_3)$直至试样破坏
固结排水剪 CD	排水剪	先施加周围压力σ_3，然后施加轴向力$(\sigma_1 - \sigma_3)$	在σ_3，$(\sigma_1 - \sigma_3)$施加的过程中，打开排水阀，让试样排水固结，放慢$(\sigma_1 - \sigma_3)$加荷速率并使试样在孔隙水压力为零的情况下达到破坏

三轴试验的主要特点是能严格地控制试样的排水条件，量测试样中孔隙水压力，定量地获得土中有效应力的变化情况，而且试样中的应力分布比较均匀，故三轴试验结果比直剪试验结果更加可靠、准确。但该试验仪器复杂，操作技术要求高，且试样制备也较麻烦；同时试件所受的应力是轴对称的，试验应力状态与实际仍有差异。为此，现代的土工实验室发展了平面应变试验仪、真三轴试验仪、空心圆柱扭剪试验仪等，以便更好地模拟土的不同应力状态，更准确地测定土的强度。

剪切试验中取得的强度指标，因试验方法的不同须分别用不同的符号加以区分，见表4.4。

表4.4　剪切试验成果表达

直接剪切		三轴剪切	
试验方法	成果表达	试验方法	成果表达
快剪	c_q，ϕ_q	不排水剪	c_u，ϕ_u
固结快剪	c_{cq}，ϕ_{cq}	固结不排水剪	c_{cu}，ϕ_{cu}
慢剪	c_s，ϕ_s	排水剪	c_d，ϕ_d

从试验结果可以发现,对于同一种土,施加相同的总应力时,抗剪强度并不相同,这与试样的固结与排水情况有关。因此,抗剪强度与总应力没有唯一的对应关系。

从饱和土体的固结过程可知,只有有效应力才引起土骨架的变形。现行的理论与试验均说明了抗剪强度与有效应力有唯一的对应关系,即

$$\tau_f = \sigma' \tan \phi' + c' = (\sigma - u) \tan \phi' + c' \tag{4.12}$$

式中　c',ϕ'——土的有效黏聚力和有效内摩擦角。

式(4.12)称为抗剪强度的有效应力表示法。试验表明,对于不固结不排水剪,虽然施加的 σ_3 有所不同,但剪坏时的主应力差 $(\sigma_1 - \sigma_3)$ 却基本相同。

4.2.3　无侧限抗压强度试验

无侧限抗压强度试验实际上是三轴压缩试验的一种特殊情况。试验中,对试样不施加周围应力 $(\sigma_3 = 0)$,仅施加轴向力 σ_1,在此条件下测出的抵抗轴向的极限强度,称无侧限抗压强度。

设试验试样剪切破坏时的轴向力以 q_u 表示,即 $\sigma_3 = 0$,$\sigma_{1f} = q_u$,此时绘出一个通过坐标原点的极限应力圆,如图 4.13 所示,q_u 称为无侧限抗压强度。对于饱和软黏土,可认为 $\phi = 0$,因此,抗剪强度线为一水平线,$c_u = \dfrac{q_u}{2}$。所以,可根据无侧限抗压强度试验测得的抗压强度推求饱和土的不固结不排水抗剪强度,即 $c_u = \dfrac{q_u}{2}$。

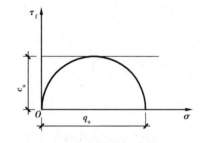

图 4.13　无侧限试验极限应力圆

应注意,由于取样过程中土样受到扰动,原位应力被释放,用这种土样测得的不排水强度并不完全代表土样的原位不排水强度。一般来说,它低于原位不排水强度。

4.2.4　十字板剪切试验

十字板剪切仪是一种使用方便的原位测试仪器,通常用以测定饱和黏性土的原位不排水强度,特别适用于均匀饱和软黏土。

十字板剪切试验点的布置,对均质土竖向间距可为 1 m,对非均质土或夹薄层粉细砂的软黏土,宜先作静力触探,结合土层变化来进行。

现场十字板剪切仪主要工作部分如图 4.14 所示。主要由板头、扭力和量测装置三部分组成。板头为两片正交的金属板,试验通常在钻孔内进行。先将钻孔钻至测试深度以上 75 cm 左右。清孔底后,将十字板头压入土中至测试深度,然后通过安放在地面上的施加扭力装置,旋转钻杆以扭转十字板头,这时,板内土体与其周围土体发剪切,直至剪破为止。测出其相应的最大扭矩,根据力矩平衡关系,推算圆柱形剪破面上土的抗剪强度。

假定土中的 $\phi = 0$,且剪应力在剪切面均匀分布,则抗剪强度 c_u 与扭矩 M 的关系为:

$$M_{\max} = \pi c_u \left(\frac{D^2 H}{2} + \frac{D^2}{6} \right) \tag{4.13}$$

式中　D、H——十字板板头的直径与高。

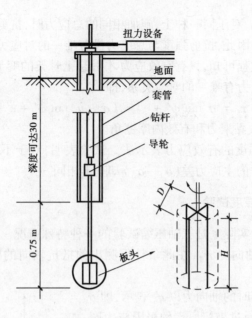

图 4.14　十字板剪切装置

由上式整理可得：

$$c_{u} = \frac{2M_{\max}}{\pi D^2 H\left(1 + \dfrac{D}{3H}\right)}$$

(4.14)

十字板剪切试验具有无需钻孔和使土少受扰动的优点，且仪器结构简单，操作方便。所得结果可按地区经验确定地基承载力、单桩承载力，计算边坡稳定，判定软黏土的固结历史。

4.3　土的剪切特性

土的抗剪强度指标 c、ϕ 是研究土的抗剪强度的关键问题。但其受试验方法，特别是排水条件的不同，测得的结果往往差别很大，这是土的一个重要特点。如果不理解土在剪切过程中的性状以及测得的指标意义，在工程应用中，可能导致地基或土工建筑物破坏，造成工程事故。因此，阐明土的剪切性状以及各类指标的物理意义，对正确选用土的抗剪强度指标非常重要。

4.3.1　黏性土的剪切性状

黏性土的抗剪强度特性极为复杂，目前对有关土的强度的某些结论，大多是根据彻底拌和的饱和重塑黏土的资料得到的。

（1）饱和黏性土的不固结不排水强度

图 4.15 表示一组饱和黏性土的三轴不固结不排水强度试验结果。图中三个实线圆Ⅰ、Ⅱ、Ⅲ表示三个试样在不同的围压作用下剪切破坏时的总应力圆，虚线圆为有效应力圆。试验结果表明，尽管周围压力 σ_3 不同，但抗剪强度相同，所以极限应力圆的直径（$\sigma_1 - \sigma_3$）相等，因此，抗剪强度包线是一条与各个应力圆相切的水平线，即

$$\phi = 0$$

$$\tau_f = c_u = \frac{\sigma_1 - \sigma_3}{2} \tag{4.15}$$

式中　c_u——不排水强度。

三个试样只能得到一个有效应力圆,所以无法绘制有效应力强度包线。

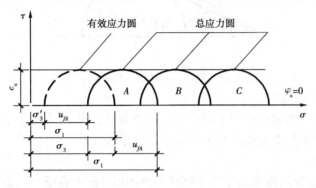

图 4.15　饱和黏性土的不排水剪试验结果

饱和土的三轴不排水试验,其有效围压力 $\sigma_3' = 0$,近似于无侧限压缩试验。饱和黏性土在不排水剪中的剪切性状表明,随着 σ_3 增加,由于试验过程中土样的密度、体积保持不变,孔隙水压力随 σ_3 增加而增加,有效应力 σ' 却不发生变化,故强度也不发生变化。十字板剪切试验一般也能满足上述条件,故用这种方法测得的抗剪强度 τ_f 也相当于不排水强度 c_u,只不过 t_f 略高于 c_u。

(2)固结不排水强度

将一组正常固结的饱和黏性土试样在不同周围压力 σ_3 下固结稳定,在不允许有水进出的条件下,逐渐施加附加轴向压力直至剪破,各试样的剪前固结压力将随 $\Delta\sigma_3$ 的增加而增大,剪前孔隙比则相应减小,因此,强度和极限总应力圆也将相应增大。作这些圆的包线即得正常固结土的固结不排水抗剪强度线,如图 4.16 所示,它是一条通过坐标原点的直线,倾角为 ϕ_{cu}。

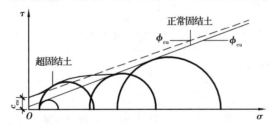

图 4.16　固结不排水剪总强度包线

若试样先承受同一周围压力固结稳定,然后分别卸荷膨胀至不同周围压力,再在同样的条件下受剪切至破坏,即可得到超固结土的极限总应力圆和强度包线,是一条不通过坐标原点的微弯曲线,如图 4.16 中虚线所示。直线的倾角为 ϕ_{cu} 与坐标纵轴的截距为 c_{cu}。超固结土的强度线高于正常固结土的强度线。试验中若测量孔隙水应力,则试验结果可用有效应力整理。如图 4.17 所示,固结不排水剪试验的总强度线可表达为:

$$\tau_f = c_{cu} + \sigma \tan \phi_{cu} \tag{4.16}$$

有效强度可表达为:

$$\tau_f = c_{cu}' + \sigma' \tan \phi' \tag{4.17}$$

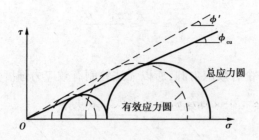

图 4.17　固结不排水剪有效强度包线

对于正常固结土 c' 和 c_{cu} 都等于零。

　　由于在野外现场钻取试样过程中必然引起应力释放,使原来的正常固结土也成为超固结土,因此,试验中的固结压力原则上至少应大于该试样的自重应力。

　　(3)固结排水强度

　　在三轴试验中,在固结排水的条件下试样中恒不出现超静孔隙水压力,总应力等于有效应力,用这种方法测得的抗剪强度称为排水强度。

　　图 4.18 为固结排水剪强度包线。饱和黏土在固结排水剪试验中的强度变化趋势与固结不排水剪试验相似。正常固结土的强度包线为通过坐标原点的直线,超固结土为微弯的曲线,通常可用直线近似代替。由于试验中孔隙水压力始终保持为零,外加总应力就等于有效应力,极限总应力圆就是极限有效应力圆,总强度线即为有效强度线。

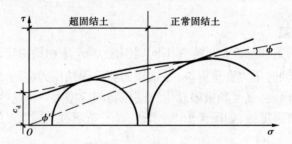

图 4.18　固结排水剪强度包线

4.3.2　砂性土的剪切性状

(1)砂土的内摩擦角

　　现场剪切过程相当于固结排水剪情况,试验求得的强度包线一般可表达为:

$$\tau_f = \sigma \tan \phi_d \tag{4.18}$$

式中　ϕ_d——固结排水剪试验求得的内摩擦角。

　　砂土抗剪强度受其初始孔隙比、土粒形状和土的级配的影响,同一种砂土在相同的初始孔隙比下,饱和时的内摩擦角比干燥时稍小(一般小 2°左右)。

(2)剪胀性

　　剪胀性是指土受剪切时不仅产生形状的变化,还要产生体积的变化,包括体积剪胀和体积剪缩的性质。对于孔隙流体,土颗粒可认为是不可压缩的,土体积变化完全是由于孔隙流体体积的变化。剪胀时,体积增大,孔隙流体的体积增加,土变松;剪缩时,体积缩小,孔隙流体的体积减小,土变密。

图 4.19 表示砂土受剪时的应力-应变-体变曲线,其基本过程如下:体积先收缩,紧密(($\sigma_1 - \sigma_3$)$-\varepsilon$ 曲线的前段偏差应力升值很快);随即体积膨胀,密度降低,变成剪胀状态(应力增长的速度随之减缓);体积膨胀到一定程度后,承受剪应力的能力降低(曲线上出现峰值,称为土的峰值强度);继续剪切,体积仍不断膨胀,密度不断减小,剪应力不断松弛,最后保持不变并趋于松砂的强度,这一不变强度就是土的残余强度。

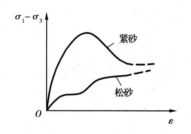 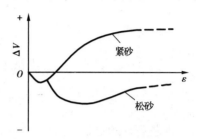

图 4.19　砂土受剪时的应力-应变-体变曲线

松砂则表现为另一种性状,在剪切的整个过程中都处于剪缩状态,体积一直不断缩小,密度不断增加,最后趋于一个稳定值。

剪切要引起体积变化是土的基本特征,不排水剪剪切过程是人为控制排水条件,不让试件体积发生变化,并不能改变土的这种特性。紧砂为了抵消受剪时的剪胀趋势,通过土样内部的应力调整,即产生负孔隙水应力,使有效周围压力增加,以保持试样在受剪阶段体积不变。所以,在相同的初始围压下,由固结不排水剪切试验测得的强度要比固结排水剪试验高。反之,松砂为了抵消受剪时的体积缩小趋势,将产生正孔隙水应力,使有效周围压力减小,以保持试样在受剪阶段体积不变,所以,在相同初始周围压力下,由固结不排水剪试验测得的强度要比固结排水剪试验测得的强度低。

(3)砂土的液化

砂土的液化是指由砂土和粉土颗粒为主所组成的松散饱和土体在静力、渗流尤其在动力作用下从固体状态转变为流动状态的现象。土体液化是由于孔隙水压力增加,有效应力减小的结果。

在不排水条件下,饱和松砂受剪将产生正孔隙水应力。当饱和疏松的无黏性土,特别是粉、细砂受到突发的动力荷载或周期荷载时,一时来不及排水,便可导致孔隙水压力急剧上升。按有效应力观点,无黏性土的抗剪强度应表达为:

$$\tau_f = \sigma' \tan \phi' = (\sigma - \mu) \tan \phi'$$

一旦震动引起的超孔隙水应力 μ 趋于 σ,则 σ' 将趋于零,抗剪强度趋于零。现场土体液化表现为地基喷水冒砂,地基上的建筑物发生严重的沉陷、倾覆和开裂,以及液化土体本身产生流滑等。

土的抗剪强度测试方法和指标选用一般工程问题多采用总应力分析法,其测试方法和指标选用见表 4.5。

表 4.5　地基土抗剪强度指标的选用

试验方法	适宜条件
排水剪或慢剪	地基土的透水性、排水条件不良,建筑物施工速度较快
不排水剪或快剪	地基土的透水性好,排水条件较佳,建筑物加荷速率较慢
固结不排水剪或固结快剪	地基土条件等介于上述两种情况之间(如建筑物竣工以后较久,房屋增层)

4.4　地基的临塑荷载和临界荷载

4.4.1　地基变形的过程

对地基进行静载荷试验时,一般可以得到如图 4.20 所示的荷载 p 和沉降 s 的关系曲线。从荷载开始施加至地基发生破坏,地基的变形经过三个阶段。

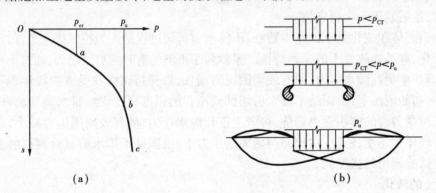

图 4.20　地基载荷试验的曲线

(1)线性变形阶段

线性变形阶段相应于 $p\text{-}s$ 曲线的 Oa 部分。由于荷载较小,地基主要产生压密变形,荷载与沉降关系接近于直线。此时,土体中各点的剪应力均小于抗剪强度,地基处于弹性平衡状态。

(2)弹塑性变形阶段

弹塑性变形阶段相应于 $p\text{-}s$ 曲线的 ab 部分。当荷载增加一超过 a 点压力时,荷载与沉降之间成曲线关系。此时,土中局部范围内产生剪切破坏,即出现塑性区,随着荷载增加,剪切破坏区逐渐扩大。

(3)破坏阶段

破坏阶段相应于 $p\text{-}s$ 曲线的 bc 部分。这个阶段塑性区已发展到形成一连续的滑动面,荷载略有增加或不增加,沉降均有急剧变化,地基丧失稳定。

相应于上述地基变形的三个阶段,在 $p\text{-}s$ 曲线上有两个转折点 a 和 b(图 4.20(a))。a 点所对应的荷载称为临塑荷载,以 p_{cr} 表示,即地基从压密变形阶段转为弹塑性变形阶段的临界荷载,当基底压力等于该荷载时,基础边缘的土体开始出现剪切破坏,但塑性破坏区尚未发展。

b 点所对应的荷载称为极限荷载,以 p_u 表示,是使地基发生整体剪切破坏的荷载。荷载从 p_{cr} 增加到 p_u 的过程是地基剪切破坏区逐渐发展的过程(图4.20(b))。

4.4.2 地基的破坏类型

地基承受建筑物荷载的作用后,一方面引起地基内土体变形,造成建筑物的沉降,另一方面使地基内土体的剪应力增加。若沿某方向剪应力超过土的抗剪强度,该点就发生破坏。土体内部存在多个破坏点,若这些点连成整体,就形成了破坏面。地基中一旦形成了整体滑动面,建筑物就会发生急剧沉降和倾斜,导致建筑物失去使用功能,这种状态称为地基土失稳或丧失承载能力。

地基土的破坏是由于抗剪强度的不足引起的剪切破坏。根据地基的剪切破坏随土的性状而不同,一般可分为整体剪切、局部剪切和冲剪三种破坏形式,如图4.21所示。

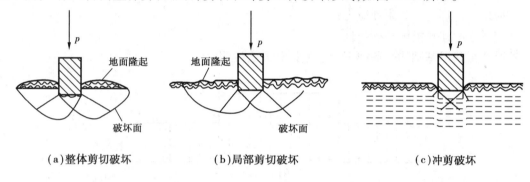

| (a)整体剪切破坏 | (b)局部剪切破坏 | (c)冲剪破坏 |

图4.21 地基的破坏类型

(1)整体剪切破坏

整体剪切破坏的 p-s 曲线有明显的直线段、曲线段与陡降段;(如图4.20曲线 Oa 段→ab 段→bc 段)随着荷载增加时,地基土内部出现剪切破坏区(通常从基础边缘开始),土体进入弹塑性变形破坏阶段,当荷载继续增大,剪切破坏区不断扩大,在地基内部形成连续的滑动面,如图4.21(a)所示,一直到达地表。

整体剪切破坏的特征是:破坏从基础边缘开始,滑动面贯通到地表,基础两侧的地面有明显隆起;破坏时,基础急剧下沉或向一边倾倒。

(2)局部剪切破坏

局部剪切破坏的过程与整体剪切破坏相似,但 p-s 曲线无明显的三个阶段,特征如图4.21(b)所示,地基破坏也是从基础边缘开始,但滑动面未延伸到地表,而是终止在地基土内部某一位置;基础两侧的地面有微微隆起,呈现破坏特征,然而剪切破坏区仅仅被限制在地基内部的某一区域,而不能形成延伸至地面的连续滑动面;基础一般不会发生倒塌或倾斜破坏。

(3)冲剪破坏

冲剪破坏一般发生在基础刚度很大且地基土十分软弱的情况下。在荷载的作用下,基础发生破坏时的形态往往是沿基础边缘的竖直剪切破坏,如图4.21(c)所示,好像基础"切入"土中。p-s 曲线类似于局部剪切破坏。

冲剪破坏的特征是:基础发生垂直剪切破坏,地基内部不形成连续的滑动面;基础两侧土体没有隆起现象,往往随基础的"切入"微微下沉;基础破坏时只伴随过大的沉降,没有倾斜的发生;基础随荷载增加连续刺入,最后因基础侧面附近土的竖直剪切而破坏。

地基土的破坏形式受到下列因素的影响:一是土的压缩性质,一般来说,对于坚硬或紧密的土,将出现整体剪切破坏;而对于松软土,将出现局部剪切或冲剪破坏。二是与基础埋深及加荷速率有关,基础浅埋,加荷速率慢,往往出现整体剪切破坏;基础埋深较大,加荷速率较快时,往往发生局部剪切或冲剪破坏。

4.4.3 地基的临塑荷载

临塑荷载是地基中将要出现但尚未出现塑性区,地基土所承受的基底压力,该压力即为地基承载力。

临塑荷载的基本公式建立主要以下述理论为根据:

①应用弹性理论计算附加应力;

②应用强度建立极限平衡条件。

现以介绍条形基础均布荷载下的近似计算方法说明。

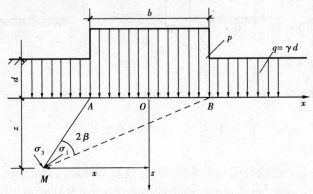

图 4.22　条形均布荷载下地基内应力的计算

如图 4.22 所示,设条形基础的宽度为 b,埋深为 d,其底面上作用着竖直均布压力 p。MA、MB 之间的夹角为 2β,根据弹性力学理论,地基中任一点 M 由于荷载($p-\gamma d$)所引起的大小主应力为:

$$\begin{matrix} \sigma_1 \\ \sigma_3 \end{matrix} = \frac{p - \gamma d}{\pi}(2\beta \pm \sin 2\beta) \tag{4.19}$$

在 M 点上,还有地基本身质量所引起的自重应力。若假定土自重所引起的应力各个方向均相等,任意点 M 由于外荷载及土自重所产生的大小主应力总值为:

$$\begin{matrix} \sigma_1 \\ \sigma_3 \end{matrix} = \frac{p - \gamma d}{\pi}(2\beta \pm \sin 2\beta) + \gamma(d + z) \tag{4.20}$$

将式(4.20)代入极限平衡条件式(4.8),整理后,可得在某一压力 p 下地基中塑性区的边界方程,即

$$z = \frac{p - \gamma d}{\gamma \pi}\left(\frac{\sin 2\beta}{\sin \phi} - 2\beta\right) - \frac{c \cdot \cot \phi}{\gamma} - d \tag{4.21}$$

当土的特性指标 c、ϕ、γ 及基底压力 p 和埋置深度 d 一定时,z 值随 β 而变化。在工程应用中,需要了解在某一基底压力下塑性区开展的最大深度是多少,故需将式(4.21)对 β 求导,并

使 $\dfrac{\mathrm{d}z}{\mathrm{d}\beta} = 0$,即

$$\frac{\mathrm{d}z}{\mathrm{d}\beta} = \frac{p - \gamma d}{\gamma \pi}\left(\frac{2\cos 2\beta}{\sin \phi} - 2\right) = 0$$

得

$$\cos 2\beta = \sin \phi$$

$$2\beta = \frac{\pi}{2} - \phi \tag{4.22}$$

将式(4.22)代入式(4.21)中,即可得到塑性区开展的最大深度为:

$$z_{\max} = \frac{p - \gamma d}{\gamma \pi}\left(\cot \phi - \frac{\pi}{2} + \phi\right) - \frac{c\cot \phi}{\gamma} - d \tag{4.23}$$

如果规定了塑性区开展深度的容许值 $[z]$,若 $z_{\max} \leqslant [z]$,地基是稳定的;否则,地基的稳定是没有保证的。

式(4.23)表示基底压力 p 作用下极限平衡区的最大发展深度。当 $z_{\max} = 0$ 表示地基中即将出现塑性区,相应的荷载即为临塑荷载 p_{cr} ,即

$$p_{\mathrm{cr}} = \gamma d\left(1 + \frac{\pi}{\cot \phi + \phi - \dfrac{\pi}{2}}\right) + c\left(\frac{\pi\cot \phi}{\cot \phi + \phi - \dfrac{\pi}{2}}\right) \tag{4.24}$$

4.4.4　地基的临界荷载

实践及理论分析证明,在地基基础设计中采用 p_{cr} 作为地基承载力无疑是安全的,对一般地基来说却偏于保守。通常认为,在中心垂直荷载作用下,塑性区最大发展深度可控制为基础宽度的 $1/4$,即 $z_{\max} = b/4$;在偏心荷载作用下,地基取 $z_{\max} = b/3$ 与之相对应的荷载为 $p_{1/4}$ 、 $p_{1/3}$,称为临界荷载。

$$p_{1/4} = \gamma b\frac{\pi}{4\left(\cot \phi + \phi - \dfrac{\pi}{2}\right)} + \gamma d\left(1 + \frac{\pi}{\cot \phi + \phi - \dfrac{\pi}{2}}\right) + c\left(\frac{\pi\cot \phi}{\cot \phi + \phi - \dfrac{\pi}{2}}\right)$$

$$\tag{4.25}$$

$$p_{1/3} = \gamma b\frac{\pi}{3\left(\cot \phi + \phi - \dfrac{\pi}{2}\right)} + \gamma d\left(1 + \frac{\pi}{\cot \phi + \phi - \dfrac{\pi}{2}}\right) + c\left(\frac{\pi\cot \phi}{\cot \phi + \phi - \dfrac{\pi}{2}}\right)$$

$$\tag{4.26}$$

式(4.24)、式(4.25)、式(4.26)普遍形式为:

$$p = \frac{1}{2}\gamma b N_{\gamma} + c N_c + \gamma d N_d \tag{4.27}$$

其中

$$N_c = \frac{\pi\cot \phi}{\cot \phi + \phi - \dfrac{\pi}{2}}$$

$$N_d = 1 + \frac{\pi}{\cot \phi + \phi - \dfrac{\pi}{2}} = 1 + N_c\tan \phi$$

相应于 p_{cr}、$p_{1/4}$、$p_{1/3}$ 的 N_r 分别为:

$$0 \text{、} \frac{\pi}{2\left(\cot\phi + \phi - \dfrac{\pi}{2}\right)} \text{ 和 } \frac{\pi}{3\left(\cot\phi + \phi - \dfrac{\pi}{2}\right)}$$

由上可知,承载力系数 N_r、N_q、N_c 是内摩擦角 ϕ 的函数。

上述公式是在均质地基情况下求解所得。如基底上下是不同的土层,则式(4.27)中的第一项应采用基底以下土的重度,而第二项应采用基底以上土的重度。另外,地下水位以上均用天然重度,而地下水位以下则用浮重度。式(4.24)、式(4.25)和式(4.26)是在条形基础均匀荷载的情况下得到的。对于建筑物竣工期的地基稳定时,土的强度指标 c、ϕ 一般采用不排水强度或快剪试验结果。

例 4.3　一条形基础,宽度 b 为 3 m,基础埋深 d 为 2 m,地基土的天然重度为18.5 kN/m^3,快剪强度指标 $c = 15$ kPa,$\phi = 15°$。试分别求该地基的 p_{cr}、$p_{1/3}$。

解　本题要求地基的 p_{cr}、$p_{1/3}$,故分别代入式(4.24)、式(4.26)求解即可。

已知:$b = 3$ m,$d = 2$ m,$\gamma = 18.5$ kN/m^3,$c = 15$ kPa,$\phi = 15°$。

①求地基的 p_{cr},由式(4.24),得:

$$p_{cr} = \left[18.5 \times 2 \times \left(1 + \frac{3.14}{\cot 15° + 15° \times \dfrac{3.14}{180} - \dfrac{3.14}{2}}\right) + \right.$$

$$\left. 15 \times \frac{3.14 \times \cot 15°}{\cot 15° + 15° \times \dfrac{3.14}{180} - \dfrac{3.14}{2}}\right] kPa$$

$$= (85 + 72.59)\,kPa = 157.59\ kPa$$

②求地基的 $p_{1/3}$,由式(4.26),同理可得:

$$p_{1/3} = \left[18.5 \times 3 \times \frac{3.14}{3 \times \left(\cot 15° + 15° \times \dfrac{3.14}{180} - \dfrac{3.14}{2}\right)} + 85 + 72.59\right] kPa$$

$$= (24 + 157.59)\,kPa = 181.59\ kPa$$

4.5　地基的极限承载力

地基的极限承载力是指地基内部整体达到极限平衡时的承载能力(又称极限荷载),一般采用两种方法求解:

①根据静力平衡和极限平衡条件建立微分方程,根据边界条件求出地基整体达到极限平衡时各点应力的精确解,此法一般求解困难,不常用。

②假定滑动面法:先假定滑动面形状,然后以滑动面所包围的土体作为隔离体,根据静力平衡和极限平衡条件求出极限荷载。此法概念明确,计算简单,常用以下介绍的有关计算公式。

4.5.1　普朗特(Prantle)公式

普朗特根据塑性理论,以研究刚性基础压入半无限无质量介质为对象,推导出介质达到破坏时的滑动面形状和极限压应力公式。在求解极限承载力公式时,假定:

①地基土为无质量介质,而只有 c、ϕ 值的材料;

②基础底面是光滑的,无摩擦力;

③荷载为无限长的条形荷载,当基础有埋深 d 时,基础底面以上的两侧土体可用当量均匀荷载 $q = \gamma d$ 代替。

根据弹塑性极限平衡理论和上述边界条件的假定,得出无质量介质的地基滑裂面,如图 4.23 所示。地基滑裂面所含区域可分为朗肯主动区Ⅰ、过渡区Ⅱ、朗肯被动区Ⅲ。滑动区Ⅰ的边界 $AD(A_1D)$ 为直线,滑裂面与水平面的夹角为 $\left(45° + \dfrac{\phi}{2}\right)$,滑动区Ⅱ的边界 $DE(DE_1)$ 为对数螺旋线 $\gamma = \gamma_0 \mathrm{e}^{\theta \cdot \tan\phi}$,其中 $\gamma_0 = l_{AD} = l_{A_1D}$ 滑动区Ⅲ的边界 $EF(E_1F_1)$ 为直线,滑裂面与水平面的夹角为 $\left(45° - \dfrac{\phi}{2}\right)$。

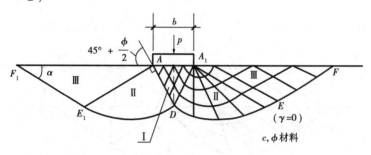

图 4.23　无质量介质地基的滑裂面

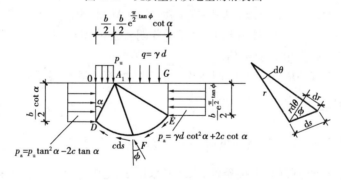

图 4.24　力平衡法求极限承载力

根据以上假定,按静力平衡法,如图 4.24 所示,分别建立各区力的平衡方程,可导出普朗特地基极限荷载公式:

$$p_u = \gamma d N_q + c N_c \tag{4.28}$$

$$N_q = \mathrm{e}^{\pi\tan\phi} \cdot \tan^2\left(45° + \frac{\phi}{2}\right) \tag{4.29}$$

$$N_c = (N_q - 1) \cdot \cot\phi \tag{4.30}$$

式中　p_u——地基极限荷载;

γ——基础两侧土的重度；

d——基础的埋置深度；

N_q、N_c——承载力系数，是土的内摩擦角的函数。

由式(4.28)可知，当基础直接着落于无黏性土表面时($c=0$、$d=0$)，无黏性土地基承载力为零，不合理，是因为假设土为无质量介质所至。为此，众多学者对普朗特公式作进一步研究，使承载力公式逐渐得以完善。

4.5.2 太沙基公式

太沙基在研究普朗特公式的基础上作出如下假定：

①基础底面是粗糙的，即它与土之间存在摩擦力。地基模型试验说明，基础在荷载作用下向下移动时，地基土形成一个与基础一起竖直向下移动的弹性楔体（或称刚性核），如图4.25中的 AA_1D 所示，这部分土体不被破坏而处于弹性状态。

②地基土是有质量的，但忽略地基土重度对滑裂面形状的影响。

③不考虑基底以上基础两侧土的抗剪强度的影响，基础底面以上两侧土体用均布荷载代替。

根据上述假定，滑动面的形状如图4.25所示，滑动土体共分三个区。

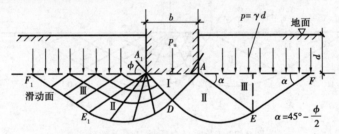

图4.25 太沙基公式假定的地基的滑裂面

Ⅰ区为基础下的弹性楔体（刚性核），代替了普朗特解的朗肯主动区。根据几何条件，AD 和 A_1D 面与基础底面的交角等于 ϕ 值。

Ⅱ区为过渡区，边界 DE 为对数螺旋曲线。D 点处螺旋线的切线垂直，E 点处螺旋线的切线与水平线夹角成 $\left(45°-\dfrac{\phi}{2}\right)$。

Ⅲ区为朗肯被动区，即处于被动极限平衡状态，滑动边界 EF 与水平面成 $\left(45°-\dfrac{\phi}{2}\right)$ 角。

弹性体形状确定后，根据其静力平衡条件，太沙基极限承载力 p_u 计算公式为：

$$p_u = cN_c + qN_q + \frac{1}{2}\gamma b N_r \tag{4.31}$$

式中　p_u——地基极限承载力，kPa；

q——基础底面以上基础两侧荷载，kPa，$q=\gamma d$；

c——土的黏聚力，kPa；

b、d——分别为基底的宽度和埋置深度，m；

N_c、N_q、N_γ——承载力系数，均为土的内摩擦角 ϕ 的函数。

其中

$$N_q = \frac{e^{\left(\frac{3\pi}{2} - \phi\right)\tan\phi}}{2\cos^2\left(45° + \dfrac{\phi}{2}\right)} \tag{4.32}$$

$$N_c = (N_q - 1)\cot\phi \tag{4.33}$$

N_γ 需用试算法求得。

N_c、N_q、N_γ 值可直接从图 4.26 或表 4.6 中查取。

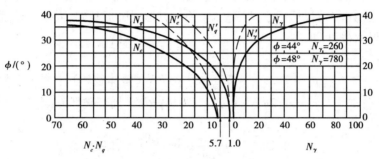

图 4.26　太沙基承载力系数

表 4.6　太沙基承载力系数表

$\phi(°)$	N_c	N_q	N_γ	$\phi(°)$	N_c	N_q	N_γ
0	5.7	1.00	0.00	24	23.4	11.4	8.6
2	6.5	1.22	0.23	26	27.0	14.2	11.5
4	7.0	1.48	0.39	28	31.6	17.8	15.0
6	7.7	1.81	0.63	30	37.0	22.4	20.0
8	8.5	2.20	0.86	32	44.4	28.7	28.0
10	9.5	2.68	1.20	34	52.8	36.6	36.0
12	10.9	3.32	1.66	36	63.6	47.2	50.0
14	12.0	4.00	2.20	38	77.0	61.2	90.0
16	13.0	4.91	3.00	40	94.8	80.5	130.0
18	15.5	6.04	3.90	42	119.5	109.4	—
20	17.6	7.42	5.00	44	151.0	147.0	—
22	20.2	9.17	6.50	45	172.0	173.0	326.0

式(4.31)只适宜地基土发生整体剪切破坏的情况。对于局部剪切破坏,太沙基建议要把土的强度指标按以下方法进行折减,即

$$c' = \frac{2}{3}c$$

$$\tan\phi' = \frac{2}{3}\tan\phi \text{ 或 } \phi' = \arctan\left(\frac{2}{3}\tan\phi\right)$$

代入式(4.31),整理后得局部剪切破坏时的极限承载力,即

$$p_u = \frac{2}{3}cN'_c + qN'_q + \frac{1}{2}\gamma bN'_r \tag{4.34}$$

式中 N'_c、N'_q、N'_γ——局部剪切破坏的承载力系数。

由于降低了土的内摩擦角 ϕ 值,故系数 N'_c、N'_q、N'_γ 小于相应的 N_c、N_q、N_γ 系数,修正后的 N'_c、N'_q、N'_γ 可从图 4.26 中虚线查取。在使用图 4.26 时必须注意,当用 ϕ 值时,应查图中的实线;但若用降低后的 ϕ' 值时,则应查图中的虚线。

式(4.31)、式(4.34)仅适用于条形基础,关于方形或圆形基础,太沙基建议按以下修正公式计算地基极限承载力,即

圆形基础:

$$p_u = 1.2cN_c + qN_q + 0.6\gamma RN_\gamma(整体破坏) \tag{4.35}$$

$$p_u = 1.2c'N'_c + qN'_q + 0.6\gamma RN'_\gamma(局部破坏) \tag{4.36}$$

方形基础:

$$p_u = 1.2cN_c + qN_q + 0.4\gamma bN_\gamma(整体破坏) \tag{4.37}$$

$$p_u = 1.2c'N'_c + qN'_q + 0.4\gamma bN'_\gamma(局部破坏) \tag{4.38}$$

式中 R——圆形基础半径,其余符号意义同前。

从图 4.26 曲线可以看出,当 ϕ 值大于 25°以后,N_γ 值增加极快,说明砂土地基上基础的宽度对极限承载力影响很大。对于饱和软黏土,ϕ 值为零,这时 N_γ 值近似为零,N_q 为 1,N_c 为 5.7,则由式(4.31)可得软黏土地基上的极限承载力为:

$$p_u = q + 5.7c \tag{4.39}$$

从式(4.38)可知,软黏土地基极限承载力与基础宽度无关。

通过上述公式计算出的极限承载力,除以安全系数 K,即可得到地基承载力特征值 f_{ak},K 值一般取 2~3。

例 4.4 基础和地基情况如例题 4.3,试用太沙基极限承载力公式求地基的极限承载力。如 $K = 2.5$,试确定地基承载力特征值 f_{ak}。

解题分析 该题已确定用太沙基极限承载力公式求地基的极限承载力,地基承载力特征值 f_{ak},故套用式(4.31)即可。

解 已知一条形基础,$b = 3$ m,$d = 2$ m,$\gamma = 18.5$ kN/m³,$c = 15$ kPa,$\phi = 15°$。试分别求该地基的 p_u、f_{ak}。

$$q = \gamma d = 18.5 \times 2 \text{ kN/m}^3 = 37 \text{ kN/m}^3$$

查图 4.26 或表 4.6,得:$N_c = 12.5$、$N_q = 4.46$、$N_\gamma = 2.60$,代入式(4.30)得:

$$p_u = cN_c + qN_q + \frac{1}{2}\gamma bN_r$$

$$= \left(15 \times 12.5 + 37 \times 4.46 + \frac{18.5}{2} \times 3 \times 2.60\right) \text{kN/m}^2$$

$$= 424.67 \text{ kN/m}^2$$

$$f_{ak} = \frac{424.67}{2.5} \text{ kN/m}^2 = 169.87 \text{ kN/m}^2$$

地基承受荷载的能力称为地基的承载力。通常可分为两种:一是极限承载力,它是指地基即将丧失稳定性时的承载力;二是地基容许承载力,它是指地基稳定有足够的安全度,并且变

形控制在建筑物容许范围内时的承载力。采用临塑荷载 p_{cr},临界荷载 $p_{1/3}$、$p_{1/4}$,或极限荷载除以安全数 $\dfrac{p_u}{k}$ 作为地基承载力,并根据实际情况,选用合适的公式计算,是确定地基承载力的一种方法,其他方法详见第7章。

小　结

土的抗剪强度是土的重要力学性质之一。土的抗剪强度的研究和地基承载力的确定,对于工程设计、工程安全、施工及管理都有非常重要的意义。本章学习的重点是:掌握土的抗剪强度、地基承载力等概念,掌握库仑定律、极限平衡理论(莫尔-库仑强度理论,用来判别土是否达到破坏的强度条件),掌握以下重要的计算:

①库仑定律:$\tau_f = c + \sigma \tan \phi$。

②莫尔-库仑破坏准则:$\sin \phi = \dfrac{(\sigma_1 - \sigma_3)/2}{c \cot \phi + (\sigma_1 + \sigma_3)/2}$。

③临塑荷载 p_{cr},临界荷载 $p_{1/4}$、$p_{1/3}$ 的求法。

④地基的极限承载力:太沙基公式。

学习本章还应掌握重要的剪切试验(用于测定土的抗剪强度指标),直接剪切试验、三轴压缩试验,了解无侧限抗压强度试验、原位十字板剪切试验等,熟悉土的剪切特性及工程上强度指标的选用,了解普朗特公式。

思　考　题

4.1　什么是库仑定律?同一种土其强度值是否为一个定值?为什么?

4.2　影响土的抗剪强度的因素有哪些?

4.3　什么是土的极限平衡状态?如何表达?

4.4　如何理解不同的试验方法会有不同的土的强度,工程上如何选用?

4.5　地基破坏类型有几种?

4.6　什么是地基的临塑荷载 p_{cr}、临界荷载 $p_{1/3}$,其实用意义如何?

习　题

4.1　一组土样直接剪切试验结果如下表:

σ/kPa	100	200	300	400
τ_f/kPa	67	119	161	215

①试用作图求土的抗剪强度指标 c、ϕ 值。

②如作用在土样中某平面的正应力和剪应力分别为 220 kPa 和 100 kPa,是否会发生剪切破坏?

4.2　某地基内摩擦角为 35°,黏聚力 $c = 12$ kPa,$\sigma_3 = 160$ kPa,求剪切破坏时的大主应力。

(答案:636.5 kPa)

4.3　某砂样进行直剪试验,$\sigma = 300$,$\tau_f = 200$,求:

①砂样的内摩擦角;

②破坏时的大小主应力;

③大主应力作用面与剪切面所成夹角。

(答案:33.7°、673.5 kPa、192.5 kPa、61.85°)

4.4　某条形基础,宽度 $b = 3$ m,埋深 $d = 2$ m,地基土重度 $\gamma = 19$ kN/m³,黏聚力 $c = 12$ kPa,内摩擦角 $\phi = 15°$;试求临塑荷载 p_{cr}、临界荷载 $p_{1/4}$ 和极限荷载,当地下水上升到基础底面时极限荷载有无变化?

(答案:$p_{cr} = 145.33$ kPa,$p_{1/4} = 163.81$ kPa)

第**5**章
土压力和土坡稳定

5.1 挡土墙的作用与土坡的划分

　　土坡是指临空面为倾斜坡面的土体。土坡可分为天然土坡和人工土坡。天然土坡为天然形成的坡岸和山坡;人工土坡是为了工程需要,比如开挖基坑、修筑道路,而开挖或填筑成的斜坡。土坡的稳定关系到工程施工过程中和工程完工后相关土木建筑形成物的安全,土坡的坍塌常常造成严重的工程事故。因此,应该对稳定性不够的边坡进行处理,比如选择适当的边坡截面,采用合理的施工方法和适当的工程措施(比如采用挡土墙)等。

　　挡土墙是设置在土体一端,用以防止土体坍塌的构筑物。挡土墙广泛应用于土木工程中,如建筑、桥梁、铁路和水利工程等,如图 5.1 所示。

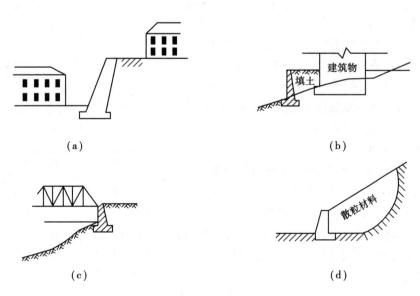

(a)　　　　　　　　　　　　　　　　(b)

(c)　　　　　　　　　　　　　　　　(d)

图 5.1　挡土墙应用

土体作用于挡土墙背的侧压力,称为土压力。作用在挡土墙上的外荷载主要是土压力。因此,在进行挡土墙设计计算时,首先要确定土压力的性质及其大小、方向和作用位置,再进行后面的工作。

本章将首先介绍土压力的计算方法,然后介绍重力式挡土墙的设计和简单土坡稳定性的分析方法。

5.2 挡土墙的土压力类型

土压力的大小与分布规律,与挡土墙所采用材料、墙的形状和位移情况、墙的截面刚度、地基的变形以及墙后填土的种类和填土面形式等都存在着关系。按墙的位移情况和墙后土体的应力状态,土压力可分为以下三种类型:

(1)静止土压力

在土压力的侧向作用下,挡土墙并不向任何方向运动(移动或转动),如图 5.2(a)所示。土体处于弹性极限平衡状态,此时的土压力称为静止土压力,用 E_0 表示。

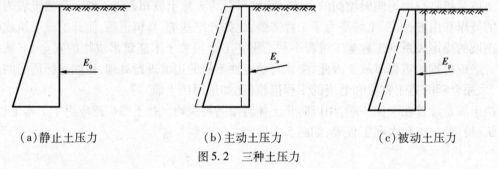

(a)静止土压力   (b)主动土压力   (c)被动土压力

图 5.2   三种土压力

(2)主动土压力

在土压力的侧向作用下,挡土墙向背离土体的方向运动(移动或转动),如图 5.2(b)所示。土压力大小将随着位移的增大而减小。当位移达某一数值时,土体达到主动极限平衡状态,此时的土压力称为主动土压力,用 E_a 表示。

(3)被动土压力

在外力的作用下,挡土墙向土体的方向推挤土体(移动或转动),如图 5.2(c)所示。土压力大小将随着位移的增大而增大。当位移达某一数值

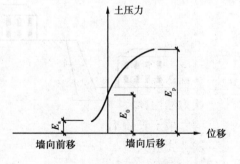

图 5.3   墙身位移与土压力

时,土体达到被动极限平衡状态,此时的土压力称为被动土压力,用 E_p 表示。

实验与理论研究都表明,在相同条件下,主动土压力小于静止土压力,而静止土压力又小于被动土压力,即

$$E_a < E_0 < E_p$$

相对应地,产生被动土压力所需的位移量 Δ_p 也大大超过产生主动土压力所需的位移量 Δ_a。三种土压力与墙身位移之间的关系可用图 5.3 表示。

现在来计算静止土压力。在填土面以下任意深度 z 处取一微小单元体,作用于其上的竖向自重应力为 γz,该处的水平向土压力即为静止土压力 E_a。其数值可按下式计算:

$$p_0 = K_0 \gamma z = E_a \tag{5.1}$$

式中 K_0——土的侧压力系数,即静止土压力系数,可按下面方法确定:

①经验值:砂土 $K_0 = 0.34 \sim 0.45$

黏性土 $K_0 = 0.5 \sim 0.7$

②半经验公式:

$$K_0 = 1 - \sin \phi' \tag{5.2}$$

式中 ϕ'——土的有效内摩擦角,(°);

γ——墙后填土的重力密度。

③根据侧限条件下的试验测定。一般认为这是最可靠的确定方法。

由式(5.1)可知,静止土压力为线性分布,分布形状为三角形,如图 5.3 所示,其大小为 $E_0 = \dfrac{1}{2}\gamma h^2 K_0$,作用点位于墙底上方 $1/3$ 墙高处,h 为挡土墙高度,单位为 m。

静止土压力可用于以下情况:

①地下室外墙。地下室外墙通常都有内隔墙支挡,墙位移与转角为零,可按静止土压力计算。

②岩基上的挡土墙。挡土墙与岩石地基牢固连接,不可能位移与转动,故可按静止土压力计算。

③修筑在坚硬土质地基上,断面很大的挡墙。

5.3 朗肯土压力理论

5.3.1 基本原理

朗肯于 1857 年研究了半无限弹性土体中处于极限平衡条件区域内的应力状态,导出了极限应力的理论解。朗肯假定:

①墙为刚性,墙背垂直;

②墙后填土表面水平;

③墙背光滑。

因此,当弹性半无限体由于在水平方向伸长成压缩并达到极限状态时,可以设想用一垂直光滑的挡土墙代替半无限体一侧的土体而不改变原来的应力状态;当土体水平向伸长达到极限平衡状态时,墙后土体水平向应力为主动土压力强度 p_a;当土体水平向压缩达到极限应力状态时,墙后土体水平向应力为被动土压力强度 p_p,如图5.4所示。

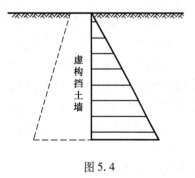

图 5.4

在填土表面下任一深度 z 处考察一微单元体,如图5.5(a)所示,当土体处于弹性平衡状态时,作用在其上的竖直应力为:

$$\sigma_z = \gamma z \tag{5.3}$$

水平应力为：

$$\sigma_x = K_0 \gamma z \tag{5.4}$$

该微元体的应力状态可用图5.5(d)中的摩尔应力圆Ⅰ来表示。此摩尔应力圆的$\sigma_1 = \gamma z$，$\sigma_3 = K_0 \gamma z$，由图5.5(d)可见，此摩尔应力圆Ⅰ位于抗剪强度曲线之下，表示此微元体处于弹性平衡状态。而由土压力定义可知，主动土压力和被动土压力都是在土体达到极限平衡时产生的。

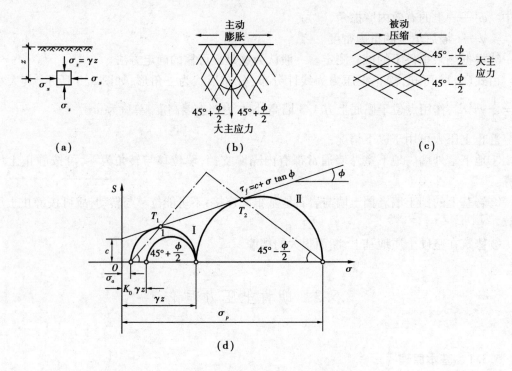

图5.5 半无限体的极限平衡状态

5.3.2 主动土压力理论

如果挡土墙在土压力作用下朝背离墙体方向移动，微元体侧面上作用的应力$\sigma_3 = \sigma_x = K_0 \gamma z$将逐渐减小，而顶面的法向应力$\sigma_z = \gamma z$并不改变。当位移量减小到比法向应力$\sigma_z = \gamma z$更小，直至某一很小数值时，墙后土体达到极限平衡状态，即朗肯主动状态。由σ_x和$\sigma_z = \gamma z$可以得到一个与抗剪强度曲线相切于T_1点新的摩尔应力圆，如图5.5(b)和(d)中摩尔应力圆Ⅱ所示，此时，$\sigma_1 = \sigma_z = \gamma z$，故有：

在极限平衡条件下有公式：

$$\sigma_3 = \sigma_1 \tan^2\left(45° - \frac{\phi}{2}\right) - 2c \tan\left(45° - \frac{\phi}{2}\right)$$

$$\sigma_3 = \gamma z \tan^2\left(45° - \frac{\phi}{2}\right) - 2c \tan\left(45° - \frac{\phi}{2}\right)$$

令 $K_a = \tan^2\left(45° - \dfrac{\phi}{2}\right)$，$\sigma_3 = p_a$ 则有：

$$p_a = \gamma z K_a - 2c\sqrt{K_a} \tag{5.5}$$

式中　p_a——沿深度方向主动土压力强度，kPa；

$\quad\quad K_a$——主动土压力系数；

$\quad\quad \sigma_1$、σ_3——最大、最小主应力，kPa；

$\quad\quad \gamma$——墙后填土的重度，kN/m³；

$\quad\quad c$、ϕ——填土的黏聚力及内摩擦角；

$\quad\quad z$——计算点离填土表面的深度，m。

由式(5.5)可知，主动土压力强度 p_a 与 z 呈线性关系，分别令 $z=0$ 和 $z=H$，便可得 p_a 沿深度的分布图，如图 5.6 所示。

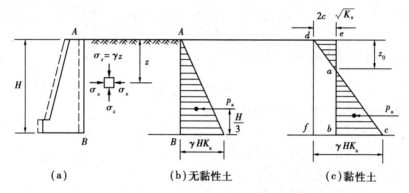

图 5.6　主动土压力分布

图中 z_0 为 $p_a = 0$ 时的深度，称为临界深度，可由下式求得：

$$p_a = \gamma z K_a - 2c\sqrt{K_a} = 0$$

$$z_0 = \frac{2c}{\gamma\sqrt{K_a}} \tag{5.6}$$

在图 5.6(c)中，a 点以上为拉应力。拉应力为黏性土与墙背之间的黏结应力。此应力实际上很微小，墙背与土体之间的接触极易脱开，计算时可忽略。理论上认为，当黏土坡高小于 z_0 时，土体没有挡土墙支挡也可直立存在。

主动土压力 E_a 为 a 点以下主动土压力强度的合力。对墙纵向取 1 延米进行计算，则可得主动土压力为：

$$E_a = \frac{1}{2}(H - z_0)(\gamma H K_a - 2c\sqrt{K_a})$$

即

$$E_a = \frac{1}{2}\gamma H^2 \tan^2\left(45° - \frac{\phi}{2}\right) - 2cH\tan\left(45° - \frac{\phi}{2}\right) + \frac{2c^2}{\gamma} \tag{5.7}$$

以上讨论的是黏性土，在上面式子中，令 $c=0$，则可得出相应无黏性土的计算公式：

$$p_a = \gamma z K_a$$

$$E_a = \frac{1}{2}\gamma H^2 K_a \tag{5.8}$$

黏性土 E_a 作用点距墙底 $(H-z_0)/3$，无黏性土 E_a 作用点距墙底 $H/3$。

5.3.3 被动土压力

如果挡土墙在外力作用下挤压土体，朝墙体方向移动，微元体侧面上作用的应力 $\sigma_x = K_0\gamma z$ 将逐渐增加，而顶面的法向应力 $\sigma_z = \gamma z$ 并不改变。当位移增加到比法向应力 $\sigma_z = \gamma z$ 更大，直至某一很大数值时，墙后土体达到极限平衡状态，即朗肯被动状态。由 σ_x 和 $\sigma_z = \gamma z$ 可以得到一个与抗剪强度曲线相切于 T_2 点新的摩尔应力圆，如图 5.5(c)、(d)中摩尔应力圆Ⅲ所示，此时，$\sigma_1 = \sigma_x$，$\sigma_3 = \gamma z$。

在极限平衡条件下有公式：

$$\sigma_1 = \sigma_3 \tan^2\left(45° + \frac{\phi}{2}\right) + 2c\tan\left(45° + \frac{\phi}{2}\right)$$

$$\sigma_1 = \gamma z \tan^2\left(45° + \frac{\phi}{2}\right) + 2c\tan\left(45° + \frac{\phi}{2}\right)$$

令 $K_p = \tan^2\left(45° + \frac{\phi}{2}\right)$，$\sigma_1 = p_p$，则有：

$$p_p = \gamma z K_p + 2c\sqrt{K_p} \tag{5.9}$$

式中　p_p——沿深度被动土压力强度，kPa；

　　　K_p——被动土压力系数；

　　　σ_1、σ_3——最大、最小主应力，kPa；

　　　γ——墙后填土的重度，kN/m^3；

　　　c、ϕ——填土的黏聚力及内摩擦角；

　　　z——计算点离填土表面的深度，m。

由式(5.9)可知，被动土压力强度 p_p 与 z 呈线性关系。分别令 $z=0$ 和 $z=H$，便可得 p_p 沿深度的分布图，如图 5.7 所示。被动土压力划分图形求算如图 5.8 所示。

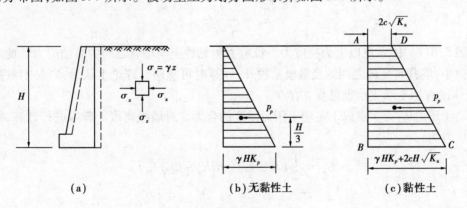

图5.7　被动土压力分布

对墙纵向取 1 延米进行计算，则可得被动土压力为：

$$E_p = \frac{1}{2}\gamma H^2 K_p + 2cH\sqrt{K_p} \tag{5.10}$$

以上讨论的是黏性土，在上面式子中，令 $c=0$，则可得出相应无黏性土的计算公式。

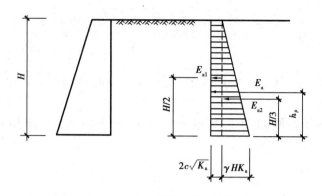

图 5.8　被动土压力划分图形求算

黏性土 E_p 作用点距墙底距离,可分别按矩形面积$(2c\sqrt{K_p}\cdot H)$和三角形面积$\frac{1}{2}\gamma H^2 K_p$ 考虑,即分别为$\frac{1}{2}H$ 和$\frac{1}{3}H$;也可按梯形面积求总的合力作用点,此时作用点可按下式计算,即

$$h_p = \frac{H}{3}\cdot\frac{2p_{p0}+p_{ph}}{p_{p0}+p_{ph}}$$

式中　　h_p——E_p 作用点;

　　　　p_{p0}、p_{ph}——分别为作用于墙背的顶面、底面被动土压力强度,kPa。

其中:$p_{p0}=2c\sqrt{K_p}$,　　$p_{ph}=\gamma HK_p+2c\sqrt{K_p}$。

无黏性土 E_p 作用点距墙底$\frac{1}{3}H$。

朗肯土压力理论概念明确,公式简单明了,便于记忆;但为了使墙后的应力状态符合半空间应力状态,必须假设墙背是直立、光滑的,以及墙后填土面是水平的,因而使应用范围受到限制,并使计算结果与实际有出入,所得的主动土压力值偏大,而被动土压力值偏小。

例 5.1　一挡土墙墙高 5 m,墙背垂直光滑,墙后填土系黏性填土,其表面水平与墙齐高。填土的物理力学性质指标如下:$\gamma = 17\ \mathrm{kN/m^3}$,$\phi = 30°$,$c = 10\ \mathrm{kPa}$。试求主动土压力 E_a。

解题分析　采用某种理论和计算公式,首先要清楚它的适用条件。本题墙背垂直光滑、表面水平,可用朗肯土压力理论求解土压力。实际上,解题时可在求出临界深度 z_0 后,直接用式(5.7)求主动土压力数值,或直接用式(5.8)一次求出,但编本例题的目的是让读者领会朗肯理论。因此,求算时先求主动土压力强度,再给出主动土压力强度分布力,再由分布图求出主动土压力数值;其方向和作用,也应求出。当填土为黏性土时,要理解 z_0 的物理意义。

解　$K_a = \tan^2(45° - \phi/2) = \tan^2(45° - 30°/2) = 0.333$

在填土表面处的主动土压力强度为:

$$p_{aA} = -2c\sqrt{K_a} = -2\times 10\times\sqrt{0.333}\ \mathrm{kPa} = -11.5\ \mathrm{kPa}$$

在墙底处的主动土压力强度为:

$$p_a = \gamma zK_a - 2c\sqrt{K_a} = (17\times 5\times 0.333 - 2\times 10\sqrt{0.333})\mathrm{kPa} = 16.8\ \mathrm{kPa}$$

主动土压力临界深度 z_0 为:

$$z_0 = \frac{2c}{\gamma\sqrt{K_a}} = \frac{2 \times 10}{17\sqrt{0.333}} \text{ m} = 2.039 \text{ m}$$

主动土压力为:

$$E_a = \frac{1}{2}\gamma(H - z_0)^2 K_a = \frac{1}{2} \times 17(5 - 2.039)^2 \times 0.333 \text{ kN/m} = 24.82 \text{ kN/m}$$

土压力强度分布图形如图 5.9 所示。主动土压力 E_a 的作用点距墙底 $\frac{H - z_0}{3} = \frac{5 - 2.039}{3}$ m $= 0.987$ m

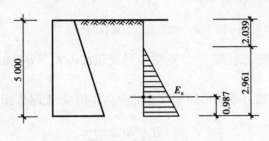

图 5.9　例 5.1

5.4　库仑土压力理论

库仑土压力理论根据墙后土体处于极限平衡状态并形成一滑动土楔体,从楔体的静力平衡条件得出土压力理论。

库仑土压力理论的基本假设是:

①墙后填土为理想的散体(无黏性土);

②滑动破坏面为一过墙踵的平面;

③滑动土楔体处于极限平衡状态,不计楔体本身的压缩变形。

5.4.1　主动土压力

沿墙纵向取 1 延米进行分析。当墙向前移动或转动,从而使墙后土体沿某一破裂面 BC 破坏时,楔体 ABC 向下滑动,达到主动极限平衡状态。

在图 5.10 中,取滑动土楔体 ABC 为脱离体,作用在其上的力有:

(1) 楔体自重 G

楔体自重 G 竖直向下,只要知道角度 θ,G 就可按下式求出,即

$$G = \gamma V_{ABC} = \gamma \cdot \frac{H^2}{2} \cdot \frac{\cos(\alpha - \beta)\cos(\theta - \alpha)}{\cos^2\alpha\sin(\theta - \beta)}$$

(2) 破裂面 BC 上的反力 R

它与破坏面的法线 N_2 之间的夹角等于土的内摩擦角 ϕ,并位于 N_2 的下侧。

(3) 墙背对土楔体的反力 E

它与作用在墙背上的土压力大小相等、方向相反,并作用在同一条直线上。反力 E 的方

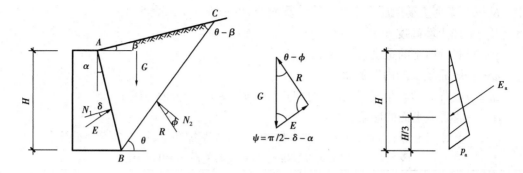

（a）作用在土楔 ABC 上三个力　　　（b）力矢三角形　　　（c）主动土压力分布图

图 5.10　库仑主动土压力理论受力分析

向与墙背的法线 N_1 成 δ 角。δ 角是土体与墙背之间的摩擦角,称为外摩擦角。当土楔下滑时,墙对土楔的阻力是向上的,故反力 E 必在 N_1 的下侧。

土楔体 ABC 在 G、R、E 三个力作用下处于静力平衡,故必满足静力平衡条件,形成一力闭合三角形,如图 5.10（b）所示。由此三角形可按正弦定律求解出 E 来。

由正弦定律有:

$$\frac{E}{G} = \frac{\sin(\theta - \phi)}{\sin[180° - (\theta - \phi + \psi)]}$$

$$E = G \frac{\sin(\theta - \phi)}{\sin[180° - (\theta - \phi + \psi)]}$$

将 G 的表达式代入上式,得:

$$E = \frac{1}{2}\gamma H^2 \frac{\cos(\alpha - \beta)\cos(\theta - \alpha)}{\cos^2\alpha \sin(\theta - \beta)} \frac{\sin(\theta - \phi)}{\sin(\theta - \phi + \psi)} \tag{5.11}$$

式（5.11）等号右边除角度 θ 是任意假定的以外,其他参数均为已知。因此,反作用力 E 是 θ 的函数。当 θ 取某一数值时,将使 E 值达到最大,这个最大值 E_{max} 即为主动土压力 E_a 的反力（数值上等于 E_a）,而这时的 θ 所标志的滑动面即为最危险滑动面。

为求 E_{max},令

$$\frac{\mathrm{d}E}{\mathrm{d}\theta} = 0$$

从上式解出 θ,再将其代入式（5.11）,整理后得库仑主动土压力的一般表达式:

$$E_a = \frac{1}{2}\gamma H^2 \frac{\cos^2(\phi - \alpha)}{\cos^2\alpha \cos(\alpha + \delta)\left[1 + \sqrt{\dfrac{\sin(\phi + \delta)\sin(\phi - \beta)}{\cos(\alpha + \delta)\cos(\alpha - \beta)}}\right]^2} \tag{5.12}$$

令

$$K_a = \frac{\cos^2(\phi - \alpha)}{\cos^2\alpha \cos(\alpha + \delta)\left[1 + \sqrt{\dfrac{\sin(\phi + \delta)\sin(\phi - \beta)}{\cos(\alpha + \delta)\cos(\alpha - \beta)}}\right]^2}$$

则

$$E_a = \frac{1}{2}\gamma H^2 K_a \tag{5.13}$$

式中　K_a——库仑主动土压力系数。为计算简便，可查表 5.1 或表 5.2；

　　　H——挡土墙高度，m；

　　　γ——墙后填土的重度，kN/m³；

　　　ϕ——墙后填土的内摩擦角，(°)；

　　　α——墙背的倾斜角，(°)，俯斜时取正号，仰斜为负号(图 5.10)；

　　　β——墙后填土面的倾角，(°)；

　　　δ——土对挡土墙背的摩擦角，根据墙背填土的内摩擦角 ϕ，可查表 5.3 确定。

表 5.1　主动土压力系数 K_a 与 δ、ϕ 的关系($\alpha=0$、$\beta=0$)

δ ＼ $\phi/(°)$	10	12.5	15	17.5	20	25	30	35	40
$\delta=0$	0.71	0.64	0.59	0.53	0.49	0.41	0.33	0.27	0.22
$\delta=\phi/2$	0.67	0.61	0.55	0.48	0.45	0.38	0.32	0.26	0.22
$\delta=2\phi/3$	0.66	0.59	0.54	0.47	0.44	0.37	0.31	0.26	0.22
$\delta=\phi$	0.65	0.58	0.53	0.47	0.44	0.37	0.31	0.26	0.22

表 5.2　主动土压力系数 K_a 值

$\delta/(°)$	$\alpha/(°)$	$\beta/(°)$	$\phi/(°)$							
			15	20	25	30	35	40	45	50
0	0	0	0.589	0.490	0.406	0.333	0.271	0.271	0.172	0.132
		15	0.933	0.639	0.505	0.402	0.319	0.251	0.194	0.147
		30				0.750	0.436	0.318	0.235	0.172
	10	0	0.652	0.560	0.478	0.407	0.343	0.288	0.238	0.194
		15	1.039	0.737	0.603	0.498	0.411	0.337	0.274	0.221
		30				0.925	0.565	0.433	0.337	0.262
	20	0	0.736	0.648	0.569	0.498	0.434	0.375	0.322	0.274
		15	1.196	0.868	0.730	0.621	0.529	0.450	0.380	0.318
		30				1.169	0.740	0.586	0.474	0.385
	−10	0	0.540	0.433	0.344	0.270	0.209	0.158	0.117	0.083
		15	0.830	0.562	0.425	0.322	0.243	0.180	0.130	0.090
		30				0.614	0.331	0.226	0.155	0.104
	−20	0	0.497	0.380	0.287	0.212	0.153	0.106	0.070	0.043
		15	0.809	0.494	0.352	0.250	0.175	0.119	0.076	0.046
		30				0.498	0.239	0.147	0.090	0.051

续表

$\delta/(\degree)$	$\alpha/(\degree)$	$\beta/(\degree)$	$\phi/(\degree)$							
			15	20	25	30	35	40	45	50
10	0	0	0.533	0.447	0.373	0.309	0.253	0.204	0.163	0.127
		15	0.947	0.609	0.473	0.379	0.301	0.238	0.185	0.141
		30				0.762	0.423	0.306	0.226	0.166
	10	0	0.603	0.520	0.448	0.384	0.326	0.275	0.230	0.189
		15	1.089	0.721	0.582	0.480	0.396	0.326	0.267	0.216
		30				0.969	0.564	0.427	0.332	0.258
	20	0	0.690	0.615	0.543	0.478	0.419	0.365	0.316	0.271
		15	1.298	0.872	0.723	0.613	0.522	0.444	0.377	0.317
		30				1.268	0.758	0.594	0.478	0.388
	−10	0	0.477	0.385	0.309	0.245	0.191	0.146	0.109	0.078
		15	0.847	0.520	0.390	0.297	0.224	0.167	0.121	0.085
		30				0.605	0.313	0.212	0.146	0.098
	−20	0	0.427	0.330	0.252	0.188	0.137	0.096	0.064	0.039
		15	0.772	0.445	0.315	0.225	0.220	0.135	0.082	0.047
		30				0.475	0.220	0.135	0.082	0.047
20	0	0			0.357	0.297	0.245	0.199	0.160	0.125
		15			0.467	0.371	0.295	0.234	0.183	0.140
		30			0.798	0.425	0.306	0.225	0.166	
	10	0			0.438	0.377	0.322	0.273	0.229	0.190
		15			0.586	0.480	0.397	0.328	0.269	0.218
		30			1.051	0.582	0.437	0.338	0.264	
	20	0			0.543	0.479	0.422	0.370	0.321	0.277
		15			0.747	0.629	0.535	0.456	0.387	0.327
		30			1.434	0.807	0.624	0.501	0.406	
	−10	0			0.291	0.232	0.182	0.140	0.105	0.076
		15			0.374	0.284	0.215	0.161	0.117	0.083
		30				0.614	0.306	0.207	0.142	0.096
	−20	0			0.231	0.174	0.128	0.090	0.061	0.038
		15			0.294	0.210	0.148	0.102	0.067	0.040
		30				0.468	0.210	0.129	0.079	0.045

表 5.3　土对挡土墙墙背的摩擦角

挡土墙情况	摩擦角 $\delta/(°)$
墙背平滑、排水不良墙背	$(0 \sim 0.33)\phi_k$
粗糙、排水良好	$(0.33 \sim 0.5)\phi_k$
墙背很粗糙、排水良好	$(0.5 \sim 0.67)\phi_k$
墙背与填土间不可能滑动	$(0.67 \sim 1.0)\phi_k$

注:ϕ_k 为墙背土的内摩擦角标准值。

当墙背垂直($\alpha = 0$)、光滑($\delta = 0$),填土面水平($\beta = 0$)时,式(5.13)则为:

$$E_a = \frac{1}{2}\gamma H^2 \tan^2\left(45° - \frac{\phi}{2}\right)\frac{1}{2}\gamma H^2\tan^2\left(45° - \frac{\phi}{2}\right) \tag{5.14}$$

式(5.14)与朗肯主动土压力公式相同。由此可看出,在与朗肯理论相同假设的情况下,两种理论结论是一致的。

任意深度 z 处的主动土压力强度 σ_a,可将 E_a 对 a 取导数而得,即

$$p_a = \frac{dE_a}{dz} = \frac{d}{dz}\left(\frac{1}{2}\gamma z^2 K_a\right) = \gamma z K_a \tag{5.15}$$

由上式可见,主动土压力强度沿墙高呈三角形分布,主动土压力的作用点将在其重心处,亦即离墙底 $H/3$ 处,方向与墙背法线的夹角为 δ。

5.4.2　被动土压力

沿墙纵向取 1 延米进行分析。当墙在外力作用下朝土体方向移动或转动,从而使墙后土体沿某一破裂面 BC 破坏时,楔体 ABC 向上滑动,达到被动极限平衡状态。

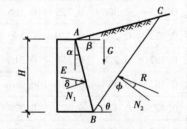 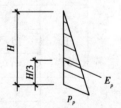

　　(a)作用在土楔 ABC 上三个力　　　(b)力矢三角形　　　(c)被动土压力分布图

图 5.11　库仑被动土压力计算

在图 5.11 中,取滑动土楔体 ABC 为脱离体,作用在其上的力如下:

(1)楔体自重 G

楔体自重 G 竖直向下,只要知道角度 θ,G 就可按下式求出:

$$G = \gamma V_{ABC} = \gamma \cdot \frac{H^2}{2} \cdot \frac{\cos(\alpha - \beta)\cos(\theta - \alpha)}{\cos^2\alpha \sin(\theta - \beta)}$$

(2)破裂面 BC 上的反力 R

R 与破坏面的法线 N_2 之间的夹角等于土的内摩擦角 ϕ,并位于 N_2 的上侧。

（3）墙背对土楔体的反力 E

它与作用在墙背上的土压力大小相等、方向相反并作用在同一条直线上。反力 E 的方向与墙背的法线 N_1 成 δ 角。当土楔向上滑动时，墙对土楔的阻力是向下的，故反力 E 必在 N_1 的上侧。

土楔体 ABC 在 G、R、E 三个力作用下处于静力平衡，故必满足静力平衡条件，形成一力闭合三角形，如图 5.11（b）所示。由此三角形可按正弦定律求解出 E 来：

$$E = \frac{1}{2}\gamma H^2 \frac{\cos(\alpha - \beta)\cos(\theta - \alpha)\sin(\theta + \phi)}{\cos^2\alpha \sin(\theta - \beta)\sin\left(\frac{\pi}{2} + \alpha - \delta - \theta - \phi\right)} \tag{5.16}$$

式（5.16）等号右边，除角度 θ 是任意假定的以外，其他参数均为已知，因此，反作用力 E 是 θ 的函数。当 θ 取某一数值时，将使 E 值达到最小，这个最小值 E_{min} 即为被动土压力 E_p 的反力（数值上等于 E_p），而这时的 θ 所标志的滑动面即为最危险滑动面。

为求 E_{min}，令

$$\frac{\mathrm{d}E}{\mathrm{d}\theta} = 0$$

从上式解出 θ，再将其代入式（5.16），整理后得库仑被动土压力的一般表达式：

$$E_p = \frac{1}{2}\gamma H^2 \frac{\cos^2(\phi + \alpha)}{\cos^2\alpha \cos(\alpha - \delta)\left[1 - \sqrt{\frac{\sin(\phi + \delta)\sin(\phi + \beta)}{\cos(\alpha - \delta)\cos(\alpha - \beta)}}\right]^2} \tag{5.17}$$

令

$$K_p = \frac{\cos^2(\phi + \alpha)}{\cos^2\alpha \cos(\alpha - \delta)\left[1 - \sqrt{\frac{\sin(\phi + \delta)\sin(\phi + \beta)}{\cos(\alpha - \delta)\cos(\alpha - \beta)}}\right]^2}$$

则

$$E_a = \frac{1}{2}\gamma H^2 K_p \tag{5.18}$$

式中 K_p——库仑被动土压力系数，其他符号同前。

当墙背垂直（$\alpha = 0$）、光滑（$\delta = 0$），填土面水平（$\beta = 0$）时，式（5.17）则为：

$$E_p = \frac{1}{2}\gamma H^2\tan^2\left(45° + \frac{\phi}{2}\right) \tag{5.19}$$

式（5.19）与朗肯被动土压力公式相同。由此可看出，在与朗肯理论相同假设的情况下，两种理论结论是一致的。

任意深度 z 处的被动土压力强度 p_p，可将 E_p 对 a 取导数而得，即

$$p_p = \frac{\mathrm{d}E_p}{\mathrm{d}z} = \frac{\mathrm{d}}{\mathrm{d}z}\left(\frac{1}{2}\gamma z^2 K_p\right) = \gamma z K_p \tag{5.20}$$

由上式可见，被动土压力强度沿墙高呈三角形分布，被动土压力的作用点将在其重心处，亦即离墙底 $H/3$ 处，方向与墙背法线的夹角为 δ。

5.4.3 规范法

经典的土压力理论各有其适用条件，而《建筑地基设计规范》（GB 50007—2002）提出一种

基于库仑土压力理论的适用范围宽(考虑了墙后填土为有黏聚力,填土与墙背之间有摩擦力,填土面上有超载,填土表面附近的裂纹深度等因素),如图5.12所示,计算较简便的土压力计算方法。主动土压力可按下式计算:

$$E_a = \frac{1}{2}\psi_c\gamma h^2 K_a \tag{5.21}$$

$$K_a = \frac{\sin(\alpha+\beta)}{\sin^2\alpha\sin^2(\alpha+\beta-\varphi-\delta)}\left\{k_q\left[\sin(\alpha+\beta)\sin(\alpha-\delta)+\sin(\varphi+\delta)\sin(\varphi-\beta)\right]+\right.$$
$$2\eta\sin\alpha\cos\varphi\cos(\alpha+\beta-\varphi-\delta)-2\sqrt{k_q\sin(\alpha+\beta)\sin(\varphi-\beta)+\eta\sin\alpha\cos\varphi}$$
$$\left.\sqrt{k_q\sin(\alpha-\delta)\sin(\varphi+\delta)+\eta\sin\alpha\cos\varphi}\right\}$$

$$k_q = 1 + \frac{2q}{\gamma h}\frac{\sin\alpha\cos\beta}{\sin(\alpha+\beta)}$$

$$\eta = \frac{2c}{\gamma h}$$

式中　E_a——主动土压力;

　　　ψ_c——主动土压力增大系数,土坡高度小于5 m时宜取1.0;高度为5~8 m时宜取1.1;高度大于8 m时宜取1.2;

　　　γ——填土的重度;

　　　h——挡土结构的高度;

　　　K_a——主动土压力系数。

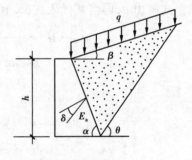

图 5.12

对于高度小于或等于5 m的挡土墙,当排水条件符合规范要求(第6.6.1条),填土符合下列质量要求时,其主动土压力系数可按《建筑地基设计规范》附图L.0.2查得。当地下水丰富时,应考虑水压力的作用。图中土类填土质量应满足下列要求:

①Ⅰ类　碎石土,密实度应为中密,干密度应大于或等于2.0 t/m³;

②Ⅱ类　砂土,包括砾砂、粗砂、中砂,其密实度为中密,干密度应大于或等于1.65 t/m³;

③Ⅲ类　黏土夹块石,干密度应大于或等于1.90 t/m³;

④Ⅳ类　粉质黏土,干密度应大于或等于1.65 t/m³。

5.5　特殊情况下的土压力计算

朗肯和库仑土压力理论各有自己的假设和适用条件,应用在实际工程中会遇到许多更复杂的问题,这些问题的解决,可以借用上述理论,作半经验性的近似处理。

5.5.1　土表面作用有连续均布超载

当填土表面水平且作用有连续均布超载 $q(\text{kPa})$ 时,可把 q 的作用换算成一个高度为 $h'(\text{m})$、重度为填土重度 γ 的当量土层来考虑,即

$$h' = \frac{q}{\gamma}$$

然后按墙高为 $(H + h')$ 来计算土压力,如图 5.13 所示。如填土为无黏性土时,墙顶面处的土压力强度为:

$$p_{a,A} = \gamma h' K_a = q K_a$$

墙底面处的土压力强度为:

$$p_{a,B} = \gamma(h' + H) K_a = (q + \gamma H) K_a$$

由此可见,当填土面有均布荷载时,其土压力强度只要在无荷载情况的土层再加上 $q K_a$。对于黏性填土也是如此。

当填土表面倾斜且作用有连续均布超载 $q\,(\mathrm{kPa})$ 时,当量土层厚度仍为 $h' = q/\gamma$,如图 5.14 所示,假想的填土与墙背 AB 的延长线相交与 A' 点。于是,以 $A'B$ 为假想的墙背来进行土压力计算,计算时墙高应为 $h'' + H$。由 $A'AA''$ 的几何关系可以得出:

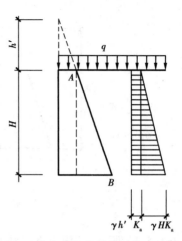

图 5.13　水平均布荷载下的土压力计算

$$h'' = h' \frac{\cos\beta \cos\alpha}{\cos(\alpha - \beta)} \tag{5.22}$$

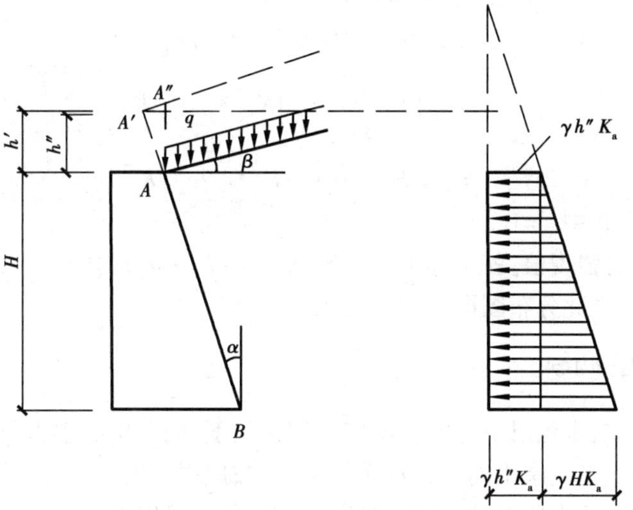

图 5.14　倾斜均布荷载下的土压力计算

墙顶 A 点的主动土压力强度为:

$$p_{a,A} = \gamma h'' K_a \tag{5.23}$$

墙顶 B 点的主动土压力强度为:

$$p_{a,B} = \gamma(h'' + H) K_a \tag{5.24}$$

墙背上的土压力为:

$$E_a = p_{a,A} H + \frac{1}{2}\gamma H K_a H = \gamma H\left(h'' + \frac{1}{2}H\right) K_a \tag{5.25}$$

5.5.2　墙后有成层填土

若挡土墙后填土有几种不同性质的水平土层,如图 5.15 所示,此时土压力的计算分两部分。

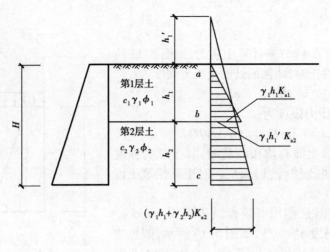

图 5.15

如图 5.15 所示,两层土重度和厚度不同。可将第一层土视为连续均布荷载,将其折算成与第二层土重度相同的当量土层,其当量厚度 $h'_1 = h_1 \dfrac{\gamma_1}{\gamma_2}$,再按墙高为 $(h'_1 + h_2)$ 计算出土压力强度,比如图中 b 点第二层土顶面处,如果是黏性土,则

$$p_{\text{a,b下}} = \gamma_2 (h'_1 + h_2) K_{a2} - 2c_2 \sqrt{K_{a2}}$$

$$= \gamma_2 \left(h_1 \frac{\gamma_1}{\gamma_2} + h_2 \right) K_{a2} - 2c_2 \sqrt{K_{a2}}$$

$$= (\gamma_1 h_1 + \gamma_2 h_2) K_{a2} - 2c_2 \sqrt{K_{a2}}$$

如果是无黏性土,则上式中 $c = 0$。

计算出各点土压力强度值,就可作出实际墙高范围 $(h_1 + h_2)$ 内的土压力强度分布图,此即为所要求的实际分布,由此分布图即可求出土压力。

5.5.3 填土中有地下水

由于地下水的存在,水位以下土的重度应采用浮重度,同一层土中水位上下土的抗剪强度指标也不相同。这其实是成层土的一种特殊情况,可按成层土的计算方法进行计算。计算时,注意对作用在墙背的水压力要单独计算。如图 5.16 所示,可以得出:

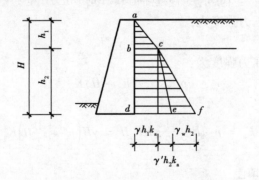

图 5.16 填土中有地下水时的土压力强度

土压力:b 点土压力强度:　　　　　　　$p_{a,b} = \gamma h_1 K_a$

　　　　d 点　　　　$p_{a,d} = \gamma_1 h_1 K_a + \gamma' h_2 K_a = E_{a,d} = (\gamma h_1 + \gamma' h_2) K_a$

土压力:　　　　　　　　　$E_{a,d} = \gamma_1 h_1 K_a h_2 + \dfrac{1}{2} \gamma'_2 h_2^2 K_a$

水压力:d 点水压力强度:　　　　　　$P_w = \gamma_w h_2$

水压力:　　　　　　　　　$E_w = \dfrac{1}{2} \gamma_w h_2^2$

例 5.2　一挡土墙墙高 7 m,墙背垂直光滑,墙后填土表面水平与墙齐高,作用有连续均布超载 $q = 20$ kPa。填土的物理力学性质指标如下:第一层 $\gamma_1 = 18$ kN/m³, $\phi_1 = 20°$, $c_1 = 12$ kPa;第二层 $\gamma_{2sat} = 19.2$ kN/m³, $\phi_2 = 26°$, $c_2 = 6$ kPa。地下水位在 3 m 深处;求主动土压力 E_a、作用点位置及压力强度分布图。

解题分析　本例题是几种土压力特殊情况的综合应用。在每一层土的交界面上,由于土的物理性质不同,计算时反映在主动土压力系数 K_a 上,地下水位以下,计算土压力时应该采用有效重度。而水压力亦是侧压力的一部分,计算时应注意。

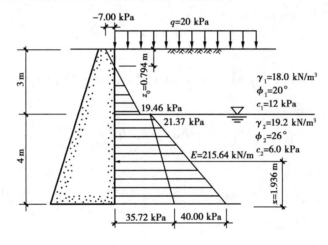

图 5.17　例 5.2

解　根据题意,符合朗肯土压力条件,故有:

第一层的主动土压力系数为:

$$K_{a1} = \tan^2\left(45° - \frac{\phi_1}{2}\right) = \tan^2\left(45° - \frac{20°}{2}\right) = 0.49$$

第二层的主动土压力系数为:

$$K_{a2} = \tan^2\left(45° - \frac{\phi_2}{2}\right) = \tan^2\left(45° - \frac{26°}{2}\right) = 0.39$$

作用在墙背上各点的主动土压力强度为:

第一层土顶部:

$$p_{a1上} = qK_{a1} - 2c_1\sqrt{K_{a1}}$$
$$= (20 \times 0.49 - 2 \times 12\sqrt{0.49}) \text{ kPa}$$
$$= -7.0 \text{ kPa}$$

第一层土底部：

$$p_{a1下} = (q + \gamma_1 h_1)K_{a1} - 2c_1\sqrt{K_{a1}}$$
$$= \left[(20 + 18 \times 3) \times 0.49 - 2 \times 12\sqrt{0.492}\right] \text{kPa}$$
$$= 19.46 \text{ kPa}$$

第二层土顶部：

$$p_{a2上} = (q + \gamma_1 h_1)K_{a2} - 2c_2\sqrt{K_{a2}}$$
$$= \left[(20 + 18 \times 3) \times 0.39 - 2 \times 6\sqrt{0.39}\right] \text{kPa}$$
$$= 21.37 \text{ kPa}$$

第二层土底部：

$$p_{a2下} = (q + \gamma_1 h_1 + \gamma'_2 h_2)K_{a2} - 2c_2\sqrt{K_{a2}}$$
$$= \left\{\left[20 + 18 \times 3 + (19.2 - 10) \times 4\right] \times 0.39 - 2 \times 6\sqrt{0.393}\right\} \text{kPa}$$
$$= 35.72 \text{ kPa}$$

第二层土底部水压力强度为：

$$p_w = \gamma_w h_2 = 10 \times 4 \text{ kPa} = 40 \text{ kPa}$$

水压力为：

$$E_w = \frac{1}{2}\gamma_w h_2^2 = \frac{1}{2} \times 10 \times 4^2 \text{ kN/m} = 80 \text{ kN/m}$$

主动土压力临界深度 z_0 计算：

$$(q + \gamma_1 z_0)K_{a1} - 2c_1\sqrt{K_{a1}} = 0$$
$$z_0 = 0.794 \text{ m}$$

土压力为：

$$E_a = \left[\frac{1}{2} \times 19.46 \times (3 - 0.794) + 21.37 \times 4 + \frac{1}{2} \times (35.72 - 21.37) \times 4\right] \text{kN/m}$$
$$= (21.46 + 85.38 + 28.7) \text{ kN/m}$$
$$= 135.64 \text{ kN/m}$$

总压力为：

$$E = E_a + E_w = (135.64 + 80) \text{ kN/m} = 215.64 \text{ kN/m}$$

总压力至墙底距离为：

$$y = \frac{1}{215.64}\left[21.46 \times \left(4 + \frac{3 - 0.794}{3}\right) + 85.45 \times 2 + 28.7 \times \frac{4}{3} + 80 \times \frac{4}{3}\right] \text{m}$$
$$= 1.936 \text{ m}$$

5.6　挡土墙设计

5.6.1　挡土墙的类型

(1)重力式挡土墙

重力式挡土墙如图 5.18 所示,在工程中应用非常广泛。通常它是由就地取材的砖、石块或素混凝土砌成,靠自身重量来平衡土压力所引起的倾覆力矩,因此,体积要做得比较大;同时其组成材料抗拉强度和抗剪强度均较低,墙身必须比较厚实。适用于小型工程,地层较稳定的情况。其优点是结构简单,施工方便,应用较广;缺点是工程量大,沉降大。

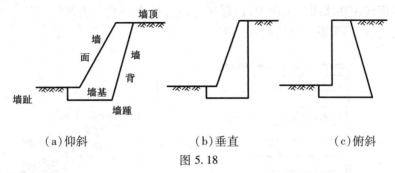

(a)仰斜　　　　　　(b)垂直　　　　　　(c)俯斜

图 5.18

（2）悬臂式挡土墙

悬臂式挡土墙一般用钢筋混凝土建造,由立臂、墙趾悬臂和墙踵悬臂组成,如图 5.19 所示。墙的稳定性主要由压在底板上的土重来保证,而立臂则可抵抗土压力所产生的弯矩和剪力。由于采用钢筋混凝土,墙体体积小。适用于重要工程,墙高大于 5 m 的情况。优点是工程量小;缺点是钢材用量大,技术复杂。

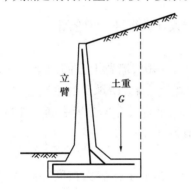

图 5.19　悬臂式挡土墙

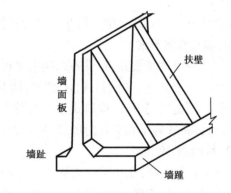

图 5.20　扶壁式挡土墙

（3）扶壁式挡土墙

对于比较高大的悬臂式挡土墙,考虑到其立臂所承受的弯矩较大,挠度也较大,常常沿墙纵向每隔一定距离(一般 0.8～1.0 倍墙高)设置一道横向扶壁,以改善其抗弯性能,同时也增加墙的整体刚度,如图 5.20 所示。适用于重要工程,墙高 H 大于 10 m 情况。优点是工程量较小;缺点是技术复杂,费钢材。

（4）锚杆式挡土墙

锚杆式挡土墙是一种由墙面、钢拉杆、锚定板和填土共同组成的挡土结构。墙面用预制的钢筋混凝土立柱和挡板进行拼装,把土体产生的土压力传给钢拉杆,钢拉杆再把拉力传给锚定板,结构依靠锚定板的抗拔力而支挡土体,适用于墙体高

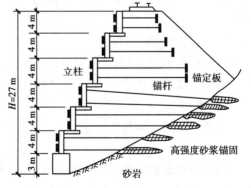

图 5.21　锚杆式挡土墙

度较大、较重要的情况,如图5.21所示。

(5)加筋土挡土墙

加筋土挡土墙由墙面板、拉筋及填土共同组成,如图5.22所示。它依靠拉筋与填土之间的摩擦力来平衡作用在墙面的土压力,以保持稳定。拉筋一般采用镀锌扁钢或土工织物。墙面用预制混凝土板,墙面板用拉筋进行拉结。

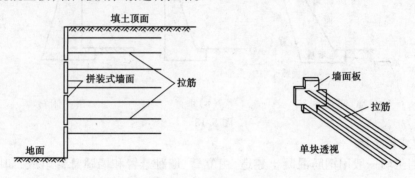

图5.22 加筋土挡土墙

5.6.2 重力式挡土墙的构造

前已述及挡土墙的类型。现在对重力式挡土墙的构造设计进行进一步介绍。

(1)墙背倾斜形式

按挡土墙墙背倾斜方向,重力式挡土墙可分为仰斜式($\alpha > 90°$,墙背上方倾向土体)、垂直式($\alpha = 90°$,墙背直立)和俯斜式($\alpha < 90°$,墙背上方背离土体)。墙背所承受的主动土压力,在其他条件相同的情况下,以仰斜式土压力最小而俯斜式最大,垂直式介于二者之间。在进行墙后填土时,仰斜式施工相对较为困难,但作护坡则仰斜式最为合理。

(2)墙的高、宽尺寸

①墙高:根据支挡土体的需要而定。一般情况下,与所支挡的土体表面在同一高度;若低于土体表面或土体表面是倾斜向上的,则土坡的稳定性应有保证。

②墙宽:由于重力式挡土墙砌筑材料抗拉和拉剪强度很低,故墙身应具有足够的宽度(顶宽、底宽),以保证墙身能够有足够的强度和刚度。块石墙顶宽不应小于0.4 m,混凝土墙顶宽也不应小于0.3 m。底宽可取墙高的1/3～1/2,底面为卵石、碎石时,取较低值,为黏性土时取较高值。

(3)墙背坡面倾斜角度

为了施工方便,仰斜式墙背坡度不宜缓于1∶0.25(即$\alpha \leqslant 104°$),墙面宜与墙背平行。挡土墙墙面坡度不宜缓于1∶0.4,过缓则增加墙身材料。

(4)基础

需要增大挡土墙抗滑稳定性时,可将基础底面做成逆坡,坡度不大于0.1∶1(即基底与水平面夹角不宜大于6°)。

挡土墙基础底面应低于墙前土面。墙体较矮小时如果承载力足够,墙体底面即作为墙基,不用增大基底面积;如果地基承载力不够,需要增加基础底面面积时,可按砌筑材料的刚性角要求加设基础台阶。

（5）排水措施

挡土墙采取排水措施在于消除或减小挡土墙后水压力。常用采用防止地表水和地下水渗透，以及排除已渗透水的措施。通常将这些措施结合起来运用。

①防止地表水渗透措施。在地表面上设置排水沟和压实填土，或用辅砌层做不透水层（图5.23）。

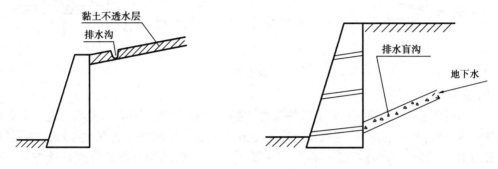

图 5.23　　　　　　　　　　　　　图 5.24

②防止地下水渗透的措施。对沿地下不透水层流下的地下水，设置用卵石等做成的盲沟（图5.24）。

③排除已渗透水的方法。有底部排水、墙背排水以及倾斜或水平排水三种。底部排水是在靠近挡土墙的底部设置排水层（图5.25）。它将流进填土内的水集积起来，并通过设在挡墙上的泄水孔排走。这种排水需用粒状反滤层将排水层围起来，以防被细粒土堵塞。反滤层材料宜大于 40 cm。底部排水适用于渗透性相当大的填土。墙背排水方法是在墙背铺一层厚 30～40 cm 级配良好的砂砾石层，积水则通过泄水孔排走（图5.26）。该方法适用于透水性较好的砂性土中，对于粉土或黏土填料不适用。倾斜或水平排水是把用卵石、砂砾石等修筑的排水层从立壁底面向右上方倾斜或水平连续设置的排水设施（图5.27）。该方法不仅排水有效，且能消除冻害影响，是一种有效的黏性土排水措施。

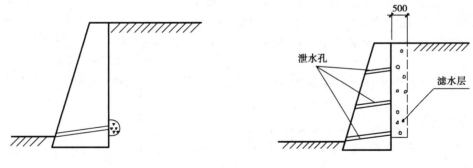

图 5.25　　　　　　　　　　　　　图 5.26

④设置泄水孔。为了排除汇集在挡土墙背的水，需要设泄水孔。泄水孔内径不宜小于 100 mm，间距一般 2～3 m，向外倾斜 5%，设置在能够容易排水的高度范围内。

⑤设置截水沟。如果墙后土体具有坡度，应在坡下适当位置设置截水沟。对不能向坡外排水的边坡，应在土中设置排水暗沟。

⑥设置排水沟。在墙胸的地面沿挡土墙还应设置排水沟，以排除从泄水孔及墙顶流出的积水。

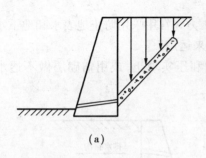 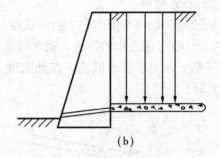

（a） （b）

图 5.27

（6）变形缝

为了适应地基不均匀沉陷,软土区的重力式挡土墙应设置变形缝。变形绕缝的间距应根据地基土的性质、挡土墙形式、荷载及结构变化情况决定。浆砌块石重力式挡土墙变形缝的间距一般为 10 ~ 15 m,变形缝宽度一般为 15 ~ 20 mm。地基、结构及荷载有变化处应加设变形缝。变形缝从基础底到墙顶应垂直,两面应平整,缝内设柔性填充料。如柔性填充料不起阻水作用,则变形缝处墙后应设反滤层。

（7）填土要求

为了减小填土对墙的土压力,最好采用透水性大、工程性状较好的土料作为墙后填土,如碎石、砾石、中粗砂等。当土料条件受限制时,可使用粉质黏土,但应限制填筑高度,保证填筑质量,使填土在施工中固结度有所增加,以减小填土压力。当不得不采用黏性土作为填料时,宜掺入适量石块。不应采用淤泥、垃圾、耕土、膨胀性黏土或易结块的黏土等作为填料。填土应分层碾压密实,减小使用时因填土胀缩对墙体的压力。

5.6.3 挡土墙抗倾覆验算

挡土墙上所受到力有:墙体自重、墙后土体的土压力和地基反力。在这些力共同作用下,挡土墙可能的破坏情况有强度破坏和稳定性破坏。强度破坏包括墙身和地基的强度破坏两种形式,稳定性破坏包括倾覆和滑移两种形式。

倾覆,即挡土墙绕墙 O 点作外倾运动（图 5.28）。

将所有作用于墙体的力都分解在水平和竖直方向上,求出绕 O 点阻止转动的力矩（抗倾覆力矩）和引起转动的力矩（倾覆力矩）,这二者的比值称为抗倾覆安全系数 K_t,它应满足下式:

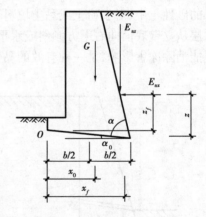

图 5.28 挡土墙作用力及力臂

$$K_t = \frac{Gx_0 + E_{az}x_f}{E_{ax}z_f} \geq 1.6 \tag{5.26}$$

$$E_{ax} = E_a \sin(\alpha - \delta)$$

$$E_{az} = E_z \cos(\alpha - \delta)$$

$$E_a = \psi_c \frac{1}{2} \gamma h^2 K_a$$

$$x_f = b - z \cot \alpha \quad z_f = z - b \tan \alpha_0$$

式中　G——挡土墙每延米自重,kN/m;

　　　b——基底的水平投影宽度,m;

　　　z——土压力作用点离墙踵的高度,m;

　　　δ——土对挡土墙墙背的摩擦角,见表5.3;

　　　E_{ax}——主动土压力在 x 方向的投影,kN/m;

　　　E_{az}——主动土压力在 z 方向的投影,kN/m;

　　　α——挡土墙墙背与水平面的夹角;

　　　α_0——挡土墙基底与水平面的夹角;

　　　ψ_c——主动土压力增大系数,土坡高度小于 5 m 时,宜取 1.0;高度为 5~8 m 时,宜取 1.1;高度大于 8 m 时,宜取 1.2。

5.6.4　挡土墙抗滑移验算

挡土墙稳定性验算时,要考虑墙体沿基底处发生滑移。应使沿滑移面的抗滑力大于滑移力,这二者之比称为抗滑安全系数 K_s,它应符合下式要求(图5.29):

$$K_s = \frac{(G_n + E_{an})\mu}{E_{at} - G_t} \geqslant 1.3 \qquad (5.27)$$

$$G_n = G \cos \alpha_0$$

$$G_t = G \sin \alpha_0$$

$$E_{an} = E_a \cos(\alpha - \alpha_0 - \delta)$$

$$E_{at} = E_a \sin(\alpha - \alpha_0 - \delta)$$

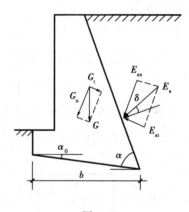

图 5.29

式中　μ——土对挡土墙基底的摩擦系数,见表5.4。

表5.4　土的挡土墙基底的摩擦系数

土的类别		摩擦系数 μ
黏性土	可塑	0.25~0.30
	硬塑	0.30~0.35
	坚塑	0.35~0.45
粉土	$S_r \leqslant 0.5$	0.30~0.40
中砂、粗砂、砾砂	—	0.40~0.50
碎石土	—	0.40~0.60
软质岩石	—	0.40~0.60
表面粗糙的硬质岩 G 石	—	0.65~0.75

注:①对易风化的软质和塑性指数 I_p 大于 22 的黏性土,基底摩擦系数应通过试验确定;

　　②对碎石土,可根据其密实程度、填充物状况、风化程度等确定。

5.6.5 挡土墙基底压力验算

由于挡土墙自重 G 和土压力 E_a(在水平和竖直两个方向上的投影分别为 E_{ax} 和 E_{az})的作用(图5.30),在基础底面地基土上便作用有竖向合力 N_0 和总弯矩 M_0。当 $\alpha_0 > 0$ 时,将 N_0 向基底平面的切向与法向分别投影,切向分力 N_{0t} 为抗滑力,在计算地基强度时可不预考虑。

根据基底压力按直线分布进行计算的假定,在基底平面的法向,应满足:

$e \leqslant \dfrac{b_t}{6}$ 时,

$$p_{max} = \frac{M_0}{b_t}\left(1 + \frac{6e}{b_t}\right) \leqslant 1.2 f_a \tag{5.28a}$$

$$p_{min} = \frac{M_0}{b_t}\left(1 - \frac{6e}{b_t}\right) \geqslant 0 \tag{5.28b}$$

$e > \dfrac{b_t}{6}$ 时,

$$p_{max} = \frac{2M_0}{3\left(\dfrac{b_t}{2} - e\right)} \leqslant 1.2 f_a \tag{5.29}$$

式中　e——作用在基础底面竖向合力 N_0 的对基底中点的偏心距,$e = \dfrac{M_0}{N_0}$;

　　　N_{0t}——基础底面竖直作用力 N_0 在基础底面法向的投影,kN;

　　　f_a——修正后的地基承载力特征值;

　　　b_t——基础底面宽度,$b_t = \dfrac{b}{\cos \alpha_0}$,m;

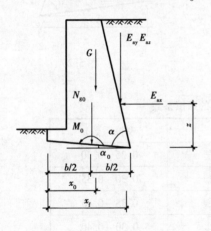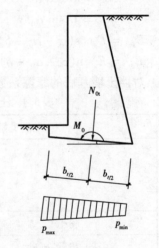

(a)沿水平和竖直方向受力　　　　(b)沿墙基底面法向受力

图5.30　挡土墙基底受力分析

5.6.6 挡土墙墙身强度验算

墙身验算应选取荷载效应较大而又较弱的截面。首先根据需要求出作用在所选取截面上的弯矩、剪力、轴力,再按《砌体结构设计规范》(GB 50003—2001)进行验算。

5.6.7　挡土墙设计

挡土墙设计步骤和内容：

①结合经验和现场技术条件,选用重力式挡土墙结合经验初选截面尺寸。对墙高在 5 m 以下的挡土墙,可选用墙底宽度为墙高的 1/3～1/2 进行试算。

②根据初选尺寸和填土性质计算土压力,包括土压力分布、总压力大小、作用点和方向的确定。

③稳定性验算,包括抗倾覆和抗滑移稳定验算。

④地基的承载力验算。

⑤墙身结构设计。对重力式挡土墙,需验算墙身强度;对其他挡土墙,需计算墙身内力,并进行相应的设计验算。如钢筋混凝土挡土墙需进行抗弯、抗剪配筋计算;锚杆挡土墙等需进行柱、墙板、锚杆、锚座等的设计验算。

⑥当所选的截面不满足上述第③、④、⑤点的要求时,调整截面尺寸,然后再进行以上步骤的设计,直至都满足要求为止。

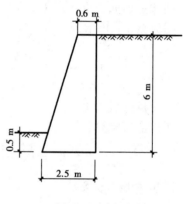

图 5.31　例 5.3

例 5.3　某工程需要砌筑高 $H = 6$ m 的重力式挡土墙,墙背垂直光滑,填土表面水平,墙体材料采用 MU20 毛石,M25 砂浆。砌体重度 $\gamma = 22$ kN/m^3,填土内摩擦角 $\phi = 40°$,内聚力 $c = 0$,重度 $\gamma = 18$ kN/m^3,基底摩擦系数 $\mu = 0.5$,地基承载力特征值 $f_{ak} = 200$ kPa,设计此挡土墙。

解　①初选挡土墙截面尺寸

挡土墙顶宽一般取 $(1/12 \sim 1/10) H = (1/12 \sim 1/10)$ 6 m = 0.5～0.6 m,取 0.6 m;底宽一般取 $(1/3 \sim 1/2) H = (1/3 \sim 1/2)$ 6 m = 2～3 m,取 2.5 m,见图 5.32。

②土压力计算

由于墙背垂直光滑,填土表面水平,可采用朗肯土压力理论计算;由于 $c = 0$,亦可采用库仑土压力理论计算。前已述及,在这种情况下,按两种理论计算的结果是一致的,现按朗肯土压力理论计算。

$$k_a = \tan^2\left(45° - \frac{\phi}{2}\right) = \tan^2\left(45° - \frac{40°}{2}\right) = 0.217$$

$$E_a = \frac{1}{2}\gamma H^2 K_a = \frac{1}{2} \times 18 \times 6^2 \times 0.217 \text{ kN/m} = 70.4 \text{ kN/m}$$

墙顶处土压力强度　$\sigma_{a,A} = 0$

墙底处土压力强度　$\sigma_{a,B} = \gamma h K_a = 18 \times 6 \times 0.217$ kPa = 23.4 kPa

土压力　$E_a = \frac{1}{2} \times \sigma_{a,B} H = \frac{1}{2} \times 23.4 \times 6$ kN/m = 70.2 kN/m

E_a 作用点距墙底 $\frac{H}{3} = \frac{6}{3}$ m = 2 m

③抗倾覆验算

墙体三角形部分重：$G_1 = \frac{1}{2} \times 1.9 \times 6 \times 22$ kN/m = 125.4 kN/m

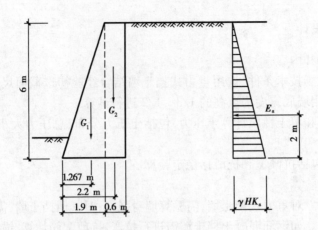

图 5.32　例 5.3

墙体矩形部分重：$G_2 = 0.6 \times 6 \times 22 \ \text{kN/m} = 79.2 \ \text{kN/m}$

墙体总重：$G = G_1 + G_2 = 125.4 + 79.2 \ \text{kN/m} = 204.6 \ \text{kN/m}$

$$K_t = \frac{G_1 s_1 + G_2 s_2}{E_a z_f} = \frac{125.4 \times \dfrac{2}{3} \times 1.9 + 79.2 \times \left(1.9 + \dfrac{0.6}{2}\right)}{70.2 \times 2} = 2.37 > 1.6$$

满足抗倾覆要求。

④抗滑移验算：

$$K_s = \frac{(G_1 + G_2)\mu}{E_a} = \frac{204.6 \times 0.5}{70.2} = 1.5 > 1.3$$

满足抗滑移要求。

⑤地基承载力验算

G_1、G_2 合力距墙角 O 点距离为：

$$s = \frac{G_1 s_1 + G_2 s_2 - E_a \cdot z_f}{G}$$

$$= \frac{125.4 \times \dfrac{2}{3} \times 1.9 + 79.2 \times \left(1.9 + \dfrac{0.6}{2}\right) - 70.2 \times 2}{204.6} \ \text{m} = 0.942 \ \text{m}$$

G_1、G_2 合力对墙底中心线偏心距为：

$$e = \left(\frac{2.5}{2} - 0.942\right) \text{m} = 0.308 \ \text{m} < \frac{b}{6} = \frac{2.5}{6} \ \text{m} = 0.417 \ \text{m}$$

$$p = \frac{G}{A} = \frac{204.6}{2.5 \times 1} = 81.8 \ \text{kPa} < f_{ak} = 200 \ \text{kPa}$$

$$p_{max} = \frac{G}{A}\left(1 + \frac{6e}{b}\right) = \frac{204.6}{2.5 \times 1}\left(1 + \frac{6 \times 0.308}{2.5}\right) \text{kPa} = 142.3 \ \text{kPa} < 1.2 f_a = 240 \ \text{kPa}$$

$$p_{min} = \frac{G}{A}\left(1 - \frac{6e}{b}\right) = \frac{204.6}{2.5 \times 1}\left(1 - \frac{6 \times 0.308}{2}\right) \text{kPa} = 6.22 \ \text{kPa}$$

满足地基承载力要求，墙身验算从略。

⑥设置排水设施

设置合理的排水设施对于减小挡土墙后水压力、稳定边坡是非常必要的。设计主要采用的方法:一是在挡土墙内设置泄水孔,使墙后积水易于排出,通常在墙身按上下左右每隔 2 ~ 3 m 交错设置。泄水孔一般用 5 cm × 10 cm、10 cm × 10 cm 的矩形孔或直径为 5 ~ 10 cm 的圆孔,并在泄水孔附近用具有反滤作用的粗颗粒材料覆盖,以免淤塞。最下一排泄水孔应高于地面 0.3 m;二是防止积水渗入基础,应在最低泄水孔下部铺设黏土。

5.7　土坡稳定分析

5.7.1　土坡稳定的意义与影响因素

无论天然土坡还是人工土坡,由于坡面倾斜,在土体自重和其他外界因素影响下,近坡面的部分土体有着向下滑动的趋势。如果坡面过于陡峻,则土坡在一定范围内整体地沿某一滑动面向下或向外移动而失去其稳定性,造成坍塌。而如果坡面设计得过于平缓,则将增加工程的土方量,不经济。因此,进行土坡稳定性分析,对于工程的安全、经济,具有重要意义。

土坡各部分名称如图 5.33 所示。

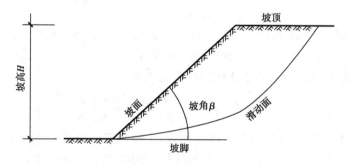

图 5.33　土坡各部分名称

影响土坡稳定的因素主要有:

①土坡陡峭程度。土坡越陡,则越不安全;土坡越平缓,则越安全。

②土坡高度。试验研究表明,在土坡其他条件相同时,坡高越小,土坡越稳定。

③土的性质。土的性质越好,土坡就越稳定。比如,土的重度和抗剪强度指标 c、φ 值大的土坡,比 c、φ 值小的土坡更加安全。

④地下水的渗流作用。当土坡中存在着地下水渗流,渗流方向又与土体滑动方向一致时,就可能发生这种情况。

⑤土坡作用力发生变化。比如坡顶堆放材料的增减;在离坡顶不远位置或坡段上建筑房屋、打桩、车辆行驶、爆破、地震等引起的震动,使原来的平衡状态发生了改变。

⑥土的抗剪强度降低。比如土体含水量或超静水压力的增加。

⑦静水力的作用。比如流入土坡竖向裂缝里的雨水,将会对土坡产生侧向压应力,促使土坡向下滑动。

5.7.2　简单土坡稳定分析

简单土坡是指土体材料为均质土,土坡坡度不变,无地下水,土坡顶面和底面都为水平且无穷延伸的土坡。下面对于无黏性土和黏性土简单土稳定性分析分别进行介绍。

(1)无黏性土土坡稳定

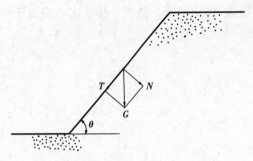

图 5.34 所示为一坡角 β 的简单土坡。无黏性土无内聚力($c=0$),抗剪强度只由颗粒之间摩擦力提供。土坡失稳为平面滑动形式。

在坡面上任意取一土粒,在重力 G 作用下有下滑趋势。下滑成功与否取决于摩擦力对它的阻止作用大小。如果土体是稳定的,则重力 G 的沿坡面切向的分力 T 将不超过摩擦力,反之,如果土体失稳,则 T 小于摩擦力。由图 5.34 可知:

$$T = G \sin \theta$$
$$N = G \cos \theta$$

图 5.34 简单土坡稳定性分析

式中 T、N——分别为重力 G 沿坡面切向和法向的分力;

　　　θ——坡面与水平面的夹角。

根据库仑抗剪强度理论,抗剪强度 $\tau_f = \sigma \tan \phi$,土坡对土粒的最大抗滑力为:

$$T_f = N_1 \tan \phi$$

式中,N_1 与重力的分力 N 是作用力与反作用力的关系,大小相等,即 $N_1 = N = G \cos \theta$,因此

$$T_f = G \cos \theta \tan \phi \tag{5.30}$$

将最大抗滑力 T_f 与滑动力 T 之比称为稳定安全系数 K,则

$$K = \frac{T_f}{T} = \frac{G \cos \theta \tan \phi}{G \sin \theta} = \frac{\tan \phi}{\tan \theta} \tag{5.31}$$

由上式可看出,当坡角 θ 与内摩擦角 ϕ 相等时,稳定安全系数 $K=1$。此时,抗滑力与滑动力相等,土坡处于极限平衡状态;而且此时土坡稳定的极限坡角等于无黏性土的内摩擦角,在此特定情况下的坡角称为自然休止角。由上式亦可看出,无黏性土土坡的稳定性只与坡角有关,而与坡体高度无关。只要坡角小于自然休止角,土坡就是稳定的。为了使土坡稳定有足够的安全储备,可取 $K=1.1\sim1.5$。

(2)黏性土土坡稳定

黏性土土坡失稳时,多在坡顶出现明显的下沉和张拉裂缝,近坡脚的地面有较大的侧向位移和微微隆起,随着剪切变形的增大,局部土体沿着某一曲面突然产生整体滑动。如图 5.35 所示,滑动面为一曲面,接近圆弧面。在理论分析时,常常近似地假设滑动面为圆弧面,并按平面问题进行分析。目前,工程上最常用的黏性土土坡稳定分析方法是条分法,它是由瑞典科学家 W. 费兰纽斯(Fellenius,1922)首先提出的,下面介绍这种方法。

如图 5.36 所示,当土坡沿 $\overset{\frown}{AB}$ 圆弧滑动时,可视为土体 ABD 绕圆心 O 转动。在纵向上取土坡 1 m 长度进行分析。具体步骤如下:

①按适当的比例尺绘制土坡剖面图,并在图上注明土的指标 γ、c、ϕ 的数值。

②选一个可能的滑动面 $\overset{\frown}{AB}$,确定圆心 O 和半径 R。在选择圆心 O 和圆弧 $\overset{\frown}{AB}$ 时,应尽量使 $\overset{\frown}{AB}$ 的坡度陡,则滑动力大,即安全系数 K 值小。此外,半径 R 应取整数,使计算简便。

③将滑动土体竖向分条与编号,使计算方便而准确。分条时,各条的宽度 b 相同,编号由

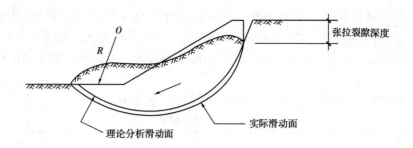

张拉裂隙深度

实际滑动面

理论分析滑动面

图 5.35

坡脚向坡顶依次进行,如图 5.36 所示。

④计算每一土条的自重 W_i

$$W_i = \gamma b h$$

式中　b——土条的宽度,m;

$\quad\quad h_i$——土条的平均高度,m。

⑤将土条的自重 W_i 分解为作用在滑动面

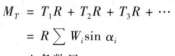上的两个分力(忽略条块之间的作用力)。

法向分力 $N_i = W_i \cos \alpha_i$,

切向分力 $T_i = W_i \sin \alpha_i$

其中 α_i 为法向分力 N_i 与垂线之间的夹角,

如图 5.36 所示。

⑥计算滑动力矩

$$M_T = T_1 R + T_2 R + T_3 R + \cdots$$

$$= R \sum W_i \sin \alpha_i$$

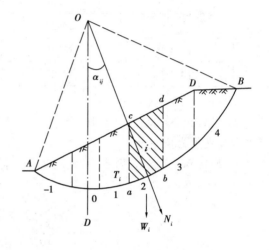

图 5.36　土坡稳定分析圆弧

式中　n——土条数目。

⑦计算抗滑力矩

$$M_R = N_1 \tan \phi R + N_2 \tan \phi R + c l_1 R + c l_2 R + \cdots$$

$$= R \tan \phi (N_1 + N_2 + \cdots) + Rc(l_1 + l_2 + \cdots)$$

$$= R \tan \phi \sum_{i=1}^{n} W_i \cos \alpha_i + RcL$$

式中　l_i——第 i 土条的滑弧长度,m;

$\quad\quad L$——圆弧 $\overset{\frown}{AB}$ 的总长度,m。

⑧计算土坡稳定安全系数

$$K = \frac{M_R}{M_T} = \frac{R \tan \phi \sum\limits_{i=1}^{n} W_i \cos \alpha_i + RcL}{R \sum W_i \sin \alpha} = \frac{\tan \phi \sum\limits_{i=1}^{n} W_i \cos \alpha_i + RcL}{\sum W_i \sin \alpha} \tag{5.32}$$

由于滑动圆弧是任意作出的,每作出一个圆弧就能求出一个相应的土坡稳定安全系数 K,因此,上述方法是一种试算法。按此方法进行计算时,必须作出假设若干圆弧滑动面,以求出其中最小的稳定安全系数。最小的稳定安全系数所对应的滑动圆弧才是最危险的滑动圆弧。

大型水库土坝稳定性计算,上下游坝坡每一种水位需计算 $50\sim80$ 个滑动圆弧,才能找出最小的安全系数 $K_{\min}$,由此可看出,计算量很大,目前一般采用计算机完成。除了计算机外,还可采用费里纽斯提出的经验方法,用以在减少试算工作量的情况下较简便地找出 K。这种方法的步骤是:

①根据土坡坡度或坡角 θ,由表5.5查得相应的 a、b 角数值。

表5.5　a、b 角的数值

土坡坡度	坡角 $\theta/(°)$	a 角/$(°)$	b 角/$(°)$
1:0.58	60	29	40
1:1.0	45	28	37
1:1.5	33°41′	26	35
1:2.0	26°34′	25	35
1:3.0	18°26′	25	35
1:4.0	14°03′	25	36

②根据 $\angle a$ 角由坡脚 A 点作 AE 线,使 $\angle EAB = \angle a$;根据 B 角,由坡顶 B 点作 BE 线,使其与水干线夹角为角 b。

③AE 与 BE 交点 E,为 $\phi=0$ 时土坡最危险滑动面的圆心。

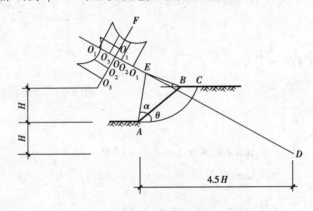

图5.37　最危险滑弧圆心的确定

④由坡脚 A 点竖直向下取 H 值,然后向土坡方向水平线上取 $4.5H$ 处为 D 点。作 DE 直线向外延长线附近,为 $\phi>0$ 时土坡最危险滑动面的圆心位置。

⑤在 DE 延长线上选 $3\sim5$ 点作为圆心 $O_1,O_2,\cdots$,计算各自的土坡稳定安全系数 K_1,$K_2,\cdots$。按一定的比例尺将每个 K 的数值画在圆心 O 与 DE 线正交的线上,并连成曲线。取曲线下凹处的最低点 O',过 $O'F$ 作直线 $O'F$ 使与 DE 正交。

⑥同理,在 $O'F$ 直线上,选 $3\sim5$ 点作为圆心 $O_1,O_2,\cdots$,分别计算各自的土坡稳定安全系数 $K_1,K_2,\cdots$,按相同比例尺画在各圆心 O' 点上,方向与 $O'F$ 直线正交,将 K' 端点连成曲线,取曲线下凹最低点对应的 O' 点,即为所求最危险滑动面的圆心位置。

以上是对条分法的具体介绍。条分法基本原理可以这样归纳:根据抗剪强度和极限平衡理论,假定若干圆弧滑动面,对土坡进行条分,计算每一滑动面内各土条抗滑力矩之和与滑动力知之和的比值,即每一滑动面的土坡稳定安全系数 K,从中找出最小的安全系数 K_{min}。理论上应使 K_{min} 大于 1;工程上要求取 K_{min} 为 1.1 ~ 1.5,视工程性质而定。如果达不到此要求,则需重新设计土坡,重复验算,直到达到要求为止。

小　结

　　土压力与土坡稳定性是工程上经常遇到的问题,本章学习的重点是:明确土压力的基本概念,掌握朗肯土压力、库仑土压力的基本理论和计算方法,掌握特殊土情况下土压力的计算方法,掌握其中重要的计算:

①主动土压力:$p_a = \gamma z K_a - 2c\sqrt{K_a}$;$E_a = \dfrac{1}{2}(H - z_0)(\gamma H K_a - 2c\sqrt{K_a})$

②被动土压力:$p_p = \gamma z K_p + 2c\sqrt{K_p}$;$E_p = \dfrac{1}{2}\gamma H^2 K_p + 2cH\sqrt{K_p}$

③土表面作用有连续均布超载时土压力的计算。
④墙后有成层填土时土压力的计算。
⑤填土中有地下水时土压力的计算。

　　要熟悉规范法,了解挡土墙的类型,掌握重力式挡土墙的构造,熟练掌握重力式挡土墙设计与计算,熟悉土压力的类型及其产生条件,了解土坡稳定分析。

思　考　题

5.1　什么是主动土压力? 什么是被动土压力? 产生的条件是什么?

5.2　比较静止土压力、主动土压力与被动土压力的大小。

5.3　朗肯土压力理论与库仑土压力理论各有何优缺点和适用范围?

5.4　挡土墙有哪几种类型,各有什么特点?

5.5　挡土墙的尺寸如何初定? 如何最终确定?

5.6　挡土墙设计中需要进行哪些验算? 采取哪些措施可以提高稳定安全系数?

5.7　地下水位的升降对挡土墙的稳定有何影响?

5.8　挡土墙后回填土是否有技术要求? 为什么? 理想的回填土是什么土? 不能用的回填土是什么土?

5.9　挡土墙不设排水措施会产生什么问题?

5.10　土坡稳定有何实际意义? 影响上坡稳定的因素有哪些? 采用哪些因素可以提高挡土墙的稳定性?

5.11　如何确定无黏性土土坡的稳定安全系数?

5.12　土坡稳定分析圆弧法的原理是什么? 为何要分条计算? 最危险的滑弧如何确定? 怎样避免计算中发生概念性的错误?

习　题

5.1 某挡土墙高度 $H = 5.0$ m,墙背竖直、光滑,墙后填土表面水平。填土为干砂,重度 $\gamma = 17.8$ kN/m³,内摩擦角 $\phi = 34°$。求作用在此挡土墙上的静止土压力、主动土压力与被动土压力。

（答案:98.1 kN/m 水平,62.9 kN/m,787.0 kN/m）

5.2 已知某挡土墙高 $H = 5.5$ m,墙的顶宽1.1 m,底宽2.2 m。墙面竖直,墙背倾斜。填土表面倾斜15°,墙背摩擦角 $\phi = 20°$。墙后填土为中砂,重度为 17.8 kN/m³,内摩擦角为30°。求作用在墙背上的主动土压力及其水平分力与竖直分力。（答案:129.3 kN/m,112.0 kN/m,64.7 kN/m）

5.3 某挡土墙高 $H = 6.5$ m,如图 5.38 所示。已知土体重度 $\gamma = 18$ kN/m³, $\phi = 35°$, $\delta = 20°$。计算作用在墙背上的主动土压力,作出其分布图。

（答案:127.0 kN/m）

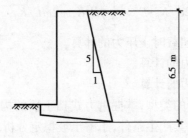

图 5.38　习题 5.3

5.4 某挡土墙如图 5.39 所示,墙背垂直光滑,墙高5 m,墙后填土表面水平,其上作用着连续均布的超载 $q = 10$ kN/m²,填土由两层无黏性土组成,土的性质指标见图中所示。试求:①绘主动土压力分布图;②求土压力合力和作用点。　　（答案:154.2 kN/m,作用点 1.896 m）

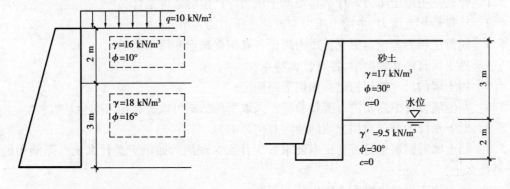

图 5.39　习题 5.4

图 5.40　习题 5.5

5.5 计算如图 5.40 所示挡土墙上的主动土压力及水压力分布图及其合力。已知填土为砂土,土的物理力学性质指标见图中所示。

（答案:65.8 kN/m,20.0 kN/m,85.8 kN/m,1.492 m）

第 **6** 章
地基勘察

6.1 地基勘察的目的和任务

6.1.1 地基勘察的目的

岩土工程勘察的目的是通过不同的勘察方法查明建筑物场地及其附近的工程地质及水文地质条件,为建筑物场地选择、建筑平面布置、地基与基础的设计和施工提供必要的资料。

由于涉及的范围不同,岩土工程勘察工作的侧重点也不一样,一般分为场地勘察和地基勘察。场地勘察应广泛研究整个工程建设和使用期间场地内是否发生岩土体失稳、自然地质及工程地质灾害等问题;而地基勘察则为研究地基岩土体在各种静、动荷载作用下所引起的变形和稳定性提供可靠的工程地质和水文地质资料。

在工业与民用建筑工程中,设计分为可行性研究、初步设计和施工图设计三个阶段。为了提供设计各阶段所需的工程地质资料,岩土工程勘察工作可分为可行性研究勘察(或称选择场地勘察)、初步勘察和详细勘察三个阶段,以满足相应的工程建设阶段对地质资料的要求;对于地质条件复杂、有特殊要求的重大建筑物地基,还应进行施工勘察。如地质条件简单、面积不大的场地,其勘察阶段可以适当简化。

本章重点介绍建筑总平面确定后施工图设计阶段的勘察,又称为详细勘察(简称详勘)。即把勘察工作的主要对象缩小到具体建筑物的地基范围内,所以又称为地基勘察。

6.1.2 地基勘察的任务

岩土工程勘察的内容、方法及工程量的确定取决于:工程的技术要求和规模;建筑场地地质条件的复杂程度;岩土性质的优劣。通常勘察工作都是由浅入深、逐步深化。地基勘察的任务应按建筑物或建筑群提出详细的岩土工程资料和设计所需的岩土技术参数,对地基进行岩土工程评价,对基础设计、地基处理、不良地质现象的防治提出论证和建议。地基勘察主要应进行下列工作:

①搜集附有坐标及地形的建筑总平面图,场地的地面整平标高,建筑物的性质、规模、荷

载、结构特点,基础形式、埋置深度,地基允许变形等资料;

②查明不良地质作用的类型、成因、分布范围、发展趋势及危害程度,提出整治方案的建议;

③查明建筑物范围各层岩土的类型、深度、分布、工程特性,分析和评价地基的稳定性、均匀性和承载力;

④对需要进行沉降计算的建筑物,提供地基变形计算参数,预测建筑物的变形特征;

⑤查明埋藏的河道、沟浜、墓穴、防空洞、孤石等对工程不利的埋藏物;

⑥查明地下水的埋藏条件,提供地下水位及其变化幅度;

⑦在季节性冻土地区,提供场地土的标准冻结深度;

⑧判定环境水和土对建筑材料和金属的腐蚀性。

6.2　地基勘察的方法

6.2.1　岩土工程勘察等级

岩土工程勘察等级按《岩土工程规范》(GB 50021—2001)的规定,根据岩土工程规模和特征以及由于岩土工程问题造成工程破坏或影响正常使用的程度,可分为三个工程重要性等级,见表6.1。

表 6.1　岩土工程等级

设计等级	划分依据
一级	重要工程,后果很严重
二级	一般工程,后果严重
三级	次要工程,后果不严重

场地等级应根据场地的复杂程度分为三级,并应符合表6.2中的规定。

表 6.2　场地等级划分

场地等级	符合条件	备　注
一级场地	①对建筑抗震危险的地段;②不良地质现象强烈发育;③地质环境已经或可能受到强烈破坏;④地形地貌复杂	
二级场地	①对建筑抗震不利的地段;②不良地质现象一般发育;③地质环境已经或可能受到一般破坏;④地形地貌较复杂;⑤基础位于地下水位以下的场地	符合所列条件之一即可
三级场地	①抗震设防烈度等于或小于6度,或对建筑抗震有利的地段;②不良地质作用不发育;③地质环境基本未受破坏;④地形地貌较简单;⑤地下水对工程无影响	

地基等级(对开挖工程为岩土介质)应根据地基的复杂程度分为三级,并应符合表6.3中的规定。

表6.3 地基等级划分

地基等级	符合条件	备 注
一级地基	①岩土种类多,很不均匀,性质变化大,需特殊处理;②严重湿陷、膨胀、盐渍、污染严重的特殊性岩土,以及其他情况复杂、需进行专门处理的岩土	符合所列条件之一即可
二级地基	①岩土种类多,不均匀,性质变化较大,地下水对工程有不利影响;②除本条第一款规定以外的特殊性岩土	
三级地基	①岩土种类单一,均匀性,性质变化不大;②无特殊性岩土	

岩土工程勘察等级是根据工程重要性、场地复杂程度等级、地基等级综合分析确定,应符合表6.4的规定。

表6.4 岩土工程勘察等级划分

勘察等级	确定勘察等级的条件
甲级	在工程重要性、场地复杂程度等级和地基等级中,有一项或多项为一级
乙级	除勘测等级为甲级和丙级以外的勘测项目
丙级	工程重要性、场地复杂程度等级、地基等级均为三级

注:建筑在岩质地基上的一级工程,当场地复杂程度等级、地基等级均为三级时,勘察等级可为乙级

6.2.2 勘探点的布置

详细勘察的勘探点布置应按岩土工程勘察等级确定,并应符合《岩土工程勘察规范》(GB 50021—2001)的有关规定:

①勘探点的宜按建筑物的周边线和角点布置,对于无特殊要求的其他建筑物,可按建筑物或建筑群的范围布置;

②同一建筑范围内的主要受力层或有影响的下卧层起伏较大时,应加密勘探点,查明其变化;

③对重大设备基础应单独布置勘探点,以及对重大的动力机械基础和高耸构筑物,勘探点不宜少于3个;

④勘探手段应采用钻探与触探相配合,在复杂地质条件或特殊岩土地区宜布置适量的探井,地基勘察的勘探点间距可按表6.5确定。

表6.5 勘探点间距

地基复杂程度等级	勘探点间距/m	地基复杂程度等级	勘探点间距/m
一级(复杂)	10~15	三级(简单)	30~50
二级(中等)	15~30		

勘探孔可分为一般性勘探孔和控制性勘探孔,详细勘察的勘探深度自基础底面算起,应符合下列规定:

①勘探孔深度以能控制地基的主要受力层为原则;对于条形基础,当基础底面宽度 b 不大于 5 m 时,勘探孔深度对条形基础不应小于基础底面宽度的 3 倍;对于单独基础,不应小于1.5倍,且不应小于 5 m;

②对高层建筑和需作变形计算的地基,控制性勘探点的深度应超过地基变形计算深度;高层建筑的一般性勘探孔应达基底下 0.5~1.0 倍的基础宽度,并深入稳定分布的地层。

③对仅有地下室的建筑或高层建筑的裙房,当不能满足抗浮设计要求,需设置抗浮或锚杆时,勘探孔深度应满足抗拔承载力评价的要求。

④当有大面积地面堆载或软弱下卧层时,应适当加深控制性勘探孔的深度。

⑤在上述规定深度内当遇基岩或厚层碎石土等稳定地层时,勘探孔深度应根据情况进行调整。

6.2.3 地基勘察方法

为了查明地基内岩土层的构成及其在竖直方向和水平方向上的变化情况、岩土的物理力学性质、地下水位的埋藏深度和变化幅度,以及不良地质现象及其分布范围等,需要进行地基勘察。地基勘察采用的方法通常有下列几种:

(1)坑(槽)探、钻探

坑(槽)探,即在建筑场地开挖探坑或探槽直接观察地基土层情况,并从坑槽中取高质量原状土进行试验分析。这是一种不必使用专门机具的常用的勘探方法(图 6.1)。钻探就是用钻机向地下钻孔以进行地质勘察,是目前应用最广的勘察方法。二者的用途和特点总结见表6.6。

表 6.6 坑探和钻探的用途

名称	用 途	特 点	适用范围
坑探	①划分地层,确定土层的分界面,了解构造线情况,鉴别和描述土的表观特征;②确定地下水埋深,了解地下水的类型;③取原状土样供试验分析	直接观察地基土层情况;能取得直观资料和取高质量原状土样;可达的深度较浅,一般不超过 3~4 m	地质条件比较复杂,要了解的土层埋藏不深,且地下水位较低
钻探	①划分地层,确定土层的分界面高程,鉴别和描述土的表观特征;②取原状土样或扰动土供试验分析;③确定地下水埋深,了解地下水的类型;④在钻孔内进行触探试验或其他原位试验	通过取土(岩)芯观察地基土层情况;可达的深度较深(几米至上百米);经济、高效	地质条件一般,要了解的土层埋藏较深,且地下水位较深

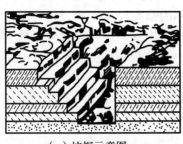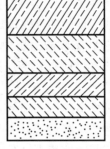

（a）坑探示意图　　　　　　　　　（b）坑探柱状图

图 6.1　坑探

钻探所用的工具有机钻和人力钻两种。钻机一般分回转式与冲击式两种：回转式钻机是利用钻机的回转器带动钻具旋转，磨削孔底地层而钻进，通常使用管状钻具，能取柱状岩芯标本（或土样）；冲击式钻机则利用卷扬机借钢丝绳带动有一定重量的钻具上下反复冲击，使钻头击碎孔底地层形成钻孔后，以抽筒提取岩石碎块或扰动土样。钻机可以在钻进过程中连续取出土样，从而能比较准确地确定地下土层随深度的变化情况以及地下水的情况。人力钻常用麻花钻、洛阳铲为钻具，借助人力打孔，设备简单，使用方便，但只能取结构已被破坏的土样，用以查明地基土层的分布，其钻孔深度一般不超过 6 m。由于钻探对象不同，钻探又分为土层钻探和岩层钻探。

地基勘察中，取样质量的优劣会直接影响最终的勘察成果，故选用何种形式的取土器十分重要。取土器上部封闭性能的好坏决定了取土器能否顺利进入土层和提取时土样是否可能漏掉。常用的具有上部封闭装置结构的取土器分为活阀式与球阀式两类，图 6.2 所示的是上提活阀式取土器。钻探时，按不同土质条件，常分别采用击入或压入取土器两种方式在钻孔中取得原状土样。击入法一般以重锤少击效果较好；压入法则以快速压入为宜，这样可以减少取土过程中土样的扰动。

（2）地球物理勘探

地球物理勘探（简称物探）是一种兼有勘探和测试双重功能的技术。物探是利用不同的土层和地质构造往往具有不同的物理性质，利用诸如其导电性、磁性、弹性、湿度、密度、天然放射性等的差异，通过专门的物探仪器的量测，就可以区别和推断有关地质问题。对地基勘探的下列方面宜应用物探：①作为钻探的先行手段，了解隐蔽的地质界线、界面或异常点、异常带，为经济合理确定钻探方案提供依据；②作为钻探的辅助手段，在钻孔之间增加地球物理勘探点，为钻探成果的内插、外推提供依据；③测定岩土体某些特殊参数，如波速、动弹性模量、土对金属的腐蚀性

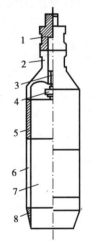

图 6.2　上提活阀式取土样
1—接头；2—连接帽；
3—操纵杆；4—活阀；
5—余土筒；6—衬筒；
7—取土筒；8—管靴

等。常用的物探方法主要有电阻率法、电位法、地震、声波、电视测井等。

(3)原位测试

原位测试技术是在土原来(天然)所处的位置对土的工程性能进行测试的一种技术。测试目的在于获得有代表性的和反映现场实际的基本设计参数,包括:①地质剖面的几何参数;②岩土原位初始应力状态和应力历史;③岩土工程参数。常用的原位测试方法包括:载荷试验,触探(静力触探与动力触探)、旁压试验以及其他现场试验等。

1)载荷试验

载荷试验是一种模拟实体基础承受荷载的原位试验,用以测定地基土的变形模量、地基承载力以及估算建筑物的沉降量等。工程中常认为这是一种能够提供较为可靠成果的试验方法,所以,对于一级建筑物地基或复杂地基,特别是碰到松散砂土或高灵敏度软黏土,取原状土样很困难时,均要求进行这种试验。

进行载荷试验要在建筑场地选择适当的地点挖坑到要求的深度。在坑底设立如图6.3(b)所示的装置。试验时,对荷载板逐级加载,测量每级载荷 p 所对应的载荷板的沉降 s,得到 $p\text{-}s$ 曲线如图6.3(a)所示。在试验过程中,如果出现下列现象之一时,即认为地基破坏,可终止试验。

①载荷板周围的土有明显侧向挤出或径向裂纹持续发展;

②本级荷载的沉降量大于前级荷载沉降量的5倍,荷载与 $p\text{-}s$ 曲线出现明显陡降段;

③在某级荷载下24 h内沉降速率不能达到稳定标准;

④ $S/b \geqslant 0.06$ (s 为总沉降量,b 为荷载板宽度)。

根据每级荷载 p 所对应的沉降量 s,绘制 $p\text{-}s$ 曲线,如图6.3(a)所示。从 $p\text{-}s$ 曲线可以采用式(3.14)计算土的变形模量。

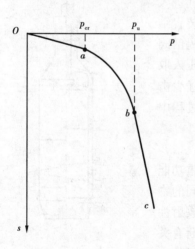

（a）$p\text{-}s$ 关系曲线   （b）载荷试验

图6.3 平板载荷试验

1—载荷板;2—支柱;3—千斤顶;4—锚定木桩

利用载荷试验的结果确定地基的承载力时,可根据 $p\text{-}s$ 曲线的特征,按如下标准选用:

①当 $p\text{-}s$ 曲线有明显直线段时,取直线段的比例界限点 p_{cr} 作为地基的承载力基本值;

②当从 $p\text{-}s$ 曲线上能够确定极限荷载 p_u,且 $p_u < 1.5p_{cr}$ 时,采用 p_u 除以安全系数 F_s 作为承载力特征值,F_s 一般可取2;

③当无法采用上述两种标准时,若压板面积为 $0.25 \sim 0.50 \ \mathrm{m}^2$,对于低压缩性土和砂土,可取 $s/b = 0.01 \sim 0.015$ 所对应的荷载值;对于中高压缩性土,则取 $s/b = 0.02$ 所对应的荷载值作为地基承载力的基本值。

④可用 $s/b \geqslant 0.06$ 的荷载作为破坏荷载 p_f,取破坏荷载前一级荷载作为极限荷载 p_u。

2)触探

触探既为一种勘探方法,也是一种现场测试方法。触探是通过探杆用静力或动力将金属探头贯入土层,并量测能表征土对触探头贯入的阻抗能力的指标,从而间接地判断土层及其性质的一类勘探方法和原位测试技术。触探作为勘探手段,可用于划分土层、了解地层的均匀性;作为测试技术,则可估计地基承载力和土的变形指标等。

①静力触探

静力触探试验借静压力将触探头压入土层,利用电测技术测得贯入阻力来判定土的力学性质。其适用于软土、一般黏性土、粉土、砂土和含少量碎石的土。与常规的勘探手段比较,静力触探有其独特的优越性,它能快速、连续地探测土层及其性质的变化,常在拟定桩基方案时采用。

静力触探设备中的核心部分是触探头。触探杆将探头匀速贯入土层时,一方面引起尖锥以下局部土层的压缩,于是产生了作用于尖锥的阻力;另一方面又在孔壁周围形成一圈挤实层,从而导致作用于探头侧壁的摩阻力。探头的这两种阻力是土的力学性质的综合反映。因此,只要通过适当的内部结构设计,使探头具有能测得土层阻力的传感器的功能,便可根据所测得的阻力大小来获得土的静力触探曲线,确定土的性质。如图 6.4、图 6.5 所示,当探头贯入土中时,顶柱将探头套受到的土层阻力传到空心柱上部,由于空心柱下部用丝扣与探头管连接,遂使贴于其上的电阻应变片与空心柱一起产生拉伸变形,这样,探头在贯入过程中所受到的土层阻力就可以通过应变片转变成电讯号并由仪表量测出来。探头按其结构分为单桥和双桥两类,其特点见表 6.7。

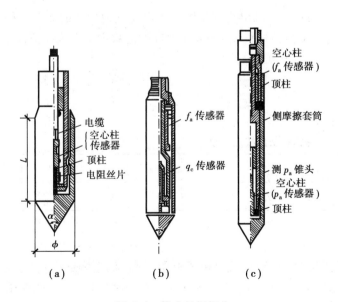

图 6.4　静力触探探头

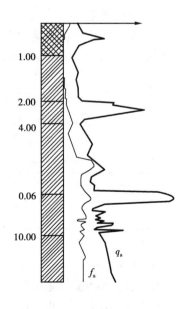

图 6.5　静力触探曲线

表 6.7　单桥探头和双桥探头的特点

类　型	土层阻力表达式	作　用
单桥探头	$p_s = \dfrac{Q}{A}$	根据比贯入阻力 p_s,反映土的某些力学性质,估算土的承载力、压缩性指标等
双桥探头	$q_p = \dfrac{Q_p}{A}$　$q_s = \dfrac{Q_s}{S}$	根据 q_s 和 q_p 可求出桩身的侧壁阻力和桩端阻力,反映土的某些力学性质,估算土的承载力、压缩性指标等

注:对于单桥探头所测到的是包括锥尖阻力和侧壁摩阻力在内的总贯入阻力 $Q(\mathrm{kN})$,通常用比贯入阻力 $p_s(\mathrm{kPa})$ 表示。
　　式中:A 为探头截面面积(m^2)。
　　双桥探头则能分别测定锥底的总阻力 Q_p 和侧壁的总摩擦阻力 Q_s;单位面积上的锥头阻力和单位面积上的侧壁阻力分别为 q_p,q_s。式中:S 为锥头侧壁摩擦筒的表面积(m^2)。

②动力触探

动力触探是用一定质量的击锤从一定高度自由下落,锤击插入土中探头,测定使探头贯入土中一定深度所需要的击数,以击数的多少判定被测土的性质。根据探头的形式,可以分为两种类型:

A. 标准贯入试验(管形探头)

标准贯入试验应与钻探工作相配合,其设备是在钻机的钻杆下端连接标准贯入器(图 6.6),将质量为 63.5 kg 的穿心锤套在钻杆上端组成的。试验时,穿心锤以 76 cm 的落距自由下落,将贯入器垂直打入土层中 15 cm(此时不计锤击数),随后将贯入器打入土层 30 cm 的锤击数即为实测的锤击数 N;试验后拔出贯入器,取出其中的土样进行鉴别描述。在规范中,以它作为确定砂土和黏性土地基承载力的一种方法。在《建筑抗震设计规范》(GB 50011—2001)中,以它作为判定地基土层是否可液化的主要方法。此外,还可以根据 N 值确定砂的密实程度。

标准贯入试验中,随着钻杆入土长度的增加,杆侧土层的摩阻力以及其他形式的能量消耗也增大了,因而使测得的锤击数值 N 偏大。当钻杆长度大于 3 m 时,锤击数应按下式校正:

$$N = aN'$$

式中　N'——标准贯入试验锤击数;

　　　N——标贯修正锤击数;

　　　a——触探杆长度校正系数,按表 6.8 确定。

表 6.8　触探杆长度校正系数 a

触探杆长度/m	≤3	6	9	12	15	18	21
a	1.00	0.92	0.86	0.81	0.77	0.73	0.70

B. 圆锥形探头

这类动力触探试验依贯入能量不同可分为轻型、重型和超重型三类,其规格见表 6.9,轻型动力触探其设备如图 6.7(a)所示;实验设备主要由探头、触探杆、穿心锤组成,轻型触探试验是用来确定黏性土和素填土地基承载力和基槽检验的一种手段。

表 6.9 圆锥动力触探类型

类 型	锤质量/kg	落距/m	探头形状	贯入指标	触探杆外径/mm	主要适用岩土类型
轻型	10	50	圆锥头,锥角60°,探头直径40 mm,图6.7(a)	贯入300 mm的锤击数 N_{10}	25	浅部填土、砂土、粉土、黏性土
重型	63.5	76	圆锥头,锥角60°,探头直径74 mm,图6.7(b)	贯入100 mm的锤击数 $N_{63.5}$	42~50	砂土、中密以下的碎石土、极软岩
超重型	120	100	圆锥头,锥角60°,探头直径74 mm	贯入100 mm的锤击数 N_{120}	50~63	密实和很密的碎石土、软岩、极软岩

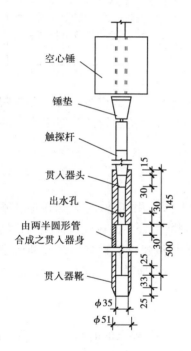

图 6.6 标准贯入试验设备

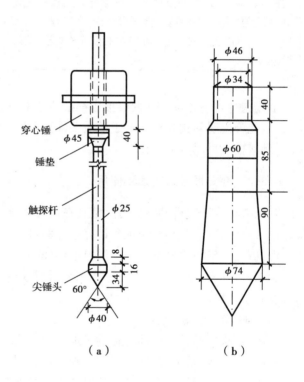

（a） （b）

图 6.7 圆锥形动力触探设备

6.3 地基勘察报告书

6.3.1 地基勘察报告书的基本内容

地基勘察的最终成果是以报告书的形式提出的。勘察工作结束后,把取得的野外工作和室内试验的记录和数据以及搜集到的各种直接和间接资料分析整理、检查校对、归纳总结后,并作出建筑场地的工程地质评价,最后应以简要明确的文字和图表编成报告书。

　　勘察报告书的编制必须配合相应的勘察阶段,针对场地的地质条件和建筑物的性质、规模以及设计和施工的要求,提出选择地基基础方案的依据和设计计算数据,指出存在的问题以及解决问题的途径和办法。一个单项工程的勘察报告书一般包括下列内容,见表6.10。

表6.10　勘察报告书主要内容

文 字 部 分	图 件	表 格
①勘察目的、任务和要求及勘察工作概况;②拟建工程概述;③勘察方法和勘察工作布置;④场地位置、地形、地貌、地层、地质构造、岩土性质、不良地质现象的描述与评价,以及地震设计烈度;⑤场地的地层分布、岩石和土的均匀性、物理力学性质、地基承载力和其他设计计算指标;⑥地下水的埋藏条件和腐蚀性以及土层的冻结深度;⑦对建筑场地及地基进行综合的工程地质评价,对场地的稳定性和适宜性作出结论;⑧工程施工和使用期间可能发生的岩土工程问题的预测及监控、预防措施的建议	勘探点平面布置图;工程地质剖面图;地质柱状图或综合地质柱状图;其他必要的专门图件	土工试验成果图表;原位测试成果图表(如现场载荷试验、标准贯入试验、静力触探试验、旁压试验等);地层岩性及土的物理力学性质综合统计表;其他必要的计算分析图表

　　上述内容并不是每一项勘察报告都必须全部具备的,而应视具体要求和实际情况有所侧重,并以充分说明问题为准。对于地质条件简单和勘察工作量小且无特殊设计及施工要求的工程,勘察报告可以酌情简化。

6.3.2　勘察报告的阅读和使用

　　要认真阅读和分析勘察报告。使其在设计和施工中充分发挥作用,阅读时应先熟悉勘察报告的主要内容,了解勘察结论和计算指标的可靠程度,进而判断报告中的建议对该项工程的适用性,做到正确使用勘察报告。需要把场地的工程地质条件与拟建建筑物具体情况和要求联系起来进行综合分析。下面通过实例来说明建筑场地和地基工程地质条件综合分析的主要内容及其重要性。

　　(1)地基持力层的选择

　　一般情况,地基基础设计应在满足地基承载力和沉降这两个基本要求的前提下,尽量采用比较经济的天然地基上浅基础。这时,地基持力层的选择应该从地基、基础和上部结构的整体性出发,综合考虑场地的土层分布情况和土层的物理力学性质,以及建筑物的体型、结构类型和荷载的性质与大小等情况。

　　通过勘察报告的阅读、分析,在熟悉场地各土层的分布和性质(层次、状态、压缩性和抗剪强度、土层厚度、埋深及均匀程度等)的基础上,初步选择适合上部结构特点和要求的土层作为持力层,经试算或方案比较后作出最后决定。合理确定地基土的承载力是选择地基持力层的关键。而地基承载力实际上取决于许多因素,采用单一的方法确定承载力未必十分合理。必要时,可以通过多种测试手段,并结合实践经验适当予以增减,以取得更好的实际效果。

　　某地区拟建11层商业大厦,上部采用框架结构,设有地下室,建筑场地位于丘陵地区,地质条件并不复杂,表土层是花岗岩残积土,厚14～25 m不等,其下为强风化花岗岩。场地勘探采用钻探和标准贯入试验进行,在不同深度处采取原状试样进行室内岩石和土的物理力学性质指标试验。试验结果表明:残积土的天然孔隙比 $e>1.0$ 压缩模量,$E_s<5.0$ MPa,属中等偏高压缩性土。而标准贯入试验 N 值变化很大:10 ~ 25 击,由此得出地基土的承载力特征值为 $f_a=120 \sim 140$ kPa。根据上述情况,该建筑物须采用桩基础,桩端应支承在强风化花岗岩上。据当地建筑经验,对花岗岩残积土,由公式计算的 f_a 值常偏低。为了检验室内成果的可靠程度,以便对建筑场地作出符合实际的工程性质评价,又在现场进行 5 次静荷载试验,各次试验算出 $\bar{f}_a=200$ kPa。此外,考虑到该建筑物可能采用筏板基础,基础的埋深和宽度都较大,地基承载力还可提高。于是,决定采用天然地基浅基础方案,并在建筑、结构和施工各方面采取了某些减轻不均匀沉降影响的措施,终于取得较好的效果。

由上可知,在阅读和使用勘察报告时,应注意所提供资料的可靠性。由于勘探方法本身的局限性,勘察报告不可能充分地或准确地反映场地的主要特征。或在测试工作中,由于人为和仪器设备的影响,也可能造成勘察成果的失真而影响报告的可靠性。因此,在使用报告过程中,应注意分析发现问题,查清可疑的关键性问题,以便少出差错。但对于一般中小型工程,可用室内试验指标作为主要依据。

(2)场地稳定性评价

地质条件复杂的地区,综合分析的首要任务是评价场地的稳定性,其次才是地基的强度和变形问题。

场地的地质构造(断层、褶皱等),不良地质现象(泥石流、滑坡、崩塌、岩溶、塌陷等),地层成层条件和地震等都会影响场地的稳定性。在勘察中必须查明其分布规律、具体条件、危害程度。在断层、向斜、背斜等构造地带和地震区修建建筑物,必须慎重对待,在可行性研究勘察中,应指明宜避开的危险场地,但对于相对稳定的构造断裂地带,还是可以考虑选作建筑场地的。

在不良地质现象发育且对场地稳定性有直接危害或潜在威胁的地区,如不得不在其中较为稳定的地段进行建筑,也须事先采取有力措施防患于未然,以免造成更大的损失。

例 6.1　地基勘察工程实例

①工程项目名称:某建设场地岩溶地基工程勘察

②工程概况

建设场区所处地段为岩溶地貌,地表洼地、漏斗、石芽、溶沟、溶脊发育,场区地势总体北西高南东低,地形坡度多为 10° ~ 15°。场区可划分为 5 个工程单体,A 区(公安、安检、航空护卫、保安办公楼)地上七层,B 区(总局及二级公司办公楼)地上十一层,C 区(通信生产楼、信息中心、外场调度中心)地上六层,D 区(联检大楼)地上八层,以及架空车库地上一层,E 区(食品配餐中心)主厂房为三层,附楼为四层。

③工程任务、目的和要求

针对岩溶问题进行重点勘察和专门分析,弄清场区岩溶分布规律,并对岩溶地基稳定性进行系统评价,为建设场区工程建设提供重要依据。

④勘察方法

根据国家现行《岩土工程勘察规范》(GB 50021—2001)2009 年版、《建筑地基基础设计规范》(GB 50007—2011)等规范和标准,结合勘察场地地质情况、建筑工程特点进行勘察。

本次勘察以钻探为主,为了查明地下岩溶的空间形态,对钻孔揭露高度大于 1 m 的洞穴(溶洞)进行追踪调查,主要采用钻探和物探相结合的方法进行追踪调查:a. 根据钻孔揭露洞穴的高度、埋深、充填情况,并结合钻孔附近地表岩溶的发育特征,在钻孔(发现孔)周边基础轴线上 1.5 m 处布置 2~4 个钻孔(追踪孔);b. 对高度较大的溶洞布置电磁波 CT 进行探测;c. 采用钻孔电视进行观测。区内完成了 300 个钻孔、31 个钻孔电视和电磁波 CT 探测。

⑤场区地质条件

A. 地层岩性

场地岩、土层主要为:第四系覆盖层和下伏基岩。其中覆盖层由上至下为:a. 人工素填土层(Q_4^s),以碎石为主;b. 耕土(Q_4^{pd}),以棕红色次生红黏土为主、含植物根系及少量砾石;c. 坡积层(Q_4^{dl}),以棕红色、杂色次生红黏土为主;d. 残积层(Q_4^{el}),以棕红、棕褐色红黏土为主;下伏基岩为二叠系下统阳新组茅口段(P_1y^2)灰岩,岩性为灰、深灰色厚层状灰岩及白云质灰岩。岩体风化总体不强烈,地表基岩露头以中等风化岩体为主。基岩上部岩体部分破碎,其岩芯多呈碎块状、少量碎块石夹土状和短柱状,为破碎中等风化基岩。

B. 地质构造

a. 断层

工作区范围内无褶皱发育,地层、岩性单一,为缓倾角单斜构造,岩层产状总体为 N40°~60°E,SE∠11°~20°;场区内无大规模的断裂通过,仅发育两条三级构造,其性状分述如下:

F_5:产状 N20°~25°W,NE∠75°~85°,延伸长度大于 150 m,连续性较好,错断区内近东西向构造,断层带宽度 2.5~3.5 m,据钻孔揭露,断层上盘岩体破碎,下盘相对较完整,为压性平移正断层特点。

F_4:产状 N60°E,SE∠80°~90°,延伸长度约 100 m,断层带宽度 0.5~2.0 m,组成物质主要为碎裂岩、碎块岩,具定向排列。

b. 节理

场区内主要发育四组节理,依据其发育程度由强至弱依次为:a. N20°~30°W,NE∠75°~85°,面起伏,微张~张开,间距 1~3 m,延伸长一般大于 5 m;b. N20°~30°W,SW∠75°~85°,与第一组倾向相反,面起伏,微张~张开,间距 1~3 m,延伸长一般大于 5 m;c. 产状 N60°E,SE∠80°~90°,面较平直,微张~张开,间距大于 3 m,延伸长一般大于 5 m;d. N40°~60°E,SE∠11°~20°(层面),面起伏,微张~张开,间距 1~3 m,延伸长一般大于 3 m。区内地形地貌受前三组节理裂隙控制明显(图 6.8),沿 a 组及第 b 组节理裂隙溶蚀强烈,第 c 组次之,第 d 组较轻微。

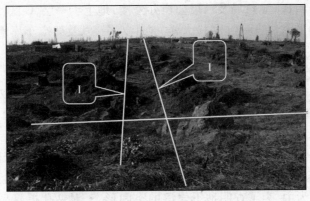

图 6.8　区内受节理裂隙组合切割形成的溶沟、溶槽地貌

C. 水文地质条件

勘察区位于某流域分水岭南西面某河流域内。区内无河流、冲沟分布,附近较大的河流距工作区东南方向约 3.5 km。场区地下水埋深为 30~63 m,分布高程为 1 900~2 010 m,场区丰水期与枯水期水位变幅为 5~8 m,且均在基岩内波动,对工程影响不大。

⑥主要勘察成果

a. 地表岩溶

表 6.11 岩溶漏斗、洼地统计表

编号	位 置	地层代号	平面形态		最大底深/m	漏斗特征
			长轴方向	长×宽或直径/m		
				面积/m²		
漏28	架空车库	P_1y^2	N20°W	6	3	呈圆形,周边见基岩出露,溶蚀较强烈,见溶沟、溶槽及溶蚀裂隙发育,漏斗底部为含碎、块石黏土充填,覆盖层 2.1 m
				110		
洼19	D 区:联检大楼	P_1y^2	N77°E	110×68	6	呈椭圆形,内部多为第四系覆盖,见少量基岩零星出露,覆盖层厚一般为 5~8 m
				6 019		
洼27	A 区:公安、安检、航空护卫、保安办公楼	P_1y^2	N70°W	40×25	5	呈椭圆形,内部见基岩零星分布,其间为红黏土充填,覆盖层厚为 1~5.9 m
				799		

勘察区位于碳酸盐岩分布区,岩性为二叠系下统阳新组茅口段(P_1y^2)灰、深灰色厚层状生物碎屑灰岩、砂屑灰岩、灰岩、白云质灰岩,单层厚度较大,节理裂隙较发育,为地表水的下渗和地下水的流动创造了良好的途径,因而岩溶发育。场地主要为地下水的补给区。勘察区内地表岩溶(岩溶洼地、漏斗、石芽等)发育,对工程区影响较大的岩溶有漏28、洼19、洼27,具体性状特征见表6.11。

区内溶沟、溶槽往往受节理控制(图6.8),在 A 区及架空车库区,石芽、溶隙较发育,出露的石牙单体块度尺寸为数 0.1~10 m,石牙起伏差在 0.8~4 m;溶蚀裂隙发育深度理发育,平面上呈近"X"形。

b. 地下岩溶

孔 号	井下成像	结果说明	孔号	井下成像	结果说明
BGZK 219-2	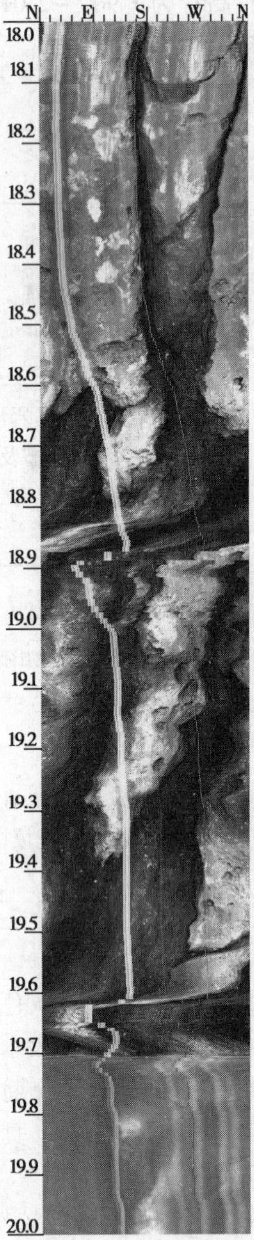	发育竖向溶蚀裂缝、洞穴,钻孔位于岩溶空间边缘,岩壁清晰可见。钻孔判断18.7~21.0 m为空洞,实际情况两条溶缝向下延伸至18.7 m,形成较大的空隙,一直延伸至20 m以下,说明岩溶以竖向发育的裂缝为主	BGZK 176	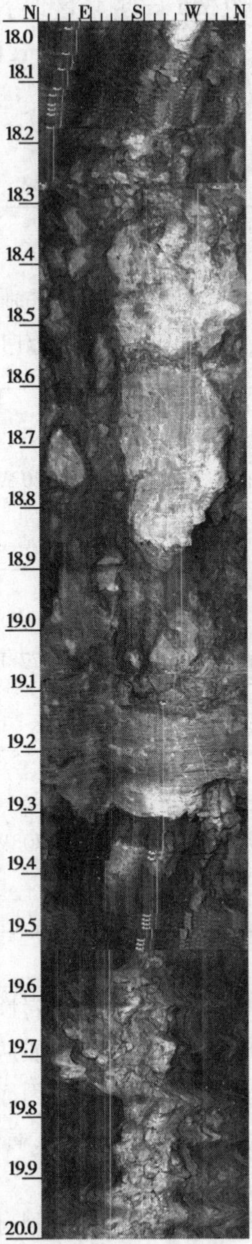	钻孔判断13.5~26.8 m为断层带。实际13.6~20.8 m岩体破碎,孔内清晰可见碎裂岩、碎块岩等构造岩。钻孔判断与钻孔电视观测结果较为吻合

图 6.9　竖向溶蚀裂缝(左)与构造碎裂岩(右)

　　碳酸盐岩单层厚度较大,节理裂隙发育,大量的地表水沿漏斗及溶蚀裂隙等竖向通道转入地下,汇入地下水。在地下水水位变动带和地下水位以下岩体内,由于地下水的化学作用和动力作用,对地下的碳酸盐岩沿节理面、层面产生进一步溶蚀而形成溶洞或溶孔(隙)。

　　本项目总共对15个钻孔揭露的洞穴进行追踪调查,根据钻探结果资料,位于区内的300个钻孔中有37个(不包括追踪孔)钻孔揭露到地下岩溶洞穴(溶洞),总的钻孔遇洞穴率为

11.45%,岩溶洞穴(溶洞)特征详见表6.12和表6.13(这里仅提供架空车库、A区的资料,B区、C区、D区、E区资料略)。

表6.12 架空车库区洞穴特征统计表

钻孔编号	孔口高程/m	顶板埋深/m	土层厚度/m	顶板厚度/m	顶板高程/m	底板高程/m	洞穴高度/m	估计宽度/m	场平高程/m	场平后顶板厚度/m	充填特征	顶板特征	上部荷载/kN	稳定性初判
BGZK111	2 051.51	5.9	4.6	1.3	2 045.61	2 037.91	7.7	3.3	2 054.4	1.3	半充填次生红黏土	较破碎	2 500	不稳定
BGZK146	2 052.64	3.2	1.9	1.3	2 049.44	2 044.81	4.63	2	2 054.4	1.3	少量次生红黏土充填	较完整	2 500	不稳定
BGZK154	2 052.28	10.3	0.5	9.8	2 041.98	2 038.38	3.6	1.5	2 054.4	9.80	无充填	较完整	2 500	不稳定
BGZK167	2 052.09	1.1	0.2	0.9	2 050.99	2 050.09	0.9	0.4	2 054.4	0.90	全充填次生红黏土	较完整	2 500	已揭穿
BGZK208	2 050.57	5.1	3.6	1.5	2 045.47	2 044.07	1.4	0.6	2 054.4	1.50	无充填	较完整	2 500	不稳定
BGZK212	2 051.91	2.35	0.5	1.85	2 049.56	2 046.82	2.74	1.8	2 054.4	1.85	全充填次生红黏土	较破碎	2 500	不稳定
BGZK212	2 051.91	6.53	0.5	1.44	2 045.38	2 036.81	8.57	2.1	2 054.4	1.44	无充填	较破碎	2 500	不稳定
BGZK212	2 051.91	27	0.5	11.9	2 024.91	2 022.31	2.60	1.2	2 054.4	11.9	无充填	较完整	2500	不稳定
BGZK213	2 051.51	8.6	4.6	4	2 042.95	2 041.55	1.4	0.6	2 054.4	4.00	全充填次生红黏土	较完整	2 500	稳定
BGZK233	2 051.55	4.1	2.55	1.55	2 047.58	2 046.78	0.8	0.4	2 054.4	1.55	全充填次生红黏土	较破碎	2 500	不稳定
BGZK236	2 051.81	3.7	0.5	3.2	2 048.11	2 046.31	1.8	0.8	2 054.4	3.20	全充填次生红黏土	较完整	2 500	稳定
BGZK291	2 049.56	3.2	1.5	1.7	2 046.36	2 045.36	1	0.5	2 054.4	1.70	全充填次生红黏土	较破碎	2 500	不稳定

表6.13 A区洞穴特征统计表

揭露位置	孔口高程/m	顶板埋深/m	土层厚度/m	顶板厚度/m	顶板高程/m	底板高程/m	洞穴高度/m	估计宽度/m	场平高程/m	场平后顶板厚度/m	充填特征	顶板特征	上部荷载/kN	稳定性初判
BGZK031	2 051.15	4.6	3.4	1.2	2 046.55	2 046.15	0.4	0.1	2 052.15	1.20	次生红黏土充填	较破碎	7 000	不稳定
BGZK031	2 051.15	6.45	3.4	1.45	2 044.70	2 041.35	3.35	1.5	2 052.15	1.45	次生红黏土充填	较破碎	7 000	不稳定

续表

揭露位置	孔口高程/m	顶板埋深/m	土层厚度/m	顶板厚度/m	顶板高程/m	底板高程/m	洞穴高度/m	估计宽度/m	场平高程/m	场平后顶板厚度/m	充填特征	顶板特征	上部荷载/kN	稳定性初判
BGZK056	2 049.09	8	3.04	4.96	2 043.09	2 039.15	3.94	2.1	2 052.15	4.96	无充填	较完整	7 000	不稳定
BGZK081	2 049.57	10.6	3.8	6.8	2 038.97	2 038.77	0.2	0.1	2 051.55	6.80	无充填	较完整	7 000	稳定
BGZK081	2 049.57	12.6	3.8	1.8	2 036.97	2 031.41	5.56	2	2 051.55	1.80	无充填	较完整	7 000	不稳定
BGZK089	2 049.11	5.9	3.95	1.95	2 043.21	2 042.81	0.4	0.2	2 051.55	1.95	全充填次生红黏土	较完整	7 000	不稳定
BGZK277	2 050.03	8.2	6.3	1.9	2 041.83	2 039.93	1.9	0.9	2 051.55	1.90	全充填次生红黏土	较完整	7 000	不稳定
BGZK280	2 050.16	10.2	7.6	2.6	2 039.96	2 039.16	0.8	0.1	2 051.55	2.60	底部充填少量次生红黏土	较破碎	7 000	不稳定

通过对整个勘察区的地质测绘及钻探揭露,并结合钻孔电视等综合分析得出,区内地下岩溶以沿陡倾角裂隙的垂直溶蚀为主(图 6.9(左)),但局部也有沿岩层产状发育的近水平溶蚀,近水平溶蚀裂隙主要发育于 D 区及 C 区地势较高地段的小山包,该山包岩层倾向与坡向一致,岩层倾角为 10°~20°,小于坡角;层面节理一般延伸很长,多大于 5 m;该区位于 F_5 断层的上盘,受 F_5 断层的影响,岩体较为破碎(图 6.9(右)),节理裂隙发育,在地表水体的下渗过程中,水体流向受地形及岩层面节理裂隙的控制,使得近水平岩溶较为发育,近水平溶蚀裂隙多交汇于 F_5 断层破碎带,最终止于洼$_{19}$内,其发育高程一般为 2 037~2 041 m,厚度一般为 5~20 cm,最厚者可达 80 cm(靠近溶洞发育的地段)。

根据钻孔岩芯揭露,地下岩体的完整性存在明显不均一性。完整性较好的岩体,其岩溶一般不发育,地面表现为较完整的石芽块体,岩芯多呈柱状;在断层带及节理裂隙发育的岩体内,岩芯多较破碎,呈碎块状,岩溶也较发育。

场区所揭露的溶蚀裂隙或洞穴埋深最浅 1.1 m,最深 16.0 m。区内钻孔所揭露的洞穴最小高度 0.20 m,最大高度 8.57 m。其中:高度不大于 1 m 的洞穴有 8 个,占总量的 27 %;高度为 1~1.5 m 的洞穴有 9 个,占总量的 30%;高度为 1.5~3 m 的洞穴有 7 个,占总量的 23%;高度 3~6 m 的洞穴有 4 个,占总量的 13%;高度大于 6 m 的洞穴有 2 个,占总量的 7%。故勘察区钻孔所揭露的地下洞穴高度大多数在 1.5 m 以下。

⑦岩溶发育对地基稳定性的影响及评价

本次地下溶洞稳定性按溶洞顶板坍塌填塞法判别;同时,考虑洞穴顶板埋深、顶板岩体完整程度、洞穴充填等情况,进行综合评价。

对于区内的 37 个洞穴,除去场平后被挖除的 2 个洞穴和已揭穿的 1 个洞穴不作稳定性评价以外,其余的 34 个洞穴中的 17 个洞穴已被次生红黏土夹少量碎块石充填,17 个洞穴无充填或半充填。对无充填或半充填的洞穴,根据洞体顶板自行填塞洞体所需厚度对洞体上覆顶板的稳定性进行验算,对全充填的洞穴;还需结合充填情况等综合考虑。

顶板坍塌自行填塞判别法:基本原理是溶洞顶板岩体坍塌后体积发生松胀,洞体被松胀的坍塌自行填塞,此时可认为溶洞顶板已稳定,所需的坍塌高度 H' 按下式计算,即

$$H' = \frac{H_0}{K_i - 1}$$

式中　　H'——填满洞体所需的坍塌高度;

　　　　K_i——顶板上覆岩土层涨余系数,碳酸盐岩取 1.2,黏性土取 1.15;

　　　　H_0——洞体空洞高度;

　　　　H——洞体顶板厚度。

若 $H < H'$,则认为该洞穴处于不稳定状态;若 $H \geqslant H'$,则认为该洞穴处于可能稳定状态。

经过以上方法判别,其中的 17 个无充填或半充填洞穴有 15 个处于不稳定状态,2 个处于稳定状态。全充填的有 9 个处于不稳定状态,其余 8 个处于稳定状态。通过对以上洞穴的分析得出,有充填的洞穴较无充填的洞穴稳定性较好;洞高小于 1.5 m、洞跨小于 1 m 且顶板厚度大于 2 m 的有充填洞穴稳定性较好;埋深较大,顶板厚度大的洞穴稳定性也较好。

综上所述,场区内石芽、岩溶洼地和漏斗发育,基岩面往往呈陡倾甚至直立状态,岩溶洼地和漏斗底部多被次生红黏土和红黏土充填、导致土层性状变化大、压缩层厚度急剧变化,根据基岩起伏情况、红黏土自身特征等工程地质条件来看,场地地基均匀性较差。

场地地下岩溶发育总体上以竖向发育为主,规模有限。局部地段岩溶近水平发育,但分布范围有限。局部地方勘探深度范围内揭露到溶洞或大的溶蚀裂隙,分布范围有限。地下岩溶不存在大规模塌陷的可能性,故场地地基总体稳定性较好。

6.3.3　勘察报告实例

现以《某市某花园小区住宅楼岩土工程勘察报告》的内容作为实例摘录如下:

(1)工程概况

1)拟建建筑物概况

根据勘察任务书的要求,主要承担该花园小区住宅楼拟建场地施工图设计阶段的岩土工程勘察工作。该花园小区住宅楼拟建场地位在该市某电子有限公司厂区内,南与某大厦相毗邻,场地属旧房拆除场地,交通十分方便。

拟建该住宅楼地上 12 层,地下 1 层,属次高层建筑。根据设计提供的方案图,拟建筑物平面形态大致呈矩形。长 49.9 m、宽 35.1 m,建筑总占地面积为 1 700 m²;结构类型拟设置为框架。基础形式拟采用桩筏(箱)联合基础。该花园拟建场地前期已进行过一次岩土工程详细勘察,由于设计变更及场地基岩(灰岩)岩溶发育,故进行本次施工图设计阶段岩土工程详细勘察。

拟建建筑物安全等级为二级,抗震设防等级为乙类建筑。由于场地地质条件复杂,本岩土工程勘察等级为甲级。

2)勘察设计

在勘察设计中执行以下规范、规程:

①国标《岩土工程勘察规范》(GB 50021—2001),2009 年版;

②国标《建筑地基基础设计规范》(GB 5007—2002);

③国标《建筑抗震设计规范》(GBJ 11—89);

④国行标《高层建筑岩土工程勘察规程》(GJG 72—90);

⑤国行标《建筑桩基技术规范》(JGJ 94—2008);

⑥设计单位提出的工程勘察要求。

由设计单位提出的工程勘察要求如下:

①在规划确定建筑位置的基础上,原则上每柱钻一孔;确定本场地内的溶洞分布情况;双柱处可只钻一孔。

②孔深应按勘察规范要求,且应进入溶洞底面岩层5 m(完整基岩5 m)。

本次勘察以钻探为主,辅以标准贯入试验、重型重力触探试验、取岩、土样室内试验进行综合勘察。由于前期勘察已对场地进行了波速及地脉动试验,本次勘察该两项测试未设计。

根据拟建建筑物、等级、结构特点及拟采用的基础类型,结合场地深部基岩(灰岩)岩溶发育的地质条件,遵循上述规范、规程要求,勘探点沿柱列线布设,每柱一孔。由于NO26、NO32孔附近已有勘探资料,两柱下未再布设勘察钻孔;另外,对于局部两柱相隔较近者只布设一个勘察钻孔。整个场地,总共布设勘察钻孔61孔,孔深以满足设计要求而定;同时,在钻孔内,设计布置了相应的取岩、土样及原位测试工作量。本勘察完成工作量见表1。

表1 勘察工作一览表

工作项目		单 位	工作量	备 注
钻探进尺		m/孔	1 329.50/61	
岩土试验	常规	件	23	土的物理力学指标
	颗分	件	23	土的物理力学指标
	岩样	件	4	岩石物理力学指标
原位测试	重型(2)动探	m/孔	20.1/20	
	标准贯入	次/孔	38/22	土的力学性质
孔位测量		点	61	孔口位置、标高
水位勘测		点	61	地下水位埋深

(2)场地工程地质条件及水文地质条件

1)场地地形地貌

拟建场地位于该市中心地带,地貌上处于该市湖积盆地东北部边缘,场地旧房拆除后,各勘探点(钻孔)位置的地面标高为98.80~99.4 m,平均高程为99.08 m,高程差为0.67 m,地形平坦。

2)场地岩土构成及工程地质特征

据勘察钻探揭露,场地地基土自上而下由第四系人工填土,第四系冲洪积粉质黏土、粉土、圆砾,第四系残坡积黏土、粉质黏土混砾及石炭系威宁群灰岩组成,其中灰岩层中不均匀夹岩溶洞、穴堆填物(软粘上及粉质粘上混砾)。根据其成因、沉积旋回、岩土性质,将钻探所揭露的岩、土层可大致分为4个大层,共10个亚层,现将各岩、土层工程地质特征分述见表2。

表2 土(岩)层工程地质特征表

时代成因		土层编号与名称	工程地质特征描述	标贯击数 N 范围值 平均值	动探击数 $N_{63.5}$ 范围值 平均值
名 称	代号				
第四系填土	Q_4^{ml}	①杂填土	褐灰、褐黄,稍湿至饱和,结构松散,透镜状分布。揭露厚度为0.85~3.10 m		
第四系冲洪积层	Q_4^{al+pl}	②-1粉质黏土	褐黄、饱和,可塑状,中等压缩,粉质黏土为主,局部黏土。揭露厚度为0.2~2.2 m	4.0~10.0 6.7	
		②-2粉土	褐黄、灰褐,饱和,稍密至中密,中等压缩,以粉土为主,局部粉砂。揭露厚度为0.3~2.1 m	6.0~12.0 8.3	
		②-3圆砾	褐灰、饱和,稍密,中等压缩,石英砂岩、玄武岩砾石为主。揭露厚度为1.3~10.3 m	8.0~18.0 12.5	2.0~32.0 7.3
第四系残坡积层	Q_4^{el+dl}	③-1红黏土	褐黄、饱和,软塑状态,高压缩,土层不均匀夹灰岩碎块,孔隙比大,含水量高。揭露厚度为0.4~9.5 m	3.0~15.0 7.3	1.0~2.0 1.3
		③-2黏土混砾	褐黄、饱和,可塑至硬塑状态,中等压缩,土性以黏土混灰岩角砾为主,局部粉质黏土。揭露厚度为0.4~6.9 m		
第四系岩溶洞穴堆积层	Q_4^{dl}	④-2黏土	褐红、饱和,软塑至可塑状态,为岩溶洞穴充填物,局部有空洞,属红黏土。揭露厚度为0.3~6.2 m		
		④-3粉质黏土混砾	褐红、褐黄,饱和,可塑至硬塑状态稍,为岩溶洞穴充填物,粉质黏土混砾为主,局部为粉质黏土。揭露厚度为0.3~6.7 m		
石炭系威宁群灰岩	C	④-1强风化灰岩	灰色、浅灰,为石炭系威宁群灰岩,强风化,节理发育,岩石多呈碎、块石状,局部为黏土混角砾。揭露厚度为0.4~13.9 m		
		④-4中风化灰岩	灰白,为石炭系威宁群灰岩,中等风化,局部强风化,厚层状构造,节理一般发育,岩石较完整。揭露厚度为0.0~16.6 m		

注:以上各土层均为透镜状分布。

3)岩土工程条件

各岩、土层主要物理力学性质指标承载力标准值确定:

本次勘察共完成23件土的物理力学性质试验,23件土的颗分试验,岩石试验4组,经原位测试、钻探岩芯观察及地区经验,结合各岩、土层均匀性及野外签订成果,将各岩、土层承载力标准值建议见表3。

表3　各岩土层主要物理力学指标及承载力标准值建议表

取土层位	岩土名称	天然容重 $r/(kN \cdot m^{-1})$	压缩数 a_{1-2} /MPa^{-1}	压缩模量 E_{s1-2}/MPa	岩石饱和抗压强度 /MPa	内摩擦角 $\phi/(°)$	内聚力 C/kPa	承载力标准值 f_k/kPa
①	杂填土	17.50	0.60	3.0		15.0	10.0	85
②-1	粉质黏土	18.00	0.42	5.0		5.0	40.0	140
②-2	粉土	19.50	0.35	6.0		16.0	25.0	165
②-3	圆砾	20.00	0.25	10.0		32.0	5.0	240
③-1	红黏土	17.60	0.63	3.5		3.0	30.0	110
③-2	黏土混砾	19.00	0.40	6.0		15.0	25.0	180
④-1	强风化灰岩	22.00		30.0		45.0		700
④-2	黏土	17.00	0.65	3.0		5.0	25.0	100
④-3	粉质黏土混砾	19.00				20.0	20.0	180
④-4	中风化灰岩	25.00			45	70		2 000
备注	①表中所列建议标准值为土工试验、其他原位测试和野外鉴定综合,供作设计依据 ②建议值中的①、C 值为直接快剪 q 值 ③岩石内摩擦角为似内摩擦角(即考虑岩石黏聚力在内的假想摩擦角)							

4)水文地质条件

勘察期间,据各钻孔地下水位勘测,地下水静止水位埋深为 1.55～8.09 m,平均埋深 3.99 m,水位标高介于 90.77～97.65 m,高差 6.88 m,水位变化较大,整体趋势北高南低。从场地所处地质环境、钻孔揭露各岩、土层结构,结合地下水位埋深情况上看,场地静止水位反映的是岩溶裂隙水位及第四系孔隙潜水位。场地岩溶裂隙水位整体埋藏深,水位变化幅度大,这与钻孔揭露灰岩岩溶裂隙发育程度对应。场地第四系孔隙潜水,主要含水层和透水层为②-3 层圆砾、②-2 层粉土,其余各土层赋水性及透水性较差,为相对对隔水层。场地表层①层杂填土,结构松散,孔隙大,储存少量生活废水及地表沟渗水。

场地地下水主要受大气降水、生活废水补给。排泄方式一部分以渗透方式泄入江中,另一部分以裂隙水形式渗入岩溶裂隙。场区地下水水质类型为 H_2CO_3-Ca-Mg 型,属低矿化水,水对混凝土结构及混凝土结构中的钢筋无腐蚀性,对外露钢结构具弱腐蚀性。

(3)场地岩土工程分析与评价

1)场地稳定性

经钻探揭露,场区在 No62 孔处,揭露一土洞,据附近钻孔分析,其在拟建筑区内未有延续,对拟建筑物地基稳定危害不大。在其余部位未发现有暗塘、暗沟、地下暗河,以及贯通性好、规模大的溶洞等不良地质条件存在。纵观整个场地,场区虽岩溶发育,但岩溶裂隙多为黏性土充填,岩溶作用缓慢,属稳定场地、场地上无管线,下无管网,适宜建筑。

2)地震效应

该地区地震基本烈度为 8 度,根据场地工程地质条件及有关规范对场地地震效应评价如下：

①地震液化

勘察场地在深15 m范围内存在湿至饱和状的②-2层粉土，初步宏观判别，具液化潜势，现采用《建筑抗震设计规范》（GBJ 11—89）用标准贯入试验判别法进一步判别，其结果见表4。

表4　饱和粉土液化判别分析成果表

层位	岩性名称	标贯编号	标贯深度/m	粘粒含量/%	实测击数	临界击数	单点液化指数	液化等级	不液化依据
		宏观判别结果：可能液化							
②-2	粉土	B6401	2.15	7.0	6.0	5.9	0.0	不	标贯击数≥N_{cr}
		B2501	2.45	9.0	6.0	5.8	0.0	不	标贯击数≥N_{cr}
		B1901	2.8	9.0	10.0	6.1	0.0	不	标贯击数≥N_{cr}
		B2901	2.85	9.0	6.0	5.1	0.0	不	标贯击数≥N_{cr}
		B6401	2.85	5.0	8.0	7.0	0.0	不	标贯击数≥N_{cr}
		B4301	2.95	9.0	7.0	5.2	0.0	不	标贯击数≥N_{cr}
		B801	3.05	7.0	8.0	5.7	0.0	不	标贯击数≥N_{cr}
		B5401	3.10	9.0	12.0	5.3	0.0	不	标贯击数≥N_{cr}

从表4分析可见，②-2层粉土为不液化土层。

②建筑抗震地段及场地类别划分

拟建场处于湖积盆地东北部边缘，经钻探揭露，场地15 m深度范围内无液化土，但覆盖层厚度为4～20 m，变化较大，各部位强度及状态极不均匀，场地划属对建筑抗震不利地段。

据前期勘察波速测试成果，场地经综合评定划分，场地土类型为中硬场地上类型。建筑场地类别属Ⅱ类。

3）场地地基土利用条件评价

场地表层①层杂填土，松散，属软弱场地土，强度低，压缩性大，不能利用。②-1层粉质黏土及②-2层粉土，属中软场地上，强度一般，厚度薄且呈透镜状产出，对高层建筑而言，无现实工程意义。场地中部②-3层圆砾，属中硬场地土，具一定厚度及强度，埋藏浅，但其层面坡度大于10%，厚度在各部位差异大，其下存在力学强度极差的③-1层红黏土，使得其强度及变形在各部位差异较大，不适宜荷重较大的高层建筑利用。③-2层黏土混砾，属中硬场地土，呈透镜状分布，强度一般，不能利用。深部④-1层强风化灰岩及④-4层中风化灰岩，属坚硬场地土，强度高，组合厚度大，是人工挖孔灌注桩基或钻孔灌注桩基良好的桩端持力层，由于基岩（灰岩）岩溶发育，其间不均匀夹岩溶洞穴堆积物（④-2层黏土及④-3层粉质黏土混砾），利用时宜注意控制桩及桩底岩石厚度。

4）基础形式选择

拟建建筑地上12层，地下一层，局部二层，上部结构荷重大，经对地基土利用条件分析，场地上部第四系土层没有利用天然地基的条件,必须采用筏(箱)加桩基的深基础方案。从场地岩、土层出露情况及组成结构对桩型的适宜性看,适宜选用人工挖孔灌注柱基及钻孔灌注桩基。下面对两种桩型的适用性、可靠性、经济性分析如下:

①人工挖孔灌注桩:对环境污染小,单柱承载力大,费用低。缺点是产生大量废土,由于灰岩岩溶发育,当桩基穿越破碎灰岩时,成孔困难。

②钻孔灌注桩基:桩径、桩长不受限制,费用适中。其缺点是场地狭窄,不利于大型钻机施工,对周围居民干扰大。桩基钻孔穿于破碎灰岩时,施工速度较慢。

附图:场地勘探点平面布置图;工程地质剖面图;地质柱状图。(略)

6.4 验 槽

6.4.1 验槽的目的与内容

验槽是勘察工作最后一个环节。当施工单位将基槽开挖完毕后,由勘察、设计、施工和使用单位四方面的技术负责人共同到施工现场进行验槽。验槽的目的如下:

①检验有限的钻孔与实际全面开挖的地基是否一致,勘察报告的结论与建议是否准确;

②根据基槽开挖实际情况,研究解决新发现的问题和勘察报告遗留的问题。验槽的基本内容如下:

A. 核对基槽开挖平面位置和槽底标高是否与勘察、设计要求相符;

B. 检验槽底持力层土质与勘探是否相符。参加验槽人员需沿槽底依次逐段检验,用铁铲铲出新鲜土面,用野外鉴别方法进行鉴别;

C. 当基槽土质显著不均匀或局部有古井、菜窖、坟穴时,可用钎探查明平面范围与深度;

D. 研究决定地基基础方案是否有必要修改或作局部处理。

6.4.2 验槽的方法

验槽方法以肉眼观察或使用袖珍贯入仪等简便易行的方法为主,必要时可辅以夯、拍或轻便勘探。

(1)观察验槽

观察验槽应重点注意柱基、墙角、承重墙下受力较大的部位。仔细观察基底土的结构、孔隙、湿度、含有物等,并与设计勘察资料相比较,确定是否已挖到设计的土层。对于可疑之处,应局部下挖检查。

(2)夯、拍验槽

夯、拍验槽是用木夯、蛙式打夯机或其他施工工具对干燥的基坑进行夯、拍(对潮湿和软土地基不宜夯、拍,以免破坏基底土层),从夯、拍声音判断土中是否存在土洞或墓穴。对可疑迹象应用轻便勘探仪,以进一步调查。

(3)轻便勘探验槽

轻便勘探验槽是用钎探、轻便动力触探、手持式螺旋钻、"洛阳"铲等对地基主要受力层范围的土层进行勘探,或对上述观察、夯或拍发现的异常情况进行探查。

1）钎探

用 φ22～25 mm 的钢筋作为钢钎，钎尖呈 60°锥状，长度 1.8～2.0 m，每 300 mm 作一刻度。钎探时，用质量为 4～5 kg 的穿心锤将钢钎打入土中，落锤高 500～700 mm，记录每打入 300 mm 的锤击数，据此可判断土质的软硬情况。

钎孔的平面布置和深度应根据地基土质的复杂程度和基槽形状、宽度而定。孔距一般取 1～2 m，对于较软弱的人工填土及软土，钎孔间距不应大于 1.5 m。如有发现洞穴等情况应加密探点，以确定洞穴的范围。钎孔的平面布置可采用行列式和错开的梅花形。当条形基槽宽小于 80 cm 时，钎探在中心打一排孔；槽宽大于 80 cm，可打两排错开孔。钎孔的深度为 1.5～2.0 m。

每一栋建筑物基坑（槽）钎探完毕后，要全面地逐层分析钎探记录，将锤击数显著过多和过少的钎孔在平面图上标出，以备重点检查。

2）手持式螺旋钻

它是一种小型的轻便钻具，钻头呈螺旋形，上接一 T 形手把，由人力旋入土中，钻杆可接长，钻探深度一般为 6 m，在软土中可达 10 m，孔径约 70 mm。每钻入土中 300 mm（钻杆上有刻度）后将钻竖直拔出，根据附在钻头上的土了解土层情况（也可采用洛阳铲等）。

6.4.3 验槽时的注意事项

验槽时应注意如下事项：

①验看新鲜土面，清除回填虚土。冬季冻结表土或夏季日晒干土都是虚假状态，应将其清除至新鲜土面进行验看。

②槽底在地下水位以下不深时，可挖至水面验槽，验完槽再挖至设计标高。

③验槽要抓紧时间。基槽挖好后立即组织验槽，以避免下雨泡槽、冬季冰冻等不良影响。

④验槽前一般需做槽底普遍打钎工作，以供验槽时参考。

⑤当持力层下埋藏有下卧砂层而承压水头高于槽底时，不宜进行钎探，以免造成涌砂。

小　结

地基勘察为建筑物场地选择、建筑平面布置、地基与基础的设计与施工提供必要的资料。勘察、设计与施工密切配合，才会有地基基础工程的高质量和高水平。学习本章要求，掌握场地勘察、地基勘察、岩土工程勘察等重要概念，掌握地基勘察的主要方法（坑探、钻探、地球物理勘探、原位测试（载荷试验和触探），学会阅读与使用地基勘察报告书，熟悉地基勘察的目的、任务；了解验槽的方法。

思　考　题

6.1　为何要进行岩土工程勘察？详细勘察阶段应包括哪些内容？

6.2　建筑场地根据什么进行分级？钻孔间距如何确定？

6.3　一般性勘探孔与控制性勘探孔有何区别? 控制性勘探孔的深度如何确定?

6.4　工业与民用建筑中常用哪几种勘探方法? 比较各种方法的优缺点和适用条件。

6.5　试比较动力触探和静力触探的方法和优缺点。

6.6　岩土工程勘察报告分哪几部分? 对建筑场地的评价中包括哪些内容?

6.7　为何要验槽? 有哪些内容? 应注意什么问题?

习　题

6.1　结合教材勘察报告实例,分析以下问题:

①该场地勘察工作量是如何确定的? 孔深和孔间距是如何确定的?

②该场地地基承载力值是怎样确定的?

③该场地岩土工程性质评价的依据是什么? 怎样确定持力层?

6.2　某单位计划修建一幢六层职工住宅,建筑物长 80 m,宽 11.28 m,采用砖混结构,条形基础,复杂场地。试布置钻孔数量、间距、深度和类别。

6.3　某厂职工住宅,东西长 37.64 m,南北宽 8.94 m,为五层混合结构。当地几十年前为一大坑逐年填平。试设计勘探工作量。

第**7**章

天然地基上浅基础设计

7.1 基础的划分及地基基础设计原则

建筑物由上部结构和下部结构两部分组成。下部结构指埋置于地下的部分,也就是基础。基础将结构所承受的各种作用传递到地基上。地基是支承基础的土体或岩体。

基础分为浅基础和深基础。通常按照基础的埋置深度和施工方法来进行划分:埋深小于 5 m,用普通基坑开挖和敞坑排水方法修建的基础为浅基础,如普通多层砌体房屋的基础、高层建筑箱型基础。埋深大于 5 m,用特殊施工方法进行施工的基础为深基础,如桩基础、沉井等。浅基础与深基础没有明确界限,比如箱型基础埋深就有可能大于 5 m。

浅基础一般做成扩展基础的形式。扩展基础的做法是向侧边扩展一定底面积,以使上部结构传来的荷载传到基础底面时其压应力等于或小于地基土的允许承载力,而基础内部的应力应同时满足材料本身的强度要求。这种起到压力扩散作用的基础称为扩展基础。

地基分为天然地基和人工地基。处于自然状态、未经过人工处理的地基为天然地基。如果天然地基较为软弱,必须进行人工处理才能达到设计要求,则人工处理后的地基为人工地基。本章介绍天然地基上浅基础的设计。

建筑物地基设计时,应该将地基与基础视为一个整体进行设计,满足以下三个设计要求:

(1)地基承载力要求

《建筑地基基础设计规范》(GB 50007—2011)(以下简称《地基规范》)规定:所有建筑物的地基计算均应满足承载力计算的有关规定。这里"所有建筑物的地基",是指表 7.1 所列全部地基类型。

表 7.1 地基基础设计等级

设计等级	建筑和地基类型
甲级	重要的工业与民用建筑物 30 层以上的高层建筑 体型复杂、层数相差超过 10 层的高低层连成一体建筑物 大面积的多层地下建筑物(如地下车库、商场、运动场等) 对地基变形有特殊要求的建筑物 复杂地质条件下的坡上建筑物(包括高边坡) 对原有工程影响较大的新建建筑物 场地和地基条件复杂的一般建筑物 位于复杂地质条件及软土地区的二层及二层以上地下室的基坑工程 开挖深度大于 15 m 的基坑工程 周边环境条件复杂、环境保护要求高的基坑工程
乙级	除甲级、丙级以外的工业与民用建筑物 除甲级、丙级以外的基坑工程
丙级	场地和地基条件简单、荷载分布均匀的七层及七层以下民用建筑及一般工业建筑,次要的轻型建筑物 非软土地区且场地地质条件简单、基坑周边环境条件简单、环境保护要求不高且开挖深度小于 5.0 m 的基坑工程

(2)变形要求

《地基规范》规定:所有建筑物为甲级,乙级的建筑物均应按地基变形设计。

《地基规范》还规定:表 7.2 所列范围内设计等级为丙级的建筑物可不作变形验算,如有下列情况时,仍应作变形验算。

①地基承载力标准值小于 130 kPa,且体型复杂的建筑;

②在基础上及其附近有地面堆载或相邻基础荷载差异较大,引起地基产生过大的不均匀沉降时;

③软弱地基上的相邻建筑如距离过近,可能发生倾斜时;

④相邻建筑距离过近,可能发生倾斜;

⑤地基内有厚度较大或厚薄不均的填土,其自重固结未完成时。

(3)稳定性要求

《规范》规定:对经常受水平荷载作用的高层建筑和高耸结构,以及建造在斜坡上的建筑物和构筑物,尚应验算其稳定性;基坑工程应进行稳定验算;当地下水埋藏较浅,建筑地下室或地下构筑物存在上浮问题时,尚应进行抗浮验算。

地基基础设计时,所采用的荷载效应最不利组合与相应的抗力限值应按下列规定:

①按地基承载力确定基础底面积及埋深或按单桩承载力确定桩数时,传至基础或承台底面上的荷载应按正常使用极限状下荷载效应标准组合,相应的抗力应采用地基承载力特征值或单桩承载力特征值。

表 7.2　可不作地基变形验算的设计等级为丙级的建筑物范围

<table>
<tr><td colspan="3">地基主要受力层情况</td><td>地基承载力特征值
f_{ak}/kPa</td><td>$80 \leqslant f_{ak}$
< 100</td><td>$100 \leqslant f_{ak}$
< 130</td><td>$130 \leqslant f_{ak}$
< 160</td><td>$160 \leqslant f_{ak}$
< 200</td><td>$200 \leqslant f_{ak}$
< 300</td></tr>
<tr><td colspan="3"></td><td>各土层坡度/%</td><td>≤5</td><td>≤10</td><td>≤10</td><td>≤10</td><td>≤10</td></tr>
<tr><td rowspan="9">建筑类型</td><td colspan="3">砌体承重结构、框架结构（层数）</td><td>≤5</td><td>≤5</td><td>≤6</td><td>≤6</td><td>≤7</td></tr>
<tr><td rowspan="4">单层排架结构
（6 m
柱距）</td><td rowspan="2">单跨</td><td>吊车额定起
重量/t</td><td>10～15</td><td>15～20</td><td>20～30</td><td>30～50</td><td>50～100</td></tr>
<tr><td>厂房跨度
/m</td><td>≤18</td><td>≤24</td><td>≤30</td><td>≤30</td><td>≤30</td></tr>
<tr><td rowspan="2">多跨</td><td>吊车额定起
重量/t</td><td>5～10</td><td>10～15</td><td>15～20</td><td>20～30</td><td>30～75</td></tr>
<tr><td>厂房跨度/m</td><td>≤18</td><td>≤24</td><td>≤30</td><td>≤30</td><td>≤30</td></tr>
<tr><td colspan="2">烟囱</td><td>高度/m</td><td>≤40</td><td>≤50</td><td colspan="2">≤75</td><td>≤100</td></tr>
<tr><td rowspan="2">水塔</td><td></td><td>高度/m</td><td>≤20</td><td>≤30</td><td colspan="2">≤30</td><td></td></tr>
<tr><td></td><td>容积/m³</td><td>50～100</td><td>100～200</td><td>200～300</td><td>300～500</td><td>500～1 000</td></tr>
</table>

注：①地基主要受力层系指条形基础底面下深度为 $3b$（b 为基础底面宽度），独立基础下为 $1.5b$，且厚度均不小于 5 m 的
范围（二层以下一般的民用建筑除外）；
②地基主要受力层中如有承载力标准值小于 130 kPa 的土层时，表中砌体承重结构的设计，应符合本规范第 7 章的有
关要求；
③表中砌体承重结构和框架结构均指民用建筑，对于工业建筑可按厂房高度、荷载情况折合成与其相当的民用建筑
层数；
④表中吊车额定起重量、烟囱高度和水塔容积的数值系指最大值。

　　地基承载力特征值是指由载荷试验测定的地基土压力变形曲线线性变形内规定的变形所
对应的压力值，其最大值为比例界限值。地基承载力特征值可由载荷试验或其他原位测试、公
式计算，并结合工程实践经验等方法综合确定。

　　正常使用极限状态下，荷载效应的标准组合值 S_k 应用一列表示：

$$S_k = S_{Gk} + S_{Q1k} + \psi_{c2} S_{Q2k} + \cdots + \psi_{cn} S_{Qnk} \tag{7.1}$$

式中　S_{Gk}——永久作用标准值 G_k 的效应；

　　　S_{Qik}——第 i 个可变作用标准值 Q_{ik} 的效应；

　　　ψ_{ci}——第 i 个可变作用 Q_i 的组合值系数，按现行国家标准《建筑结构荷载规范》（GB
50009）的规定取值。

　　②计算地基变形时，传至基础底面上的荷载应按长期效应组合，不应计入风荷载和地震作
用，相应的限值应为地基变形允许值。

　　准永久组合的效应设计值 S_k 应按下式确定：

$$S_k = S_{Gk} + \psi_{q1} S_{Q1k} + \psi_{q2} S_{Q2k} + \cdots + \psi_{qn} S_{Qnk} \tag{7.2}$$

式中　ψ_{qi}——第 i 个可变作用的准永久值系数，按现行国家标准《建筑结构荷载规范》（GB
50009）的规定取值。

　　③计算挡土墙的土压力、地基稳定及滑坡推力时，荷载应按承载能力极限状态下荷载效应

的基本组合,但其分项系数均为1.0。

④在确定基础或桩台高度,支挡结构截面,计算基础或支挡结构内力,确定配筋和验算材料强度时,对于上部结构传来的荷载效应组合和相应的基底反力,应按承载能力级限状态下荷载效应的基本组合,采用相应的分项系数。

承载能力极限状态下,由可变荷载效应控制的基本组合设计值 S_d,应用下式表达:

$$S_d = \gamma_G S_{Gk} + \gamma_{Q1} S_{Q1k} + \gamma_{Q2} \psi_{c2} S_{Q2k} + \cdots + \gamma_{Qn} \psi_{cn} S_{Qnk} \tag{7.3}$$

式中　ψ_G——永久荷载的分项系数,按现行《建筑结构荷载规范》(GB 500009)的规定取值;

　　　ψ_{Qi}——第 i 个可变荷载的分基项系数,按现行《建筑结构荷载规范》(GB 500009)的规定取值。

对由永久作用控制的基本组合,也可采用简化规则,基本组合的效应设计值 S_d 按下式确定:

$$S_d = 1.35 S_k \tag{7.4}$$

式中　S_k——标准组合的作用效应设计值。

⑤基础设计安全等级、结构设计使用年限和结构重要性系数应按有关规范的规定采用,但结构重要性系数 γ_0 不应小于1.0。

7.2　浅基础的类型

7.2.1　浅基础的结构类型

(1)独立基础

独立基础一般用于工业厂房柱基、民用框架结构基础,以及烟囱、水塔、高炉等构筑物的基础,如图7.1所示。有时也在墙下采用独立基础,如在膨胀土地基上的墙基础,为不使膨胀土地基吸水膨胀产生的膨胀力传到过梁与墙体上,以避免墙体开裂。常在墙下设置钢筋混凝土过梁以支承墙体,过梁下采用独立基础,如图7.2所示。在膨胀土地基上的过梁要高出地面。

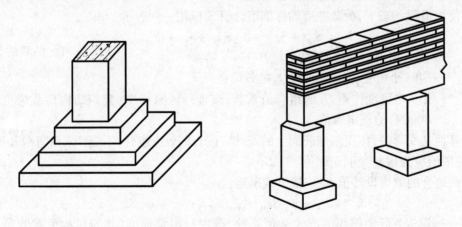

图7.1　柱下独立基础　　　　　　　　图7.2　墙下独立基础

一个独立基础与另一个独立基础之间不存在相互联系,若某两个独立基础之间基础底面的压力相差很大,可能影响到相应的上部结构的变形协调时,就只能通过调整基础底面尺寸来减少地基的不均匀沉降。因此,对相邻独立基础之间,应验算沉降差,使其满足规范要求。

(2)条形基础

条形基础一般指基础的长与宽之比为 10 以上的基础。条形基础有墙下条形基础(图 7.3)和柱下条形基础(图 7.4)两种。

墙下条形基础通常是砌体结构房屋的基础,挡土墙基础也是墙上条形基础。墙体传递给基础的荷载通常是均布荷载,在基础设计时可按平面问题考虑。一般的砌体结构房屋(如住宅、办公楼等)大多布置纵横交叉的墙体,再加上平面、立面上形状的交错变化,使得基础底面地基中的应力分布极为复杂,所以,实际上墙下条形基础引起的沉降通常是不均匀的。而基础的材料往往采用无筋砌体(如砖、毛石等),这些材料抗剪和抗弯能力很弱,故设计时不能依靠它来减少较大的不均匀沉降。当采用这些材料无法使地基达到规定的承载力和变形要求时,可以考虑采用钢筋混凝土墙下条形基础。

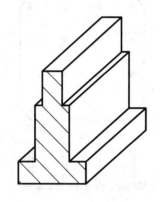
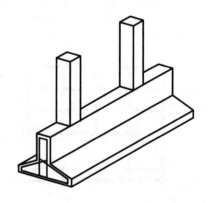

图 7.3　墙下条形基础　　　　　　　　图 7.4　柱下条形基础

柱下条形基础材料采用钢筋混凝土。由于各柱传递的集中力往往是有差异的,因此,基础传递给地基的应力分布为非线性的,故基础无论是纵向还是横向都必须考虑弯曲应力。本章只介绍简化计算方法,这类基础适用于跨度较小的框架结构,当基础高度为跨度的 1/3～1/2 时,它具有极大的刚度和调整地基不均匀沉降的能力。

(3)十字交叉基础

当柱下条形基础上部荷载较大,或地基土很软,在基础两个纵横两个方向柱荷载的分布都很不均匀时,需要同时从两个方向调整地基的不均匀沉降,又要扩大基础底面面积,可布置纵横两向相交的柱下条形基础,这种基础称为十字交叉基础,如图 7.5 所示。

(4)片筏基础

当十字交叉基础底面积不足以承担上部巨大的荷载时,可以用一厚度较大的钢筋混凝土平板来承担。板的厚度取决于上部荷载和土质条件,有时会很厚。为了减小厚度,节约材料,可以在平板上设置纵横相交的肋梁,很像一倒置的肋梁楼盖,这种形成的基础称为片筏基础,俗称满堂基础,如图 7.6 所示。

片筏基础可将上部荷载较均匀地传递给地基,可以减少地基的不均匀沉降。如果土层中存在小洞穴和局部软土层,片筏基础可以对局部较大的不均匀沉降进行调整,防止由此原因对建筑物造成的损害。

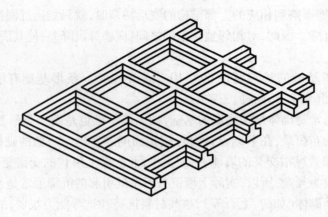

图 7.5　十字交叉基础

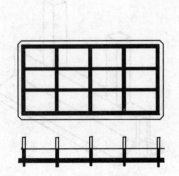

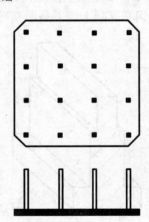

图 7.6　片筏基础

（5）箱形基础

当上部荷载很大地基土很软时，可以做成由钢筋混凝土底板、顶板和纵横墙体组成的整体结构，如图7.7所示。箱形基础的刚度大、整体性好，并可利用其中空部分作为停车场、地下商场、人防、储藏室、设备层和污水处理等。其高度可根据设计要求来决定，一般 3～5 m，如果高度不能满足要求，还可做成多层箱基础。

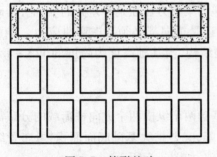

图 7.7　箱形基础

7.2.2　基础的材料

（1）砖基础

砖基础是由烧结普通砖浆砌而成的扩展基础。在稍潮湿、很潮湿和含水饱和的环境中，水泥砂浆强度等级分别不应低于 M5、M7.5 和 M10，在一般地区烧结普通砖强度等级分别不应低于 MU10、MU20 和 M15。砖基础习惯上采用"二、一间隔法"或"两皮一收法"砌成大放脚。"二、一间隔法"即是从基础底面开始，先砌两皮，随即收进 1/4 砖长，再砌一皮，又收进 1/4 砖长，这样以三皮砖为一个循环过程进行砌筑，如图 7.8（a）所示；"两皮一收法"即是从基础底面开始,每砌二皮砖便收进 1/4 砖长。如图 7.8(b) 所示,基础底面可铺设垫层(用灰土或三合土),其厚度一般不超过 100 mm,不计入基础高度。如果厚度超过 150 mm(一般可按 150 mm 厚为一层进行铺设),则此垫层可作为基础的一部分进行计算。砖基础可用于 6 层及以下房屋。

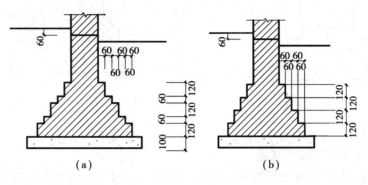

图 7.8

(2)三合土基础

三合土是由石灰、砂和骨料(碎石、碎砖、矿渣等)按 1:2:4 或 1:3:6 的体积比,加适当水配制成的。一般每层虚铺 220 ~ 250 mm,夯实至 150 mm。三合土强度低,一般只用于四层及以下房屋。三合土基础多为南方地区采用,如图 7.9 所示。

(3)灰土基础

灰土是由石灰与土料按 3:6 或 2:8 的体积比,加入适当水配制成的。石灰最好是块状的,经过 1 ~ 2 天熟化后,过 5 ~ 10 mm 筛即可使用。一般每层虚铺 220 ~ 250 mm,夯实至 150 mm。灰土造价低廉,仅为砖石或混凝土基础的 1/4 ~ 1/2,耐久性强,强度在相当长时间内可随时间的推移而不断增长。基础与砖衔接部分一般要做砖放脚,如图 7.10 所示。灰土强度受冻结影响不大,广泛用于我国北方地区。

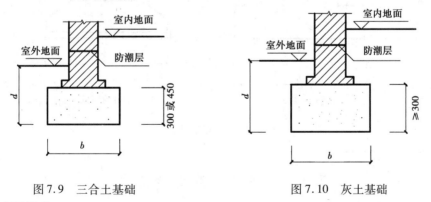

图 7.9　三合土基础　　　　　　　图 7.10　灰土基础

(4)毛石基础

毛石基础是指用未经加工凿平的毛石砌筑的基础。一般做成阶梯形。由于毛石形状不规整,为便于砌筑和保证砌筑质量,使基础具有足够的刚性,传力均匀,要求每一台阶宜砌不少于三排,每阶挑出宽度不宜大于 200 mm,高度不宜小于 400 mm,一般为 500 mm,如图 7.11 所示。

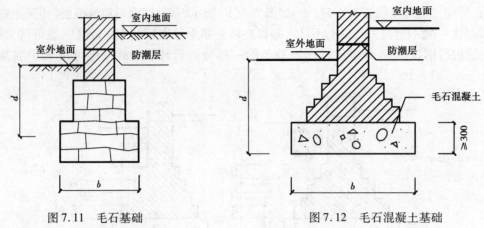

图 7.11　毛石基础　　　　　　　　图 7.12　毛石混凝土基础

(5)混凝土与毛石混凝土基础

混凝土基础是指用混凝土现场浇注成形的基础(图 7.13)。这种基础抗压强度高,耐久性和抗冻性均较好,常用于荷载较大和地下水位以下情况,在后一种情况应注意地下水质对水泥的侵蚀作用。混凝土基础下可铺设低强度等级的素混凝土垫层,厚度一般为 100 mm。

为了节约混凝土材料,可在混凝土基础中掺入毛石,成为毛石混凝土基础(图 7.12)。毛石长度要求不大于 300 mm,毛石掺入量不大于 30%;基础底层应先铺设 120~150 mm 的低强度等级混凝土,再铺设毛石,毛石插入混凝土约一半深度后再灌混凝土,填充所有空隙,再反复施工。

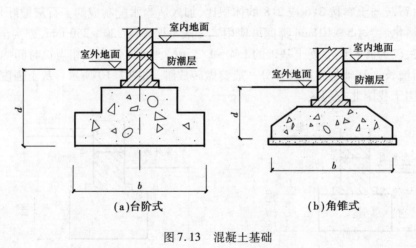

(a)台阶式　　　　　　　　(b)角锥式

图 7.13　混凝土基础

7.3　基础埋置深度的确定

基础埋置深度一般是指从室外地面标高至基础底面的距离,简称埋深。

为了保证基础的安全、变形、稳定及耐久性,基础底面应埋置于设计地面以下一定深度处。在此前提下,基础宜尽量浅埋,以节省工程量与投资,而且便于施工。以下介绍选择埋深时应考虑的影响因素。

7.3.1　建筑物的用途、类型和基础构造形式

建筑物的用途、类型在很大程度上决定了基础埋深的选择。比如建筑物用途需要地下室作地下车库、地下商店、文化体育活动场地或作人防设施时,基础埋深至少大于 3 m。

高层建筑筏形和箱形基础的埋置深度应满足地基承载力、变形和稳定性要求。在抗震设防区,除岩石地基外,天然地基上的箱形和筏形基础其埋置深度不宜小于建筑物高度的 1/15;桩箱或桩筏基础的埋置深度(不计桩深度)不宜小于建筑物高度的 1/20 ~ 1/18。位于岩石地基上的高层建筑,其基础埋深应满足抗滑要求。

地下水位随季节而变化,考虑到地下水对施工条件的影响,基础宜埋置在地下水位以上;当必须埋在地下水位以下时,应采取地基土在施工时不受扰动的措施,如采用基坑排水、坑壁围护等。还应考虑地下水对基础材料的侵蚀作用及其防护措施。如果持力层为黏土等隔水层、基坑底隔水层的自重应大于水的承压力(图 7.14),即应保证 $\gamma h_0 > \gamma_w h$,即开挖基槽时基槽底下应保留足够的隔水层厚度:

$$h_0 > \frac{\gamma_w h}{\gamma} \tag{7.5}$$

式中　γ、γ_w——隔水层土与水的重度。

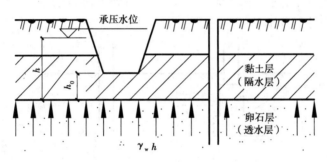

图 7.14　有承压水时地下水的浮托作用

7.3.2　基础上荷载大小、性质及有无地下设施

上部荷载的大小与性质对埋深有着重要影响。比如,某土层如果对较小荷载是较适宜的持力层,对较大荷载则可考虑选择更深的土层作持力层,如果荷载相当大,浅层地基已不适宜,则可考虑采用箱形基础或其他深基础;如果基础在受竖直荷载的同时还承受水平或倾斜荷载的作用,则应加大埋深,加强土对基础的稳固作用;如果承受上拔力作用,也应加大埋深,以使基础有足够的抗拔力。由于饱和疏松的细粉砂不能作为地震区动力荷载的持力层,因其可能由于振动液化而丧失承载力。

当基础布置范围内有地下设施(如管道坑沟)时,应尽量避免交叉冲突。若不能避开,宜使基础置于设施下面,以免基础将来可能的变形对设施造成的不利影响。否则,应采取可靠措施,防止不利影响的发生。

在满足地基稳定和变形要求的前提下,基础宜浅埋。为避免基础受到外界环境的影响,除岩石地基外,基础埋深不宜小于 0.5 m。基础顶面宜低于室外设计地面一定距离,一般不小于100 mm,以便于房屋外墙下排水构造的处理。另外,不宜取杂填土、耕土等作为持力层,基础底面通常至少要填老土 300 mm。

7.3.3　工程水文地质条件

工程地质条件往往对基础设计方案起着决定性的作用。应当选择地基承载力高的坚实土层作为地基持力层,由此确定基础的埋置深度。

当上层地基的承载力大于下层土的时,宜利用上层土为持力层,以减少基础的埋深。

当上层地基的承载力小于下层土的时,如果取下层土为持力层,所需的基础底面积较小,但埋深较大;如果取上层土为持力层,情况正好相反。这就要根据岩土工程勘察成果报告的地质剖面图,分析各土层的深度、层厚、地基承载力大小与压缩性高低,结合上部结构情况进行技术与经济比较,来确定最佳的基础埋深方案。如果土层分布复杂,土的性状差异太大,同一建筑物可分段采取不同的埋深,以调整不均匀沉降。

7.3.4　相邻建筑物的基础埋深

为了防止在施工期间造成对相邻原有建筑物安全和正常使用上的不利影响,基础埋深不宜深于原有相邻建筑物基础。如不能满足这一要求,则与原有基础应保持一定净距 L。其数值根据荷载大小及土质情况而定,一般不小于相邻两基础高差 ΔH 的 $1 \sim 2$ 倍,如图 7.15 所示。如果不能满足此要求,则应采取预防措施,如分段施工,临时加固支撑,打设板桩,修筑地下连续墙和加固原有建筑物地基等。

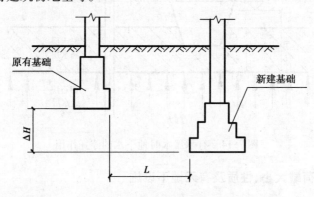

图 7.15　相邻基础净距

7.3.5　地基土冻胀的融陷

土体积随土中水分冻结后膨胀的现象称为冻胀。冻土融化后产生的沉陷称为融陷。

地面下土层温度随大气温度变化而发生变化。当地层温度降至负温时,土层中水冻结,土因此而变成冻土。冻结后的冰晶体不断增大,土体积随之发生膨胀。这个现象称为冻胀。冻胀可使土层上的建筑物被抬起,引起建筑倾斜、开裂、甚至倒塌。

当气温转暖,土层上部的冰晶体融化,使土中含水量大大增加,呈饱和状态的土层软化,强度大大降低,土层产生沉陷,这个现象称为融陷。融陷也会使建筑物墙体开裂。

随季节循环而发生冻融循环的土称为季节性冻土。季节性冻土在我国广泛分布,以东北、华北、西北为主。冻土冻胀性大小与当地气温、土质、冻前土的含水量和地下水等有很大关系。地基土的冻胀性分类见表 7.3。

表 7.3　地基土的冻胀性分类

土的名称	冻前天然含水量 $\omega/\%$	冻结期间地下水位距冻结面的最小距离 h_w/m	平均冻胀率 $\eta/\%$	冻胀等级	冻胀类别
碎(卵)石、砾沙、粗沙、中砂(粒径小于 0.075 mm 颗粒含量大于 15%),细砂(粒径小于 0.075 mm 颗粒含量大于 10%)	$\omega \leqslant 12$	> 1.0	$\eta \leqslant 1$	I	不冻胀
		≤ 1.0	$1 < \eta \leqslant 3.5$	II	弱冻胀
	$12 < \omega \leqslant 18$	> 1.0			
		≤ 1.0	$3.5 < \eta \leqslant 6$	III	冻胀
	$\omega > 18$	> 0.5			
		≤ 0.5	$6 < \eta \leqslant 12$	IV	强冻胀
粉砂	$\omega \leqslant 14$	> 1.0	$\eta \leqslant 1$	I	不冻胀
		≤ 1.0	$1 < \eta \leqslant 3.5$	II	弱冻胀
	$14 < \omega \leqslant 19$	> 1.0			
		≤ 1.0	$3.5 < \eta \leqslant 6$	III	冻胀
	$19 < \omega \leqslant 23$	> 1.0			
		≤ 1.0	$6 < \eta \leqslant 12$	IV	强冻胀
	$\omega > 23$	不考虑	$\eta > 12$	V	特强冻胀
粉土	$\omega \leqslant 19$	> 1.5	$\eta \leqslant 1$	I	不冻胀
		≤ 1.5	$1 < \eta \leqslant 3.5$	II	弱冻胀
	$19 < \omega \leqslant 22$	> 1.5	$1 < \eta \leqslant 3.5$	II	弱冻胀
		≤ 1.5	$3.5 < \eta \leqslant 6$	III	冻胀
	$22 < \omega \leqslant 26$	> 1.5			
		≤ 1.5	$6 < \eta \leqslant 12$	IV	强冻胀
	$26 < \omega \leqslant 30$	> 1.5			
		≤ 1.5	$H > 12$	V	特强冻胀
	$\omega > 30$	不考虑			
黏性土	$\omega \leqslant \omega_p + 2$	> 2.0	$\eta \leqslant 1$	I	不冻胀
		≤ 2.0	$1 < \eta \leqslant 3.5$	II	弱冻胀
	$\omega_p + 2 < \omega \leqslant \omega_p + 5$	> 2.0			
		≤ 2.0	$3.5 < \eta \leqslant 6$	III	冻胀
	$\omega_p + 5 < \omega \leqslant \omega_p + 9$	> 2.0			
		≤ 2.0	$6 < \eta \leqslant 12$	IV	强冻胀
	$\omega_p + 9 < \omega \leqslant \omega_p + 15$	> 2.0			
		≤ 2.0	$\eta > 12$	V	特强冻胀
	$\omega > \omega_p + 15$	不考虑			

注:①ω_p——塑限含水量,%;

ω——在冻土层内冻前天然含水量的平均值;

②盐渍土不在表列;

③塑性指数大于 22 时,冻胀性降低一级;

④粒径小于 0.005 mm 的颗粒含量大于 60% 时,为不冻胀土;

⑤碎石类土当填充物大于全部质量的 40% 时,其冻胀性按填充物土的类别判断;

⑥碎石土,砾砂,粗砂,中砂(粒径小于 0.075 mm 颗粒含量不大于 15%),细砂(粒径小于 0.075 mm 颗粒含量不大于 10%)均按不冻胀考虑。

如果基础埋深小于土层的冻结深度,则基础在底面和侧面均受冻胀和力的向上作用;如果基础埋深大于土层冻结深度,则基础底面不受到冻胀力作用。确定基础埋深应考虑地基的冻胀性,季节性冻土地基的设计冻深 z_d 应按下式计算:

$$z_d = z_0 \cdot \psi_{zs} \cdot \psi_{zw} \cdot \psi_{ze} \tag{7.6}$$

式中　z_d——设计冻深,若当地有多年实测资料时,也可:$z_d = h' - \Delta z$,h' 和 Δz 分别为实测冻土层的厚度和地表冻胀量;

　　　　z_0——标准冻深,系采用在地表平坦、裸露,城市之外的空旷场地中不少于 10 年实测最大冻深的平均值。当无实测资料时,按《地基规范》附录 F 采用;

　　　　ψ_{zs}——土的类别对冻深的影响系数,按表 7.4;

　　　　ψ_{zw}——土的冻胀性对冻深的影响系数,按表 7.5;

　　　　ψ_{ze}——环境对冻深的影响系数,按表 7.6。

表 7.4　土的类别对冻深的影响系数

土的类别	影响系数 ψ_{zs}
黏性土	1.00
细砂、粉砂、粉土	1.20
中砂、粗砂、砾砂	1.30
碎石土	1.40

表 7.5　土的冻胀性对冻深的影响系数

冻胀性	影响系数 ψ_{zw}
不冻胀	1.00
弱冻胀	0.95
冻胀	0.90
强冻胀	0.85
特强冻胀	0.80

表 7.6　环境对冻深的影响系数

周围环境	影响系数 ψ_{ze}
村、镇、旷野	1.00
城市近郊	0.95
城市市区	0.90

注:环境影响系数一项,当城市市区人口为 20 万~50 万人时,按城市近郊取值;当城市市区人口大于 50 万人小于等于 100 万人时,按城市市区取值;当城市市区人口超过 100 万人时,按城市市区取值,5 km 以内的郊区应按城市近郊取值。

当建筑基础底面之下允许有一定厚度的冻土层,可用下式计算基础的最小埋深:

$$d_{max} = z_d - h_{max} \qquad (7.7)$$

式中　h_{max}——基础底面下允许残留冻土层的最大厚度,按表7.7查取。

表7.7　建筑基底下允许残留冻土层厚度 h_{max}/m

冻胀性	基础形式	采暖情况	90	110	130	150	170	190	210
		基底平均压力/kPa							
弱冻胀土	方形基础	采暖	—	0.94	0.99	1.04	1.11	1.15	1.20
		不采暖		0.78	0.84	0.91	0.97	1.04	1.10
	条形基础	采暖	–	>2.50	>2.50	>2.50	>2.50	>2.50	>2.50
		不采暖		2.20	2.50	>2.50	>2.50	>2.50	>2.50
冻胀土	方形基础	采暖	—	0.64	0.70	0.75	0.81	0.86	—
		不采暖		0.55	0.60	0.65	0.69	0.74	
	条形基础	采暖	—	1.55	1.79	2.03	2.26	2.50	
		不采暖		1.15	1.35	1.55	1.75	1.95	
强度胀土	方形基础	采暖	—	0.42	0.47	0.51	0.56		
		不采暖		0.36	0.40	0.43	0.47		
	条形基础	采暖	—	0.74	0.88	1.00	1.13	—	
		不采暖		0.56	0.66	0.75	0.84		
特强冻胀土	方形基础	采暖	0.30	0.34	0.38	0.41	—		
		不采暖	0.24	0.27	0.31	0.34	—		
	条形基础	采暖	0.43	0.52	0.61	0.70	—		
		不采暖	0.33	0.40	0.47	0.53			

注:①本表只计算法向冻胀力,如果基侧存在切向冻胀,应须采取防切向力措施;

②本表不适用宽度小于0.6 m的基础,矩形基础可取短边尺寸按方形基础计算;

③表中数据不适用于淤泥,淤泥质土和欠固结土;

④表中基底平均压力数值为永久荷载标准值乘以0.9,可以内插。

当有充分依据时,基底下允许残留冻土层厚度也可根据当地经验确定。

在冻胀、强冻胀、特强冻胀地基上,应采用下列防冻害措施:

①对在地下水位以上的基础,基础侧面应回填非冻胀性的中砂或粗砂,其厚度不应小于10 cm;对在地下水位以下的基础,可采用桩基础,自锚式基础(冻土层下有扩大板或扩底短桩)或采取其他有效措施。

②宜选择地势高、地下水位低、地表排水良好的建筑场地;对低洼场地,宜在建筑四周向外一倍冻深距离范围内,使室外地坪至少高出自然地面300~500 mm。

③防止雨水、地表水、生产废水、生活污水浸入建筑地基,应设置排水设施。在山区应设截水沟或在建筑物下设置暗沟,以排走地表水和潜水流。

④在强冻胀性和特强冻胀性的地基上,其基础结构应设置钢筋混凝土圈梁和基础梁,并控

制上部建筑的长高比,增强房屋的整体刚度。

⑤当独立基础联系梁下或桩基础承台下有冻土时,应在梁或承台下留有相当于该土层冻胀量的空隙,以防止因土的冻胀将梁或承台拱裂。

⑥外门斗、室外台阶和散水坡等部位宜与主体结构断开,散水坡分段不宜超过 1.5 m,坡度不宜小于 3%,其下宜填入非冻胀性材料。

⑦对跨年度施工的建筑,入冬前应对地基采取相应的防护措施;按采暖设计的建筑物,当冬季不能正常采暖,也应对地基采取保温措施。

7.4　地基承载力的确定

建筑物的荷重是由地基承担的,地基必须有足够的承担荷载的能力,才能使建筑物安全,并且能正常使用。天然地基浅基础设计中一个关键环节就是确定地基承载力。建筑物基础的底面尺寸需要根据地基承载力得以定出。地基承载力是指在满足变形和稳定性要求的前提下地基所能承受荷载和能力。

影响地基承载的因素很复杂,主要有土的地质形成条件和土性、基础的构造特点,建筑物或构筑物的结构特征,以及施工方法等。确定地基承载力的方法主要有下面四种:

①按静载荷方法确定;

②用理论公式计算;

③根据原位测试、室内试验成果并结合工程经验等综合确定;

④根据邻近条件相似建筑物经验确定。

从以上方法可能得出地基承载力特征值。《地基规范》对地基承载力特征值的定义是"地基承载力特征值指由载荷试验测定的地基土压力变形曲线线性变形内规定的变形所对应的压力值,其最大值为比例界限值。"《地基规范》同时也指出:"地基承载力特征值可由载荷试验或其他原位测试、公式计算,并结合工程实践经验等方法综合确定。"而不同设计等级的建筑物,可按下面方法确定地基承载力特征值:

①甲级建筑物:必须有静载荷试验资料,结合其他各种方法综合确定;

②乙级建筑物:用静载荷试验以外的各种方法确定,必要时也应进行静载荷试验;

③丙级建筑物:用原位试验、经验等综合确定。必要时也应进行静载荷试验和用理论公式计算。

地基基础设计时,首先要确定地基承载力特征值,然后视设计的具体情况对特征值进行修正,再用修正后的特征值进行基础底面尺寸设计计算。

7.4.1　按载荷试验确定地基承载力特征值

(1)确定地基承载力特征值

由载荷试验数据可绘出描述土层荷载与变形关系的 $p\text{-}s$ 曲线。由 $p\text{-}s$ 曲线可按有关规定确定地基承载力特征值,详见 6.2 节。

同一土层参加统计的试验点不应少于三点,当试验实测值的极差不超过其平均值的 30%时,取平均值作为土层的地基承载力特征值 f_{ak}。

（2）地基承载力特征值的修正

当基础宽度大于 3 m 或埋置深度大于 0.5 m 时，从载荷试验或其他原位测试、经验值等方法确定的地基承载力特征值，应按下式修正：

$$f_a = f_{ak} + \eta_b \gamma (b - 3) + \eta_d \gamma_m (d - 0.5) \tag{7.8}$$

式中　f_a——修正后的地基承载力特征值；

f_{ak}——地基承载力特征值；

η_b、η_d——基础宽度和埋深的地基承载力修正系数，按基底下土的类别查表 7.8 取值；

γ——基础底面以下土的重度，地下水位以下取浮重度；

b——基础底面宽度，m，当基宽小于 3 m，按 3 m 取值；大于 6 m，按 6 m 取值；

γ_m——基础底面以上土的加权平均重度，地下水位以下取浮重度；

d——基础埋置深度，m，一般自室外地面标高算起。

对于基础埋置深度，在填方整平地区，可自填土地面标高算起，但填土在上部结构施工后完成时，应从天然地面标高算起。对于地下室，如采用箱形基础或筏基时，基础埋置深度自室外地面标高算起；当采用独立基础或条形基础时，应从室内地面标高算起。

表 7.8　承载力修正系数

土的类别		η_b	η_d
淤泥和淤泥质土		0	1.0
人工填土 e 或 I_L 大于等于 0.85 的黏性土		0	1.0
红黏土	含水比 $\alpha_w > 0.8$	0	1.2
	含水比 $\alpha_w \leqslant 0.8$	0.15	1.4
大面积 压实填土	压实系数大于 0.95，黏粒含量 $\rho_c \geqslant 10\%$ 的粉土	0	1.5
	最大干密度大于 2.1 t/m³ 的级配砂石	0	2.0
粉土	黏粒含量 $\rho_c \geqslant 10\%$ 的粉土	0.3	1.5
	黏粒含量 $\rho_c < 10\%$ 的粉土	0.5	2.0
e 及 I_L 均小于 0.85 的黏性土		0.3	1.6
粉砂、细砂（不包括很湿与饱和时的稍密状态）		2.0	3.0
中砂、粗砂、砾砂和碎石土		3.0	4.4

注：①强风化的岩石，可参照所风化成的相应土类取值，其他状态下的岩石不修正；

②地基承载力特征值按本规范附录 D 深层平板载荷试验确定时 η_d 取 0；

③含水比 $\alpha_w = \dfrac{\omega}{\omega_L}$。

7.4.2　按强度理论公式计算地基承载力

当偏心距 e 小于或等于 0.033 倍基础底面宽度时，根据土的抗剪强度指标确定地基承载

力可按下式计算,并应满足变形要求:

$$f_a = M_b \gamma b + M_d \gamma_m d + M_c c_k \tag{7.9}$$

式中　f_a——由土的抗剪强度指标确定的地基承载力特征值;

M_b、M_d、M_c——承载力系数,按表7.9确定;

b——基础底面宽度,大于6 m时,按6 m考虑,对于砂土小于3 m时,按3 m取值;

c_k——基底下一倍基宽深度内土的黏聚力标准值。

式(7.9)是根据4.4节的塑性荷载 $p_{1/4}$ 的公式,并根据试验和经验作了修正。考虑到现行规范 $p_{kmax} \leq 1.2 f_{ak}$ 的要求,而 $p_{1/4}$ 公式采用的计算模式其基底压力是均匀分布的,当基础受到偏心荷载或水平荷载较大从而使偏心距过大时,地基反力分布将很不均匀。为了符合承载力计算的前提理论模式和规范要求,对式(7.9)增加一限制条件,即偏心距 e 小于或等于0.033倍基础底面宽度。同时,由于式(7.9)只考虑强度而未考虑变形,因此采用该公式计算强度时尚应验算地基变形。

表7.9　承载力系数 M_b、M_d、M_c

土的内摩擦角标准值 $\psi_k/(°)$	M_b	M_d	M_c
0	0	1.00	3.14
2	0.03	1.12	3.32
4	0.06	1.39	3.51
6	0.10	1.55	3.71
8	0.14	1.73	3.93
10	0.18	1.94	4.17
12	0.23	2.17	4.42
14	0.29	2.43	4.69
16	0.36	2.72	5.00
18	0.43	3.06	5.31
20	0.51	3.44	5.66
22	0.61	3.87	6.04
24	0.80	4.37	6.45
26	1.10	4.93	6.90
28	1.40	5.59	7.40
30	1.90	6.35	7.95
32	2.60	7.21	8.55
34	3.40	8.25	9.22
36	4.20	9.44	9.97
38	5.00	10.84	10.80
40	5.80		11.73

注:ψ_k——基底下一倍短边宽深度内土的内摩擦角标准值。

7.4.3　岩石地基承载力特征值的确定

①岩石地基承载力特征值可由载荷试验得出试验数据,绘出 p-s 图,由 p-s 图确定基承载

力特征值。

由 p-s 曲线可按下列规定确定岩石地基承载力特征值:

a. 对应于 p-s 曲线上起始直线段的终点为比例界限。符合终止加载条件的前一级荷载为极限荷载。将极限荷载除以 3 的安全系数,所得值与对应于比例界限的荷载相比较,取小值。

b. 每个场地载荷试验的数量不应少于 3 个,取最小值作为岩石地基承载力特征值。

②对于完整、较完整和较破碎的岩石地基承载力特征值,可根据室内饱和单轴抗压强度确定。

根据参加统计的一组试样的试验值计算其平均值、标准差、变异系数,取岩石饱和单轴抗压强度的标准值为:

$$f_{rk} = \psi \cdot f_{rm} \tag{7.10}$$

$$\psi = 1 - \left(\frac{1.704}{\sqrt{n}} + \frac{4.678}{n^2} \right) \delta \tag{7.11}$$

式中　f_{rm}——岩石饱和单轴抗压强度平均值;

f_{rk}——岩石饱和单轴抗压强度标准值;

ψ——统计修正系数;

n——试样个数;

δ——变异系数。

对于完整、较完整和较破碎的岩石地基承载力特征值,可根据室内饱和单轴抗压强度按下式计算:

$$f_a = \psi_r \cdot f_{rk} \tag{7.12}$$

式中　f_a——岩石地基承载力特征值,kPa;

f_{rk}——岩石饱和单轴抗压强标准值,kPa,可按本规范附录 J 确定;

ψ_r——折减系数,根据岩体完整程度以及结构面的间距、宽度、产状和组合,由地区经验确定。无经验时,对完整岩体可取 0.5;对较完整岩体可取 0.2 ~ 0.5;对较破碎岩体可取 0.1 ~ 0.2。

注意:①上述折减系数未考虑施工因素及建筑物使用后风化作用的继续;②对于黏土质岩,在确保施工期及使用不致遭水浸泡时,也可采用天然湿度的试样,不进行饱和处理。

对于破碎、极破碎的岩石地基承载力特征值,可根据地区经验取值;无地区经验时,可根据平板载荷试验确定,岩石地基承载力不进行深宽修正。

7.4.4　软弱下卧层承载力的验算

当地基受力层范围内有软弱卧层时(图 7.16),应验算下卧层顶面承载力是否足够,即验算作用在其顶面的自重应力与附加应力之和是否小于修正后的承载力特征值。按下式验算:

$$p_z + p_{cz} \leq f_{az} \tag{7.13}$$

式中　p_z——相应于荷载效应标准组合时,软弱下卧层顶面处的附加压力值;

p_{cz}——软卧下卧层顶面处土的自重压力值;

f_{az}——软卧下卧层顶面处经深度修正后地基承载力特征值。

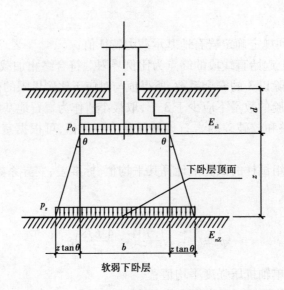

图 7.16

对条形基础和矩形基础,式(7.13)中的 p_z 值可按下列公式简化计算条形基础:

条形基础:

$$p_z = \frac{b(p_k - p_c)}{(b + 2z \tan \theta)} \qquad (7.14)$$

矩形基础:

$$p_z = \frac{lb(p_k - p_c)}{(b + 2z \tan \theta)(l + 2z \tan \theta)} \qquad (7.15)$$

式中　b ——矩形基础和条形基础底边的宽度;

　　　l ——矩形基础底边的长度;

　　　p_c ——基础底面处土的自重压力标准值;

　　　z ——基础底面至软弱下卧层顶面的距离;

　　　θ ——地基压力扩散线与垂直线的夹角,可按表 7.10 采用。

表 7.10　地基压力扩散角 θ

E_{s1}/E_{s2}	z/b	
	0.25	0.50
3	6°	23°
5	10°	25°
10	20°	30°

注:①E_{s1} 为上层土压缩模量,E_{s2} 为下层土压缩模量;

　　②$z/b < 0.25b$ 时,一般取 $\theta = 0°$,必要时,宜由试验确定;$z/b > 0.50b$ 时,θ 值不变。

7.5　基础的设计与计算

当基础埋深和地基承载力初步确定以后,就可根据上部荷载进行基础底面尺寸的设计。

基础底面尺寸一般由根据持力层地基承载力初步确定,再进行验算。验算包括:如果持力层下面是软弱下卧层,应验算软弱下卧层承载力;有必要时还要验算地基变形和稳定性。天然地基上的浅基础设计内容和一般步骤为:

①确定基础类型和材料以及平面布置方式;

②选择基础埋置深度;

③确定地基承载力;

④确定基础底面尺寸;

⑤进行必要的地基验算(变形、稳定性);

⑥进行基础剖面设计;

⑦绘制基础施工图,编写施工说明。

7.5.1　中心荷载作用下基础底面尺寸的确定

根据基础压力为直线分布的假设,可知在中心荷载作用下基底压力为均匀分布,其值为:

$$p_k = \frac{F_k + G_k}{A} \tag{7.16}$$

式中　F_k——相应于荷载效应标准组合时,上部结构传至基础顶面的竖向力值,kN/m^2;

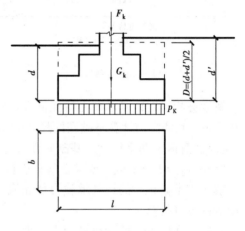

图 7.17　轴心受压基础

G_k——基础自重和基础上的土重;$G_k = \gamma_G A D$,式中 γ_G 为基础及台阶上回填土平均重度,一般取为 $20\ kN/m^3$,D 为室内外地面到基础底面的平均距离(图 7.17),m;

A——基础底面面积,$A = bl$,m^2,式中 b、l 分别为基础底面短边和长边,m。

规范规定,中心荷载下地基承载力必须满足下式:

$$p_k \leqslant f_a \tag{7.17}$$

即

$$p_k = \frac{F_k + G_k}{A} = \frac{F_k + \gamma_G A D}{A} \tag{7.18}$$

由式(7.17)和式(7.18)得

$$\frac{F_k + \gamma_G A D}{A} \leqslant f_a$$

由此式得:

$$A \geqslant \frac{F_k}{f_a - \gamma_G D} \tag{7.19}$$

方形基础:

$$b = l \geqslant \sqrt{\frac{F_k}{f_a - \gamma_G D}} \tag{7.20}$$

对于条形基础,在纵向取延米计算(取 $l = 1$ m),则只需求得基础宽度,即

$$b = \frac{F_k}{f_a - \gamma_G D} \qquad (7.21)$$

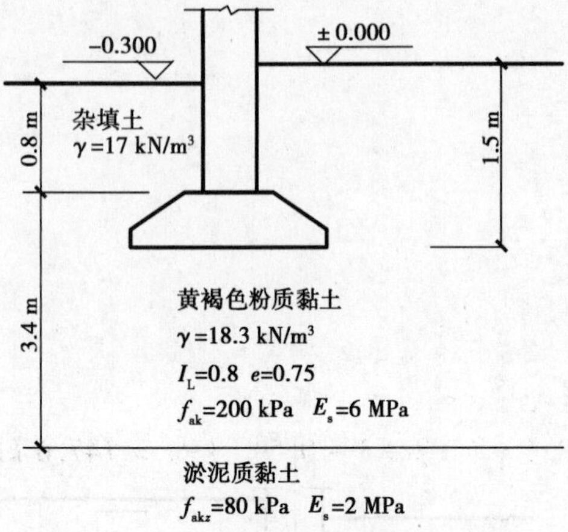

矩形基础:

$$bl = \frac{F_k}{f_a - \gamma_G D} \qquad (7.22)$$

式中,b 和 l 都未知,设计时可先设一长宽比值 $n = l/b$,由此式得 $l = nb$ 代入式(7.21),得:

$$b \geq \sqrt{\frac{F_k}{n(f_a - \gamma_G D)}} \qquad (7.23)$$

而长度 l 则由所求得的 b 值由 $l = nb$ 得出。在工程中,长宽比 n 不宜过大,宜取 n 不大于 2。

例 7.1 某独立基础(正方形),传到基础顶面正常使用极限状态下轴心荷载标准组合值 $F_k = 185$ kN,其他数据如图 7.18 所示,验算软弱下卧层强度。

图中标注:
-0.300 ±0.000
杂填土 $\gamma = 17$ kN/m³ 0.8 m 1.5 m
黄褐色粉质黏土
$\gamma = 18.3$ kN/m³
$I_L = 0.8$ $e = 0.75$
$f_{ak} = 200$ kPa $E_s = 6$ MPa 3.4 m
淤泥质黏土
$f_{akz} = 80$ kPa $E_s = 2$ MPa

图 7.18 例 7.1

解题分析 对地基承载力特征值进行修正时,其前提条件是基础宽度大于 3 m 或埋深大于 0.5 m。此埋深与计算基础底面尺寸时所采用的埋深 D 应加以区别。地基承载力修正公式中,也应注意区分两个重度。基础底面尺寸的大小除应满足持力层承载力要求外,还应满足软弱下卧层($f_{akz} < f_{ak}$)承载力要求。f_{aZ} 只进行深度修正,读者应留意。

解 ①求修正后的地基承载力特征值 f_a 由于开始设计时并不知道基础宽度,故先只对深度影响部分进行修正。

基础底面以上土的加权平均重度为:

$$\gamma_m = \frac{17 \times 0.8 + 18.3 \times 0.4}{0.8 + 0.4} \text{ kN/m}^3 = \frac{20.9}{1.2} \text{ kN/m}^3 = 17.4 \text{ kN/m}^3$$

查表 7.8,$\eta_d = 1.6$,按规定 d 取 1.5,则

$$f_a = f_{ak} + \eta_b \gamma (b - 3) + \eta_d \gamma_m (d - 0.5) = [200 + 1.6 \times 17.4 \times (1.5 - 0.5)] \text{ kPa} = 227.8 \text{ kPa}$$

②求算基础底面宽度

因为

$$D = \frac{1.2 + 1.5}{2} \text{ m} = 1.35 \text{ m}$$

由式(7.20)得:

$$b^2 \geq \frac{F_k}{f_a - \gamma_G D} = \frac{185}{227.8 - 20 \times 1.35} \text{ m} = 0.92 \text{ m}^2, b \geq 0.96 \text{ m}$$

取 $b = 1$ m,基础宽度不用修正。

$$p_k = \frac{F_k + G_k}{A} = \frac{185 + 20 \times 1.0 \times 1.35}{1.0} \text{ kPa} = 212.0 \text{ kPa}$$

$p_k < f_a$ 持力层承载力满足要求。

③验算软弱下卧层强度

$$p_c = (17 \times 0.8 + 18.3 \times 0.4) \text{ kPa} = 20.9 \text{ kPa}$$

由 $\dfrac{E_{s1}}{E_{s2}} = \dfrac{6}{2} = 3$ 和 $z = 3$ m $> 0.50b = 0.5 \times 1.0 = 0.5$ m,查表 7.10,地基压力扩散角 $\theta = 23°$

将以上数据代入式(7.15),得软弱下卧层顶面处附加应力为:

$$p_z = \frac{b^2 (p_k - p_c)}{(b + 2z \tan \theta)^2} = \frac{1.0^2 \times (212.0 - 20.9)}{(1.0 + 2 \times 3 \tan 23°)^2} \text{ kPa} = 15.2 \text{ kPa}$$

软弱下卧层顶面处自重应力为:

$$p_{cz} = (17 \times 0.8 + 18.3 \times 3.4) \text{ kPa} = 75.8 \text{ kPa}$$

软弱下卧层顶面以上土的加权平均重度为:

$$\gamma_m = \frac{17 \times 0.8 + 18.3 \times 3.4}{0.8 + 3.4} \text{ kN/m}^3 = \frac{75.8}{4.2} \text{ kN/m}^3 = 18.1 \text{ kN/m}^3$$

查表 7.8,$\eta_d = 1.0$,则

软卧下卧层顶面处经深度修正后地基承载力特征值为:

$$f_{az} = f_{akz} + \eta_d \gamma_m (d + z - 0.5) = [80 + 1.0 \times 18.1 \times (1.2 + 3 - 0.5)] \text{ kPa} = 147.0 \text{ kPa}$$

软弱下卧层顶面以上附加应力与自重应力之和为:

$$p_z + p_{cz} = (15.2 + 75.8) \text{ kPa} = 91.0 \text{ kPa} < f_{az} = 147.0 \text{ kPa}$$

软弱下卧层承载力满足要求。

7.5.2　偏心荷载作用下基础底面尺寸的确定

由于存在着对基础底面中心处弯矩的作用,基础底面各处基底压力均匀,其最大与最小值按下式求算:

当偏心距 $e \leqslant \dfrac{b}{6}$ 时:

$$
\begin{aligned}
p_{kmax} &= \frac{F_k + G_k}{A} + \frac{M_{xk}}{W_x} + \frac{M_{yk}}{M_y} \\
&= \frac{F_k + G_k}{bl} + \frac{6M_{xk}}{bl^2} + \frac{6M_{yk}}{b^2 l} \quad (7.24)
\end{aligned}
$$

$$
\begin{aligned}
p_{kmin} &= \frac{F_k + G_k}{A} - \frac{M_{xk}}{W_x} - \frac{M_{yk}}{W_y} \\
&= \frac{F_k + G_k}{bl} - \frac{6M_{xk}}{bl^2} - \frac{6M_{yk}}{b^2 l} \quad (7.25)
\end{aligned}
$$

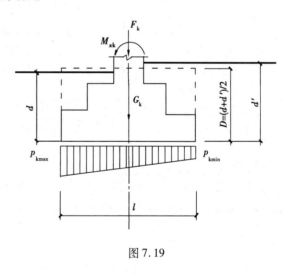

图 7.19

当偏心距 $e > \dfrac{l}{6}$ 时:

$$p_{kmax} = \frac{2(F_k + G_k)}{3ba} \qquad (7.26)$$

式中　M_{xk}、M_{yk}——相应于荷载效应标准组合时,分别作用于基础底面 x、y 对称轴的力矩值;

　　　　W_x、W_y——基础底面分别对 x、y 轴的抵抗矩;

　　　　p_{kmax}、p_{kmin}——相应于荷载效应标准组合时,基础底面边缘的最大、最小压力值,如图 7.19所示;

　　　　b——垂直于力矩作用方向的基础底面边长;

a——合力作用点至基础底面最大压力边缘的距离,$a = \dfrac{l}{2} - e$;

l——偏心方向基础底面边长。

基底压力应按式(7.17)和下式验算:

$$p_{kmax} \leqslant 1.2f_a \qquad\qquad (7.27)$$

$$p_{kmin} \geqslant 0 \qquad\qquad (7.28)$$

式(7.28)是保证基础底面不出现拉应力(偏心距不小于 $l/6$),如图7.20所示。设计时,原则上应保证满足。只是在个别荷载组合或低压缩性土情况下才可适当放宽,但偏心距仍不宜大于 $l/4$。

基底尺寸求算可采用两种方法:一种是试算法,另一种是解析法。

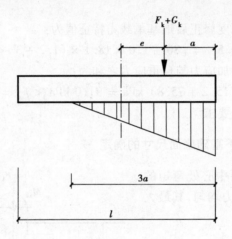

图7.20　偏心荷载($e > b/6$)下基底压力计算

b—力矩作用方向基础地面边长

(1)试算法

先按中心荷载作用下的式(7.19),初估基础底面积 A_0,再考虑偏心不利影响,加大基底面积 $10\% \sim 40\%$。偏心小时可取较小值,偏心大时取较大值,即暂取 $A = (1.1 \sim 1.4)A_0$;然后取一个长宽比 $n = l/b$,由 $bl = b^2 n = A$,求出 $b = \sqrt{\dfrac{A}{n}}$ 和 $l = A/b$;最后用式(7.17)、式(7.25)和式(7.26)验算。若不满足,则应调整尺寸,再验算。如此反复,直到验算满足要求为止。调整时,宜考虑基底尺寸的经济性。

(2)解析法

1)矩形基础

先设定一个长宽比 $n = l/b = 1 \sim 2$,由式(7.24)式(7.27),可得:

$$b \geqslant \frac{1}{\sqrt{n}}\left(\sqrt[3]{-P + \sqrt{\Omega}} + \sqrt[3]{-P - \sqrt{\Omega}} \right) \qquad (7.29)$$

$$p = -\frac{3M}{\sqrt{n}(1.2f_a - \gamma_G D)}$$

$$M = M_x + nM_y$$

$$\Omega = p^2 + q^3$$

$$q = -\frac{F_k}{3(1.2f_a - \gamma_G D)}$$

按式(7.29)求出的基底宽度 b 及长度 $l = nb$，它是在取定的 n 值下，以偏心距 $e = l/6$（即满足式(7.28)）前提推导出来的，因此应验算是否满足式(7.26)。这一验算也可由下面的式子进行，即

$$\frac{F_k + G_k}{Af_a} \geqslant 0.6 \qquad (7.30)$$

上式是由应满足 $p_{kmax} = 1.2f_a$ 及 $p_{kmin} \geqslant 0$ 而推导出来的。

如果按式(7.29)不能求出 b，说明荷载较小，用不着按偏心受压方法求算，而只按轴心受压方法求算 b 与 l 即可。

如果不满足式(7.28)或式(7.30)，则可调整 n 值再行求算；或由式(7.25)和式(7.28)求算满足 $e \leqslant l/6$ 的最小基础底面尺寸，即

$$b_{min} = \frac{1}{\sqrt{n}}\left(\sqrt[3]{-P + \sqrt{\Omega}} + \sqrt[3]{-P - \sqrt{\Omega}}\right) \qquad (7.31)$$

$$p = \frac{3M}{\sqrt{n}\gamma_G D}$$

$$M = M_x + nM_y$$

$$\Omega = p^2 + q^3$$

$$q = \frac{F_k}{3\gamma_G D}$$

2）条形基础

在基础纵向取延米进行计算（取 $l = 1$ m），按上述同样方法可求得：

$$b \geqslant \frac{F_k + \sqrt{F_k^2 - 24M(1.2f_a - \gamma_G D)}}{2(1.2f_a - \gamma_G D)} \qquad (7.32)$$

与矩形基础一样，如果按式(7.32)不能求出 b，或者不满足式(7.28)或式(7.30)，则可由式(7.25)和式(7.28)求算满足 $e \leqslant l/6$ 的最小基础底面尺寸，即

$$b \geqslant \frac{-F_k + \sqrt{F_k^2 + 24M\gamma_G D}}{2\gamma_G D} \qquad (7.33)$$

以上求出的基础底面尺寸尚应满足式(7.17)要求。

例 7.2 某房屋柱传到基础顶面荷载为 $F_k = 1\,200$ kN，$M_x = 400$ kN·m，$M_y = 100$ kN·m。地基为红黏土，重度为 18.0 kN/m³，含水比为 0.6，已确定地基承载力特征值 $f_{ak} = 200$ kPa。基础埋深 $D = 1.8$ m，确定基础底面尺寸。

解 1）求修正后的地基承载力特征值 f_a

由于开始设计时并不知道基础宽度，故先只对深度影响部分进行修正。

查表 7.8，$\eta_d = 1.4$，则

$f_a = f_{ak} + \eta_b\gamma(b-3) + \eta_d\gamma_m(d-0.5) = [200 + 1.4 \times 18 \times (1.8-0.5)]$ kPa $= 232.8$ kPa

2）求算基础底面长宽

①用试算法求 bl

A. 试取 bl

由于荷载为偏心作用,故基础面积试按轴心受压力面积公式(7.16)增大 1.2 倍,即

$$A \geq 1.2 \frac{F_k}{f_a - \gamma_G D} = 1.2 \times \frac{1\ 200}{232.8 - 20 \times 1.8}\ \text{m}^2 = 7.3\ \text{m}^2$$

取 $n = l/b = 1.5$,则 $A = bl = b^2 n$,由此得:

$$b \geq \sqrt{\frac{A}{n}} = \sqrt{\frac{7.3}{1.5}}\ \text{m} = 2.2\ \text{m}$$

$$l \geq nb = 1.5 \times 2.2\ \text{m} = 3.3\ \text{m}$$

B. 验算 lb

$$G_k = \gamma_G AD = (20 \times 2.2 \times 3.3 \times 1.8)\ \text{kN} = 261.4\ \text{kN}$$

$$p_k = \frac{F_k + G_k}{A} = \frac{1\ 200 + 261.4}{2.2 \times 3.3}\ \text{kPa} = 201.3\ \text{kPa}$$

$$p_{max} = \frac{F_k + G_k}{bl} + \frac{6M_{xk}}{bl^2} + \frac{6M_{yk}}{b^2 l} = \left(\frac{1\ 200 + 261.4}{2.2 \times 3.3} + \frac{6 \times 400}{2.2 \times 3.3^2} + \frac{6 \times 100}{2.2^2 \times 3.3} \right) \text{kPa}$$

$$= 339\ \text{kPa} > 1.2 f_a = 1.2 \times 232.8\ \text{kPa} = 279.4\ \text{kPa}$$

不满足地基承载力要求,后续内容已不用再验算。再行试算,直到满足要求为止。此处从略。

②用解析法求 lb

仍取 $n = l/b = 1.5$

$$M = M_x + nM_y = (400 + 1.5 \times 100)\ \text{kN} \cdot \text{m} = 550\ \text{kN} \cdot \text{m}$$

$$p = -\frac{3M}{\sqrt{n}(1.2 f_a - \gamma_G D)} = -\frac{3 \times 550}{\sqrt{1.5} \times (1.2 \times 232.8 - 20 \times 1.8)} = -5.54$$

$$q = -\frac{F_k}{3(1.2 f_a - \gamma_G D)} = -\frac{1\ 200}{3 \times (1.2 \times 232.8 - 20 \times 1.8)} = -1.64$$

$$\Omega = p^2 + q^3 = (-5.54)^2 + (-1.64)^3 = 26.21$$

由式(7.29)得:

$$b \geq \frac{1}{\sqrt{n}} \left(\sqrt[3]{-P + \sqrt{\Omega}} + \sqrt[3]{-P - \sqrt{\Omega}} \right) = \left[\frac{1}{\sqrt{1.5}} \left(\sqrt[3]{-(-5.54) + 26.21} + \sqrt[3]{-(-5.54) - 26.21} \right) \right] \text{m}$$

$$= 2.41\ \text{m}$$

$$l = bn = 1.5 \times 2.41\ \text{m} = 3.62\ \text{m}$$

③验算

将 lb 代入式(7.30)得:

$$\frac{F_k + G_k}{A f_a} = \frac{1\ 200 + 20 \times 2.41 \times 3.62 \times 1.8}{2.41 \times 3.6 \times 232.8} = 0.7 \geq 0.6$$

以上计算结果已说明计算尺寸 lb 满足 $p_{max} \leq 1.2 f_a$ 和 $p_{min} \geq 0$。再验算是否满足式(7.17),即

$$p_k = \frac{F_k + G_k}{A} = \left(\frac{1\ 200 + 20 \times 2.41 \times 3.62 \times 1.8}{2.41 \times 3.6} \right) \text{kPa} = 173.5\ \text{kPa} < f_a = 232.8\ \text{kPa}$$

满足地基承载力要求。

按以上解析法求算的基底尺寸是在 $n = 1.5$ 时满足地基承载力的最经济的尺寸。实际设计时一般可取稍大,比如本例可取 $b = 2.5\ \text{m}$,$l = 3.7\ \text{m}$。

7.5.3　无筋扩展基础剖面尺寸的决定

无筋扩展基础是指由砖、毛石、混凝土或毛石混凝土、灰土和三合土等材料组成的,且不需配置钢筋的墙下条形基础或柱下独立基础,适用于多层民用建筑和轻型厂房。它们的特点是抗压强度较大,而抗拉、抗弯和抗剪强度却很小。当地基反力作用于基础底面时,必须保证基础每一台阶具有足够的相对高度。这一要求在设计中是通过符合规定的台阶宽高比允许值来实现的,即

$$\frac{b_1}{h_1} = \frac{b_2}{h_2} = \cdots \frac{b_n}{h_n} \leqslant \tan \alpha$$

式中　$b_1, b_2, \cdots, b_n$——基础由顶面向下第 $1, 2, \cdots, n$ 个台阶的宽度;

$h_1, h_2, \cdots, h_n$——与第 $1, 2, \cdots, n$ 个台阶相对应的各个台阶高度;

$\tan \alpha$——基础台阶宽高比 $b_2 : H_0$,其允许值可按表 7.11 选用。

满足台阶宽高比允许值的基础高度应符合下式要求:

$$H_0 = \frac{b - b_0}{2 \tan \alpha} \tag{7.34}$$

式中　b——基础底面宽度;

b_0——基础顶面的墙体宽度或柱脚宽度;

H_0——基础高度。

表 7.11　无筋扩展基础台阶宽高比的允许值

基础材料	质量要求	台阶宽高比的允许值		
		$p_k \leqslant 100$	$100 < p_k \leqslant 200$	$200 < p_k \leqslant 300$
混凝土基础	C15 混凝土	1:100	1:1.00	1:1.25
毛石混凝土基础	C15 混凝土	1:1.00	1:1.25	1:1.50
砖基础	砖不低于 MU10,砂浆不低于 M5	1:1.50	1:1.50	1:1.50
毛石基础	砂浆不低于 M5	1:1.25	1:1.50	—
灰土基础	体积比为 3:7 或 2:8 的灰土,其最小干密度: 粉土 1.55 t/m³ 粉质黏土 1.50 t/m³ 黏土 1.45 t/m³	1:1.25	1:1.50	—
三合土基础	体积比 1:2:4 ~ 1:3:6(石灰:砂:骨料),每层约虚铺 220 mm,夯至 150 mm	1:1.50	1:2.00	—

注:①p_k 为荷载效应标准组合基础底面处的平均压力值,kPa;

②阶梯形毛石基础的每阶伸出宽度,不宜大于 200 mm;

③当基础由不同材料叠合组成时,应对接触部分作抗压验算;

④基础底面处的平均压力值超过 300 kPa 的混凝土基础,尚应进行抗剪验算。

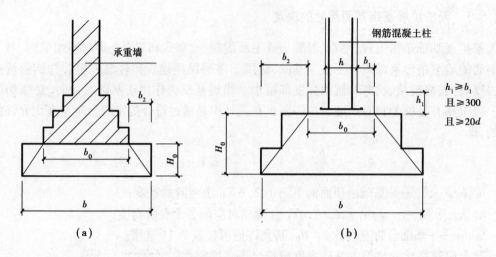

图 7.21 无筋扩展基础构造

采用无筋扩展基础的钢筋混凝土柱,其柱脚高度 h_1 不得小于 b_1(图 7.21),并不应小于 300 mm 且不小于 $20d$(d 为柱中的纵向受力钢筋的最大直径)。当柱纵向钢筋在柱脚内的竖向锚固长度不满足锚固要求时,可沿水平方向弯折,弯折后的水平锚固长度不应小于 $10d$ 也不小于 $20d$。

例 7.3 在例 7.1 中,如果荷载值为 $F_k = 160$ kN,墙厚 240 mm,试设计无筋扩展基础。

解 方案一:毛石基础

采用 C10 毛石,M5 砂浆。

① 求毛石基础台阶宽高比的允许值 $\tan \alpha$

基础底面平均压力为:

$$p_k = \frac{F_k + G_k}{A} = \frac{160 + 20 \times 1.0 \times 1.0 \times 1.35}{1.0 \times 1.0} \text{ kPa} = 187 \text{ kPa}$$

查表 7.11,$\tan \alpha = 1/1.5$。

② 求各台阶宽度

基础两边各挑出宽度为:

$$b_1 = (b - b_0)/2 = (1\,000 - 240)/2 \text{ mm} = 380 \text{ mm}$$

则一个台阶平均宽为 380/2 mm = 190 mm。

取上阶宽 $b_1 = 200$ mm,则下阶宽

$$b_2 = (380 - 200) \text{ mm} = 180 \text{ mm}。$$

③ 求各台阶最小高度

要满足台阶宽高比允许值,即符合

$$\frac{b_1}{h_1} = \frac{b_2}{h_2} \leqslant \tan \alpha$$

如图 7.22 所示,各台阶高度为:

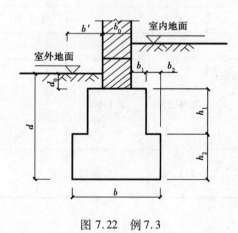

图 7.22 例 7.3

$$h_1 \geqslant \frac{b_1}{\tan \alpha} = \frac{200}{\dfrac{1}{1.5}} \text{ mm} = 300 \text{ mm}$$

$$h_2 \geqslant \frac{b_2}{\tan \alpha} = \frac{180}{\dfrac{1}{1.5}} \text{ mm} = 270 \text{ mm}$$

取 $h_1 = 300$ mm，$h_2 = 270$ mm。

④验算基础顶面到室外地基距离 d_0

$d_0 = d - h_1 - h_2 = (1\ 200 - 300 - 300)$ mm $= 600$ mm > 100 mm，满足构造要求。

由于毛石基础要求每阶高不少于 400 mm，因此所取每阶高度过小，可将设计调整为两种方案，具体计算过程从略，毛石基础的剖面图如图 7.23 所示。其中 1 阶的台阶过宽，2 阶基础 $\tan \alpha$ 不合要求，故该方案不合适。

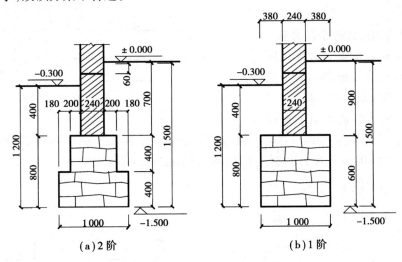

（a）2 阶　　　　　　　　　　（b）1 阶

图 7.23　毛石基础剖面

方案二：灰土基础（基础下层用灰土，其上砌砖）。

采用体积比为 3∶7 的灰土，其中土料采用粉土。

1）求灰土基础台阶宽高比的允许值 $\tan \alpha$

查表 7.11，$\tan \alpha = 1.5$。

2）求各台阶尺寸

①灰土台阶尺寸

取灰土台阶高为 2 步（300 mm），则灰土台阶满足宽高比要求的最小宽度为：

$$b_2 = h_2 \tan \alpha = 300 \times \frac{1}{1.50} \text{ mm} = 200 \text{ mm}$$

②砖大放脚尺寸

砖大放脚采用"二、一间隔法"砌筑形式，每皮均收进 60 mm，故大放脚每边收进

$$\frac{1\ 000 - 240 - 2 \times 200}{2} \text{ mm} = 180 \text{ mm}$$

由此可知每边收进砖皮数为 $\frac{180}{60} = 3$。这 3 皮砖共高 $(2 \times 120 + 60)$ mm $= 300$ mm。

3）验算基础顶面到室外地基距离 d_0

$$d_0 = (1\ 200 - 300 - 300) \text{ mm} = 600 \text{ mm} > 100 \text{ mm}$$

基础满足构造要求。剖面图如图 7.24 所示，该方案符合要求。

7.5.4　扩展基础设计

扩展基础是指柱下钢筋混凝土独立基础和墙下钢筋混凝土条形基础。由于配有钢筋，其

受力性能无论是抗拉、抗压、抗弯均较无筋扩展基础有很大的优越性。扩展基础适用于上部结构荷载较大或承受较大弯矩、水平荷载的情况。当地表持力层土质较好、下层土质软弱的情况，利用表层好土层设置浅埋扩展基础，最能发挥其优势。

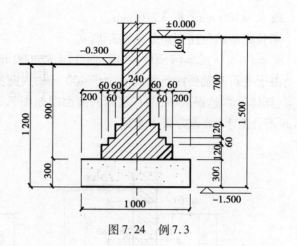

图 7.24　例 7.3

（1）扩展基础设计的构造要求

①高度　锥形基础的边缘高度不宜小于 200 mm，阶梯形基础的每阶高度宜为 300~500 mm（图 7.25）。

②垫层　为了给基础施工提供较好的工作面，通常基础垫层的厚度不宜小于 70 mm，垫层混凝土强度等级应为 C10；通常采用 C10 混凝土做 100 mm 厚，两端伸出 50 mm 或100 mm（图 7.26）。

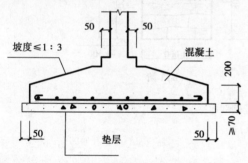

图 7.25　锥形基础

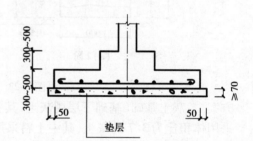

图 7.26　阶梯形基础

③钢筋　扩展基础底板受力钢筋的最小直径不宜小于 10 mm，间距不宜大于 200 mm，也不宜小于 100 mm，墙下钢筋混凝土条形基础纵向分布钢筋的直径不小于 8 mm，间距不大于 300 mm，每延米分布负钢筋的面积应不小于受力钢筋面积的 1/10。当有垫层时，钢筋保护层的厚度不小于 40 mm；无垫层时，不小于 70 mm。

④混凝土　混凝土强度等级不应低于 C20。

⑤当柱下钢筋混凝土独立基础的边长和墙下钢筋混凝土条形基础的宽度大于或等于 2.5 m 时，底板受力钢筋的长度可取边长或宽度的 0.9 倍，并宜交错布置（图 7.27（a））。

⑥钢筋混凝土条形基础底板在 T 形及十字形交接处，底板横向受力钢筋仅沿一个主要受力方向通长布置，另一方向的横向受力钢筋可布置到主要受力方向底板宽度 1/4 处（图 7.27（b））；在拐角处底横向受力筋应沿两个方向布置（图 7.27（c））。

钢筋混凝土柱和剪力墙纵向受力钢筋在基础内的锚固长度 l_a，应根据钢筋在基础内的最小保护层厚度按现行《混凝土结构设计规范》有关规定确定。有抗震设防要求时，纵向受力钢筋的最小锚固长度 l_{aE} 应按下式计算。

一、二级抗震等级：

$$l_{aE} = 1.15 l_a$$

三级抗震等级：

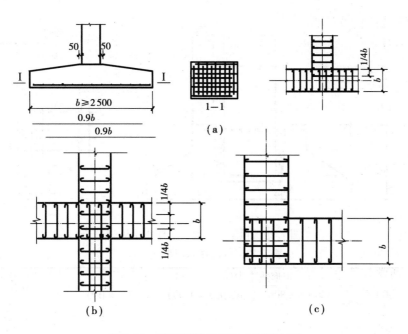

图 7.27　扩展基础底板受力钢筋布置

$$l_{aE} = 1.05 l_a$$

四级抗震等级：

$$l_{aE} = l_a$$

式中　l_a——纵向受拉钢筋的锚固长度。

现浇柱的基础其插筋的数量、直径以及钢筋种类应与柱内纵向受力相同。插筋的锚固长度应满足上述要求,插筋与柱的纵向受力钢筋的连接方法,应符合现行《混凝土结构设计规范》的规定。插筋的下端宜作为直钩放在基础底板钢筋网上。当符合下列条件之一时,可仅将四角的插筋伸至底板钢筋网上,其插筋锚固在基础顶面下 l_a 或 l_{aE}(有抗震设防要求时),如图 7.28 所示。

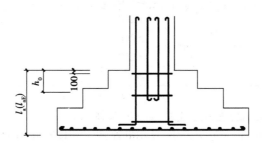

图 7.28　现浇柱的基础中插筋的构造

①柱为轴心受压或小偏心受压,基础高度大于等于 1 200 mm;

②柱为大偏心受压,基础高度大于等于 1 400 mm。

预制钢筋混凝土柱与杯口基础的连接,应符合下列要求(图 7.29):

$$a_1 \geqslant a_2$$

③柱的插入深度可按表 7.12 选用,并应满足钢筋锚固长度的要求及吊装时柱的稳定性。

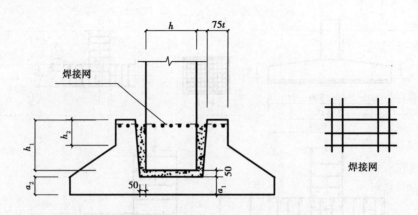

图 7.29 预制钢筋混凝土柱独立基础

表 7.12 柱的插入深度 h_1/mm

矩形或工字形柱				双肢柱
$h < 500$	$500 \leqslant h < 800$	$800 \leqslant h < 1\,000$	$h > 1\,000$	
$h - 12h$	h	$0.9h$ 且不小于 800	$0.8h$ 且不小于 1 000	$(1/3 - 2/3)h_a$ $(1.5 - 1.8)h_b$

注：①h 为柱截面长边尺寸；d 为管柱的外直径；h_a 为双肢柱整个截面长边尺寸；h_b 为双肢柱整个截面短边尺寸；

②柱轴心受压或小偏心受压时，h_1 可适当减小，偏心距大于 $2h$(或 $2d$)时，h_1 应适当加大。

④基础的杯底厚度和杯壁厚度，可按表 7.13 选用。

表 7.13 基础的杯底厚度和杯壁厚度

柱截面长边尺寸 h/mm	杯底厚度 a_1/mm	杯壁厚度 t/mm
$h < 500$	$\geqslant 150$	$150 \sim 200$
$500 \leqslant h < 800$	$\geqslant 200$	$\geqslant 200$
$800 \leqslant h < 1\,000$	$\geqslant 200$	$\geqslant 300$
$1\,000 \leqslant h < 1\,500$	$\geqslant 250$	$\geqslant 350$
$1\,500 \leqslant h < 2\,000$	$\geqslant 300$	

注：①双肢柱的杯底厚度值，可适当加大；

②当有基础梁时，基础梁下的杯壁厚度，应满足其支承宽度的要求；

③柱子插入杯口部分的表面应凿毛，柱子与杯口之间的空隙，应用比基础混凝土强度等级高一级的细石混凝土充填密实，当达到材料设计强度的 70% 以上时，方能进行上部吊装。

当柱为轴心或小偏心受压且 $t/h_2 \geqslant 0.65$ 时或大偏心受压且 $t/h_2 \geqslant 0.75$ 时，杯壁可不配筋；当柱为轴心或小偏心受压且 $0.5 \leqslant t/h_2 < 0.65$ 时，杯壁可按表 7.14 构造配筋；其他情况下，应按计算配筋。

表7.14　杯壁构造配筋

柱截面长边尺寸/mm	$h < 1\,000$	$1\,000 \leqslant h < 1\,500$	$1\,500 \leqslant h \leqslant 2\,000$
钢筋直径/mm	8 ~ 10	10 ~ 12	12 ~ 16

注:表中钢筋置于杯口顶部,每边两根(图7.29)。

(2)扩展基础的设计计算

1)墙下条形基础

墙下条形基础由于平面长度很大,其破坏形式只能是横向弯曲;地基净反力过大时,也有可能使得剪力过大,从而发生斜裂缝破坏,故墙下条形基础应能抵抗剪力和弯矩。

①中心荷载作用下条形基础设计

A.底板厚度的确定。如图7.30所示,基础底板中心荷载作用下,其基底压力呈均匀分布,地基反力当然也是均匀分布的。

地基反力 p_k 在一部分与基础与台阶上土重 G_k 相抵后,剩下的部分称为地基净反力 p_j。在 p_j 作用下,基础底板将受到剪力和弯矩作用。在设计时,选取受作用最为不利的 I-I 截面进行计算。弯矩由配筋抵抗,而底板内不设箍筋和弯起筋,剪力由混凝土抵抗。因此,基础底板必须有足够的厚底 h,才能有足够的抵抗能力。底板厚度可由对底板有效厚度 h_0 的求算而得到。

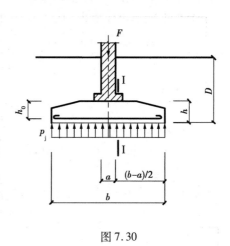

图7.30

最不利截面 I-I 截面应满足下式要求:

$$V \leqslant 0.7 f_t b h_0 \qquad (\text{此处 } b \text{ 取 1 延米}) \tag{7.35}$$

由此得:

$$h_0 \geqslant \frac{V}{0.7 f_t} \tag{7.36}$$

$$V = \frac{1}{2} p_j (b - a)$$

$$p_j = \frac{F}{A}$$

式中　V——最不利截面 I-I 处基础所受剪力设计值;

　　　　f_t——混凝土轴心抗压强度设计值;

　　　　h_0——基础底板有效高度,$h = h_0 + a_s$;

　　　　a_s——底板配筋重心到底板下边缘的距离,基底下设有垫层时,取 $a_s = 40$ mm;不设垫层时,取 $a_s = 70$ mm;

　　　　p_j——地基净反力。

设计时一般按经验取 $h = b/8$,再用式(7.36)对所取 h 进行验算。

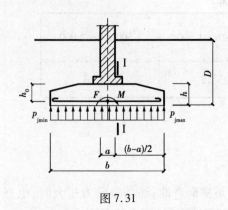

图 7.31

B. 基础底板配筋计算。

C. 需配钢筋面积由 I-I 截面处弯矩求得, 按下式计算:

$$A_s = \frac{M}{0.9 f_y h_0} \qquad (7.37)$$

$$M = \frac{1}{8} p_j (b - a)^2$$

式中　A_s——基础底板每米长度抗弯钢筋面积;

f_t——钢筋抗拉强度设计值;

M——由地基净反力产生的作用于底板最不利截面 I-I 处弯矩值。

②偏心荷载作用下条形基础设计

由于弯矩的作用, 地基净反力分布不均匀, (图 7.31) 其最大值与最小值按下式计算:

$$p_{jmax} = \frac{F}{A} + \frac{M}{W} = \frac{F}{bl} + \frac{6M}{bl^2}$$

$$= \frac{F}{bl}\left(1 + \frac{6e_{j0}}{l}\right) \qquad (7.38)$$

$$p_{jmin} = \frac{F}{A} - \frac{M}{W} = \frac{F}{bl} - \frac{6M}{bl^2}$$

$$= \frac{F}{bl}\left(1 - \frac{6e_{n0}}{l}\right) \geqslant 0 \qquad (7.39)$$

$$e_{j0} = \frac{M}{F}$$

I-I 截面处净反力可由净反力分布图形得到, 即

$$p_{jI} = p_{min} + \frac{a + b}{2b}(p_{jmax} - p_{jmin}) \qquad (7.40)$$

设计计算时取

$$p_j = \frac{p_{jmax} + p_{jI}}{2} \qquad (7.41)$$

设计时仍按与轴心受压情况相同的方法确定 h, 再行配筋, 式中的净反力 p_j 采用式(7.41)之值。

例 7.4　在例 7.1 中, 如果荷载为某教学楼传下的按永久荷载效应控制的基本组合值, 其值为 $F_k = 350$ kPa, 墙厚 240 mm, 试设计钢筋混凝土条形基础。

解　采用 C20 混凝土, HRB335 级筋垫层采用 100 厚 C10 混凝土, 则 $f_c = 9.6$ MPa, $f_t = 1.1$ MPa, $f_y = 300$ MPa。

①求算基础底面宽度

由式(7.20)得:

$$b = \frac{F_k}{f_a - \gamma_G D} = \frac{350}{227.8 - 20 \times 1.35} \text{ m} = 1.82 \text{ m}$$

取 $b = 1.9$ m。

②确定基础高度

一般先按经验取 $h = b/8 = 1\,900/8$ mm $= 237.5$ mm,暂取 $h = 300$,再用式(7.36)验算是否满足抗剪切要求。

由于设有垫层,$h_0 = h - a_s = 300 - 40$ mm $= 260$ mm;荷载设计值 $F = 1.35F_k = 1.35 \times 350$ kN/m $= 472.5$ kN/m,由此可得地基净反力,即

$$p_j = \frac{F}{A} = \frac{472.5}{1.9 \times 1.0} \text{ kPa} = 248.7 \text{ kPa}$$

作用在截面 I-I 上的剪力为:

$$V = \frac{1}{2}p_j(b - a) = \frac{1}{2} \times 248.7 \times (1.9 - 0.24) \text{ kN/m} = 206.4 \text{ kN/m}$$

底板有效高度验算:

$$h_0 \geq \frac{V}{0.7f_t} = \frac{206.4 \times 10^3}{0.7 \times 1.1 \times 10^3} \text{ mm} = 268.1 \text{ mm} < h = 300 \text{ mm}$$

所取 $h = 300$ mm,满足抗剪切要求,而 h_0 需取 270 mm。

③底板配筋

作用在截面 I-I 上的弯矩为:

$$M = \frac{1}{8}p_j(b - a)^2 = \frac{1}{8} \times 248.7 \times (1.9 - 0.24)^2 \text{ kN} \cdot \text{m} = 85.7 \text{ kN} \cdot \text{m}$$

底板每米长需配钢筋面积为:

$$A_s = \frac{M}{0.9f_yh_0} = \frac{85.7 \times 10^6}{0.9 \times 300 \times 270} \text{ mm}^2 = 1\,176 \text{ mm}^2$$

实配 $\phi14@120$ $(A_s = 1\,257 \text{ mm}^2)$,分布筋采用 $\phi8@300$。

基础配筋图如图 7.32 所示。

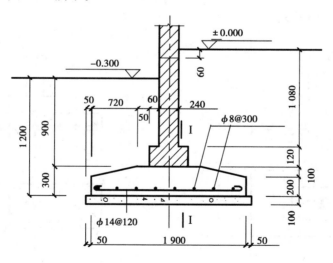

图 7.32　例 7.4

199

2)柱下独立基础

①独立基础底板厚度

荷载作用下独立基础底板在地基净反力作用下,如底板厚度不够,将会在柱与基础交接处以及基础变阶处受冲切破坏,冲切验算时,柱边式变阶处45°斜裂线所形成的角锥体(图7.34)以外应满足抗冲切要求,应按下列公式验算受冲切承载力,即

$$F_1 \leqslant 0.7\beta_{hp}f_t A_m \tag{7.42}$$

$$F_1 = p_j A_1 \tag{7.43}$$

式中　β_{hp}——受冲切承载力截面高度影响系数,当h不大于800 mm时,β_{hp}取1.0;当h大于等于2 000 mm时,β_{hp}取0.9,其间按线性内插法取用;

　　　f_t——混凝土轴心抗拉强度设计值;

　　　A_m——冲切破坏面在基础底面上的水平投影面积;

　　　p_j——地面净反力。

中心受压时:

$$p_j = \frac{F}{A} \tag{7.44a}$$

偏心受压时:

$$p_{jmax} = \frac{F}{A} + \frac{M}{W} = \frac{F}{bl} + \frac{6M}{bl^2} = \frac{F}{bl}\left(1 + \frac{6e_{j0}}{l}\right) \tag{7.44b}$$

$$p_{jmin} = \frac{F}{A} - \frac{M}{W} = \frac{F}{bl} - \frac{6M}{bl^2} = \frac{F}{bl}\left(1 - \frac{6e_{j0}}{l}\right) \tag{7.44c}$$

$$e_{j0} = \frac{M}{F}$$

当$b \geqslant b_t + 2h_0$时(图7.33):

$$A_m = (b_t + h_0)h_0 \tag{7.45}$$

当$b < b_t + 2h_0$时(图7.34):

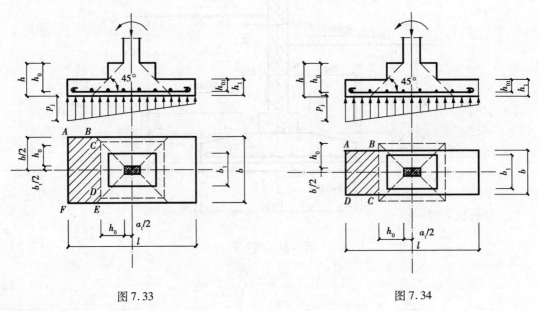

图7.33　　　　　　　　　　　　　　　　图7.34

$$A_m = (b_t + h_0) h_0 - \left(\frac{b_t}{2} + h_0 - \frac{b}{2} \right)^2 \tag{7.46}$$

式中　h_0——基础冲切破坏锥体的有效高度;

b——冲切破坏锥最不利一侧斜截面的上边长,当计算柱与基础交接处的受冲切承载力时,取柱宽;当计算基础变阶处的受冲切力承载力时,取上阶宽;

p——扣除基础自重及其上土重后相应于荷载效应基本组合时的地基土单位面积净反力,对偏心受压基础可取基础边缘处最大地基单位面积净反力 p_{jmax};

F_l——相应于荷载效应基本组合时作用在 A_l 上的地基土净反力设计值;

A_l——冲切验算时,取用的部分基底面积(图 7.33 中的阴影面积 $ABCDEF$ 或图 7.34 中的阴影面积 $ABCD$)。

当 $b \geqslant b_t + 2h_0$ 时(图 7.33):

$$A_l = \left(\frac{l}{2} - \frac{a_t}{2} - h_0 \right) b - \left(\frac{b}{2} - \frac{b_t}{2} - h_0 \right)^2 \tag{7.47}$$

将式(7.46)代入式(7.43),再与式(7.44)一起代入式(7.42),得:

$$p_j \left[\left(\frac{l}{2} - \frac{a_t}{2} - h_0 \right) b - \left(\frac{b}{2} - \frac{b_t}{2} - h_0 \right)^2 \right] \leqslant 0.7 \beta_{hp} f_t (b_t + h_0) h_0$$

将此式整理成:

$$h_0{}^2 + b_t h_0 - \frac{2b(l - a_t) - (b - b_t)^2}{4 \left(1 + 0.7 \beta_{hp} \dfrac{f_t}{p_j} \right)} \geqslant 0$$

解此一元二次不等式便得到基础底板有效高度,即

$$h_0 \geqslant \frac{1}{2} \left(\sqrt{\frac{0.7 \beta_{hp} f_t b_t{}^2 + 2b p_j (l - a_t + b_t - 1.5b)}{0.7 \beta_{hp} f_t + p_j}} - b_t \right) \tag{7.48}$$

当 $b < b_t + 2h_0$ 时(图 7.34):

$$A_l = \left(\frac{l}{2} - \frac{a_t}{2} - h_0 \right) b \tag{7.49}$$

将式(7.49)代入式(7.43),再与式(7.45)一起代入式(7.42);经整理后可求得底板高度为:

$$h_0 \geqslant \frac{1}{2} \left[l - a_t - \frac{0.35 \beta_{hp} f_t (b^2 - b_t{}^2)}{p_j b} \right] \tag{7.50}$$

设计时可先设 $\beta_{hp} = 1$,求出基础高度后再行检验,同样方法可求出下阶高度。

②独立基础底板配筋

独立基础底板长度较接近,在地基净反力作用下,将双向受弯。应根据最不利截面的弯矩来计算双向配筋所需面积。当矩形基础台阶的宽高比小于或等于 2.5 和偏心距小于或等于 1/6 基础宽度时,可近似地认为,基础底板破坏时,按对角线分为四块如图 7.35 所示。将每一块都视为固定于柱边(沿柱边破坏)或固定于台阶变化处(沿变阶处破坏)的悬挑板。于是,根据作用于悬挑板上的净反力所产生的弯矩,可以建立下列近似公式:

$$M_I = \frac{p_j}{24} (l - a_t)^2 (2b + b_t) \tag{7.51}$$

$$A_{sI} = \frac{M_I}{0.9 f_y h_0} \tag{7.52}$$

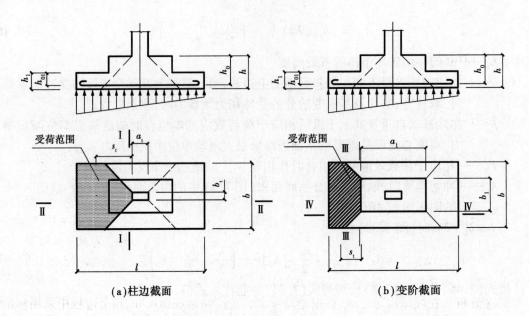

$$(a)柱边截面 \qquad\qquad (b)变阶截面$$

图 7.35

$$M_{\text{II}} = \frac{p_j}{24}(b - b_t)^2(2l + a_t) \qquad (7.53)$$

$$A_{s\text{II}} = \frac{M_{\text{II}}}{0.9f_y h_0} \qquad (7.54)$$

式中　M_{I} , M_{II}——截面 I-I , II-II 处相应于荷载效应基本组合时的弯矩设计值;

　　　　G——考虑荷载分项系数的基础自重及其上的土自重;当组合值由永久荷载控制时,

　　　　$G = 1.35G_k$, G_k 为基础及其上土的标准自重。

阶梯形基础尚应计算变阶处 III-III 及 IV-IV 的相应弯矩并求算所需钢筋面积,即

$$M_{\text{III}} = \frac{p_j}{24}(l - a_1)^2(2b + b_1) \qquad (7.55)$$

$$A_{s\text{III}} = \frac{M_{\text{III}}}{0.9f_y h_{01}} \qquad (7.56)$$

$$M_{\text{IV}} = \frac{p_j}{24}(b - b_1)^2(2l + a_1) \qquad (7.57)$$

$$A_{s\text{VI}} = \frac{M_{\text{IV}}}{0.9f_y h_{01}} \qquad (7.58)$$

式中　M_{III} , M_{IV}——截面 III-III , IV-IV 处相应于荷载效应基本组合时的弯矩设计值。

偏心受压时, I-I 截面取:

$$p_j = \frac{p_{j\max} + p_{j\text{I}}}{2}$$

$$p_{j\text{I}} = p_{\min} + \frac{l + a_t}{2t}(p_{j\max} - p_{j\min})$$

III-III 截面取:

$$p_j = \frac{p_{j\max} + p_{j\text{III}}}{2}$$

$$p_{j\,III\,.} = p_{\min} + \frac{l + a_1}{2t}(p_{j\,\max} - p_{j\,\min})$$

Ⅱ-Ⅱ和Ⅳ-Ⅳ截面取：

$$p_j = \frac{p_{j\,\max} + p_{j\,\min}}{2}$$

配筋时，取同一方向需配筋数量较大者作为配筋依据，即选取 A_{s1} 和 A_{sIII} 中的较大者，选取 A_{sII} 和 A_{sIV} 中的较大者进行配筋。

由于受力筋上下叠置，置于上面的钢筋有效高度将减少，计算钢筋面积时 h_0 可用 $(h_0 - \phi)$ 代替，h_{01} 可用 $(h_{01} - \phi)$ 代替，其中 ϕ 为置于下面的钢筋直径。

例 7.5 某厂房柱，截面长宽分别为 0.6 m 和 0.4 m，传到基础顶面按永久荷载效应控制的基本组合值，其轴向力 $N_k = 1\,570$ kN，单向弯矩 $M_k = 420$ kN·m，水平荷载 $V_k = 15.6$ kN（如图 7.36 所示）；地基土为均质黏性土，其天然重度 $\gamma = 17.7$ kN/m³，天然孔隙比 $e = 0.75$，液性指数 $I_l = 0.76$，已知地基承载力特征值为 $f_{ak} = 240$ kN/m²，基础埋深距天然地面标高 1.2 m，设计钢筋混凝土独立基础。（设 $f_t = 1.1 \times 10^3$ kPa，f_y、f_c 与例 7.4 相同）

解题分析 在埋深确定之后，根据地基承载力确定基础底面尺寸，这个过程中采用标准值进行计算。接下去要确定基础高度和配筋，采用设计值进行计算。确定基础高度的原则是满足抗冲切要求。设计时可以初取某一数值，代进冲切公式验算，这是试算法，较为被动，而且往往难以找到最小高度。高度确定之前应先确定台阶的平面尺寸。这个尺寸的大小影响到高度的大小，工程上一般取 50 mm 的倍数。抗冲切验算时，首先判定冲切破坏锥体与基础平面的相对关系，再决定采用哪个公式；当用抗冲切公式来求算基础高度时，先假定相对关系，求出结果后再行验算是否与假定相符。底板配筋时，叠放在上面的钢筋有效高度宜减去下面钢筋的直径，当后者未知时，一般可偏安全地取为 20 mm。

解 采用材料：基础混凝土 C20，钢筋 HPB235、HRB335，垫层混凝土 C10。

1）求修正后的地基承载力特征值 f_a

先对深度影响部分进行修正。

查表 7.8，$\eta_d = 1.6$，则

$f_a = f_{ak} + \eta_b\gamma(b - 3) + \eta_d\gamma_m(d - 0.5) = [240 + 1.6 \times 17.7(1.2 - 0.5)]$ kPa $= 259.8$ kPa

2）用解析法求算 bl

①求算 bl

初取基础底板高度为 800 mm，以估算作用在基础底面的弯矩值。

取 $n = l/b = 1.6$

$$M = M_x + nM_y = [(420 + 15.6 \times 0.8)] \text{ kN·m} + 0 = 432.5 \text{ kN·m}$$

$$p = -\frac{3M}{\sqrt{n}(1.2f_a - \gamma_G D)} = -\frac{3 \times 432.5}{\sqrt{1.6} \times (1.2 \times 259.8 - 20 \times 1.35)} = -3.60$$

$$q = -\frac{F_k}{3(1.2f_a - \gamma_G D)} = -\frac{1\,570}{3 \times (1.2 \times 259.8 - 20 \times 1.35)} = -1.84$$

$$\Omega = p^2 + q^3 = (-3.60)^2 + (-1.84)^3 = 10.722$$

由式（7.29）得：

$$b \geq \frac{1}{\sqrt{n}}\left(\sqrt[3]{-P + \sqrt{\Omega}} + \sqrt[3]{-P - \sqrt{\Omega}}\right)$$

$$= \left[\frac{1}{\sqrt{1.5}} \left(\sqrt[3]{-(-3.60) + \sqrt{1.84}} + \sqrt[3]{-(-3.60) - \sqrt{1.84}} \right) \right] \text{m} = 2.24 \text{ m}$$

$$l = bn = 1.6 \times 2.24 \text{ m} = 3.58 \text{ m}$$

②验算

将 bl 代入式(7.30)得：

$$\frac{F_k + G_k}{A f_a} = \frac{1\ 570 + 20 \times 2.24 \times 3.58 \times 1.35}{2.24 \times 3.58 \times 259.8} = 0.86 \geqslant 0.6$$

bl 满足 $p_{max} \leqslant 1.2 f_a$ 和 $p_{min} \geqslant 0$。将 bl 代入式(7.16)得：

$$p_k = \frac{F_k + G_k}{A} = \frac{F_k + G_k}{A f_a} f_a = 0.86 \times 259.8 \text{ kPa} = 223.4 \text{ kPa} < f_a = 259.8 \text{ kPa}$$

满足地基承载力要求,取 $b = 2.5$ m,$l = 3.6$ m。

3)计算底板高度与下阶高度

荷载设计值

$$F = 1.35 \times 1\ 570 \text{ kN} = 2\ 120 \text{ kN}, M = 1.35 \times 432.5 \text{ kN} \cdot \text{m} = 583.9 \text{ kN} \cdot \text{m}$$

$$e_{j0} = \frac{M}{F} = \frac{583.9}{2\ 120} = 0.275 \text{ m} < \frac{l}{6} = \frac{3.6}{6} = 0.6 \text{ m}$$

$$p_{j\,max} = \frac{F}{bl} \left(1 + \frac{6 e_{j0}}{l} \right) = \frac{2\ 120}{2.5 \times 3.6} \left(1 + \frac{6 \times 0.275}{3.6} \right) \text{kPa} = 343.5 \text{ kPa}$$

假定 $h < 800$ mm 且符合 $b \geqslant b_t + 2 h_0$ 的情况,按式(7.48)初求底板高度：

$$h_0 \geqslant \frac{1}{2} \left(\sqrt{\frac{0.7 \beta_{hp} f_t b_t^2 + 2 b p_j (l - a_t + b_t - 1.5 b)}{0.7 f_t + p_j}} - b_t \right)$$

$$= \left(\frac{1}{2} \sqrt{\frac{0.7 \times 1.0 \times 1.1 \times 10^3 \times 0.4^2 + 2 \times 2.5 \times 343.5 \times (3.6 - 0.6 + 0.4 - 0.5 \times 2.5)}{0.7 \times 1.0 \times 1.1 \times 10^3 + 343.5}} - 0.4 \right) \text{m}$$

$$= 0.77 \text{ m}$$

取 $h = 0.8$ m,则 $h_0 = (0.8 - 0.04) \text{ m} = 0.76 \text{ m}$。此时,$b = 0.25 \text{ m} > b_t + 2 h_0 = (0.4 + 2 \times 0.76) \text{ m} = 1.92 \text{ m}$,所取 h、β_{hp} 与前所假定相符。

取变阶处长宽为 $b_1 = 1.3$ m,$l = 2.1$ m,仍采用式(7.48)求底板下阶高度 h_{01}：

$$h_0 \geqslant \frac{1}{2} \left(\sqrt{\frac{0.7 \beta_{hp} f_t b_t^2 + 2 b p_j (l - a_t + b_t - 1.5 b)}{0.7 \beta_{hp} f_t + p_j}} - b_t \right)$$

$$= \left(\frac{1}{2} \sqrt{\frac{0.7 \times 1.0 \times 1.1 \times 10^3 \times 1.3^2 + 2 \times 2.5 \times 343.5 \times (3.6 - 2.1 + 1.3 - 0.5 \times 2.5)}{0.7 \times 1.0 \times 1.1 \times 10^3 + 343.5}} - 1.3 \right) \text{m}$$

$$= 0.29 \text{ m}$$

取 $h_{01} = 0.36$ m,$h = 0.36 + 0.04 = 0.4$ m。

4)底板配筋

I-I 截面：

$$p_{j\,max} = \frac{F}{bl} + \frac{6M}{bl^2} = \left(\frac{2\ 120}{2.5 \times 3.6} + \frac{6 \times 583.9}{2.5 \times 3.6^2} \right) \text{kPa} = 343.7 \text{ kPa}$$

$$p_{j\,min} = \frac{F}{bl} - \frac{6M}{bl^2} = \left(\frac{2\ 120}{2.5 \times 3.6} - \frac{6 \times 583.9}{2.5 \times 3.6^2} \right) \text{kPa} = 127.4 \text{ kPa}$$

$$p_{j\mathrm{I}} = p_{\min} + \frac{l + a_{\mathrm{t}}}{2l}(p_{j\max} - p_{j\min}) = \left(127.4 + \frac{3.6 + 0.6}{2 \times 3.6} \times (343.7 - 127.4)\right) \text{kPa} = 253.6 \text{ kPa}$$

$$p_j = \frac{p_{j\max} + p_{j\mathrm{I}}}{2} = \left(\frac{343.7 + 253.6}{2}\right) \text{kPa} = 298.7 \text{ kPa}$$

$$M_{\mathrm{I}} = \frac{p_j}{24}(l - a_{\mathrm{t}})^2(2b + b_{\mathrm{t}}) = \left[\frac{298.7}{24}(3.6 - 0.6)^2 \times (2 \times 2.5 + 0.4)\right] \text{kN} \cdot \text{m} = 604.9 \text{ kN} \cdot \text{m}$$

$$A_{s\mathrm{I}} = \frac{M_{\mathrm{I}}}{0.9 f_y h_0} = \frac{604.9 \times 10^6}{0.9 \times 300 \times 760} \text{mm}^2 = 2\,948 \text{ mm}^2$$

Ⅲ-Ⅲ 截面：

$$p_{j\mathrm{III}} = p_{\min} + \frac{l + a_1}{2l}(p_{j\max} - p_{j\min}) = \left[127.4 + \frac{3.6 + 2.1}{2 \times 3.6} \times (343.7 - 127.4)\right] \text{kPa} = 298.6 \text{ kPa}$$

$$p_j = \frac{p_{j\max} + p_{j\mathrm{III}}}{2} = \frac{343.7 + 298.6}{2} \text{kPa} = 321.2 \text{ kPa}$$

$$M_{\mathrm{III}} = \frac{p_j}{24}(l - a_1)^2(2b + b_1) = \left[\frac{321.2}{24} \times (3.6 - 2.1)^2(2 \times 2.5 + 1.3)\right] \text{kN} \cdot \text{m} = 189.7 \text{ kN} \cdot \text{m}$$

$$A_{s\mathrm{I}} = \frac{M_{\mathrm{I}}}{0.9 f_y h_{01}} = \frac{189.7 \times 10^6}{0.9 \times 300 \times 360} \text{mm}^2 = 1\,952 \text{ mm}^2$$

Ⅱ-Ⅱ 截面：

$$p_j = \frac{p_{j\max} + p_{j\min}}{2} = \frac{343.7 - 127.4}{2} \text{kPa} = 108.2 \text{ kPa}$$

$$M_{\mathrm{II}} = \frac{p_j}{24}(b - b_{\mathrm{t}})^2(2l + a_{\mathrm{t}}) = \left[\frac{108.2}{24} \times (2.5 - 0.4)^2 \times (2 \times 3.6 + 0.6)\right] \text{kN} \cdot \text{m} = 155.1 \text{ kN} \cdot \text{m}$$

$$A_{s\mathrm{II}} = \frac{M_{\mathrm{II}}}{0.9 f_y (h_0 - \phi)} = \frac{155.1 \times 10^6}{0.9 \times 210 \times (760 - 20)} \text{mm}^2 = 1\,109 \text{ mm}^2$$

Ⅳ-Ⅳ 截面：

$$M_{\mathrm{IV}} = \frac{p_j}{24}(b - b_1)^2(2l + a_1) = \left[\frac{108.2}{24} \times (2.5 - 1.3)^2(2 \times 3.6 + 2.1)\right] \text{kN} \cdot \text{m} = 63.4 \text{ kN} \cdot \text{m}$$

$$A_{s\mathrm{IV}} = \frac{M_{\mathrm{IV}}}{0.9 f_y h_{01} - \phi} = \frac{63.4 \times 10^6}{0.9 \times 210 \times (360 - 20)} \text{mm}^2 = 987 \text{ mm}^2$$

I-I 和Ⅲ-Ⅲ截面按计算值较大的 $A_{s\mathrm{I}} = 2\,948 \text{ mm}^2$ 配筋，实配 15φ16($A_s = 3\,017 \text{ mm}^2$)；Ⅱ-Ⅱ和Ⅳ-Ⅳ截面按计算值较大的 $A_{s\mathrm{II}} = 1\,109 \text{ mm}^2$ 配筋，实配 15φ10($A_s = 1\,178 \text{ mm}^2$)。

基础配筋图如图 7.36 所示，按构造规定，当基础边长超过 2.5 m 时，配筋长度可减少 10%。本例从略。

7.5.5 地基变形验算

由于各类建筑物的结构特点和使用要求不同，因而各类建筑物对地基变形的反应也不同，它们的变形特征也就不同。地基变形验算，就是要预估建筑物的地基变形计算值，使其不应大于地基变形允许值(详见 3.5 节)。

由于建筑地基不均匀，荷载差异很大，以及体型复杂等因素引起的地基变形，在计算地基变形时，应符合下列规定：

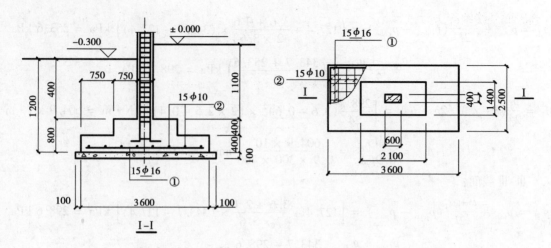

图 7.36　钢筋混凝土独立基础配筋

①砌体承重结构应由局部倾斜控制。一般应选择在地基不均匀,荷载相差不大,以及体型复杂的纵横墙相交处进行计算。

②框架结构和单层排架结构应由相邻柱基的沉降差控制。验算时应预估可能产生较大沉降差的两相邻基础作为变形计算点,如地基土质不均匀,且荷载差异较大时,有相邻建筑物荷载影响时,在基础附近堆载时和如果所产生的沉降差可能影响使用要求时等情况。

③多层或高层建筑和高耸结构应由倾斜值控制。

④在必要情况下,需要分别预估建筑物在施工期间和使用期间的地基变形值,以便预留建筑物有关部分之间的净空,考虑连接方法和施工顺序。此时,一般建筑物在施工期间完成的沉降量,对于砂土可认为其最终沉降量已基本完成 80% 以上,对于低压缩黏性土可认为已完成最终沉降量的 50% ~80% ,对于中压缩黏性土可认为已完成 20% ~50% ,对于高压缩黏性土可认为已完成 5% ~20% 。

7.5.6　地基稳定性验算

可能发生地基稳定性破坏的情况可以分为三类:一类是承受很大水平力或倾覆荷载的建筑物或构筑物,比如受风力或地震力作用的高层建筑或高层构筑物,承受拉力的高压线塔架基础;另一类是位于斜坡或坡顶上的建筑物或构筑物,可能在荷载或环境因素影响下发生失稳,如发生暴雨、地下水渗流和荷载增加等;第三类是存在于软弱土(或夹)层,土层下面有倾斜的岩层面,隐伏的破碎或断裂带等。对前两类,规范给出了验算要求。

(1)地基稳定性验算

地基稳定性验算可采用圆弧滑动面法进行验算,所产生的抗滑力矩与滑动力矩,最危险的滑动面上诸力对滑动中心所产生的抗滑力矩与滑动力矩应符合下式要求:

$$\frac{M_R}{M_S} \geqslant 1.2 \tag{7.59}$$

式中　M_S——滑动力矩;
　　　M_R——抗滑力矩。

(2)坡顶上建筑稳定性验算

位于稳定土坡坡顶上的建筑,当垂直于坡顶边缘线的基础底面边长小于或等于 3 m 时,其基础底面外缘线至坡顶的水平距离(图 7.37)应符合下式要求,但不得小于 2.5 m。

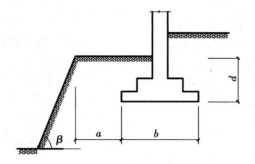

图 7.37　基础底部外边缘线至坡顶的水平距离

条形基础:

$$a \geqslant 3.5b - \frac{d}{\tan \beta} \tag{7.60}$$

矩形基础:

$$a \geqslant 2.5b - \frac{d}{\tan \beta} \tag{7.61}$$

式中　a——基础底面外边缘线至坡顶的水平距离;

　　　b——垂直于坡顶边缘线的基础底面边长;

　　　d——基础埋置深度;

　　　β——边坡坡角。

当基础底面外边缘线至坡顶的水平距离不满足式(7.60)、式(7.61)的要求时,可根据基底平均压力按式(7.59)确定基础距边顶边缘的距离和基础埋深。

当边坡坡角大于 45°,坡高大于 8 m 时,尚应按式(7.59)验算坡体稳定性。

7.6　柱下条形基础

当柱下独立基础所承受的荷载很大或地基土承载力较小,需要增大基础底面积以满足地基承载力要求时,或者为减小地基的不均匀沉降,需要增加基础的整体刚度以减小不均匀沉降对上部结构的影响时,可以考虑采用柱下条形基础这种较适宜而经济的基础形式。

7.6.1　柱下条形基础的构造

①柱下条形基础的梁高宜为柱距的1/8 ~ 1/4。翼板厚度不宜小于 200 mm。当翼板厚度大于 250 mm 时,宜用等厚度翼板;当翼板厚度大于 250 mm 时,宜用变厚度翼板,其坡度不大于1:3。

②一般情况下,条形基础的端部应向外伸出,其长度宜为第一跨距的 0.25 倍。

③现浇柱与条形基础梁的交接处,其平面尺寸不应小于图 7.38 的规定。

④条形基础梁顶面和底面的纵向受力钢筋除满足计算要求外,顶部钢筋按计算配筋全部贯通,底部通长钢筋不应小于底部受力钢筋截面总面积的1/3。

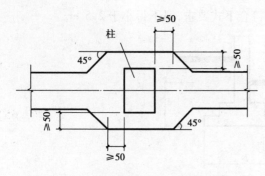

图 7.38　现浇柱与条形基础交接处平面尺寸

⑤柱下条形基础的混凝土强度等级不应低于 C20。

7.6.2　基础底面尺寸

柱下条形基础可视为一狭长的矩形基础来进行计算。基础长度可按基础上建筑物两端柱子的距离加上两端外挑宽度进行计算。宽度可按经验取值或按下式计算其最小值：

$$b_{min} = \frac{\sum F_k}{l(f - \gamma_G D)} \tag{7.62}$$

所取基础宽度应满足下列公式：

$$p_{max} = \frac{\sum F_k + \gamma_G blD}{bl} + \frac{M_k}{W} \leqslant 1.2f_a \tag{7.63a}$$

$$p_{min} = \frac{\sum F_k + \gamma_G blD}{bl} - \frac{M_k}{W} \geqslant 0 \tag{7.63b}$$

$$p = \frac{\sum F_k + \gamma_G blD}{bl} \leqslant f_a \tag{7.64}$$

式中　p_{max}、p_{min}——分别为基础底面最大、最小净反力；

　　$\sum F_k$——竖向荷载效应标准组合值总和；

　　M_k——相应于荷载效应标准组合时，作用于基础底面力矩值；

　　W——基础截面抵抗矩；

　　l——柱下条形基础总长度。

基底尺寸确定后，如果有软弱下卧层要进行软弱下卧层验算，必要时还应地基变形及稳定性验算。

7.6.3　内力计算

柱下条形基础可视为其上作用有若干集中荷载的梁并置于地基上的梁，受到地基反力作用。梁受力变形，从而产生弯矩与剪力。计算内力的方法有简化计算法、地基上梁计算法及考虑上部结构刚度的计算方法。本课程只介绍简化计算方法。

简化计算方法为：忽略基础上柱子的不均匀沉降，假定地基反力为直线分布。在地基反力作用下，基础必须满足静力平衡条件。可通过两种方法求解内力：利用各截面静力平衡条件求解内力的方法称为静力平衡法；按连续梁求解内力的方法称为倒梁法。由于倒梁法计算较静力平衡法更方便，下面主要介绍倒梁法。

倒梁法是假定柱脚为基础的固定铰支座，呈直线分布的地基净反力为荷载。此受力系统便为一倒置的梁。由于此法忽略了各支座的竖直向位移差，且假定地基净反力为直线分布，故在采用该法进行解算时，应限制相邻柱荷载差不超过 20%；柱间距不过大，应尽量柱距相等。通常要限制基础梁的高度，使其大于 1/6 柱距，以使得基础或上部结构刚度较大，可使采用倒梁法解算的结果比较接近实际情况。

用倒梁法计算基础梁一般方法为：

(1) 按多跨连续梁计算法

①确定计算简图；

②计算基底净反力及其分布，按下式计算净反力：

$$\begin{matrix} p_{max} \\ p_{min} \end{matrix} = \frac{\sum F}{bl} \pm \frac{M}{W} \tag{7.65}$$

③用弯矩分配法或弯矩系数法计算弯矩和剪力；

④调整不平衡力。

由于计算假定与实际情况有出入，所以支座处会产生不平衡力。平衡力应通过逐次地进行调整来予以消除。即将不平衡力均匀分布在支座两侧各 1/3 跨度范围内，形成一新的台阶形的反力分布，再按弯矩分配法或弯矩系数法计算调整后的内力，再次计算结果进行叠加。如果仍不能满足平衡条件，重复上述步骤，直到达到所需精度为止。一般使支座反力与相应柱荷载的不平衡力不超过荷载的 20%。

⑤将逐次计算结果进行叠加，得到最终内力分布。

(2) 经验弯矩系数法

由于工程实际中基础存在着不均匀沉降现象，柱脚之间地基差异变形必将导致梁内产生附加应力，从而引起内力重分布。根据地区性设计经验，对上部结构与基础的刚度较小而地基软弱时，可能用经验的弯矩系数来考虑因变形引起的附加弯矩。

支座弯矩：

$$M_{支} = \left(\frac{1}{14} \sim \frac{1}{10} \right) q l^2$$

跨中弯矩：

$$M_{中} = \left(\frac{1}{16} \sim \frac{1}{10} \right) q l^2$$

式中　q——基础底面均布反力；

　　　l——相邻柱间计算跨度平均值。

7.7　十字交叉基础

当柱传递下来的荷载较大，需要基础底面积较大；或柱子荷载分布不均匀，基础双向受力较大、地基土较软弱、存在不均匀分布的压缩层时，为调整不均匀沉降，可考虑采用十字交叉基础。这种基础形式较柱下条形基础具有更大的刚度和整体性。

进行内力计算时，一般可简化为地基梁计算，纵横向条形基础在交叉点处的连接可视为无扭矩，纵向弯矩由纵向条基承受，横向弯矩由横向弯矩承受，而轴力则在两个方向上进行分配。分配后两个方向上的内力各自独立进行计算。分配时应满足两个条件：节点处静力平衡条件和竖向变形协调条件，即

$$F_i = F_{ix} + F_{iy}$$
$$W_{ix} = W_{iy}$$

式中 F_i——节点的柱荷载；

      F_{ix}——节点分配给 x 向条基的荷载；

      F_{iy}——节点分配给 y 向条基的荷载；

      W_{ix}——节点处 x 向条基的挠度；

      W_{iy}——节点处 y 向条基的挠度。

用基床系数法文克尔模型计算基础梁的挠度：

无限长梁：

$$W_i = \frac{F_i}{2Kbs}$$

半无限长梁：

$$W_i = \frac{2F_i}{Kbs}$$

式中 s——系数，$s = 4\sqrt{\dfrac{4E_c I}{Kb}}$，m；

      K——基床系数，kN/m^3；

      I——基础横截面的惯性矩，m^4；

      E_c——混凝土弹性模量，kPa。

节点处竖向力分配公式如下：

中柱节点由基本方程

$$F_i = F_{ix} + F_{iy}$$

$$W_i = \frac{F_{ix}}{2Kb_x s_x} = \frac{F_{iy}}{2Kb_y s_y}$$

解得：

$$F_{ix} = \frac{b_x s_x}{b_x s_x + b_y s_y} F_i \tag{7.66}$$

$$F_{iy} = \frac{b_y s_y}{b_x s_x + b_y s_y} F_i \tag{7.67}$$

边柱节点由基本方程

$$F_i = F_{ix} + F_{iy}$$

$$W_i = \frac{F_{ix}}{2Kb_x s_x} = \frac{2F_{iy}}{Kb_y s_y}$$

解得：

$$F_{ix} = \frac{4b_x s_x}{4b_x s_x + b_y s_y} F_i \tag{7.68}$$

$$F_{iy} = \frac{b_y s_y}{4b_x s_x + b_y s_y} F_i \tag{7.69}$$

角柱节点由基本方程

$$F_i = F_{ix} + F_{iy}$$

$$W_i = \frac{2F_{ix}}{Kb_x s_x} = \frac{F_{iy}}{2Kb_y s_y}$$

解得：

$$F_{ix} = \frac{b_x s_x}{b_x s_x + b_y s_y} F_i \tag{7.70}$$

$$F_{iy} = \frac{b_y s_y}{b_x s_x + b_y s_y} F_i \tag{7.71}$$

7.8　片筏基础

片筏基础是地基上整体连续的钢筋混凝土板式基础。实际上是柱下条形基础进一步扩展而形成的整体基础。较之条形基础,片筏基础承载面积增加,整体刚度加强。因此,能够承担更大荷载,调整不均匀沉降的能力更强。按上部结构形式,片筏基础又可分为墙下片筏基础和柱下片筏基础,或者为两种情况的组合;按自身构造形式,筏形基础分为平板式和梁板式两种类型。其选型应根据工程地质、上部结构体系、柱距、荷载体大小以及条件等因素确定。

7.8.1　构造要求

(1)尽量使上下结构不偏心

对单幢建筑物,在地基土比较均匀的条件下,基底平面形宜与结构竖向永久荷载重心重合,当不能重合时,在荷载效应准永久组合下,偏心距 e 宜符合下式要求:

$$e \leqslant 0.1 \frac{W}{A}$$

式中　W——与偏心距方向一致的基础底面边缘抵抗击矩;

　　　A——基础底面积。

(2)混凝土强度等级

筏形基础的混凝土强度等级不应低于 C30。当有地下室时,应采用防水混凝土,防水混凝土的抗渗等级应根据地下水的最大水头与防渗混凝土厚度的比值。按现行《地下工程防水技术规范》选用,但不应小于 0.6 MPa,必要时宜设架空排水层。

(3)地下室墙体

采用筏形基础的地下室,地下室钢筋混凝土外墙厚度应小于 250 mm,内墙厚度不应小于200 mm。墙的截面设计除满足承载力要求外,尚应考虑变形,抗裂及防渗等要求。墙体内应设置双面钢筋,竖向和水平钢筋的直径不应小于 12 mm,间距不应大于 300 mm。

(4)底板厚度

梁板式筏基底板除计算正截面弯承载力外,其厚度尚应满足受冲切承载力,受剪切承载力的要求。对 12 层以上建筑的梁板式筏基,其底板厚度与最大双向板格短边净跨之比不应小于1/14,且板厚度不应小于 400 mm。

(5)地下室底层柱

剪力墙与梁板式筏勘探基础梁边接的构造,地下室底层柱,剪力墙与梁板式筏勘探基础梁边接的构造应符合下列要求:

①柱、墙的边缘至基础梁边缘的距离不宜小于 50 mm(图 7.39);

②当交叉基础梁的宽度小于柱截面的边长时,交叉基础梁边接处应设置八字角,柱角与八字角之间的净距不宜小于50 mm(图7.39(a));

③单向基础与柱的连接,可按图7.39(b),(c)采用;

④基础梁与剪力墙的连接,可按图7.39(d)采用。

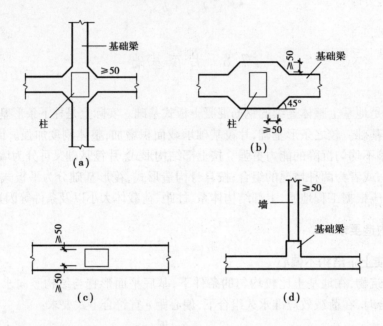

图7.39 地基室底层柱或剪力墙与基础梁连接的构造要求

(6)接缝处理

筏板与地下室外墙的接缝,地下室外沿墙高度外的水平接缝应严格按施工缝要求施工,必要时可设通长止水带。

(7)高层建筑筏形基础与裙房基础之间的构造

应符合下列要求:

①当高层建筑与相连的裙房之间设置沉缝时,高层建筑的基础埋深度应大于裙房基础的埋深至少2 m;当不满足要求时,必须采取有效措施,沉降缝地面以下处应用粗砂填实(图7.40)。

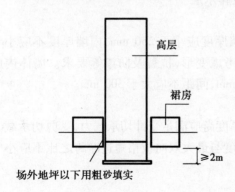

图7.40 高层建筑与裙房间的沉降缝处理

②当高层建筑与相连的裙房之间不设置沉降缝时,宜在裙房一侧设置后浇带,后浇带的柱位置宜设在距主楼边柱的第二跨内;后浇带混凝土宜根据实测沉降值并计算后期沉降差能满足设计要求后方可进行浇注。

③当高层建筑与相连的裙房之间不允许设置沉降缝的后浇带时,应进行地基变形验算,验算时需考虑地基与结构变形的相互影响,并采取相应的有效措施。

（8）基础坑回填

筏形基础地下室施工完毕后,应及时进行基坑回填工作。回填基坑时,应先清除基坑中的杂物,并应在相对的两侧或四周同时回填并分层夯实。

7.8.2　内力计算

片筏基础底面积大,对地基局部变化的敏感程度较十字交叉基础为低,而整体刚度不如箱基,片筏基础对上部结构的影响和对上部结构刚度的制约作用都不能忽视。因此,片筏基础设计应重视结构与地基的相互作用。在基础设计时,关键是计算基础底面反力的大小与分布。基础内力的计算可分为简化计算方法和考虑上部结构或基础与地基相互作用的计算方法两种。

（1）简化计算方法

当片筏基础较规则,柱距接近相等,相邻荷载差不超过 20% 且地基均匀时,可将片筏基础划分为若干板带,将筏板或肋梁作为地基上板或梁板组合体系进行计算,采用简化的刚性板法和按双向板计算的倒楼盖法。

（2）考虑上部结构或基础与地基相互作用的计算方法

考虑基础与地基相互作用的地基上梁解法,考虑基础与地基相互作用的地基上弹性板解法,有限压缩层地基上弹性板有限元法,链杆法,级数法,以及考虑框架结构和筏基与地基相互作用的计算方法等。

下面介绍刚性板法:

刚性板法假定基础的刚度与地基的刚度相比是绝对刚性的,基础承受荷后基底产生的变形仍保持为一平面,基底反力为线性分布。

判别是否属于刚性板,可近似按下式确定:

$$K_r = \frac{12\pi(1 - \mu_b{}^2)}{1 - \mu_s{}^2}\left(\frac{E_s}{E_b}\right)\left(\frac{l}{h}\right)^2\left(\frac{b}{h}\right) \leqslant \frac{8}{\left(\frac{1}{h}\right)^{\frac{1}{2}}} \tag{7.72}$$

式中　K_r——相对刚度参数;

　　　　E_b、μ_b——基础板混凝土弹性模量和泊桑比;

　　　　E_s、μ_s——地基土变形模量和泊桑比;

　　　　l、b、h——板的半长、半宽和高度。

满足上式可作为刚性板处理。

按下式求算基底反力及其分布:

$$p_{(x,y)} = \frac{\sum p}{F} \pm \frac{\sum pe_y}{I_x}y \pm \frac{\sum pe_x}{I_y}x \tag{7.73}$$

式中　　$\sum p$——刚性板上总荷载;

　　　　F——筏板总面积;

　　　　e_x、e_y——荷载合力在 x、y 轴方向的偏心距;

　　　　$p_{(x,y)}$——所求点 (x,y) 的地基反力;

　　　　I_x、I_y——对 x、y 轴的惯性矩;

x、y——所求点的坐标值。

求出基底反力及其分布后,按互相垂直的两个方向划分板带,板带宽取柱间宽度 l。每条板带可视为独立的单元,按静力平衡法或倒梁法计算内力。如果相邻柱荷载超过20%,则

$$p = \frac{\frac{1}{2}(p_1 + p_2) + p_0}{2} \tag{7.74}$$

式中　p_1、p_2——相邻的柱荷载,kN;

p_0——计算点柱荷载,kN,将 p_0 分布在整个板带宽度上。

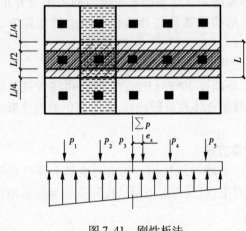

图7.41　刚性板法

由于计算板带时没有考虑相互间剪力影响,因此按该方法计算时,梁上荷载与地基反力不能满足平衡条件,可能通过调整反力来得到近似解。对跨中弯矩,弯矩系数取为 $\left(\frac{1}{12} \sim \frac{1}{10}\right)pl^2$,对柱下支座负弯矩,$l$ 取相邻柱间的平均值。

按弯矩分配法进行计算时,将截面弯矩沿宽度分为三份,柱中间部分为1/2宽,两个边缘部分为1/4宽。将整个宽度上的计算弯矩的2/3作用于中间部分,边缘各承担1/6弯矩,如图7.41所示。

7.8.3　结构承载力计算

各种形式的片筏基础应进行底板抗冲切、剪切和抗弯承载力验算。

(1)柱下平板式片筏基础抗冲切验算

平板式筏基的板厚应满足受冲切承载力的要求,计算时应考虑作用在冲切临界面重心上的不平衡弯矩产生的附加剪力,距柱边 $h_0/2$ 处冲切临界截面的最大剪应力 $\tau_{\max}$ 应按式(7.75)、式(7.76)、式(7.77)计算(图7.42),板的最小厚度不应小于400 mm。

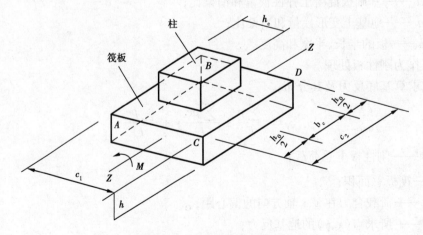

图7.42　内柱冲切临界截面

$$\tau_{\max} = \frac{F_l}{u_m h_0} + \frac{a_s M_{unb} c_{AB}}{I_s} \tag{7.75}$$

$$\tau_{\max} \leqslant 0.7 \times \left(0.4 + \frac{1.2}{\beta_s}\right)\beta_{hp}f_t \tag{7.76}$$

$$a_s = 1 - \frac{1}{1 + \dfrac{2}{3}\sqrt{\left(\dfrac{c_1}{c_2}\right)}} \tag{7.77}$$

式中　F_l——相应于荷载效应基本组合时的集中设计值,对内柱取轴力设计值减去筏板冲切破坏锥体内的地基反力设计值;对边柱的角柱,取轴力设计值减去筏板冲切临界截面范围内的地基反力设计值;地基反力值应扣除底板自重;

u_m——距边柱 $h_0/2$ 处冲切临界截面的周长,按《地基规范》附录 P 计算;

h_0——筏板的有效高度;

M_{unb}——作用在冲切临界截面重心上的不平衡弯矩设计值;

c_{AB}——沿弯矩作用方向,冲切临界截面重心至冲切临界截面最大剪应力点的距离,按《地基规范》附录 P 计算;

I_s——冲切临界截面对其重心的极惯性矩,按规范附录 P 计算;

β_s——柱截面长边与短边的比值,当 $\beta_s < 2$ 时,β_s 取 2,当 $\beta_s > 4$ 时,β_s 取 4;

c_1——与弯矩作用方向一致的冲切临界截面的边长,按规范附录 P 计算;

c_2——垂直于 c_1 的冲切临界截面的边长,按《地基规范》附录 P 计算;

a_s——不平衡弯矩通过冲切临界截面上的偏心剪力传递的分配系数。

当柱荷载较大,等厚度筏板的受冲切承载力不能满足要求时,可在筏板上面增设柱墩,或在筏板下局部增加板厚,或采用抗击冲切箍筋来提高受冲切承载力。

（2）平板式筏基内筒下的板抗冲切承载力验算

平板式筏基内筒下的板厚应满足受冲切承载力的要求,其受冲切承载力按下式计算:

$$\frac{F_1}{u_m}h_0 \leqslant 0.7\beta_{hp}f_t/\eta \tag{7.78}$$

式中　F_1——相应于荷载效应基本组合时的内筒所承受的轴力设计值减去筏板冲切破坏锥体内的地基反力设计值,地基反力值应扣除板的自重;

u_m——距内筒外表面 $h_0/2$ 处冲切临界截面的周长(图 7.43);

h_0——距内行筒外表面 $h_0/2$ 处筏板的截面有效高度;

η——内筒冲切临界截面周长影响系数,取 1.25。

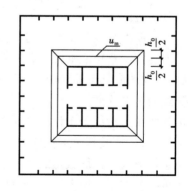

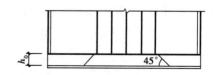

图 7.43　筏板受内筒冲切的临界截面位置

当需要考虑内筒根部弯矩的影响时,距内筒外表面 $h_0/2$ 处冲切临界截面的最大剪应力可按式(7.75)计算,即

$$\tau_{max} \leqslant 0.7\beta_{hp}\frac{f_t}{\eta}$$

(3)平板式筏基抗剪承载力验算

平板式筏板除满足受冲切承载力外,尚应验算距内筒边缘或柱边缘 h_0 处筏板的受剪承载力。受剪承载力应按下式验算:

$$V_s \leqslant 0.7\beta_{hp}\frac{f_t}{\eta} \tag{7.79}$$

式中　V_s——荷载效应基本组合下,地基土净反力平均值产生的距内筒或柱边缘 h_0 处筏板单位宽度的剪力设计值;

b_w——筏板计算截面单位宽度;

h_0——距内筒或柱边缘 h_0 处板截面积效设计。

当筏板变厚度时,尚应验算变厚处筏板的受剪承载力。当筏板的厚度大于 2 000 mm 时,宜在板厚中间部位设置直径不小于 12 mm,间距不大于 300 mm 的双向钢筋网。

(4)片筏基础抗弯配筋计算

1)计算原则

当地基土比较均匀,上部结构刚度较好,梁板式筏基梁的高跨比或平板式筏基板的厚跨比不小于 1/6,且相邻柱荷载及柱间距的变化不超过 20% 时,筏形基础可仅考虑局部弯曲作用,筏形基础的内力可按基底反力直线公式进行计算,计算时基底反力应扣除板自重及其填土的自重及其上填土的自重。当满足上述要求时,筏基内力应按弹性地基梁板方法进行分析计算。

有抗震设防要求时,对无地下室且抗震等级为一、二级的框架结构,基础梁除满足抗震构造要求外,计算时尚应将柱组合的弯矩设计分别乘以 1.5 和 1.25 的增大系数。

2)计算方法

按基底反力直线分布计算的梁板式筏基,其基础梁内力可按连续梁分析,边跨跨中弯矩以及第一内支座的弯矩值乘以 1.2 的系数。梁板式筏基的底板和基础梁的配筋除满足计算要求外,纵横方向的底部钢筋尚应有 1/3 ~ 1/2 贯通全跨,且其配筋率不应小于 0.15%,顶部钢筋按计算配筋全部连通。

按基底反力直线分布计算的平板式筏基,可按柱下板带和跨中板带分别进行内力分析。柱下板带中,柱宽及其两侧各 0.5 倍板厚且不大于 1/4 板跨的有效宽度范围内,其钢筋配置量不应小于柱下板带钢筋数量的一半,且应能承受部分不平衡弯矩 $a_m M_{unb}$,M_{unb} 为作用在冲切临界截面重心上的不平衡弯矩,$a_m = 1 - a$。式中 a_m 为不平衡弯矩通过弯曲来传递的分配系数。

平板式筏基柱下板带和跨中板带的底部钢筋应有 1/3 ~ 1/2 贯通全跨,且配筋率不应小于 0.15%,顶部钢筋应按计算配筋全部连通。

对有抗震设防要求的无地下室或单层地下室平板式筏基,计算柱下板带截面受承载力时,柱内力应按地震作用不利组合计算。

小　结

　　基础是保证建筑物安全和正常使用的重要组成部分。本章学习的重点是:掌握按载荷试验和按强度理论公式确定地基承载力的方法,熟练掌握地基承载力特征值的修正方法,掌握软弱下卧层承载力的验算,熟练掌握在中心荷载与偏心荷载作用下基础底面尺寸及剖面尺寸的求算方法。

　　本章学习要求熟悉扩展基础的构造、地基变形验算与地基稳定性验算,熟悉基础的划分及地基基础设计原则,熟悉柱下条形基础及减轻不均匀沉降的措施,一般了解浅基础的类型、基础埋置深度的确定、十字交叉基础、片筏基础等内容。

思 考 题

　　7.1　基础工程设计必须满足什么基本条件? 设计中应如何根据实际情况有区别地去满足?

　　7.2　简述刚性基础、扩展基础的概念。在设计原理上有何主要区别?

　　7.3　天然地基浅基础有哪些结构类型? 各具有什么特点?

　　7.4　什么是地基承载力特征值和设计值? 怎样确定之? 各适用于哪些情况?

　　7.5　怎样确定基础的埋深?

　　7.6　确定基础底面与剖面尺寸的原理是什么? 刚性基础与扩展基础尺寸确定方法有哪些重要的相同与相异?

　　7.7　为什么要验算软弱下卧层的强度? 怎样进行验算?

　　7.8　基底压力、基底附加压力、基底净反力有何不同? 在基础设计中各用于什么情况?

　　7.9　怎样减轻地基的不均匀沉降?

习 题

　　7.1　某框架结构的独立基础底面为 $3.2\ m \times 3.4\ m$,基础埋深为 $1.8\ m$,地基表层为杂填土,层厚 $1.2\ m$,重度为 $17.6\ kN/m^3$;第二层是红黏土,重度为 $18.2\ kN/m^3$,含水比为 0.82,按载荷试验确定该层土地基承载力特征值为 $f_{ak}=210\ kPa$。此特征值需否进行修正? 如果需要,试进行计算。

　　7.2　某厂房柱底截面处一组按永久荷载效应控制的基本组合荷载设计值为:轴力 $2\ 200\ kN$,单向弯矩 $780\ kN \cdot m$。基础埋深为 $1.8\ m$,地基表层为杂填土,层厚 $1.0\ m$,重度为 $17.5\ kN/m^3$;以下为粉质黏土,重度为 $18.4\ kN/m^3$,孔隙比为 0.76,液性指数为 0.8;已知地基承载力特征值为 $f_{ak}=215\ kPa$。确定基础类型及底面尺寸。

　　7.3　在习题 7.2 中,如果荷载值是按正常使用极限状态下荷载效应的标准组合值,且是双向受弯,另一方向的弯矩为 250 kN·m,其他条件不变,确定基础类型及底面尺寸。

7.4 某住宅承重砖墙厚 240 mm,传下正常使用极限状态下轴心荷载基本组合值 $F_k = 180$ kN/m,其他数据如图 7.44 所示。①确定基础类型;②确定基础埋深;③按持力层承载力确定基础底面尺寸;④验算软弱下卧层强度。

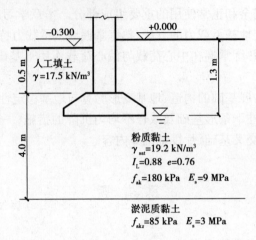

图 7.44

7.5 对习题7.3所给设计资料,设计毛石基础和混凝土基础,作出基础剖面图。

7.6 对习题7.3所给设计资料,设计钢筋混凝土基础(荷载按永久荷载效应控制的基本组合考虑),作出基础配筋图。

7.7 某截面边长为 400 mm 的方柱,在柱底截面处,正常使用极限状态下荷载基本组合值为 $F_k = 880$ kN,$M_{xk} = 230$ kN·m。地基土为红黏土,其重度为 18.5 kN/m³,含水比为 0.83,基础埋深为 1.8m,地基承载力特征值 $f_{ak} = 220$ kPa。设计一钢筋混凝土基础(确定基础截面、内力及配筋时,可按荷载永久效应控制的基本组合计算)。

第8章
桩基础及其他深基础

桩基础是深基础中最常用的一种基础形式。它由设置于土中的多根桩和承接上部结构荷载的承台两大部分组成(图8.1)。随着大直径桩墩基础的应用,也出现很多不设置承台的一柱一墩(桩)基础(图8.2)。

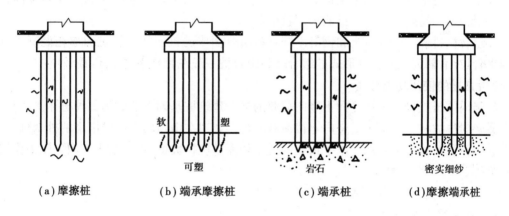

(a)摩擦桩　　　(b)端承摩擦桩　　　(c)端承桩　　　(d)摩擦端承桩

图8.1　桩按承载性状分类

桩基应用非常广泛,几乎可应用于各种工程地质条件和各种类型的工程,如房屋建筑、桥梁、港口等。桩基具有承载力高,稳定性好,沉降量小而均匀,沉降速率低而收敛快等特性。桩基一般应用于以下几种情况:

①荷重大,对沉降要求严格限制的建筑物;

②地面堆载过大的工业厂房及其露天吊车、仓库等建筑物;

③相邻建(构)筑物因地基沉降而产生的相互影响问题;

④对限制倾斜量有特殊要求的建(构)筑物;

⑤荷载占较大比例的建(构)筑物;

⑥配备重级工作制吊车的单层厂房(特别是冶金厂房);

⑦作为抗地震液化和处理地区软弱地基的措施。

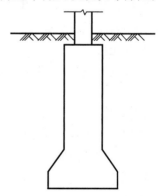

图8.2　一柱一墩

8.1 桩基础的分类与应用

(1)按承载力性状和竖向受力情况分类

1)摩擦型桩

①摩擦桩　在极限承载力状态下,桩顶竖向荷载由桩侧摩擦力承受。

②端承摩擦桩　在极限承载力状态下,桩顶竖向荷载主要由桩侧摩擦力承受。

2)端承型桩

①端承桩　在极限承载力状态下,桩顶竖向荷载由桩端阻力承受。

②摩擦端承桩　在极限承载力状态下,桩顶竖向荷载主要由桩端阻力承受。

(2)按桩材分类

①混凝土桩　包括混凝土预制桩和混凝土灌注桩。预制桩在工厂或现场预制成型;灌注桩在现场采用机械或人工成孔,再灌注混凝土。混凝土桩是工程上采用最广泛的桩。

②钢桩　包括钢管桩和型钢桩。主要有大直径钢管桩及 H 型桩。钢桩抗压强度高,施工方便,但价格高,易腐蚀。我国目前采用较少。

③组合材料桩　用混凝土和钢等不同材料组合而成的桩。如钢管桩内填充混凝土,或上部为钢管拉、下部为混凝土等形式的组合桩。组合桩一般在特殊条件下采用。

(3)按桩的使用功能分类

①竖向抗压桩　主要承受向下竖向荷载的桩。建筑桩基础大多数为此种桩。

②竖向抗拔桩　主要承受竖向上拔荷载的桩。如建在山顶的高压输电塔的桩基础。

③水平受荷桩　主要承受水平荷载的桩。如深基坑护坡桩,承受水平方向上压力作用,即为此类桩。

④复合受荷桩　所承受的水平与竖直荷载均较大的桩。

(4)按成桩方法分类

根据成桩方法形成桩过程的挤土方式应将桩分为下列三类:

1)非挤土桩

在成桩过程中,对桩周围的土无挤压作用的桩。施工方法是:首先将桩位的土清除,然后在桩孔中灌注混凝土成桩。人工挖孔扩底桩即为这种桩。

2)挤土桩

在成桩过程中,桩孔中的土未取出,全部挤压到桩的四周的一类桩。包括:

①挤土灌注桩　在沉管过程中,把桩孔部位的土挤压至桩管周围,浇注混凝土振捣成桩(如沉管灌注桩)。

②挤土预制桩　通常的预制桩。定位后,将预制桩打入或压入地基土中,原在桩位处的土均被挤压至桩的四周。

3)部分挤上桩

成桩过程对周围土产生部分挤压作用的桩。包括:

①部分挤土灌注桩　如钻孔灌注桩局部复打(如沉管灌注桩)。

②预钻孔打入式预制桩　通常预钻孔直径小于预制桩的边长,预钻孔时孔中的土被取走,打预制桩时为部分挤土桩。

③打入式敞口桩　如钢管机打入时,桩孔部分土进入钢管内部,对钢管桩周围的土而言,为部分挤土桩。

(5)按桩径大小分类

①小直径桩　桩径 $d \leqslant 250$ mm 的桩。沉桩的施工机械、施工场地与施工方法都比较简单。适用于中小型工程和基础加固,如虎丘塔倾斜加固的树根桩。

②中等直径桩　桩径 250 mm $< d \leqslant 800$ mm 的桩。由于具有较大的承载力,在建筑工程基础中应用广泛。

③大直径桩　桩径 $d > 800$ mm 的桩。单桩承载力很高,常用于高层建筑及重型设备基础。可为一柱一桩的优良结构形式。

(6)按桩的施工方法分类

1)预制桩

预制桩按材料不同分为变通钢筋混凝土桩和预应力钢筋混凝土桩。

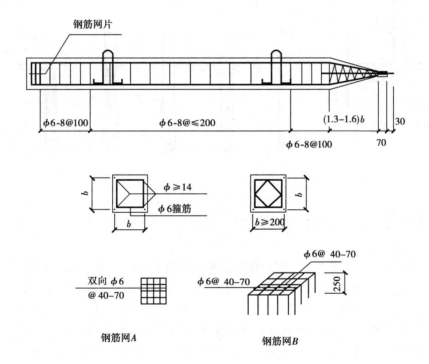

图 8.3　预制桩

预制桩按截面形状分为实心桩和空心桩。其形式有多边形、方形、圆形、矩形等。实心方桩是最常见的形式之一(图 8.3)。其截面边长一般为 $300 \sim 500$ mm,现场预制的桩长最大尺寸一般为 25 m,场外预制最大尺寸一般为 12 m,过长则需要接桩。常用的接桩方法有钢板角钢焊接法、硫黄胶泥锚固法和法兰盘加螺栓连接法等。预制桩可采用锤击法、振动法、静力压桩法等方法沉桩。

2)灌注桩

较之预制桩,灌注桩桩长可随持力层位置而改变,其配筋率较低,不需接桩。在相同地质条件下,灌注桩配筋造价较低。

灌注桩按成孔工艺和所用机具设备,分为以下几类:

①钻孔灌注桩　先用机钻将孔钻好,取出孔中土,再吊入钢筋笼,灌注混凝土而成桩。因钻孔机具不同,桩径可小至 100 mm,大至数米。

②冲孔灌注桩　将冲击钻头提升到一定高度后使之突然降落,利用冲击动能成孔。排除土后,放入钢筋笼,灌注混凝土成桩。孔径与冲击能量有关,一般为 450 ~ 1 200 mm;孔深除冲抓锥一般不超过 6 m 外,一般可达 50 m。

③沉管灌注桩　用机械作用力(如锤击、振动、静压等)把下端封闭的钢管挤入土层内,然后在钢管内灌注混凝土,再将钢管从土中拔出。放入钢筋笼,最后灌注混凝土成桩,其施工工艺如图 8.4 所示。桩径一般为 300 ~ 600 mm,桩长通常不超过 25 m。

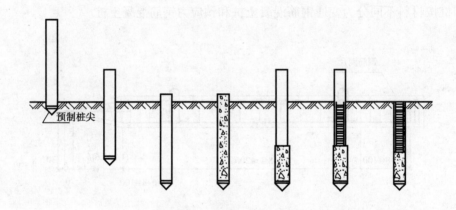

图8.4　沉管灌注桩施工工艺

④夯扩灌注桩　它是锤击式沉管灌注桩实行扩底的一种新桩型,其成桩工艺如图 8.5 所示。

⑤挖孔桩　采用机械或人工挖掘开孔。这种桩的优点是可直接观察地层情况,桩身质量容易得到保证,施工设备简单,适应性强度,因此得到广泛应用。为了增大桩的承载力,往往将桩底部加以扩大,成为扩底桩,如图 8.6 所示。扩底的优点是扩大部分的混凝土用量比桩身混凝土用量并未增加多少,但单桩承载力比等截面桩身的却可成倍提高。施工可采机械成孔机械扩底、机械成孔人工扩底和人工挖孔人工扩底等方法。采用人工挖孔时,桩径一般不小于1 m。

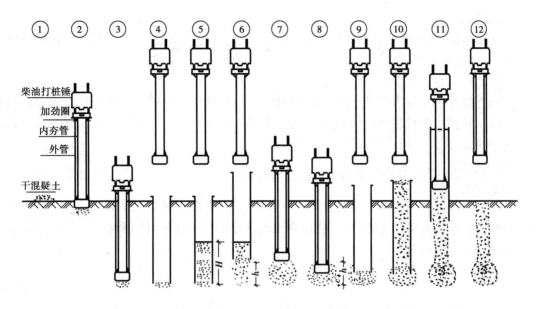

图 8.4 夯扩灌注桩成桩工艺

1—放干硬性混凝土;2—放内外管;3—锤击;4—抽出内管;5—灌入部分混凝土;

6—放入内管,稍提外管;7—锤击;8—内外管沉入设计深度;9—拔出内管;

10—灌满桩身混凝土;11—上拔外管;12—拔出外管,成桩

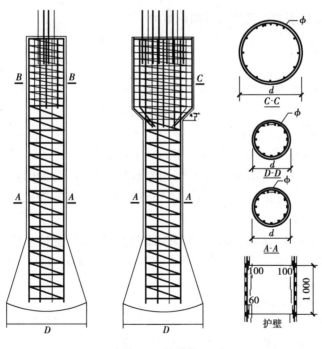

图 8.5 挖孔桩

8.2 单桩竖直承载力的确定

单桩竖向抗压承载力取决于两个方面的因素:一是地基土对桩的支承能力,二是桩自身材料的强度。在确定单桩竖向抗压承载力时,二者必须同时考虑。从安全考虑,应分别求出这两方面的承载力,取较小值作为设计时取用的数值。

8.2.1 按桩身强度确定单桩竖向抗压承载力

按桩身材料强度确定单桩承载力时,桩身混凝土强度应满足桩的承载力设计要求。计算中应按桩的类型和成桩工艺的不同,将混凝土的轴心抗压强度设计值乘以工作条件系数 ψ_c,桩身强度应符合下式要求:

轴心受压时

$$Q \leqslant A_p f_c \psi_c \tag{8.1}$$

式中　f_c——混凝土轴心抗压强度设计值;按现行《混凝土结构设计规范》取值;

　　　Q——相应于荷载效应基本组合时的单桩竖向力设计值;

　　　A_p——桩身横截面积;

　　　ψ_c——工作条件系数,预制桩取 0.75,灌注桩取 0.6 ~ 0.7(水下灌注桩或长桩时用低值)。

8.2.2 按土的支承力确定单桩竖向承载力

轴心竖向力作用下,有:

$$Q_k \leqslant R_a \tag{8.2}$$

偏心竖向作用下,除满足式(8.2)外,还应满足下列要求:

$$Q_{ik\,max} \leqslant 1.2 R_a \tag{8.3}$$

式中　R_a——单桩竖向承载力特征值。

单桩竖向承载力特征值的确定应符合下列规定:

①单桩竖向承载力特征值应通过单桩竖向静载荷试验确定,如图 8.6 所示。在同一条件下的试桩数量,不宜少于总桩数的 1%,且不应少于 3 根。单桩的静载荷试验,应按《建筑地基基础设计规范》附录 Q 进行。

桩端持力层不密实砂卵石或其他承载力类似的土层时,对单桩承载力很高的大直径端承桩,可采用深层平板载荷试验确定桩端土的承载力特征值,试验方法应按《建筑地基基础设计规范》附录 D 要求做。

单桩竖向极限承载力应按下列方法确定:

A. 作荷载-沉降(Q-s)曲线和其他辅助分析所需的曲线,如图 8.7 所示。

B. 当陡降段明显时,取相应于陡降段起点的荷载值。

C. 当 $\dfrac{\Delta s_n + 1}{\Delta s_n} \geqslant 2$,且经 24 h 尚未达到稳定时,取前一级荷载值;其中:Δs_n 为第 n 级荷载的沉降增量;$\Delta s_n + 1$ 为第 $n + 1$ 级荷载的沉降增量。

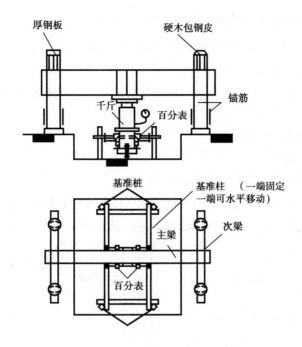

硬木包钢皮

厚钢板

锚筋

千斤

百分表

基准桩

基准桩　（一端固定
一端可水平移动）

次梁

主梁

百分表

图 8.6　单桩竖向静载试验装置

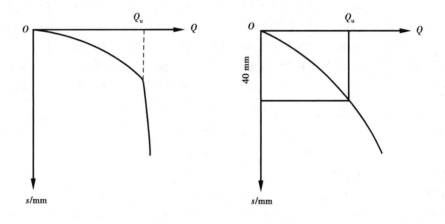

图 8.7　由 $Q\text{-}S$ 曲线确定极限荷载 Q_u

桩底支承在坚硬岩(土)层上,桩的沉降量很小时,最大加载量不应小于设计荷载的两倍。

D. $Q\text{-}s$ 曲线呈缓变型时,取桩顶总沉降量 $s = 40$ mm 所对应的荷载值,当桩长大于 40 m 时,宜考虑桩身的弹性压缩。

E. 按上述方法判断困难时,可结合其他辅助分析方法综合判定;对桩基沉降有特殊要求者,应根据具体情况选取。

F. 参加统计试桩,当满足其极差不超过平均值的 30% 时,可取其平均值为单桩竖向极限承载力;极差超过平均值的 30% 时,宜增加试桩数量并分析离差过大的原因,结合工程具体情况确定析限承载力。(注:对桩数为 3 根及 3 根以下的柱下桩台,取最小值。)

G. 单桩竖向极限承载力除以安全系数 2,为单桩竖向承载力特征值 R_a。

②地基基础设计等级为丙级的建筑物,可采用静力触探及标贯试验参数确定 R_a 值。

③初步设计时单桩竖向承载力特征值,可按下式估算:

$$R_a = q_{pa}A_p + u_p \sum q_{sia}l_i \tag{8.4}$$

式中　R_a——单桩竖向承载力特征值;

　　　q_{pa}、q_{sia}——分别为桩端端阻力、桩侧阻力特征值,由当地静载荷试验结果统计分析算得;

　　　A_p——桩底端横截面面积;

　　　u_p——桩身周边长度;

　　　l_i——第 i 层岩土层的厚度。

q_{pa}、q_{sia}这两个统计参数如果实际工作中未能得出,可参考《建筑桩基技术规范》(JGJ 94—2008)(以下简称《桩基规范》)所提供的数据 q_{pk}、q_{sik},见表8.1、表8.2。

表8.1　桩的极限侧阻力标准值 q_{sik}／kPa

土的名称	土的状态		混凝土预制桩	泥浆护壁钻(冲)孔桩	干作业钻孔桩
填土			22 ~ 30	20 ~ 28	20 ~ 28
淤泥			14 ~ 20	12 ~ 18	12 ~ 18
淤泥质土			22 ~ 30	20 ~ 28	20 ~ 28
黏性土	流塑	$I_L > 1$	24 ~ 40	21 ~ 38	21 ~ 38
	软塑	$0.75 < I_L \leq 1$	40 ~ 55	38 ~ 53	38 ~ 53
	可塑	$0.50 < I_L \leq 0.75$	55 ~ 70	53 ~ 68	53 ~ 66
	硬可塑	$0.25 < I_L \leq 0.50$	70 ~ 86	68 ~ 84	66 ~ 82
	硬塑	$0 < I_L \leq 0.25$	86 ~ 98	84 ~ 96	82 ~ 94
	坚硬	$I_L \leq 0$	98 ~ 105	96 ~ 102	94 ~ 104
红黏土	$0.7 < \sigma_w \leq 1$		13 ~ 32	12 ~ 30	12 ~ 30
	$0.5 < \sigma_w \leq 0.7$		32 ~ 74	30 ~ 70	30 ~ 70
粉土	稍密	$e > 0.9$	26 ~ 46	24 ~ 42	24 ~ 42
	中密	$0.75 \leq e \leq 0.9$	46 ~ 66	42 ~ 62	42 ~ 62
	密实	$e < 0.75$	66 ~ 88	62 ~ 82	62 ~ 82
粉细砂	稍密	$10 < N \leq 15$	24 ~ 48	22 ~ 46	22 ~ 46
	中密	$15 < N \leq 30$	48 ~ 66	46 ~ 64	46 ~ 64
	密实	$N > 30$	66 ~ 88	64 ~ 86	64 ~ 86
中砂	中密	$15 < N \leq 30$	54 ~ 74	53 ~ 72	53 ~ 72
	密实	$N > 30$	74 ~ 95	72 ~ 94	72 ~ 94
粗砂	中密	$15 < N \leq 30$	74 ~ 95	74 ~ 95	76 ~ 98
	密实	$N > 30$	95 ~ 116	95 ~ 116	98 ~ 120
砾砂	稍密	$5 < N_{63.5} \leq 15$	70 ~ 110	50 ~ 90	60 ~ 100
	中密(密实)	$N_{63.5} > 15$	116 ~ 138	116 ~ 130	112 ~ 130
圆砾、角砾	中密、密实	$N_{63.5} > 10$	160 ~ 200	135 ~ 150	135 ~ 150

续表

土的名称	土的状态		混凝土预制桩	泥浆护壁钻(冲)孔桩	干作业钻孔桩
碎石、卵石	中密、密实	$N_{63.5}>10$	200~300	140~170	150~170
全风化软质岩		$30<N\leqslant50$	100~120	80~100	80~100
全风化硬质岩		$30<N\leqslant50$	140~160	120~140	120~150
强风化软质岩		$N_{63.5}>10$	160~240	140~200	140~220
强风化硬质岩		$N_{63.5}>10$	220~300	160~240	160~260

注:①对于尚未完成自重固结的填土和以生活垃圾为主的杂填土,不计算其侧阻力;

②σ_w 为含水比,$\sigma_w=w/w_L$,w 为土的天然含水量,w_L 为土的液限;

③N 为标准贯入击数,$N_{63.5}$ 为重型圆锥动力触探击数;

④全风化、强风化软质岩和全风化、强风化硬质岩系指其母岩分别为 $f_r\leqslant15$ MPa、$f_r>30$ MPa 的岩石。

表 8.2　桩的极限端阻力标准值 q_{pk}/kPa

土的名称	土的状态	桩型	混凝土预制桩桩长 l/m				泥浆护壁钻(冲)孔桩桩长 l/m				干作业钻孔桩桩长 l/m		
			$l\leqslant9$	$9<l\leqslant16$	$16<l\leqslant30$	$l>30$	$5\leqslant l<10$	$10\leqslant l<15$	$15\leqslant l<30$	$30\leqslant l$	$5\leqslant l<10$	$10\leqslant l<15$	$15\leqslant l$
黏性土	软塑	$0.75<I_L\leqslant1$	210~850	650~1 400	1 200~1 800	1 300~1 900	150~250	250~300	300~450	300~450	200~400	400~700	700~950
	可塑	$0.50<I_L\leqslant0.75$	850~1 700	1 400~2 200	1 900~2 800	2 300~3 600	350~450	450~600	600~750	750~800	500~700	800~1 100	1 000~1 600
	硬可塑	$0.25<I_L\leqslant0.50$	1 500~2 300	2 300~3 300	2 700~3 600	3 600~4 400	800~900	900~1 000	1 000~1 200	1 200~1 400	850~1 100	1 500~1 700	1 700~1 900
	硬塑	$0<I_L\leqslant0.25$	2 500~3 800	3 800~5 500	5 500~6 000	6 000~6 800	1 100~1 200	1 200~1 400	1 400~1 600	1 600~1 800	1 600~1 800	2 200~2 400	2 600~2 800
粉土	中密	$0.75\leqslant e\leqslant0.9$	950~1 700	1 400~2 100	1 900~2 700	2 500~3 400	300~500	500~650	650~750	750~850	800~1 200	1 200~1 400	1 400~1 600
	密实	$e<0.75$	1 500~2 600	2 100~3 000	2 700~3 600	3 600~4 400	650~900	750~950	900~1 100	1 100~1 200	1 200~1 700	1 400~1 900	1 600~2 100
粉砂	稍密	$10<N\leqslant15$	1 000~1 600	1 500~2 300	1 900~2 700	2 100~3 000	350~500	450~600	600~700	650~750	500~950	1300~1600	1500~1700
	中密、密实	$N>15$	1 400~2 200	2 100~3 000	3 000~4 500	3 800~5 500	600~750	750~900	900~1 100	1 100~1 200	900~1 000	1 700~1 900	1 700~1 900
细砂	中密、密实	$N>15$	2 500~4 000	3 600~5 000	4 400~6 000	5 300~7 000	650~850	900~1 200	1 200~1 500	1 500~1 800	1 200~1 600	2 000~2 400	2 400~2 700
中砂			4 000~6 000	5 500~7 000	6 500~8 000	7 500~9 000	850~1 050	1 100~1 500	1 500~1 900	1 900~2 100	1 800~2 400	2 800~3 800	3 600~4 400
粗砂			5 700~7 500	7 500~8 500	8 500~10 000	9 500~11 000	1 500~1 800	2 100~2 400	2 400~2 600	2 600~2 800	2 900~3 600	4 000~4 600	4 600~5 200
砾砂	中密、密实	$N>15$	6 000~9 500		9 000~10 500		1 400~2 000		2 000~3 200		3 500~5 000		
角砾、圆砾		$N_{63.5}>10$	7 000~10 000		9 500~11 500		1 800~2 200		2 200~3 600		4 000~5 500		
碎石、卵石		$N_{63.5}>10$	8 000~11 000		10 500~13 000		2 000~3 000		3 000~4 000		4 500~6 500		

227

续表

土的名称	土的状态	混凝土预制桩桩长 l/m				泥浆护壁钻(冲)孔桩桩长 l/m				干作业钻孔桩桩长 l/m		
		$l \leqslant 9$	$9 < l \leqslant 16$	$16 < l \leqslant 30$	$l > 30$	$5 \leqslant l < 10$	$10 \leqslant l < 15$	$15 \leqslant l < 30$	$30 \leqslant l$	$5 \leqslant l < 10$	$10 \leqslant l < 15$	$15 \leqslant l$
全风化软质岩	$30 < N \leqslant 50$	4 000 ~ 6 000				1 000 ~ 1 600				1 200 ~ 2 000		
全风化硬质岩	$30 < N \leqslant 50$	5 000 ~ 8 000				1 200 ~ 2 000				1 400 ~ 2 400		
强风化软质岩	$N_{63.5} > 10$	6 000 ~ 9 000				1 400 ~ 2 200				1 600 ~ 2 600		
强风化硬质岩	$N_{63.5} > 10$	7 000 ~ 11 000				1 800 ~ 2 800				2 000 ~ 3 000		

注：①砂土和碎石类土中桩的极限端阻力取值,宜综合考虑土的密实度,桩端进入持力层的深径比 h_b/d,土越密实,h_b/d 越大,取值越高;

②预制桩的岩石极限端阻力指桩端支承于中、微风化基岩表面或进入强风化岩、软质岩一定深度条件下极限端阻力;

③全风化、强风化软质岩和全风化、强风化硬质岩指其母岩分别为 $f_r \leqslant 15$ MPa、$f_r > 30$ MPa 的岩石。

桩径 $d \geqslant 800$ mm 的桩,《桩基规范》根据土的物理指标与承载力参数之间的经验关系,确定大直径桩单桩极限承载力标准值时的计算公式:

$$Q_{uk} = Q_{sk} + Q_{pk} = u \sum \psi_{si} q_{sik} l_i + \psi_p q_{pk} A_p \tag{8.5}$$

式中 q_{sik}——桩侧第 i 层土极限侧阻力标准值,如无当地经验值时,可按表 8.1 对于扩底桩变截面以上 $2d$ 长度范围不计侧阻力;

q_{pk}——桩径为 800 mm 的极限端阻力标准值,对于干作业挖孔(清底干净),可采用深层载荷板试验确定,当不能进行深层载荷板试验时,可按表 8.3 取值;

ψ_{si}、ψ_p——大直径桩侧阻、端阻尺寸效应系数,按表 8.4 取值;

u——桩身周长,当人工挖孔桩桩周护壁为振捣密实的混凝土时,桩身周长可按护壁外直径计算。

表 8.3　干作业挖孔桩(清底干净, $D = 800$ mm)极限端阻力标准值 q_{pk}/kPa

土的名称	状态		
黏性土	$0.25 < I_L \leqslant 0.75$	$0 < I_L \leqslant 0.25$	$I_L \leqslant 0$
	800 ~ 1 800	1 800 ~ 2 400	2 400 ~ 3 000
粉土		$0.75 \leqslant e \leqslant 0.9$	$e < 0.75$
		1 000 ~ 1 500	1 500 ~ 2 000

续表

土的名称		状 态		
		稍密	中密	密实
砂土碎石类土	粉砂	500～700	800～1100	1 200～2 000
	细砂	700～1100	1 200～1 800	2 000～2 500
	中砂	1 000～2 000	2 200～3 200	3 500～5 000
	粗砂	1 200～2 200	2 500～3 500	4 000～5 500
	砾砂	1 400～2 400	2 600～4 000	5 000～7 000
	圆砾、角砾	1 600～3 000	3 200～5 000	6 000～9 000
	卵石、碎石	2 000～3 000	3 300～5 000	7 000～11 000

注:①当桩进入持力层的深度 h_b 分别为:$h_b \leqslant D$,$D < h_b \leqslant 4D$,$h_b > 4D$ 时,q_{pk} 可相应取低、中、高值;

②砂土密实度可根据标贯击数判定,$N \leqslant 10$ 为松散,$10 < N \leqslant 15$ 为稍密,$15 < N \leqslant 30$ 为中密,$N > 30$ 为密实;

③当桩的长径比 $l/d \leqslant 8$ 时,q_{pk} 宜取较低值;

④当对沉降要求不严时,q_{pk} 可取高值。

表8.4 大直径灌注桩侧阻尺寸效应系数 ψ_{si}、端阻尺寸效应系数 ψ_p

土类型	黏性土、粉土	砂土、碎石类土
ψ_{si}	$(0.8/d)^{\frac{1}{5}}$	$(0.8/d)^{\frac{1}{3}}$
ψ_p	$(0.8/D)^{\frac{1}{4}}$	$(0.8/D)^{\frac{1}{3}}$

对于桩端置于完整、较完整基岩的嵌岩桩,其单桩竖向极限承载力在《桩基规范》中由桩周土总极限侧阻力和嵌岩段总极限阻力组成。当根据岩石单轴抗压强度确定单桩竖向极限承载力标准值时,可按下列公式计算:

$$Q_{uk} = Q_{sk} + Q_{rk} \tag{8.5a}$$

$$Q_{sk} = u \sum q_{sik} l_i \tag{8.5b}$$

$$Q_{rk} = \zeta_r f_{rk} A_p \tag{8.5c}$$

式中 Q_{sk}、Q_{rk}——分别为土的总极限侧阻力、嵌岩段总极限阻力;

q_{sik}——桩周第三层土的极限侧阻力,无当地经验时,可根据成桩工艺按本规范表8.1取值;

f_{rk}——岩石饱和单轴抗压强度标准值,黏土岩取天然湿度单轴抗压强度标准值;

ζ_r——嵌岩段侧阻和端阻综合系数,与嵌岩深径比 h_r/d、岩石软硬程度和成桩工艺有关,可按表8.5采用;表中数值适用于泥浆护壁成桩,对于干作业成桩(清底干净)和泥浆护壁成桩后注浆,ζ_r 应取表列数值的1.2倍。

表 8.5　嵌岩段侧阻和端阻综合系数 ζ_r

嵌岩深径比 h_r/d	0	0.5	1.0	2.0	3.0	4.0	5.0	6.0	7.0	8.0
极软岩、软岩	0.60	0.80	0.95	1.18	1.35	1.48	1.57	1.63	1.66	1.70
较硬岩、坚硬岩	0.45	0.65	0.81	0.90	1.00	1.04	—	—	—	—

注:①极软岩、软岩指 $f_{rk} \leqslant 15$ MPa,较硬岩、坚硬岩指 $f_{rk} > 30$ MPa,介于二者之间可内插取值;

②h_r 为桩身嵌岩深度,当岩面倾斜时,以坡下方嵌岩深度为准;当 h_r/d 为非表列值时,ζ_r 可内差取值。

8.2.3　特殊条件下桩基竖直承载力的验算

(1)软弱下卧层

当桩端平面以下受力层范围内存在软弱下卧层时,应验算软弱下卧层的承载力。

①当桩距 $s_a \leqslant 6d$ 时,桩端持力层下存在承载力低于桩端持力层承载力 1/3 的软弱下卧层时,可按图 8.8 所示《桩基规范》的假想实体基础验算群桩软弱下卧层顶面承载力:

$$\sigma_z + \gamma_m z \leqslant f_{az} \tag{8.6}$$

$$\sigma_z = \frac{(F_k + G_k) - \frac{3}{2}(A_0 + B_0) \cdot \sum q_{sik} l_i}{(A_0 + 2t \cdot \tan\theta)(B_0 + 2t \cdot \tan\theta)} \tag{8.7}$$

式中　σ_z——作用于软弱下卧层顶面的附加应力;

　　　γ_m——软弱层顶面以上各土层重度(地下水位以下取浮重度)的厚度加权平均值;

　　　t——硬持力层厚度;

　　　f_{az}——软弱下卧层经深度 z 修正的地基承载力特征值;

　　　A_0、B_0——桩群外缘矩形底面的长、短边边长;

　　　q_{sik}——桩周第三层土的极限侧阻力标准值,无当地经验时,可根据成桩工艺按本规范表 8.6 取值;

　　　θ——桩端硬持力层压力扩散角,按表 8.6 取值。

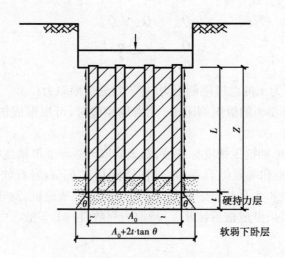

图 8.8　软弱下卧层承载力验算

表 8.6　桩端硬持力层压力扩散角 θ

$\dfrac{E_{s1}}{E_{s2}}$	$t = 0.25B_0$	$t \geqslant 0.50B_0$
1	4°	12°
3	6°	23°
5	10°	25°
10	20°	30°

注:①E_{s1}、E_{s2} 为硬持力层、软弱下卧层的压缩模量;

②当 $t < 0.25B_0$ 时,取 $\theta = 0°$,必要时,宜通过试验确定;当 $0.25B_0 < t < 0.50B_0$ 时,可内插取值。

②当桩距 $s_a > 6d$ 且硬持力层厚度 $t < (s_a - D_0) \cdot \cot \theta / 2$ 的群桩基础,以及单桩基础按式(8.7)验算软弱下卧层的承载力时,其 σ_z 按下式确定:

$$\sigma_z = \frac{4(\gamma_0 N - u \sum q_{sik} l_i)}{\pi (D_e + 2t \tan \theta)^2} \tag{8.8}$$

式中　N——桩顶轴向压力设计值;

D_e——桩顶等代直径,对于圆形桩端,$D_e = D$;对于方形桩,$D_e = 1.13b$(b 为桩的边长),按表 8.7 确定 θ 时,$B_0 = D_e$。

表 8.7　桩端硬持力层压力扩散角

$\dfrac{E_{s1}}{E_{s2}}$	$T = 0.25B_0$	$T \geqslant 0.5B_0$
1	4°	12°
3	6°	23°
5	10°	25°
10	20°	30°

注:① E_{s1}、E_{s2} 为硬持力层、软弱下卧层的压缩模量;

② $z \leqslant 0.25B_0$ 时,θ 降低取值。

(2)桩的负摩阻力

桩身周围土由于自重固结、自重湿陷、地面附加荷载等原因而产生大于桩身的沉降时,土对桩侧表面将产生向下的摩阻力,此摩阻力即为负摩阻力,它与正摩阻力正好相反。在固结稳定的土层中,桩受到竖直向下荷载作用,桩身相对于土产生向下的位移,于是桩侧土产生向上的摩阻力,称为(正)摩阻力。

在下面一些情况下,应考虑桩侧负摩阻力对桩基承载力的影响:

①桩穿越较厚的松散填土、自重湿陷性黄土、欠固结土层进入相对较硬土层时;

②桩周围存在软弱土层,邻近桩的地面承受局部较大的长期荷载,或地面大面积堆载(包括填土)时;

③由于降低地下水位,使桩周围土中的有效应力增大,并产生显著压缩沉降。

负摩阻力的数值与作用在桩侧的有效应力成正比。它的极限值近似地等于土的不排水剪强度。在计算负摩阻力对桩基承载力和沉降的影响时,如果缺乏可参照的工程经验,可按《桩基规范》的规定进行验算。

对于摩擦型基桩(基桩即群桩中的单桩),取桩身计算中性点以上侧阻力为零,按下式验算基桩承载力:

$$\gamma_0 N \leqslant R \tag{8.9}$$

中性点是桩截面沉降量与桩周土层沉降量相等之点,在此点上桩身与桩周土相对位移为零,故此点处无摩阻力。当桩周为产生固结的土层时,中性点大多位于桩长的70% ~ 75%(靠下方)处。中性点处,桩身轴力达到最大值。

对于端承型基桩,除应满足式(8.9)要求外,尚应考虑负摩阻力引起基桩的下拉荷载 Q_g^n(下拉荷载见《桩基规范》第5.2.16条,此处从略),按下式验算基桩承载力:

$$(\gamma_0 N + 1.27 Q_g^n) \leqslant 1.6R$$

对于单桩基础,中性点以上负摩阻力的累计值即为下拉荷载。对于群桩基础中的基桩,尚需考虑负摩阻力的群桩效应,即其下拉荷载尚应将单桩下拉荷载乘以相应的负摩阻力群柱效应系数予以折减。

当土层不均匀或建筑物对不均匀沉降较敏感时,尚应将负摩阻力引起的下拉荷载计入附加荷载验算桩基沉降。

8.2.4 单桩轴向抗拔力

在某些工程中,基础会遇到承受上拔力的情况。比如电视塔等高耸构筑物,承受浮托力为主地下结构、膨胀土地基上的建筑物等。

当桩基承受拔力时,应按下式对桩基进行抗拔验算:

$$\gamma_0 T = \frac{T_{gk}}{\gamma_s} + G_{gp} \tag{8.10a}$$

$$\gamma_0 T = \frac{T_k}{\gamma_s} + G_p \tag{8.10b}$$

式中　γ_0——建筑桩基重要性系数,对于一、二、三级建筑桩基,分别取 $\gamma_0 = 1.1, 1.0, 0.9$;对于柱下单桩,按提高一级考虑;对于柱下单桩的一级建筑桩基,取 $\gamma_0 = 1.2$;

T——基桩上拔力设计值,kN;

T_k——单桩或群桩呈非整体破坏时,基桩的抗拔极限承载力标准值;

T_{gk}——群桩呈整体破坏时基桩的抗拔极限承载力标准值;

T_k 和 T_{gk}——对于一级建筑桩基用现场上拔静载荷试验确定,对于二、三级建筑桩基按下式计算:

$$T_{gk} = \frac{1}{n} u_l \sum \lambda_i q_{sik} l_i \tag{8.11a}$$

$$T_k = \sum \lambda_i q_{sik} u_i l_i \tag{8.11b}$$

式中　λ_i——抗拔系数,可按表8.9取值;

u_i——破坏表面周长,对于等直径桩取 $u_i = \pi d$;对于扩底桩:自桩底起算的长度 $l_0 < 5d$ 时,$u_i = \pi D$,其余 $u_i = \pi d$;

q_{sik}——桩侧表面第 i 层土的抗压极限侧阻力标准值,可按表8.8取值;

γ_s——桩侧阻抗力分项系数,按表 8.10 取值;

G_p——基桩自重设计值,地下水位以下取浮重度,对于扩底桩按式(8.10)计算桩的周
　　　长 u_i 和桩自重;

n——桩数;

U_l——群柱外围周长。

表 8.8　扩底桩破坏表面周长 u_l

自桩底起算的长度 l_i	$\leqslant 5d$	$> 5d$
u_i	πD	πd

表 8.9　抗拔系数 λ_i

土　类	λ 值
砂土	0.50 ~ 0.70
黏性土、粉土	0.70 ~ 0.80

注:桩长 l 与桩径 d 之比小于 20 时,λ 取小值。

表 8.10　桩基竖向承载力抗力分向系数

桩型与工艺	$\gamma_{sp}(\gamma_s)$	
	经验参数法	静载实验法
预制桩,钢管桩	1.65	1.60
大直径灌注桩(清底干净)	1.65	1.60
泥浆护壁钻孔灌注桩	1.67	1.62
干作业钻孔灌注桩($d < 0.8$ m)	1.70	1.65
沉管灌注桩	1.75	1.70

8.3　群桩承载力

当单桩不足以承担上部结构荷载时,需采用多根桩来共同承载。由多根单桩组成的群桩,其承载力与桩数、桩距、桩长、桩径、承台、土以及成桩方法等很多因素有关,群桩承载力的确定是一个很复杂的问题。

群桩基础受竖向荷载后,由于承台、桩、土的相互作用,使基桩侧阻力、桩端阻力、沉降等性状发生变化,而与单桩明显不同。例如,对于黏性土地基,群桩承载力小于各单桩承载力之和,

但在砂土地基中,打桩时桩周围的土对振密,群桩承载力将大于各单柱承载力之和。这种群桩承载力往往不等于各单桩承载力之和,称其为群桩效应。群桩效应受土性、桩距、桩数、桩的长径比、桩长与承台宽度比、成桩方法等多因素的影响而变化,其中桩距是最为重要的影响因素。

用以度量构成群桩承载力的各个分量因群桩效应而降低或提高的幅度指标称为群桩效应系数。如侧阻、端阻、承台底土阻力的群桩效应系数。群桩中的基桩平均极限端阻与单桩平均极限端阻之比称为桩侧阻力群桩效应系数,基桩平均极限端阻与单桩平均极限端阻之比称为桩侧阻端群桩效应系数,基桩平均极限承载力与单桩极限承载力之比称为桩侧阻端阻综合群桩效应系数。

端承群桩中各单桩的工作状态与孤立的单桩相似,各桩桩端处压力分布面积和桩底面积相同,无明显应力叠加现象,其群桩效应系数为 1。因此,端承群桩承载力为各单柱承载力之和。对于摩擦群桩,一般认为当群桩中各基桩桩距较大(大于 6 倍桩身直径或边长)、桩数较少时,群桩效应已很小,其群桩承载力可视为等同于端承群桩。

对于桩距较小(小于 6 倍桩身直径或边长)、桩数较多时,群桩中各基桩传布的应力互相交叠(图 8.9),附加应力影响的深度和范围比孤立的单桩要大得多,群桩的沉降量比孤立的单桩沉降量要大,群桩效应明显,群桩效应系数小于 1。群桩承载力小于各单桩承载力之和。计算群桩承载力时,可将外围以内的桩体与土体视为一实体深基础。对这一假想实体深基础的侧壁(即群桩外围)的摩阻力,应加以考虑。

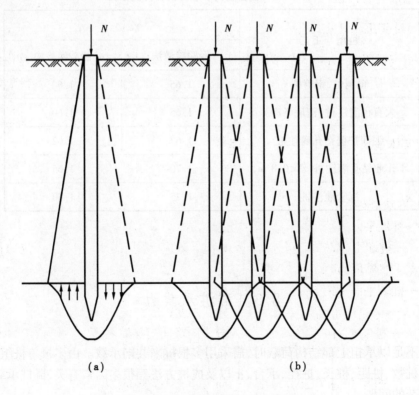

(a)　　　　　(b)

图 8.9　摩擦桩应力传布

8.4 群桩沉降计算

8.4.1 应计算沉降和可以不计算沉降的建筑物

(1)应计算沉降的建筑物

①地基基础设计等级为甲级的建筑物桩基;

②体型复杂、荷载不均匀或桩端以下存在软弱土层的设计等级为乙级的建筑物桩基;

③摩擦型桩基。

(2)可以不计算沉降的建筑物

①嵌岩桩;设计等级为丙级的建筑桩基;吊车工作级别为 A5 及 A5 以下的单层工业厂房桩基(桩端下为密实土层)。

②有可靠地区经验时,对地质条件不复杂、荷载均匀、对沉降无特殊要求的端承型桩基。

8.4.2 桩基沉降计算内容

根据不同的建筑类型,桩基础应计算沉降量、沉降差、倾斜和局部倾斜;相应的变形值不得超过建筑物的沉降允许值,且应符合表 3.11 的规定。

8.4.3 桩基沉降计算方法

桩基的最终沉降量,宜按 3.2 节所述,采用单向压缩分层总和法计算。地基内的应力分布宜采用各向同性均质线性变形体理论,按实体深基础(当桩距不大于 $6d$ 时)和明德林应力公式等方法进行计算。本节只介绍前一种方法。

按实体深基础计算方法,是当桩距较密(桩距不大于 $6d$)时,将整个桩基础视为如图 8.10 所示的假想实体基础,按下式计算最终沉降量:

$$s = \varphi_p \sum_{j=1}^{m} \sum_{i=1}^{nj} \frac{\sigma_{j,i} \Delta h_{j,i}}{Es_{j,i}} \tag{8.12}$$

式中　　s——桩基最终计算沉降量,mm;

m——桩端平面以下压缩层范围内土层总数;

$Es_{j,i}$——桩端平面下第 j 层第 i 个分层在自重应力到自重应力加附加应力作用段的压缩模量,MPa;

n_j——桩端平面下第 j 层土的计算分层数;

$\Delta h_{j,i}$——桩端平面下第 j 层土第 i 个分层厚度;

$\Delta \sigma_{j,i}$——桩端平面下第 j 层土第 i 个分层的竖向附加应力,kPa,可按 3.2 节的相应规定计算,其中附加应力应为桩底平面处的附加应力;实体基础的支际面积可按图 8.10 采用,即 $\left(a_0 + 2l \cdot \tan \dfrac{\varphi}{4}\right)\left(b_0 + 2l \cdot \tan \dfrac{\varphi}{4}\right)$;

φ_p——桩基沉降计算经验系数,各地基应根据当地的工程实测资料统计对比确定,当不具备条件时,可按表 8.8 选用。

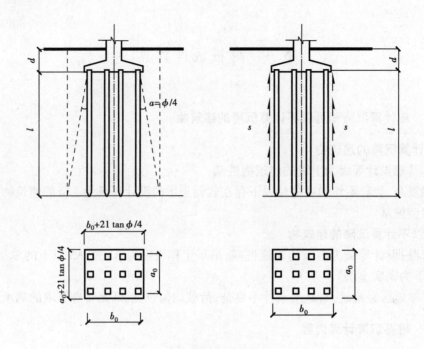

图 8.10　实体深基础的底面积

8.5　桩基础的设计与计算

8.5.1　桩基础设计步骤

桩基础可按下列顺序进行设计：

①收集设计资料，确定桩基持力层；

②确定桩的类型和几何尺寸，初步选择承台底面标高；

③确定单桩承载力设计值；

④确定桩数，进行桩的平面布置；

⑤验算桩基的承载力，必要时验算群桩地基强度及变形和稳定性；

⑥桩身结构设计，承台设计；

⑦绘制桩基础施工图。

(1)确定桩的类型及其规格尺寸

确定桩的类型，要根据桩基的规模、所承受的荷载大小、地质条件和当地施工条件综合考虑。比如，如果是低层房屋，可采用摩擦桩；如果是大中型工程，可用端承摩擦桩，长桩穿透软弱层，桩端进入坚实土层。根据当地材料供应、施工机具与技术水平、造价、工期及场地环境等具体情况，选择桩的材料与施工方法。比如，中小型工程可用素混凝土灌注桩，以节省投资；大工程则可采用钢筋混凝土桩，通常用锤击法施工。

桩长一般由桩端持力层所处位置决定。持力层应选择较坚实的土层。桩端全断面进入持力层的深度，黏性土、粉土不小于 $2d$；砂土不小于 $1.5d$；碎石类土不小于 $1d$。而桩顶应嵌入承台里面。由承台与持力层的距离,便可确定桩长。确定桩长还要考虑施工的可能性,比如预制桩要考虑打桩架的容许高度及钻进的最大深度。

桩的横截面面积根据桩顶荷载大小与当地施工机具及建筑经验确定。如为钢筋混凝土预制桩:中小工程常用 250 mm × 250 mm 或 300 mm × 300 mm,大工程常用 350 mm × 350 mm 或 400 mm × 400 mm。

(2)桩数及桩的平面布置

1)桩数估算

桩数可由荷载及承载力进行估算。

轴心受压时:

$$n \geqslant \frac{F_k + G_k}{R_a} \qquad (8.13)$$

偏心受压时:

$$n \geqslant \mu \frac{F_k + G_k}{R_a} \qquad (8.14)$$

式中 n——桩的数量;

F_k——荷载效应标准组合时,上部结构传至桩基础承台顶面的竖向力,kN;

G_k——承台及其上覆土自重标准值,kN;

R_a——单桩竖向承载力特征值,kN;

μ——桩基偏心受压系数,一般取 1.1 ~ 1.2。

2)桩的平面布置

①桩的中心距

桩的中心距不能过小,过小会在桩施工时互相挤土,影响桩的质量;也不能过大,过大将会增大承台的体积和用量。桩的中心距宜取为 $(3 \sim 4)d(d$ 为桩径),见表 8.11 及表 8.12。对于大面积群桩,尤其是挤土桩,桩的最小中心距宜按表 8.11 值适当扩大。对于扩底灌注桩,除应符合表 8.11 要求外,还应满足表 8.12 的规定。

表 8.11 桩的最小中心距

土类与成桩工艺		排列不小于 3 排且桩数 $n \geqslant 9$ 根的摩擦型桩基	其他情况
非挤土和部分挤土灌注桩		3.0d	2.5d
挤土灌注桩	穿越非饱和土	3.5d	3.0d
	穿越饱和土	4.0d	3.5d
挤土预制桩		3.5d	3.0d
打入式敞口管桩 H 型钢桩		3.5d	3.0d

注:d 为圆桩直径或方桩边长。

表 8.12 灌注桩扩底端最小中心距

成桩方法	最小中心距/m
钻、挖孔灌注桩	1.5D 或 1.5D + 1(当 D > 2 m 时)
沉管夯扩灌柱桩	2.0D

注:D 为扩大端设计直径。

②桩的平面布置

进行桩的平面布置时,应注意以下几点:

A.尽量不偏心。宜使群桩的承载力合力点与长期荷载重心重合。

B.尽量使桩基受水平力和力矩较大方向有较大的截面模量,即承台的长边与所受弯矩较大的平面取向一致。

C.同一结构单元,尽量避免采用不同类型的桩。同一基础相邻桩的桩底标高差,对于非嵌岩端承型桩,不宜超过相邻桩的中心距;对于摩擦型桩,在相同土层中不宜超过桩长的1/10。

通常独立桩基可采用梅花形布置或行列布置,如图8.11(a)、(b)所示,常采用三桩承台、四柱承台和六桩承台等;条形基础可采用一字形一排或多排布置,如图8.11(c)所示;烟囱、水塔基础常采用圆环形布置,如图8.11(d)所示。

在纵横墙交接处宜布置桩。桩应避免布置在墙体洞口下;必须布置时,应对洞口处的承台梁采取加强措施。对于桩箱基础,宜将桩布置于墙下。对于带梁(肋)桩筏基础,宜将桩布置于梁(肋)下。对于大直径桩,宜采用一柱一桩。

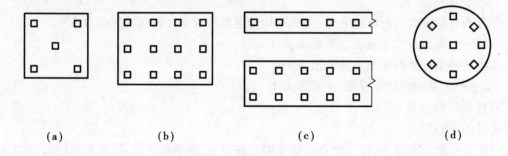

| (a) | (b) | (c) | (d) |

图8.11　桩的平面布置

(3)单桩设计

1)单柱受力验算

群桩是由单桩所组成的。每一根单桩都应满足受力要求。

中心受压时:

$$Q_k = \frac{F_k + G_k}{n} \leqslant R_a \tag{8.15}$$

偏心受压时:

$$Q_{ikmax} = \frac{F_k + G_k}{n} + \frac{M_{xk}Y_{max}}{\sum Y_i^2} + \frac{M_{yk}X_{max}}{\sum X_i^2} \leqslant 1.2R_a \tag{8.16}$$

$$Q_{ikmin} < T_a \tag{8.17}$$

式中　F_k——相应于荷载效应标准组合时,作用于桩基承台顶面的竖向力;

　　　G_k——桩基承台自重及承台上土自重标准值;

　　　Q_k——相应于荷载效应标准组合轴心竖向力作用下任一单桩的竖向力;

　　　n——桩基中的桩数;

　　　Q_{ik}——相应于荷载效应标准组合偏心竖向力作用下第i根桩的竖向力;

M_{xk}、M_{yk}——相应于荷载效应组合作用于承台底面通过桩群形心的 x、y 轴的力矩；

X_i、Y_i——桩 i 至桩群形心的 y、x 轴线的距离；

T_a——单桩抗拔承载力特征值。

2）桩身结构设计

桩身结构设计主要包括桩身构造要求和配筋要求等。

①桩基的构造要求

A. 扩底灌注桩的扩底直径,不应大于桩身直径的 3 倍。

B. 桩底进入持力层的深度　桩底进入持力层的深度,根据地质条件,荷载及施工工艺确定,宜为桩身直径的 1~3 倍。在确定桩底进入持力层深度时,尚应考虑特殊土,岩溶以及震陷液化等影响。嵌岩灌注桩周边嵌及完整和较完整的未风化、微风化、中风化硬质岩体的最小深度,不宜小于 0.5 m。

C. 混凝土强度等级　预制桩的混凝土强度等级不应低于 C30;灌注桩不应低于 C20;预应力柱不应低于 C40。

②桩基的配筋要求

A. 桩的主筋　主筋应经计算确定。打入式预制桩的最小配筋率不宜小于 0.8%,静压预制桩的最小配率不宜小于 0.6%;灌注桩最小配筋率不宜小于 0.2%~0.65%(小直径桩取大值)。

B. 配筋长度

a. 受水平荷载和弯矩较大的桩,配筋长度应通过计算确定。

b. 桩基承台下存在淤泥、淤泥质土或液化土层时,配筋长度应过淤泥,淤泥质土层或液化土层。

c. 坡地岸边的桩、8 度及 8 度以上地震的桩、抗拔桩、嵌岩端承柱应通长配筋。

d. 桩径大于 600 mm 的钻孔灌注桩,构造钢筋的长度不宜小于桩长的 2/3。

e. 桩顶嵌入承台内的长度不宜小于 50 mm。主筋伸入承台内的锚固长度不宜小于钢筋直径(Ⅰ级钢)的 30 倍和钢筋直径(Ⅱ级钢和Ⅲ级钢)的 35 倍。对于大直径灌注桩,当采用一柱一桩时,可设置承台或将桩与柱直接连接。柱的连接可按高杯口基础的要求选择截面尺寸和配筋,柱纵筋插入桩身的长度应满足锚固长度的要求。

f. 在承台及地下室周围的回填中,应满足填土密实性的要求。

(4) 承台设计

在桩顶设置承台,可以把多根桩连接而成为一个共同承受上部荷载的整体,同时把上部结构荷载传给各根桩。

承台按其底面的竖向相对位置,分为高桩承台和低桩承台。底面位于地面以上相当高度的承台称为高桩承台;底面位于地面以下的承台称为低桩承台。通常建筑物基础承重的桩承台都属于低桩承台。

承台按其构造形式可分为柱下独立桩基承台、箱形承台、筏形承台、柱下梁式承台、墙下梁下承台等类型。本节主要介绍柱下独立桩基承台。

1）承台构造要求

承台的构造除满足抗冲切、抗剪切、抗弯承载力和上部结构的要求外,尚应符合下列要求:

①承台构造尺寸

A. 承台的宽度不应小于 500 mm。边桩中心至承台边缘的距离不宜小于桩的直径或边长,且桩的外边缘至承台边缘的距离不小于 150 mm。对于条形承台梁,桩的外边缘至承台梁边缘的距离不小于 75 mm。

B. 承台的最小厚度距离不小于 300 mm。

②承台的配筋

A. 矩形承台　其钢筋应按双向均匀通长布置(图 8.12(a)),钢筋直径不宜小于 10 mm,间距不宜大于 200 mm。

B. 三桩承台　钢筋应按三向板带均匀布置,且最里面的三根钢筋围成的三角形应在柱截面范围内图 8.12(b)。

承台梁的主筋除满足计算要求外,尚应符合现行《混凝土结构设计规范》(GB 50010)关于最小配筋率的规定,主筋直径不宜小于 12 mm,架立筋不宜小于 10 mm,箍筋直径小于 6 mm(图 8.12(c))。

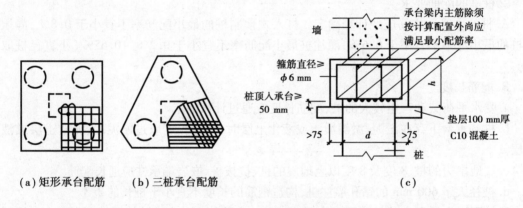

(a) 矩形承台配筋　　(b) 三桩承台配筋　　　　　　　　　　　(c)

图 8.12　承台配筋

③承台混凝土强度等级不应低于 C20,纵向钢筋的混凝土保护层厚度不应小于 70 mm,当有混凝土垫层时,不应小于 40 mm。

④桩顶嵌入承台的长度,对于大直径桩,不宜小于 100 mm;对于中等直径桩,不宜小于 50 mm。桩顶主筋应伸入承台内,其锚固长度不宜小于 30 倍主筋直径,对于抗拔桩基不应小于 40 倍主筋直径。在确定承台底标高时,对于灌注桩应注意从施工桩顶下约有 50 mm 的高度不能利用。

⑤承台之间的连接宜符合下列要求:

A. 柱下单桩宜在桩顶两个互相方向上设置连系梁。当桩柱截面面积之比较大(一般大于 2)且柱底剪力和弯矩较小时,可不设连系梁。

B. 两桩桩基的承台,宜在其短向设置连系梁,当短向的柱底剪力和弯矩较小时,可不设连系梁。

C. 有抗震要求的柱下独立桩基承台,纵横方向宜设置连系梁。

D. 连系梁顶面宜与承台顶位于同一标高。连系梁宽度不宜小于 200 mm,其高度可取承台中心距的 1/15~1/10。

E. 连系梁配筋应通过计算确定,不宜小于 4ϕ20。

F. 承台埋深应不小于 600 mm。在季节性冻土及膨胀土地区,其承台埋深及处理措施,应按现行《建筑地基基础设计规范》和《膨胀土地区建筑技术规范》等有关规定执行。

2)承台抗冲切计算

①柱对承台的冲切

柱对承台的冲切,可按下列公式计算(图 8.13(a)):

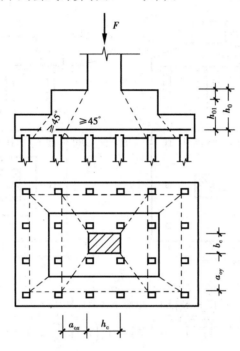

图 8.13(a)　柱对承台冲切计算

$$F_1 \leqslant 2\big[\beta_{ox}(b_c + a_{oy}) + \beta_{oy}(h_c + a_{ox})\big]\beta_{hp}f_t h_0 \tag{8.18}$$

$$F_1 = F - \sum N_i$$

$$\beta_{ox} = \frac{0.84}{\lambda_{ox} + 0.2}$$

$$\beta_{oy} = \frac{0.84}{\lambda_{oy} + 0.2}$$

式中　F_1——扣除承台及其上填土自重,作用在冲切破坏锥体上相应于荷载效应基本组合的冲切力设计值,冲切破坏锥体应采用自柱边或承台变阶处至相应桩顶边缘连线构成的锥体,锥体与承台底面的夹角不小于 45°(图 8.13(a));

h_o——冲切破坏锥体的有效高度;

β_{hp}——受冲切承载力截面高度影响系数,其值按式(7.41)计算;

β_{ox}、β_{oy}——冲切系数;

λ_{ox}、λ_{oy}——冲跨比,$\lambda_{ox} = a_{ox}/h_0$,$\lambda_{oy} = a_{oy}/h_0$,$a_{ox}$,$a_{oy}$ 为柱边或变阶处至桩边的水平距离,当 $a_{ox}(a_{oy}) < 0.2h_0$ 时,$a_{ox}(a_{oy}) = 0.2h_0$,当 $a_{ox}(a_{oy}) > h_0$ 时,$a_{ox}(a_{oy}) = h_0$;

F——柱根部轴力设计值;

$\sum N_i$——冲切破坏锥体范围内各桩的净反力设计值之和。

对中低压缩性土上的承台,当承台与地基土之间没有脱空现象时,可根据地区经验适当减小柱下桩基础独立承台受冲切计算的承台厚度。

以同样方法,可推导出柱以承台上阶的冲切算式。

②角桩对承台的冲切,可按下列公式计算

A. 多桩矩形承台受角桩冲切的承载力 应按下式计算(图8.13(b))。

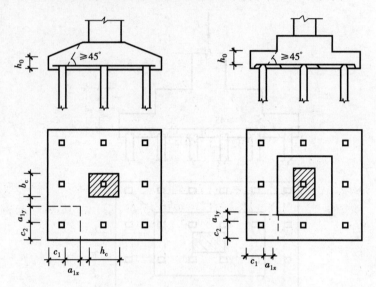

图8.13(b) 矩形承台角柱冲切计算

$$N_l \leqslant \left[\beta_{1x} \left(c_2 + \frac{a_{1y}}{2} \right) + \beta_{1y} \left(c_1 + \frac{a_{1x}}{2} \right) \right] \beta_{hp} f_t h_0 \tag{8.19}$$

$$\beta_{1x} = \frac{0.56}{\lambda_{1x} + 0.2} \tag{8.20}$$

$$\beta_{1y} = \frac{0.56}{\lambda_{1y} + 0.2} \tag{8.21}$$

式中 N_l——扣除承台和其上填土自重后的角桩桩顶相应于荷载效应基本组合时的竖向力设计值;

λ_{1x}、λ_{1y}——角桩冲跨比,其值满足 $0.2 \sim 1.0$,$\lambda_{1x} = a_{1x}/h_0$,$\lambda_{1y} = a_{1y}/h_0$;

β_{1x}、β_{1y}——角柱冲切系数;

c_1、c_2——从承台底角桩内边缘至承台外边缘的水平距离;

a_{1x}、a_{1y}——从承台底角桩内边缘引45°冲切线与承台顶面或承台变阶处相交点至角桩内边缘的水平距离;

h_0——承台外边缘的有效高度。

B. 三桩三角形承台受角桩冲切的承载力可按下

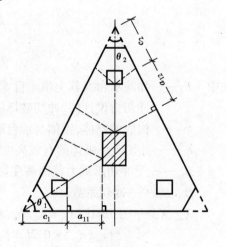

图8.13(c) 三角形承台角桩冲切计算

242

列公式计算(图 8.13(c))。

底部角桩:

$$N_l \leqslant \beta_{11}(2c_1 + a_{11})\tan\frac{\theta_1}{2}\beta_{hp}f_t h_0 \tag{8.22}$$

$$\beta_{11} = \frac{0.56}{\lambda_{11} + 0.2} \tag{8.23}$$

顶部角桩:

$$N_l \leqslant \beta_{12}(2c_2 + a_{12})\tan\frac{\theta_2}{2}\beta_{hp}f_t h_0 \tag{8.24}$$

$$\beta_{12} = \frac{0.56}{\lambda_{12} + 0.2} \tag{8.25}$$

$$\lambda_{11} = \frac{a_{11}}{h_0}, \lambda_{12} = \frac{a_{12}}{h_0};$$

式中　λ_{11}、λ_{12}——角桩冲跨比;

a_{11}、a_{12}——从承台底角桩内边缘向相邻承台边引起 45°冲切线与承台顶面相交点至角桩内边缘的水平距离;当柱位于该 45°线以内时则取柱边与桩内边缘连线为冲切锥体的锥线。

对圆柱及圆桩,计算时可将圆形截面换算成正方形截面。

3)承台抗剪计算

柱下桩基独立承台应分别对柱边和桩边、变阶处和桩边连线形成的斜截面进行受剪计算(图 8.14)。当柱边外有多排桩形成多个剪切斜截面时,尚应对每一个斜截面进行验算。

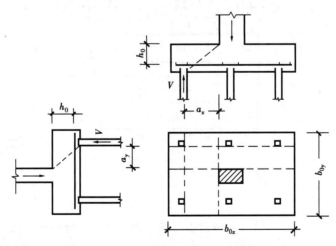

图 8.14　承台斜截面受剪计算

斜截面受剪承载力可按下列公式计算:

$$V \leqslant \beta_{hs}\beta \cdot f_t b_0 h_0 \tag{8.26}$$

$$\beta = \frac{1.75}{\lambda + 1.0}$$

式中　V——扣除承台及其上填土自重后相应于荷载效应基本组合时斜截面的最大剪力设

计值；

b_0——承台计算截面处的计算宽度，阶梯形承台变阶处的计算宽度，锥形承台的计算宽度，应对不同情况分别按式(8.27)、式(8.28)、式(8.29)和式(8.30)确定；

h_0——计算宽度处的承台有效高度；

β——剪切系数；

β_{hs}——受剪切承载力截面高度影响系数，$\beta_{hs} = (800/h_0)^{\frac{1}{4}}$，$h_0 < 800$ mm 时，取 $h_0 = 800$ mm；$h_0 > 2\,000$ mm 时，取 $h_0 = 2\,000$ mm；

λ——计算截面的剪跨比。

$$\lambda_x = \frac{a_x}{h_0}, \lambda_y = \frac{a_y}{h_0}$$

λ 为柱或承台变阶处至 x、y 方向计算一排桩的桩边水平距离，当 $\lambda < 0.3$ 时，取 $\lambda = 0.3$；当 $\lambda > 3$ 时，取 $\lambda = 3$。

对于阶梯形承台应分别在变阶处(A_1-A_1，B_1-B_1)及柱边处(A_2-A_2，B_2-B_2)进行斜截面受剪计算(图8.15(a))。

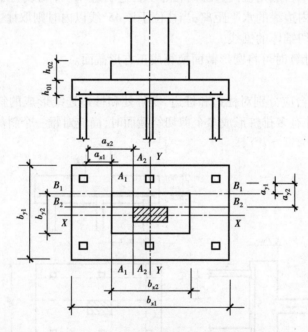

图8.15(a)　阶梯形承台斜截面受剪计算

计算变阶处截面(A_1-A_1，B_1-B_1)的斜截面受剪承载力时，其截面有效高度均为 h_{01}，截面计算宽度分别为 b_{y1} 和 b_{x1}。计算柱边截面 A_2-A_2 和 B_2-B_2 处的斜截面受剪承载力时，其截面有效高度均为 $h_{01} + h_{02}$，截面计算宽度按下式计算：

对 A_2-A_2：

$$b_{y0} = \frac{b_{y1} \cdot h_{01} + b_{y2} \cdot h_{02}}{h_{01} + h_{02}} \tag{8.27}$$

对 B_2-B_2：

$$b_{x0} = \frac{b_{x1} \cdot h_{01} + b_{x2} \cdot h_{02}}{h_{01} + h_{02}} \tag{8.28}$$

对于锥形承台,应对 A-A 及 B-B 两个截面进行受剪承载力计算(图8.15(b)),截面的计算宽度按下式计算:

对 A-A:

$$b_{y0} = \left[1 - 0.5 \frac{h_1}{h_0}\left[1 - \frac{b_{y2}}{b_{y1}}\right]\right]b_{y1} \qquad (8.29)$$

对 B-B:

$$b_{x0} = \left[1 - 0.5 \frac{h_1}{h_0}\left[1 - \frac{b_{x2}}{b_{x1}}\right]\right]b_{x1} \qquad (8.30)$$

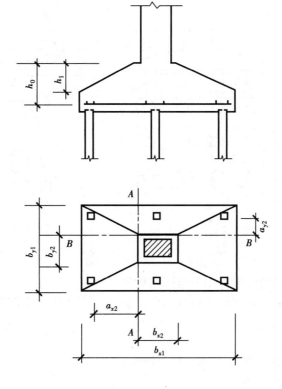

图 8.15(b)　锥形承台受剪计算

4)承台受弯验算

柱下桩基承台的弯矩可按以下简化计算方法确定:

①多桩矩形承台

计算截面取在柱边和承台高度变化处(杯口外侧或台边缘,如图8.16(a)所示)。

$$M_x = \sum N_i y_i \qquad (8.31)$$

$$M_y = \sum N_i x_i \qquad (8.32)$$

由此可计算出所需钢筋面积:

$$A_{sx} = \frac{M_x}{0.9 f_y h_0}, A_{sy} = \frac{M_y}{0.9 f_y h_0}$$

式中　M_x、M_y——分别为垂直 y 轴和 x 轴方向计算截面处弯矩设计值;

x_i、y_i——垂直 y 轴和 x 轴方向自桩轴线到相应计算截面的距离;

N_i——扣除承台和其上填土自重后相应于荷载效应基本组合时的第 i 桩竖向力设计值。

由于受力筋双向上下搭设,在上面的钢筋有效高度将有所减小,设计时可考虑这一因素。

②三桩承台

A. 等边三桩承台(图 8.16(b))

$$M = \frac{N_{\max}}{3}\left(s - \frac{\sqrt{3}}{4}c\right) \tag{8.33}$$

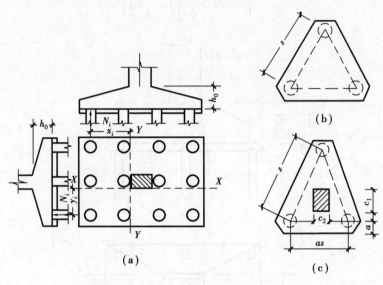

图 8.16 承台弯矩计算

式中 M——由承台形心至台边缘距离范围内板带的弯矩设计值;

$N_{\max}$——扣除承台和其上填土自重后的三桩中相应于荷载效应其本组合时的最大单桩竖向力设计值;

s——桩距;

c——方桩边长,圆柱时 $c = 0.866d$(d 为圆柱直径)。

B. 等腰三桩承台(图 8.16(c))

$$M_1 = \frac{N_{\max}}{3}\left(s - \frac{0.75}{\sqrt{4-a^2}}c_1\right) \tag{8.34}$$

$$M_2 = \frac{N_{\max}}{3}\left(as - \frac{0.75}{\sqrt{4-a^2}}c_2\right) \tag{8.35}$$

$$A_{s1} = \frac{M_1}{0.9f_y h_0}, A_{s2} = \frac{M_2}{0.9f_y h_0}$$

式中 M_1, M_2——承台形心到承台两腰和底边的距离范围内板的弯矩设计值;

s——长向桩距;

a——短向桩距与长向桩距之比,当 a 小于 0.5 时,应按变截面的二承台设计;

c_1、c_2——垂直于,平行于承台底边的柱截面边长。

由于受力筋上下叠置,置于上面的钢筋有效高度将减少,计算钢筋面积时,h_0 可用 $(h_0 - \phi)$ 代替,其中 ϕ 为置于下面的钢筋直径。

8.5.2　桩基础设计实例

例8.1　某工程截面为 600 mm × 400 mm 的钢筋混凝土柱,传下由永久荷载控制的基本组合荷载设计值为 $F = 7\,200$ kN, $M_x = 310$ kN·m, $M_y = 620$ kN·m。地质条件如图 8.17 所示,现场进行了 3 根桩的静载荷试验,经分析得出极限荷载分别是 2 600 kN、2 830 kN 和 2 950 kN。设计柱下桩基础。

解　1)确定桩的类型和尺寸

根据当地的施工条件、上部结构和设计经验,经过比较分析,决定采用边长 300 mm 的预制方桩。由于有较坚实的中砂层,可采用以中砂层为持力层的端承摩擦桩,桩端进入持力层 0.5 m(不含桩尖)。

初取承台埋深为 1.8 m,桩顶伸入承台 50 mm,则桩长为:

$[0.05 + (0.4 + 2.1 - 1.8) + 8 + 9.6 + 0.5 + 0.5]$ m = 19.35 m

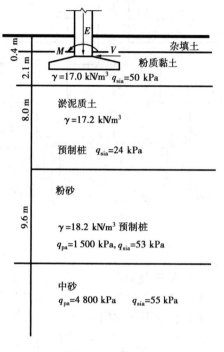

图 8.17　例 8.1

2)确定单桩竖向承载力

①按静载试验数据确定

极差:$\Delta Q_{\mathrm{u}} = (2\,950 - 2\,600)$ kN $= 350$ kN

平均值:$Q_{\mathrm{m}} = (2\,600 + 2\,830 + 2\,950)/3$ kN
$= 2\,793$ kN

$\Delta Q_{\mathrm{u}}/Q_{\mathrm{m}} = 350/2\,793 = 13\% < 30\%$

单桩竖向承载力特征值 R_{a} 为:

$R_{\mathrm{a}} = Q_{\mathrm{m}}/k = 2\,793/2$ kN $= 1\,396.5$ kN

②按地勘报告数据估算

$R_{\mathrm{a}} = q_{\mathrm{pa}} A_{\mathrm{p}} + u_{\mathrm{p}} \sum q_{\mathrm{sia}} l_i$

$= [4\,800 \times 0.3^2 + 4 \times 0.3 \times (50 \times 0.7 + 24 \times 8.0 + 53 \times 9.6 + 55 \times 0.5)]$ kN $= 1\,348.0$ kN

对上述结果进行对比分析,取 $R_{\mathrm{a}} = 1\,348.0$ kN 作为桩基设计时的竖向承载力特征值。

3)估算桩的数量及平面布置

①估算桩数

初取承台底面尺寸为 $bl = 2.0$ m × 3.0 m,则 $G_{\mathrm{k}} = 20 \times 2 \times 3 \times 1.8$ kN $= 216$ kN

$$n \geq (1.1 \sim 1.2) \frac{7\,200 + 216}{1\,348} = 6.06 \sim 6.16$$

取 $n = 6$

②确定桩距

$s = (3 \sim 4)d = (3 \sim 4) \times 0.3 = (0.9 \sim 1.2)$ m

取 $s = 1.2$ m

边距 $s_1 \geq d = 0.3$ m,取 $s_1 = 0.3$ m

③桩的平面布置

平面布置如例题图8.18所示,承台宽较预估的稍小。这样将减小预估时的 G_k,并不对已取数值构成不利影响。

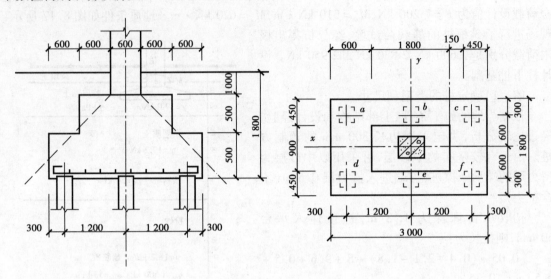

图8.18 例8.1

4)桩基受力验算

①单桩受力验算

单桩所受平均作用力:

$$Q_a = \frac{F_k + G_k}{n} = \frac{\dfrac{7\,200}{1.35} + 20 \times 1.8 \times 3.0 \times 1.8}{6} = 921.3 \text{ kN} < R_a = 1\,348 \text{ kN}$$

单桩所受最大作用力:

$$Q_{amax} = \frac{F_k + G_k}{n} + \frac{M_{xk} Y_{max}}{\sum Y_i^2} + \frac{M_{yk} X_{max}}{\sum X_i^2}$$

$$= \left(921.3 + \frac{\dfrac{310}{1.35} \times 0.6}{6 \times 0.6^2} + \frac{\dfrac{620}{1.35} \times 1.2}{6 \times 1.2^2} \right) \text{kN}$$

$$= 1\,048.9 \text{ kN} \leqslant 1.2 R_a = 1.2 \times 1\,348 \text{ kN} = 1\,618 \text{ kN}$$

单桩受力满足要求。

②群桩沉降

本工程为端承型桩,又无软弱下卧层;对沉降无特殊要求,地质条件不复杂、荷载较均匀,不必计算群桩沉降。

5)桩身结构设计

按标准图选用。

6)承台设计

采用承台材料:混凝土均为 C30($f_t = 1.43$ MPa),钢筋 HRB335($f_Y = 300$ MPa)。

初取承台各部分尺寸如图8.18所示。承台有效高度 $h_0 = h - a_x = (1\,000 - 50)$ mm = 950 mm。

①各单桩净反力

单桩净反力:

$$Q_i = \frac{F}{n} + \frac{M_x Y_i}{\sum Y_i^2} + \frac{M_y X_i}{\sum X_i^2}$$

$$Q_a = \left(\frac{7\,200}{6} + \frac{310 \times 0.6}{6 \times 0.6^2} + \frac{620 \times 1.2}{6 \times 1.2^2}\right)\text{kN} = 1\,372.2\ \text{kN}$$

$$Q_b = \left(\frac{7\,200}{6} + \frac{310 \times 0.6}{6 \times 0.6^2} + 0\right)\text{kN} = 1\,286.1\ \text{kN}$$

$$Q_c = \left(\frac{7\,200}{6} + \frac{310 \times 0.6}{6 \times 0.6^2} - \frac{620 \times 1.2}{6 \times 1.2^2}\right)\text{kN} = 1\,200\ \text{kN}$$

$$Q_d = \left(\frac{7\,200}{6} - \frac{310 \times 0.6}{6 \times 0.6^2} + \frac{620 \times 1.2}{6 \times 1.2^2}\right)\text{kN} = 1\,200\ \text{kN}$$

$$Q_e = \left(\frac{7\,200}{6} - \frac{310 \times 0.6}{6 \times 0.6^2}\right)\text{kN} = 1\,113.9\ \text{kN}$$

$$Q_f = \left(\frac{7\,200}{6} - \frac{310 \times 0.6}{6 \times 0.6^2} - \frac{620 \times 1.2}{6 \times 1.2^2}\right)\text{kN} = 1\,027.8\ \text{kN}$$

②承台抗冲切计算

A. 柱对承台的冲切

a. 柱边冲切:由图 8.18 可知,所有单桩都在由柱边作出的 45°线冲切破坏锥体内,故可不验算柱对承台的冲切。

b. 变阶处冲切:所有单桩都在由变阶处作出的 45°线冲切破坏锥体内,故可不验算柱对承台的冲切。

B. 角桩对承台的冲切

a. 角桩对柱边的冲切

$$a_{1x} = (1.2 - 0.15 - 0.3)\text{m} = 0.75\ \text{m}, \quad a_{1y} = (0.6 - 0.15 - 0.2)\text{m} = 0.25\ \text{m}$$

$$\lambda_{1x} = a_{1x}/h_0 = 0.75/1.45 = 0.52, \quad \lambda_{1y} = a_{1y}/h_0 = 0.25/1.45 = 0.17$$

$$\beta_{1x} = 0.56/(\lambda_{1x} + 0.2) = 0.56/(0.52 + 0.2) = 0.78, \beta_{1y} = 0.56/(\lambda_{1y} + 0.2)$$
$$= 0.56/(0.17 + 0.2) = 1.51$$

$$c_1 = c_2 = 0.45\ \text{m}$$

$$\beta_{hp} = 1 + \frac{1 - 0.9}{0.8 - 2}(1.5 - 0.8) = 0.94$$

$$\left[\beta_{1x}\left(c_2 + \frac{a_{1y}}{2}\right) + \beta_{1y}\left(c_1 + \frac{a_{1x}}{2}\right)\right]\beta_{hp} f_t h_0$$

$$= \{[0.78 \times (0.45 + 0.25/2) + 1.51 \times (0.45 + 0.75/2)] \times 0.94 \times 1\,430 \times 1.45\}\text{kN} = 3\,302.2\ \text{kN} > N_l = 1\,415.3\ \text{kN}$$

满足要求。

b. 角桩对变阶处的冲切

$$a_{1x} = (0.6 - 0.15 - 0.3)\text{m} = 0.15\ \text{m}, \quad a_{1y} = 0$$

$$\lambda_{1x} = a_{1x}/h_0 = 0.15/0.8 = 0.21, \quad \lambda_{1y} = 0$$

$$\beta_{1x} = 0.56/(\lambda_{1x} + 0.2) = 0.56/(0.21 + 0.2) = 1.37, \quad \beta_{1y} = 0.56/(\lambda_{1y} + 0.2)$$

$$= 0.56/(0+0.2) = 2.80$$

$$c_1 = c_2 = 0.45 \text{ m}$$

$$\beta_{hp} = 1.0$$

$$\left[\beta_{1x} \left(c_2 + \frac{a_{1y}}{2} \right) + \beta_{1y} \left(c_1 + \frac{a_{1x}}{2} \right) \right] \beta_{hp} f_t h_0 =$$

$$\{ [1.37 \times (0.45+0) + 2.80 \times (0.45+0.15/2)] \times 1.0 \times 1430 \times 0.8 \} \text{kN} = 2387.0 \text{ kN} >$$

$$N_l = 1415.3 \text{ kN}$$

满足要求。

③承台抗剪计算

A_1-A_1截面：

$$a_x = (0.6-0.15-0.3) \text{m} = 0.15 \text{ m}, \quad a_y = 0$$

$$\lambda_x = a_x/h_0 = 0.15/0.8 = 0.13, \lambda_y = 0, \text{取} \lambda_x = \lambda_y = 0.3$$

$$\beta_x = 1.75/(\lambda_x+1.0) = 1.75/(0.3+1.0) = 1.35, \quad \beta_y = 1.75/(\lambda_y+1.0)$$

$$= 1.75/(0.3+1.0) = 1.35$$

$$c_1 = c_2 = 0.45 \text{ m}$$

计算 β_{hs} 时，取 $h_0 = 800$，$\beta_{hs} = (800/h_0)^{\frac{1}{4}} = (800/800)^{\frac{1}{4}} = 1.0$

$$\beta_{hs}\beta_x f_{t0} h_0 = 1.0 \times 1.35 \times 1430 \times 1.8 \times 0.8 \text{ kN} = 2780.0 \text{ kN} > V$$

$$= Q_a + Q_d = (1372.2+1200) \text{kN} = 2572.2 \text{ kN}$$

满足要求。

A_2-A_2截面：

$$a_x = (1.2-0.15-0.3) \text{m} = 0.75 \text{ m}, \quad a_y = 0.6-0.15-0.2 = 0.25$$

$$\lambda_x = a_x/h_0 = 0.75/1.45 = 0.52, \quad \lambda_y = a_{1y}/h_0 = 0.25/1.45 = 0.17, \quad \text{取} \lambda_y = 0.3$$

$$\beta_x = 1.75/(\lambda_{1x}+1.0) = 1.75/(0.52+1.0) = 1.15, \quad \beta_y = 1.75/(\lambda_{1y}+1.0)$$

$$= 1.75/(0.3+1.0) = 1.35$$

$$\beta_{hs} = (800/h_0)^{\frac{1}{4}} = (800/1450)^{\frac{1}{4}} = 0.86$$

$$b_{y0} = \frac{b_{y1} \cdot h_{01} + b_{y2} \cdot h_{02}}{h_{01} + h_{02}}$$

$$= (1.8 \times 0.8 + 0.9 \times 0.65)/1.45 \text{ m} = 1.40 \text{ m}$$

$$\beta_{hs}\beta_x f_t b_{y0} h_0 = 0.86 \times 1.15 \times 1430 \times 1.4 \times 1.45 = 2870.0 \text{ kN} > V = 2572.2 \text{ kN}$$

满足要求。

B_1-B_1截面：

$$\beta_{hs}\beta_y f_t b_0 h_0 = 1.0 \times 1.35 \times 1430 \times 3.0 \times 0.8 \text{ kN} = 4633.2 \text{ kN} > V$$

$$= Q_a + Q_b + Q_c = (1372.2+1286.1+1200) \text{kN} = 3858.3 \text{ kN}$$

满足要求。

B_2-B_2截面：

$$b_{x0} = \frac{b_{x1} \cdot h_{01} + b_{x2} \cdot h_{02}}{h_{01} + h_{02}}$$

$$= (3.0 \times 0.8 + 1.8 \times 0.65)/1.45 \text{ m} = 2.46 \text{ m}$$

$$\beta_{hs}\beta_x f_t b_{x0} h_0 = 0.86 \times 1.35 \times 1430 \times 2.46 \times 1.45 \text{ kN} = 5922.0 \text{ kN} > V = 3858.3 \text{ kN}$$

满足要求。

④承台配筋计算

Ⅳ-Ⅳ截面：

$$M_x = \sum N_i y_i = (Q_a + Q_b + Q_c) \times 0.15 = 3\,858.3 \times 0.15\ \text{kN}\cdot\text{m} = 578.8\ \text{kN}\cdot\text{m}$$

$$A_{sx\text{Ⅳ}} = \frac{578.8 \times 10^6}{0.9 \times 300 \times 800}\ \text{mm}^2 = 2\,679.4\ \text{mm}^2$$

Ⅱ-Ⅱ截面：

$$M_x = \sum N_i y_i = (Q_a + Q_b + Q_c) \times 0.4 = 3\,858.3 \times 0.4\ \text{kN}\cdot\text{m} = 1\,543.3\ \text{kN}\cdot\text{m}$$

$$A_{sx\text{Ⅱ}} = \frac{1\,543.3 \times 10^6}{0.9 \times 300 \times 1\,450}\ \text{mm}^2 = 3\,942\ \text{mm}^2$$

Ⅰ-Ⅰ截面：

$$M_{y\text{Ⅱ}} = \sum N_i x_i = (Q_a + Q_d) \times 0.3 = 2\,572.2 \times 0.3\ \text{kN}\cdot\text{m} = 771.6\ \text{kN}\cdot\text{m}$$

$$A_{sx} = \frac{771.6 \times 10^6}{0.9 \times 300 \times 800}\ \text{mm}^2 = 3\,572.2\ \text{mm}^2$$

Ⅲ-Ⅲ截面：

$$M_y = \sum N_i x_i = (Q_c + Q_f) \times 0.9 = (2\,658.4 \times 0.9)\,\text{kN}\cdot\text{m} = 2\,392.6\ \text{kN}\cdot\text{m}$$

$$A_{sx} = \frac{2\,315.0 \times 10^6}{0.9 \times 300 \times 1\,450}\ \text{mm}^2 = 5\,913.1\ \text{mm}^2$$

平行于承台短边方向需配筋 3 942 mm²，实配 20ϕ16(A_s = 4 019 mm²)，平行于承台长边方向需配筋 5 913 mm²，实配 23ϕ18(A_s = 6 104 mm²)。承台配筋图如图 8.19 所示。

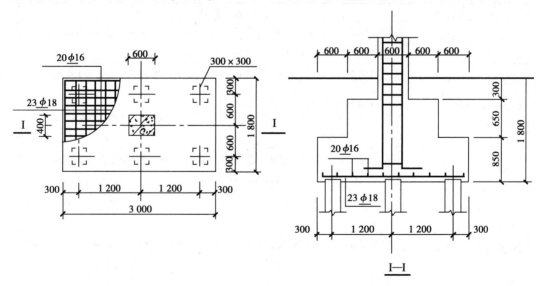

图 8.19　例 8.1

例 8.2　桩基础工程实例

（1）工程项目名称

某电网调度大楼桩基础设计。

（2）工程概况

某电网调度大楼地面以上主体 35 层，高 129.9 m，塔楼 2 层，顶标高 135.5 m。地下两层，其中地下一层按六级人防工事(平战结合)设置。抗震设防烈度按 6 度考虑,采用全现浇钢筋混凝土框架-筒体结构体系。总建筑面积 48 280 m²,其中主楼 37 000 m²,主、裙楼之间采用沉降缝断开。主楼平面尺寸 34.2 m(宽)×28.8 m(深),核心筒平面尺寸 16.4 m(宽)×12 m(深),最大跨度为 8.4 m,开间 8.9 m、4.6 m 不等。采用电算结果中,最大一根柱的柱底轴力达 37 740 kN,核心筒部分轴力达 581 150 kN。柱网布置如图 8.20 所示。

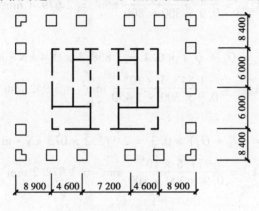

图 8.20　例 8.2

根据岩土工程勘察(详勘阶段)报告,拟建场地属湖泊平原地貌,地势平坦。经揭露,该场地土层由第四系全新统(Q_4^{ml})填土层,第四系上更新统(Q_3^{al})冲积层粉质黏土,中、细砂,砾砂及古近系新余群(E)粉砂岩共 9 个土层组成,具体详见表 8.13。

表 8.13　地层划分及物理特征

土　层	岩性描述
①素填土	平均层厚 2.2 m,灰黄、黄褐色、以粉质黏土为主,底部夹有湖泥,松散,可塑-软塑。$\gamma = 19.4$ kN/m³,$f_{ak} = 80$ kPa,$q_{sk} = 20$ kPa
②粉质黏土	平均层厚 2.4 m,黄褐色、棕黄色、稍湿,可塑-硬塑。$\gamma = 16.5$ kN/m³,$c = 40$ kPa,$\phi = 13°$,$f_{ak} = 215$ kPa,$q_{sk} = 65$ kPa
③细砂	平均层厚 1 m,棕黄色、稍湿、稍密——中密。$\gamma = 18.5$ kN/m³,$\phi = 25°$,$f_{ak} = 160$ kPa,$q_{sk} = 35$ kPa
④粉质黏土	平均层厚 2 m,棕黄色、稍湿、硬塑,底部偶夹有粉土。$\gamma = 19.8$ kN/m³,$c = 50$ kPa,$\phi = 15°$,$f_{ak} = 225$ kPa,$q_{sk} = 65$ kPa
⑤中细砂	平均层厚 3.9 m,灰黄色、稍湿、中密。$\gamma = 19$ kN/m³,$\phi = 30°$,$f_{ak} = 235$ kPa,$q_{sk} = 50$ kPa
⑥砾砂	平均层厚 12 m,棕黄色、饱和、初见地下水位,中密——密实,底部夹有约 2 m 的圆砾层。$\gamma = 19.5$ kN/m³,$c = 38°$,$f_{ak} = 330$ kPa,$q_{sk} = 110$ kPa,$q_{pk} = 2\ 700$ kPa
⑦强风化粉砂岩	平均层厚 2.2 m,紫红色、青灰色、粉砂质结构,泥质,钙质胶结,薄层块状,质较软。$\gamma = 22.8$ kN/m³,$f_{ak} = 400$ kPa,$q_{sk} = 120$kPa,$f_r = 2.1$ MPa
⑧中风化粉砂岩	平均层厚 4.4 m,紫红色、青灰色、粉砂质结构,泥质,钙质胶结,层理构造。$\gamma = 23.3$ kN/m³,$f_{ak} = 1\ 000$ kPa,$f_r = 6.9$ MPa
⑨微风化粉砂岩	钻孔进入该层 6 m,未钻穿,紫红色、青灰色、粉砂质结构泥质,钙质胶结,厚层块状。$\gamma = 23.6$ kN/m³,$f_{ak} = 1\ 500$ kPa,$f_r = 9$ MPa

（3）工程任务、目的和要求

①确定桩的类型；

②确定持力层、桩径、桩长；

③确定单桩极限承载力。

（4）工程内容

1）采用反循环泥浆护壁（嵌岩）灌注桩

两层地下室深 7.5 m，室内外高差 1.5 m。根据表 1 可知，地下室底板基本置于⑥层的砾砂层上。由于地下室横隔墙很少，不能形成箱形结构，底板按平板式筏形基础进行设计。考虑桩、柱和筒体的冲切以及上部结构较大内力的传递，底板厚度采用 2.2 m。拟建场地⑧、⑨层岩层埋深较浅，虽属软质岩层，但承载力相对较高。按当地的常规做法，类似高层一般均采用反循环泥浆护壁（嵌岩）灌注桩基，以获取较大的单桩承载力。

2）暂定持力层及桩长

根据《建筑桩基技术规范》（JGJ 94—2008）（以下简称《规范》），嵌岩桩的单桩竖向极限承载力标准值分别由土的总极限侧阻力、嵌岩段总极限阻力两部分组成。合理的嵌岩深度一般以 $2d \sim 3d$ 为宜，当嵌岩深径比 $h_b/d \geqslant 5$ 时，嵌岩段侧阻和端阻综合系数 $\zeta_r = 0$。若以微风化为持力层，平均厚度 4.4 m 的中风化层作为嵌岩段，$\zeta_r \to 0$，端阻力难以发挥，故暂定中风化岩为持力层并嵌入 $2d$。扣除承台板厚度实际桩长 L 约为 17 m。

3）单桩极限承载力试算

按《规范》公式对 $\phi 800$、$\phi 1\,000$ 及 $\phi 1\,200$ 三种桩径的单桩极限承载力进行试算，从试算结果可知，采用 $\phi 800$ 或 $\phi 1\,000$ 的桩，仅在核心筒部位就难以满足承载力的要求。如果采用 $\phi 1\,200$ 的桩，则布柱间距大，传力不直接，若要紧凑布置，又无法满足桩的最小中心距要求。

为准确地确定桩径、桩长和合理的选取单桩极限承载力，采用 2 组（非工程桩）试桩，每组 2 根，分别以中风化粉砂岩和微风化粉砂岩为持力层，嵌入岩层深度分别为 $2d$ 和 d，桩径 $\phi 800$、混凝土 C30。试桩垂直静载荷试验成果部分汇总情况见表 8.14。

表 8.14　试桩垂直静载荷试验成果部分汇总情况

试桩编号	S_1	S_2	S_3	S_4
最大试验荷载/kN	11 000	11 000	12 000	12 000
桩顶最大沉降/mm	18.0	16.8	12.82	16.95
桩顶残余沉降/mm	7.0	4.65	3.7	7.52
桩顶回弹量/mm	11.0	12.15	9.12	9.43
柱顶回弹率/%	61	72	71	55.6
残余沉降率/%	39	28	29	44.4

4）确定持力层及桩径、桩长

根据试桩结果，考虑到经济指标及施工便利，最终确定以中风化粉砂岩为持力层并嵌入 $2d$、$\phi 800$ 的桩径。扣除开挖地下室深度范围内的上覆土侧摩阻力，单桩极限承载力取 10 000 kN，γ_p 取 1.62。

5）桩顶作用效应验算

根据图 8.20 所示底层柱的轴力和弯矩值及桩的最小中心距要求,本工程共布桩 215 根。群桩中基桩的桩顶作用效应按下列公式计算:

偏心竖向力作用下:

$$N_i = \frac{F + G}{n} \pm \frac{M_x y_i}{\sum y_j^2} \pm \frac{M_y x_i}{\sum x_j^2}$$

式中　F——作用于桩基承台顶台的竖向力设计值;

　　　G——桩基承台和承台上土的自重设计值;

　　　n——桩基中的桩数。

考虑地震作用效应组合,经计算满足《规范》公式,$N_{max} \leqslant 1.5R$。

6）桩基检测

工程桩施工完毕,按规定采用高、低应变对其检从高应变检测结果分析其单桩极限承载力与静载荷试验结果较为吻合。沉降观测点共布 8 个,大楼施工以来共观察 20 次,最大沉降量仅为 13.1 mm,结果十分理想。充分验证了试桩结果、持力层的选择、单桩极限承载力取值的准确性。

8.6　其他深基础简介

除桩基外,还有沉井、地下连续墙、桩箱基础、墩基础、沉箱基础等深基础,本节就沉井和墩基础进行简要介绍。

8.6.1　沉井基础

沉井的竖直筒形结构物通常是用钢筋混凝土,也可用混凝土及砖等材料制作。它是深基础中应用较多的一种,可用于地下泵房、地下油库、地下车间、桥梁墩台基础、大型设备基础、高层或超高层建筑的基础,以及旧房改造加固工程等。它具有占地面积小,不需板桩围护,操作简便,挖土量少,节约投资,施工稳妥可靠等优点。缺点是当土层中存在严重障碍物时,难以施工下沉。

沉井一般由井筒、内隔墙、顶盖、底梁、底板和刃脚等部分组成,如图 8.21 所示。井筒有竖直形、台阶形、斜坡形等形式,如图 8.22 所示。井筒是挡土的围壁,承受土压力和水压力的作用;又要具有足够的重量,使得下沉时能够克服井筒外与土的摩阻力及刃脚底部的阻力。设有内隔墙时,内隔墙可用来增加沉井结构的整体刚度。当沉井作为地下结构的空心沉井时,在沉井顶部需做钢筋混凝土顶盖,有时在内隔墙下做底梁,也可单独做底梁。为了阻止地下水和地基土进入井筒,当沉井下沉至设计标高后,需用混凝土予以封底,沉井按平面形状可分为方形、矩形、圆形、椭圆形等,也可分为单孔、双孔、多孔等类型,如图 8.23 所示。按构造形式可分为单独沉井和连续沉井。前者多用于工业、民防地下建筑,后者多用于隧道工程井。

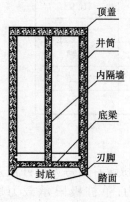

图 8.21　沉井的结构

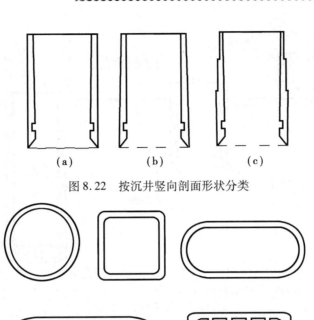

图 8.22 按沉井竖向剖面形状分类

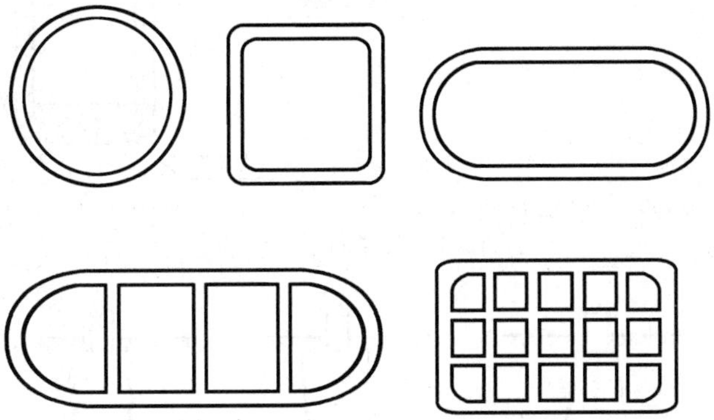

图 8.23 沉井按断面形状分类

沉井施工时,先在地面制作一个井筒形结构,然后在筒内挖土(或采用水力吸泥),使沉井在自重作用下,因失去竖向支承而下沉。如此边挖边排土边下沉,直至设计标高为止,最后封底,如图 8.21 所示。如果井筒过高,可分段制作,分段下沉。沉井的井筒在施工期间作为支撑四周土体的护壁,竣工后即为永久性的深基础。

8.6.2 墩基础

墩基础是在大直径孔(直径 0.80 ~ 5.00 m)中浇注混凝土而成的基础。一般由墩帽(或墩承台)、墩身和扩大头三部分组成。有些情况下可不设墩帽;有些情况下可不做扩大头,而将墩身分段扩大直径,或做成锯齿形状。墩孔可用人工和机械开挖,墩端支承在岩石或密实的土层上。一般为一柱一墩,墩身比桩强度和刚度都更高。

墩基础施工:先定好桩位,再开挖成孔,清除墩底虚土,安放钢筋笼,装导管,连续浇筑混凝土。若采用人工挖孔,则应注意人身安全,以及孔壁坍塌与通风。

墩基础具有以下优点:

①墩直径大,承载力高。

②可大致预期的持力层,可直接下孔检查成孔质量和土质,较易清除孔底虚土。

③浇灌混凝土质量易于保证。

④能在狭窄场地进行施工,不必进行大规模开挖。人工挖孔时只用很简单的提升设备即可施工。

墩基础施工时地下水将会给作业进行带来困难,且有可能产生流砂引起的塌孔事故,施工时对此应给以充分注意。

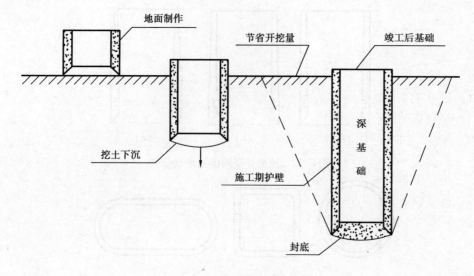

图 8.24　沉井的工作原理

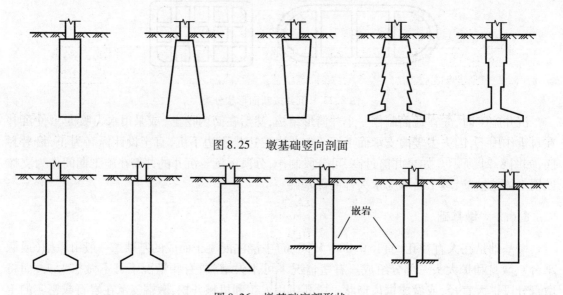

图 8.25　墩基础竖向剖面

图 8.26　墩基础底部形状

小　结

随着我国工程建设规模的日益扩大,难度的不断提高,对基础的要求越来越高,桩基础及其他深基础会得到越来越广泛的应用,其中桩基础是一种重要的深基础形式。本章学习重点是:掌握单桩竖向承载力的确定,掌握按桩身强度及按土的支承力确定单桩竖直承载力的方法,熟悉特殊条件下桩基竖向承载力的验算。

通过学习要求熟悉桩基础的设计与计算,熟悉柱的设计步骤,掌握桩数及桩的平面布置,熟悉桩及承台的设计方法,熟悉群桩承载力及群桩沉降计算,一般了解桩基础的分类与应用和其他深基础。

思 考 题

8.1　桩基础有何特性? 桩基础一般应用于哪些情况?

8.2　桩基础怎样进行分类?

8.3　端承型桩和摩擦型桩有何区别?

8.4　扩底桩有何优点?

8.5　确定单桩竖向承载力特征值有哪些方法?

8.6　简述桩基设计步骤。

8.7　桩基承台应验算哪些内容? 怎样验算?

习 题

8.1　某桩竖向静载荷试验数据见下表,确定单桩竖向承载力特征值。

荷载/kN	50	10	150	200	250	300	350	400	450	500	550	600	650
沉降/mm	0.6	1.1	1.5	2.1	2.6	3.8	4.9	6.3	7.6	9	11	17.3	42.2

8.2　某房屋柱基截面为 600 mm × 400 mm,传至承台顶面处按永久荷载控制的基本组合设计值为轴力 $F = 2\,800$ kN,单向弯矩 $M = 350$ kN·m,水平剪力 $V = 80$ kN。经分析比较,决定采用钢筋混凝土预制桩基础,桩尖进入持力层 2.0 m,如图 8.27。设计此桩基础。

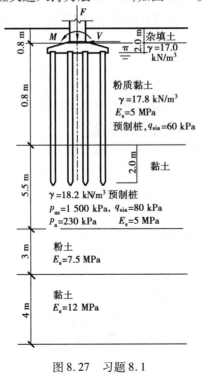

图 8.27　习题 8.1

第**9**章
地 基 处 理

9.1 地基处理的基本概念

地基处理是指当天然地基不能满足建筑物对地基的要求时,需要对天然地基进行处理,形成人工地基,以满足建筑物对地基的要求,保证其安全与正常使用。近年来,随着建设事业的发展,各类建筑物的日益增多,建设工程越来越多的遇到不良地基。而上部结构荷载日益增大,变形要求更加严格,因此地基处理的问题也就越来越重要。

9.1.1 地基处理的目的

地基处理的目的是采取切实有效的措施,改善地基的工程性质,满足建筑物的要求。具体来说,可以概括为以下几个方面:

①提高地基强度,增加其稳定性;

②降低地基的压缩性,减少其变形;

③改善地基的渗透性,减少其渗透或加强其渗透稳定性;

④改善地基的动力特性,以提高其抗震性能;

⑤改良地基的某种特殊不良特性,满足工程性质的要求。

在以上几个方面中,提高地基的强度和减少地基的变形,是地基处理所应达到的基本的和常见的目的。

目前建筑物地基所面临的问题主要有以下几种:

(1)地基的强度和稳定性问题

若地基的抗剪强度不足以支承上部荷载时,地基就会产生局部剪切或整体滑动破坏,它将影响建筑物的正常使用,甚至成为灾难。如美国纽约水泥仓库与加拿大特朗康谷仓地基滑动,引起上部结构倾倒,即为此类典型实例。

(2)地基的变形问题

当地基在上部荷载作用下,产生严重沉降或不均匀沉降时,就会影响建筑物的正常使用,甚至发生整体倾斜、墙体开裂、基础断裂等事故。如意大利的比萨斜塔即为此类典型实例。

当地基土的渗透性差时,地基在上部荷载作用下的固结速率很慢,则建筑物基础的沉降往往需拖延很长时间才能稳定,同样在荷载作用下地基土的强度增长也很缓慢,这对于改善地基土的工程特性是十分不利的。

(3)地基的渗漏与溶蚀

如水库地基渗漏严重,会发生水量损失。

(4)地基振动液化与振沉

在强烈地震作用下,会使地下水位以下的松散粉细砂和粉土产生液化,使地基丧失承载力。如日本新潟市 3 号公寓因地基液化问题而倾倒为典型实例。

当建筑物的天然地基有以上 4 类问题之一时,即须对建筑物的地基进行处理,以保证建筑物的安全与正常使用。

9.1.2　地基处理的对象

地基处理对象是软弱土地基或不良地基。软弱土地基一般是指抗剪强度较低、压缩性较高以及具有其他不良性质的地基土。根据《地基规范》规定,软弱土地基是指主要由软土、冲填土、杂填土或其他高压缩性土层构成的地基。在工程上常将不能满足建筑物对地基要求的天然地基称为软弱土地基或不良地基;组成软弱土地基或不良地基的土称为软弱土或不良土。此外,还有部分砂土地、湿陷性土、有机质土和泥炭土、膨胀土、多年冻土等。此处仅对工程上常遇到的软弱土作简单介绍。

(1)软土

软土是指沿海的滨海相、三角洲相、内陆的河流相、湖泊相、沼泽相等主要由细粒土组成的结构性的土层,其孔隙比大($e \geq 1$),天然含水量高($w \geq w_L$),压缩性高,强度低和具有灵敏性,它包括淤泥、淤泥质黏性土、淤泥质粉土等。

淤泥和淤泥质土是工程建设中经常遇到的软土。在静水或缓慢的流水环境中沉积,并经生物化学作用形成。当黏性土的 $w > w_L$,$e \geq 1.5$ 时,称为淤泥;而当 $w > w_L$,$1.5 > e \geq 1.0$ 时,称为淤泥质土。当土的有机质含量大于 5% 时,称为有机质土,当有机含量大于 60% 时,称为泥炭。

由上可知,软土地基上的建筑物沉降量大,沉降稳定时间长,影响建筑物的使用,或者造成倾斜、开裂,甚至出现地基的局部乃至整体破坏的危险。因此,在软土地基上建造建筑物时,则要求对软土地基进行加固处理。

(2)杂填土

杂填土是城市地表覆盖的一层人工堆填的杂物,其成分复杂,包括建筑垃圾、工业废料和生活垃圾等,通常杂填土比较疏松且不均匀。厚度不大的杂填土一般可挖除后即可修建基础,厚度很大的杂填土则需要人工处理后才能满足地基承载力和变形要求。

杂填土的主要特性是强度低、压缩性高,尤其是均匀性差。同时,某些杂填土内含有腐殖质及亲水和水溶性物质,会使地基产生很大的沉降及浸水湿陷性。

(3)冲填土

冲填土是指在整治和疏浚江河航道时,用挖泥船通过泥浆将夹大量水分的泥沙推到江河两岸形成的沉积土。冲填土的工程性质主要取决于颗粒组成、均匀性和排水条件。含黏土颗粒多的冲填土往往是欠固结土,其强度较低且压缩性较高,一般需经过人工处理才能作为建筑物地基;以砂性土或其他颗粒组成的冲填土,其性质基本上与砂性土相类似,可按砂性土考虑是否需要进行地基处理;以粉土或粉细砂为主的冲填土通常容易液化。

在冲填土地基上建造房屋时,应具体分析它的状态,考虑它的不均匀性和欠固结的影响。

(4)其他高压缩性土

饱和松散粉细砂及部分粉土在机械振动、地震等动力荷载的重复作用下,有可能会产生液化或震陷变形,另外,在基坑开挖时,也可能会产生流砂或管涌,因此,对于这类地基土,往往需要进行地基处理。

9.1.3 地基处理技术综述

当软土地基或不良地基不能满足沉降或稳定的要求,且用桩基础等深基础在技术或经济上不可取时,往往采用地基处理。

在进行地基处理之前,先要进行调查研究,其内容为:

①建筑物的体型、刚度、结构受力体系;荷载种类、大小和分布;基础类型和埋深;基底压力、变形容许值等。

②地基土成层状况;软弱土的分布和厚度;持力层位置;地基土的物理性质、力学性质和地下水等情况。

③周围环境情况;地基处理对其影响的敏感程度。

④施工机械、工期、材料和用地条件等施工条件。

地基处理方法的分类较多,可按地基处理的原理、目的、性质、时效和动机等不同的角度进行分类。最常用的是按地基处理的原理和作用进行分类,将各种处理方法分为换填法、预压法、碾压夯实法、挤密桩法和化学加固法等五类。本章将简要介绍这几种常用的地基处理方法。

9.2 换 填 法

9.2.1 加固原理及适用范围

当建筑物基础下的持力层比较软弱而又不能满足上部荷载对地基的要求时,常用换土垫层来处理软弱土地基,即将处于基础下一定范围下的天然软弱土层挖去,分层回填强度较高、压缩性较低且无腐蚀性的砂石、素土、灰土、工业废料等材料,夯实至要求的密度后作为地基垫层。换填垫层适用于浅层软弱土层或不均匀土层的地基处理。按回填的材料可分为土、石垫层和土工合成材料加筋垫层等。它可提高持力层的承载力,减少沉降量,消除或部分消除土的湿陷性和胀缩性,防止土的冻胀作用,以及改善土的抗液化性。

换填垫层的厚度应根据置换软弱土的深度及下卧土层的承载力确定,厚度不宜小于0.5 m,也不宜大于3 m。

换土垫层主要有以下几个作用:

(1)提高浅基础下地基的承载力

一般来说,地基中的剪切破坏是从基础底面开始的,并随着应力的增大逐渐向纵深发展。

因此,若以强度较大的砂石代替可能产生破坏的软弱土,就可以避免地基的剪切破坏,提高地基承载力。

(2)减少地基沉降量

一般情况下,基础下浅层地基的沉降量在总沉降量中所占比例较大。以条形基础为例,在相当于基础宽度的深度范围内,沉降量约占总沉降量的 50%,同时,由侧向变形而引起的沉降,理论上也是浅层部分占的比例较大。若以密实的砂代替浅层软弱土,就可以减少大部分的沉降量。此外,由于砂垫层对应力的扩散作用,使垫层底面软弱下卧层的附加应力减小,这样也会相应减少下卧土层的沉降量。

(3)加速软弱土地基的排水固结

建筑物的不透水基础与软弱土地基接触时,在荷载作用下,软弱土地基中的水被迫绕基础两侧排出,因而使基底下的软弱土不易固结,形成较大的孔隙水压力,还可能导致由于地基土强度降低而产生的塑性破坏的危险。用砂石作为垫层材料时,由于其透水性大,在地基受压后垫层便是良好的排水体,可使下卧层中的孔隙水压力加速消散,从而加速其固结。

(4)防止冻胀

砂、石粗颗粒垫层材料切断了下卧软弱土的毛细管上升。砂石本身为不冻胀土,因而可防止固结冰而导致的冻胀。

(5)消除地基的湿陷性和胀缩性

采用素土或灰土垫料,在湿陷性黄土地基中,置换了基础底面下一定范围内的湿陷性土层,可免除土层浸水后湿陷变形的发生,或减少土层湿陷沉降量。同时,垫层还可作为地基的防水层,减少下卧土天然黄土层浸水的可能性。采用非膨胀性的黏性土、砂、石、灰土以及矿渣等置换膨胀土,可以减少地基的胀缩变形量。

换填法的适用范围:主要适用于淤泥、淤泥质土、湿陷性黄土、素填土、杂填土、季节性冻土地基以及暗沟、暗塘等的浅层处理,这种方法常用于处理 5 层以下的民用建筑、跨度不大的工业厂房,以及基槽开挖后局部有软弱土层的地基,其中砂垫层较为常用,但其不易用于处理湿陷性黄土地基。下面以砂垫层为例简要介绍换填法的设计与施工要点。

9.2.2　砂垫层的设计要点

砂垫层设计的主要内容是确定断面的合理宽度。根据建筑物对地基变形及稳定的要求,对于换土垫层,既要求有足够的厚度置换可能被剪切破坏的软弱土层,又要有足够的宽度以防止砂垫层向两侧挤动。对于排水垫层,一方面要求有一定的厚度和宽度防止加荷过程中产生局部剪切破坏,另一方面要求形成一个排水层,促进软弱土层的固结。砂垫层设计的方法很多,本节只介绍一种常用的方法(图 9.1)。

(1)材料的选择

1)砂石

宜选用碎石、卵石、角砾、圆砾、砾砂、粗砂、中砂或石屑,应级配良好,不含植物残体、垃圾等杂质。当使用粉细砂或石粉时,应掺入不少于总重 30% 的碎石或卵石。砂石的最大粒径不宜大于 50 mm。对湿陷性黄土地基,不得选用砂石等透水材料。

2)粉质黏土

土料中有机质含量不得超过 5%,也不得含有冻土或膨胀土。当含有碎石时,其粒径不宜

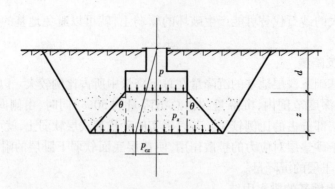

图 9.1　砂垫层剖面

大于 50 mm。用于湿陷性黄土或膨胀土地基的粉质黏土垫层,土料中不得夹有砖、瓦和石块。

3)灰土

体积配合比宜为 2∶8 或 3∶7。土料宜用粉质黏土,不宜使用块状黏土和砂质粉土,不得含有松软杂质,并应过筛,其颗粒不得大于 15 mm。石灰宜用新鲜的消石灰,其颗粒不得大于 5 mm。

4)粉煤灰

可用于道路、堆场、小型建筑、构筑物等的换填垫层。粉煤灰垫层上宜覆土 0.3 ~ 0.5 m。粉煤灰垫层中采用掺加剂时,应通过试验确定其性能及适用条件。作为建筑物地基垫层的粉煤灰应符合有关建筑材料标准要求。粉煤灰垫层中的金属构件、管网宜采取适当防腐措施。大量填筑粉煤灰时,应考虑对地下水和土壤的环境影响。

5)矿渣

垫层使用的矿渣是指高炉重矿渣,可分为分级矿渣、混合矿渣及原状矿渣。矿渣垫层主要用于堆场、道路和地坪,也可用于小型建筑、构筑物地基。选用矿渣的松散重度不小于 11 kN/m³,有机质及含泥总量不超过 5%。设计、施工前必须对选用的矿渣进行试验,在确认其性能稳定并符合安全规定后方可使用。用于建筑物垫层的矿渣应符合对放射性安全标准的要求。易受酸、碱影响的基础或地下管网不得采用矿渣垫层。大量填筑矿渣时,应考虑对地下水和土壤的环境影响。

6)其他工业废渣

在有充分依据或成功经验时,也可采用质地坚硬、性能稳定、透水性强、无腐蚀性的其他工业废渣材料,但必须经过现场试验证明其经济效果良好及施工措施完善方能应用。

7)土工合成材料

加筋垫层所用土工合成材料的品种与性能及填料的土类应根据工程特性和地基土条件,按照现行国家标准《土工合成材料应用技术规范》(GB 50290)的要求,通过现场试验后确定其适用性。

作为加筋的土工合成材料应采用抗拉强度较高、受力时伸长率不大于 4% ~ 5%、耐久性好、抗腐蚀的土工格栅、土工格室、土工垫或土工织物等土工合成材料;垫层填料宜用碎石、角砾、砾砂、粗砂、中砂或粉质黏土等材料。当工程要求垫层具有排水功能时,垫层材料应具有良好的透水性。

在软土地基上使用加筋垫层时,应满足建筑物稳定性和变形的要求。

（2）砂垫层厚度的确定

垫层的厚度应根据需置换软弱土的深度或下卧土层的承载力确定,并符合下式要求:

$$p_z + p_{cz} \leqslant f_{az} \tag{9.1}$$

式中　p_z——相应于荷载效应标准组合时垫层底面处的附加压力设计值,kPa;按图9.1中的
应力扩散图形计算;

　　　p_{cz}——垫层底面处的自重压力,kPa;

　　　f_{az}——垫层底面经深度修后地基的承载力特征值,kPa。

　　　p_z对于不同的基础类型,则具有不同的计算方法,即

　　　条形基础:

$$p_z = \frac{b(p_k - p_c)}{b + 2z \tan \theta} \tag{9.2}$$

　　　矩形基础:

$$p_z = \frac{bl(p_k - p_c)}{(b + 2z \tan \theta)(l + 2z \tan \theta)} \tag{9.3}$$

式中　l、b——基础的长度和宽度,m;

　　　z——垫层的厚度,m;

　　　p_k——相应于荷载效应标准组合时,基础底面的平均压力,kPa;

　　　p_c——基础底面标高处的自重压力,kPa;

　　　θ——垫层的压力扩散角,(°);宜通过实验确定,无实验资料时,可按表9.1选用。

表9.1　压力扩散角 $\theta/(°)$

换填材料 z/b	中砂、粗砂、砾砂、圆砾、角砾、石屑、卵石、碎石、矿渣	粉质黏土 粉煤灰	灰　土	一层 加筋	二层及二层 以上加筋
0.25	20	6	28	25~30	28~38
≥0.50	30	23			

注:①当 $z/b < 0.25$ 时,除灰土取 $\theta = 28°$、一层加筋取 $\theta = 25°$、二层及二层以上加筋取 $\theta = 28°$ 外,其他材料均取 $\theta = 0°$,必要时宜由试验确定;

　　②当 $0.25 < z/b < 0.5$ 时,θ 值可内插求得。

计算时,先假设一个垫层的厚度,然后用式(9.1)验算。如不符合要求,则改变厚度,重新验算,直到满足为止。一般砂垫层的厚度为 1~2 m,过薄的垫层(<0.5 m)的作用不显著;垫层太厚(>3 m)的则施工较困难。

（3）垫层宽度的确定

垫层的宽度一方面应满足应力扩散的要求,另一方面应防止垫层向两边挤动。关于宽度计算,在实践中常常按照当地的某些经验数据或按经验方法确定。常用的经验方法是扩散角法,如图9.1所示。

1）垫层的底宽

垫层底面的宽度应满足基础底面应力扩散的要求,可按下式确定,即

$$b' \geqslant b + 2z \tan \theta \tag{9.4}$$

式中　b'——垫层底面宽度,m;

z——基础底面下垫层的厚度,m;

θ——垫层的压力扩散角,可按表9.1采用;当$z/b < 0.25$时,仍按表中$z/b = 0.25$取值。整片垫层的宽度可根据施工要求适当加宽。

2)垫层的顶宽

垫层顶面宽度每边宜超出基础底边不小于300 mm,或从垫层底面两侧向上按当地开挖基坑经验的要求放坡即得垫层的设计断面。

换填垫层地基的承载力应通过现场静载荷试验确定。对于垫层下存在软弱下卧层的建筑,在进行地基变形计算时应考虑邻近基础对软弱下卧层顶面应力叠加的影响。当超出原地面标高的垫层或换填材料的重度高于天然土层重度时,宜早换填,并应考虑其附加的荷载对建筑及邻近建筑的影响。

例9.1 某三层砖混结构的教学楼,承重墙下为条形基础,作用在基础顶面的荷载 $F = 130$ kN/m。地基土表层为素填土,厚$h_1 = 1.30$ m,重度为$\gamma_1 = 17.5$ kN/m³;第二层为淤泥质土,厚$h_2 = 6.5$ m,重度$\gamma_2 = 17.8$ kN/m³;地基承载力特征值$f_{ak} = 75$ kPa,地下水位深1.30 m。因为地基土较软弱,不能承受上部建筑物的荷载,试设计砂垫层。(砂垫层材料采用粗砂其承载力f取150 kPa)

解

①已知砂垫层材料采用粗砂,承载力f取150 kPa。

②考虑淤泥质土软弱,基础宜浅埋,基础埋深取0.8 m。

③计算墙基的宽度

$$b \geq \frac{F}{f - 20d} = \frac{130}{150 - 20 \times 0.8} \text{ m} = 0.97 \text{ m},\text{取 } b = 1 \text{ m}$$

④先假设砂垫层的厚度为$z = 1.20$ m。

⑤垫层底面土的自重应力

$$\begin{aligned}
\sigma_{cz} &= \gamma_1 h_1 + \gamma_2'(d + z - h_1) \\
&= (17.5 \times 1.30 + 7.8 \times 0.7) \text{kPa} \\
&= 28.2 \text{ kPa}
\end{aligned}$$

⑥砂垫层厚度验算

根据题意,基础底面平均压力计算值为:

$$p = \frac{F + G}{b} = \left(\frac{130 + 20 \times 0.8 \times 1}{1.0}\right) \text{kPa} = 146 \text{ kPa}$$

砂垫层底面的附加应力由式(9.2)得:

$$p_z = \frac{1.0 \times (146 - 17.5 \times 0.8)}{1.0 + 2 \times 1.2 \times 0.577} \text{kPa} = 55.5 \text{ kPa}$$

⑦因持力层为淤泥质土,查表7.8可得承载力修正系数为$\eta_d = 1.0$,$\eta_b = 0$,则垫层底面地基承载力为:

$$f_a = f_{ak} + \eta_d \gamma_m (d - 0.5)$$

又

$$\gamma_m = \frac{1.3 \times 17.5 + 0.7 \times 7.8}{2.0} = \frac{28.21}{2.0} \text{kN/m}^3 = 14.1 \text{ kN/m}^3$$

则

$$f_a = \left[75 + 1.1 \times 14.1 \times (2.0 - 0.5)\right] \text{kN/m}^3 = (75 + 23.2) \text{kN/m}^3 = 98.3 \text{ kPa}$$

⑧验算垫层底面下卧层的强度

$$p_z + p_{cz} = (55.5 + 28.2)\,\text{kN/m}^3 = 83.7\,\text{kN/m}^3 < f_a = 98.3\,\text{kPa}$$

下卧层强度满足要求,但过于安全。为了节约资金,将垫层厚度减小,采用 $z' = 0.8\,\text{m}$。重新计算,则

$$p_{cz} = 25.1\,\text{kPa}$$

$$p_z = 68.75\,\text{kPa}$$

$$\gamma_m = 15.69\,\text{kN/m}^3$$

$$f_a = 93.98\,\text{kPa}$$

$$p_z + p_{cz} = (25.1 + 68.75)\,\text{kPa} = 93.85\,\text{kPa} < f_a = 93.98\,\text{kPa}$$

满足要求。

⑨确定砂垫层的底宽 b'(扩散角取 $\theta = 30°$)

$$b' = b + 2z\tan\theta$$
$$= (1.0 + 2 \times 0.8 \times \tan 30°)\,\text{m} = 1.92\,\text{m}$$

考虑在淤泥质土中深度仅为 0.3 m,可采用 1:0.3 边坡,对表层素土可以保持土坡稳定。

9.2.3　砂垫层的施工要点

①垫层施工应根据不同的换填材料选择施工机械。粉质黏土、灰土宜采用平碾、振动碾或羊足碾,中小型工程也可采用蛙式夯、柴油夯。砂石等宜用振动碾。粉煤灰宜采用平碾、振动碾、平板振动器、蛙式夯。矿渣宜采用平板振动器或平碾,也可采用振动碾。

②垫层的施工方法、分层铺填厚度、每层压实遍数等宜通过试验确定。除接触下卧软土层的垫层底部应根据施工机械设备及下卧层土质条件确定厚度外,一般情况下,垫层的分层铺填厚度可取 200～300 mm。为保证分层压实质量,应控制机械碾压速度。

③粉质黏土和灰土垫层土料的施工含水量宜控制在最优含水量 $(w_{op} \pm 2)\%$ 的范围内,粉煤灰垫层的施工含水量宜控制在 $(w_{op} \pm 4)\%$ 的范围内。最优含水量可通过击实试验确定,也可按当地经验取用。

④当垫层底部存在古井、古墓、洞穴、旧基础、暗塘等软硬不均的部位时,应根据建筑对不均匀沉降的要求予以处理,并经检验合格后,方可铺填垫层。

⑤基坑开挖时应避免坑底土层受扰动,可保留厚约 200 mm 的土层暂不挖去,待铺填垫层前再挖至设计标高。严禁扰动垫层下的软弱土层,防止其被践踏、受冻或受水浸泡。在碎石或卵石垫层底部宜设置厚 150～300 mm 的砂垫层或铺一层土工织物,以防止软弱土层表面的局部破坏,同时必须防止基坑边坡坍土混入垫层。

⑥换填垫层施工应注意基坑排水,除采用水撼法施工砂垫层外,不得在浸水条件下施工,必要时应采用降低地下水位的措施。

⑦垫层底面宜设在同一标高上,如深度不同,基坑底土面应挖成阶梯或斜坡搭接,并按先深后浅的顺序进行垫层施工,搭接处应夯压密实。

粉质黏土及灰土垫层分段施工时,不得在柱基、墙角及承重窗间墙下接缝。上下两层的缝距不得小于 500 mm,接缝处应夯压密实。灰土应拌和均匀,并应当日铺填夯压。灰土夯压密

实后3 d内不得受水浸泡。粉煤灰垫层铺填后宜当天压实,每层验收后应及时铺填上层或封层,防止干燥后松散起尘污染,同时应禁止车辆碾压通行。

垫层竣工验收合格后,应及时进行基础施工与基坑回填。

9.3 预 压 法

预压法又称为排水固结法,先在天然地基中设置砂井等竖向排水体,然后利用建筑物本身重量分级逐渐加载;或在建筑物建造之前,在场地先行加载预压,使土体中的孔隙水排出,逐渐固结,地基发生沉降,同时强度得以逐步提高。

9.3.1 原理及适用范围

预压法加固地基的原理是利用饱和黏性土在荷载作用下产生固结,土体孔隙比减小,强度提高,从而有效地减少施工后的地基沉降,提高地基的稳定性。可通过布置垂直排水井,改善地基的排水条件,以及采取加压、抽气、抽水和电渗等措施,以加速地基土的固结和强度增长,提高地基土的稳定性,并使沉降提前完成。

现用图9.2来说明其加固原理:

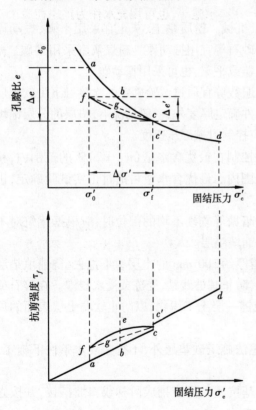

图 9.2 排水固结增大地基土密度的原理

在 $e\text{-}\sigma_c'$ 压缩曲线中,当试样的天然压力为 σ_0' 时,对应的孔隙比为 e_0,如图中的 a 点;当压力增加 $\Delta\sigma$,至固结完成为 $\Delta\sigma'$ 时,孔隙比变化至 c 点,孔隙比减少了 Δe;与此同时,在抗剪强度与固结 σ_c' 的变化曲线 $\tau_f\text{-}\sigma_c'$ 中,抗剪强度随固结压力的增大也由 a 点提高到了 c 点,增长了 $\Delta\tau_f$。如果从 c 点返回到 f 点,然后又从 f 点再加压力 $\Delta\sigma'$ 至完全固结,土样再压缩沿虚线至 c' 点,相应的强度也从 f 点增大至 c' 点。

由此可见,地基受固结时,一方面孔隙比减少,土体被压缩,抗剪强度相应提高;另一方面,卸荷再压缩时,固结压力同样从 σ_0' 增加 $\Delta\sigma'$,而孔隙比仅减少 $\Delta e'$。因为土体已变为超固结状态的压缩,所以 $\Delta e'$ 比 Δe 小得多,抗剪强度也相应有所提高。预压法就是利用这一变化规律来处理软弱土地基的,以达到提高土体强度和减少沉降量的目的。

排水固结法由排水系统和加压系统两部分组成。排水系统是增加孔隙水排出途径,缩短排水距离;加压系统是产生压力差使孔隙水排出,亦增加固结压力。按其加压方法的不同可分为堆载预压法、真空预压法、降水预压法、电渗预压法和联合预压法。其中堆载预压法是在地基中形成超静水压力条件下排水固结,称为正压固结;真空预压和降水预压是在负超静水压力下排水固结,称为负固结,两者的原理是类似的。同时,每类预压法按其排水方式的不同再分成一些具体的方法,如堆载预压法又可分为砂井堆载预压法、袋装砂井预压法和塑料板排水堆载预压法。

预压法适用于处理各类淤泥、淤泥质土、泥炭土、可压缩粉土和冲填土等饱和黏性土地基。对塑性指数大于 25 且含水量大于 85% 的淤泥,应通过现场试验确定其适用性。加固土层上覆盖有厚度大于 5 m 以上的回填土或承载力较高的黏性土层时,不宜采用真空预压加固。本节主要介绍砂井预压法和真空预压法。

9.3.2　砂井预压法

砂井堆载预压法的加压系统是以堆载法提供起固结作用的预压荷载,而排水系统通常是由地表排水垫层与竖向排水体构成,竖向排水体分为普通砂井、袋装砂井和塑料排水板。

（1）预压荷载的大小

堆载预压法的预压荷载通常是堆置砂石等建筑材料,堆载量一般按设计要求。为了加速固结过程,缩短施工工期,堆载可以超过设计荷载,但不得大于设计荷载的 1.2 倍,以免地基发生滑动破坏。堆载的分布应与建筑物荷载分布大致相同。堆载面积一般应大于不应小于建筑物基础外边缘所包围的范围,以保证建筑地基得到均匀加固。若只为了增加地基强度,以加强其稳定性,可利用建筑物自重作为预压荷载;对于油罐、水池等,也可用充水作为预压荷载。对于沉降有严格限制的建筑,应采用超载预压法处理地基。超载的数量应根据规定时间内要求消除的变形量确定,并使预压荷载在地基中各点的有效竖向压力等于或大于建筑物产生的附加压力。

（2）加载速率

在施加预压荷载的过程中,任意时刻作用于地基上的荷载不得超过地基的极限承载力,以免地基发生剪切破坏。为此,应制定严格的加载计划,待地基在前一级荷载作用下达到一定固结度后,再施加下一级荷载。在加载各阶段应进行地基的抗滑稳定计算并应每天进行现场观测,要求:竖向变形每天不应超过 10 mm,边桩水平位移每天不应超过 4 mm。

（3）排水砂井的设计

砂井的设计主要是确定砂井的直径、间距、排列方式和长度。这些参数可按固结理论根据固结度要求来选择。砂井的直径与间距以保证井内顺利和井周渗径最短为宜,主要取决于土的固结特性和施工工期要求,另外还与固结压力、土的灵敏度和施工方法等因素有关。根据理论和工程实践可知,缩小井距比增大井径对加速固结的效果更好,因此,宜采用"细而密"的原则选择砂井的直径和间距。

1）砂井的直径

普通砂井的直径可取 300~500 mm;袋装砂井的直径可取 70~100 mm;塑料排水板的当量换算直径可按式(9.5)计算,即

$$d_p = \frac{2(b + \delta)}{\pi} \tag{9.5}$$

式中　d_p——塑料排水带当量换算直径,mm;

　　　b——塑料排水带的宽度,mm;一般宽度取 100 mm;

δ——塑料排水带的厚度,mm;一般取 3.5 ~ 6 mm。

2)砂井的平面布置

砂井通常采用等边三角形和正方形两种排列方式。当砂井为等边三角形布置时,其有效范围为正六边形;而正方形布置时,则有效范围为正方形。砂井的有效排水直径 d_e 与砂井间距 L 的关系如下。

等边三角形布置:

$$d_e = 1.05l \qquad (9.6)$$

正方形布置:

$$d_e = 1.13l \qquad (9.7)$$

3)砂井的间距

砂井间距可根据地基土的固结特性和预定时间内所要求达到的固结度确定。通常普通砂井间距可按一定范围的井径比 n(有效直径 d_e 与井径 d_w 之比)选取,工程上常用 $n = 6 ~ 8$,袋装砂井间距为 1.5 ~ 2.0 m,塑料排水带可按 $n = 15 ~ 20$。

4)砂井的范围和长度

砂井布置范围一般应比建筑物基础范围稍大一些,向外增大 2 ~ 4 m。这样可以防止地基产生过大的侧向变形或防止基础周边附近地基的剪切破坏。

砂井长度一般按下列原则确定,如果软土层较薄时,砂井应贯穿该土层;若软土层较厚时,则应根据建筑物对地基稳定及沉降的要求决定砂井的长度。以沉降控制的建筑物,砂井的长度应穿越压缩层。为了保证砂井排水畅通,还应在砂井顶部设置厚度为 0.3 ~ 0.5 m 的砂垫层,以便引出从土层排入砂井的渗透水。以地基抗滑稳定性控制的工程,砂井的长度应穿越地基的可能滑动面,砂井的深度至少应超过最危险滑动面 2 m。

5)砂井的施工要求

砂井地基的施工一般都有专用的机械,普通砂井通常用打入式的打夯机或用射水砂井机施打;袋装砂井和排水带则分别用袋装砂井机和插板机施工。施工中主要的技术问题是控制砂井材料的质量,对于砂井的材料必须采用中、粗砂,不宜用细砂或掺细砂,含泥量必须小于3%,渗透系数 $\kappa > 10^{-2}$ cm/s。袋装砂井除砂料如以上质量外,外包织物袋必须有足够的强度、透水性及防淤堵性。对于排水带的质量要求,必须保证足够的竖向通水量,一般要求单位梯度通水量大于 25 cm^3/s。另外,滤膜要求渗透系数 $\kappa > 10^{-3}$ cm/s 和满足防淤堵的要求。

例 9.2 预压效果实例。

1)中南造船厂

该厂地基为房渣杂填土,厚 5 m;其下为淤泥,厚 6 m,采用砂井预压加固。预压荷载堆土高 3.5 m,相当于加载 50 kPa。砂井直径 48 cm,砂井间距 5 m,深度 11 ~ 16 m。预压时间4 个月。

预压效果:沉降量由 24.6 cm 降为 9 cm;压缩模量由 2.3 MPa 增至 5.6 MPa,等于原来的244%。

2)美国波士顿仓库

该仓库地基表层为松软杂填土厚 2.6 m,其下高压缩性泥炭土 1.7 m。采用堆矿渣和砾石高 3.3 m 进行预压。预压时间 4 个月。

预压效果:地基沉降量由 46 ~ 61 cm 降至 15 cm 以下。

9.3.3 真空预压法

真空预压法是在 1952 年由瑞典皇家地质学院提出的,施工时先在地面上铺设一层透水的砂及砾石,再在其上覆盖一层不透水的材料如橡皮布、塑料膜等,然后用真空泵在膜下抽气使透水材料中保持较高的真空度,在土的毛细孔隙中产生负的孔隙水压力,孔隙水逐渐被吸出,从而达到预压效果。为了加速孔隙水排出,可采用排水砂井、袋装砂井或塑料排水板。施工时必须采取措施防止覆盖膜漏气,才能保证必要的真空度,如图 9.3 所示。

真空预压法的加固机理主要是抽气形成薄膜内外的压力差作为预压荷载,在土体中产生负孔隙水压力,迫使土体中孔隙水向砂井渗流。孔隙水压力不断降低,有效应力不断增加,从而促使土体固结;另外,抽水降低地下水位和土体有效应力增加,也起了使土体压密固结的作用;抽气时使封闭于土中的气体排出,土的渗透性增大,加速了土体的固结。

真空预压法与堆载预压法比较,具有如下优点:荷载一次加足,并且孔隙渗流所引起附加力指向土体,不会发生剪切破坏,因而可节省总造价并缩短预压时间;场地较清洁,噪声小;不需要分期加荷,施工工期短;可在很软的地基上采用。

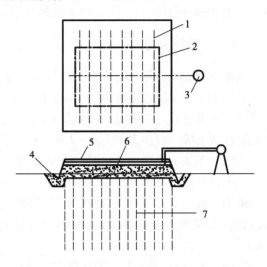

图 9.3 真空预压加固地基
1—排水支管;2—排水总管;3—抽真空设备;
4—黏土密封;5—塑料膜;6—砂垫层;7—袋装砂井

采用真空预压法时,必须设置排水砂井,否则地表密封膜下的真空度难以传到地基深处,因而达不到预压效果。真空预压的总面积不得小于建筑物基础外边缘所包围的面积,分块预压面积尽可能大,且相互连接。真空预压的密封膜为特制大面积塑料膜,应采用抗老化性能好、韧性好、抗穿刺能力强的不透气材料。

真空预压要求密封膜下的真空度应保持在 80 kPa 以上。要求压缩土层的平均固结度应大于 80%。对地基进行真空预压处理时,应进行真空预压和建筑荷载下地基的变形计算。

真空预压法适用于超软黏土地基、边坡、码头等加固工程,还适用于无法堆载的倾斜地面和施工场地狭窄的地基处理。

例 9.3 真空预压效果实例。

某碱厂的场地为厚层海相淤泥,含水量高达 60%,压缩系数 $\alpha_{1-2} = 1.0\ \text{MPa}^{-1}$,为高压缩性软土,采用袋装砂井真空预压加固地基。抽气三天,膜下真空度达到 600 mmHg,相当于 80 kPa 荷载。共抽气 128 天,实测预压场地沉降量达到 660 mm。经真空预压后,地基承载力由 40 kPa 提高到 85 kPa。一共完成电站等八块场地处理,总面积达 $6.7 \times 10^4\ \text{m}^2$,并创造了真空预压面积一次达 $2 \times 10^4\ \text{m}^2$ 的记录。采用真空预压法比堆载预压法节省投资 200 万元,缩短工期 3 个月,效果明显。

9.4 碾压及夯实法

当建筑物地基表层为松散土、杂填土或其他松软土层时,可通过机械压实或落锤夯实以降低其孔隙比,提高其密度,从而提高其强度,降低其压缩性。本节将对采用一般机具对地基进行浅层密实加固的方法,包括重锤夯实法、机械碾压法、振动压实法等的一般机械压实法只作简略介绍,而对近几年出现的突破原来的压实机理的强夯法将作较详细的介绍。

9.4.1 重锤夯实法

重锤夯实法是利用起重机将重锤提到一定高度,然后使其自由落下,重复夯打,将地基表层夯实。重锤夯实法常用锤重为 1.5～3.2 t,落距为 2.5～4.5 m,夯打遍数一般取 6～10 遍。宜通过试夯确定施工方案,试夯的层数不宜小于两层。当最后两遍的平均夯沉量对于黏性土和湿陷性黄土等一般不大于 1.0～2.0 cm,对于砂性土等一般不大于 0.5～1.0 cm。

重锤夯实法主要适用于稍湿的杂填土、黏性土、砂性土、湿陷性黄土和碎石土、砂土、粗粒土与低饱和度细粒土的分层填土等地基。

重锤夯实的效果与锤重、锤底直径、落距、夯击的遍数、夯实土的性质和含水量有密切关系,因此,采用重锤夯实时,应当根据设计的夯实密度及影响深度,通过现场试夯确定有关参数。

根据实际经验,夯实的影响深度为重锤底直径的一倍左右;夯实后杂填土地基承载基本值一般可以达到 100～150 kPa。对于地下水位离地表很近或软弱土层埋置很浅的情况,重锤夯实可能产生橡皮土的不良效果,所以要求重锤夯实的影响深度高出地下水位 0.8 m 以上,且不宜存在饱和软土层。

9.4.2 机械碾压法

机械碾压法是一种采用机械压实松软土的方法,常用的机械有平碾、羊足碾、压路机、推土机等,其原理和作用是挖除浅层软弱土或不良土,以及分层碾压或夯实土,它可提高持力层的承载力,减少沉降量,消除或部分消除土的湿陷性和胀缩性,防止土的冻胀作用以及改善土的抗液化性。

机械碾压法常用于基坑面积宽大和开挖土方量较大的回填土方工程,一般适用于处理浅层软弱地基、湿陷性黄土地基、膨胀土地基、季节性冻土地基、素填土和杂填土地基。

碾压的效果主要决定于被压实土的含水量和压实机械的压实能量。在实际工程中,若要获得较好的压实效果,应根据碾压机械的压实能量,控制碾压土的含水量,选择适合的分层碾压厚度和遍数,一般可通过现场碾压试验确定。关于黏性土,在压实前,被碾压的土料应先进行含水量测定,只有含水量在合适范围内的土料才可进场。每层铺土厚度为 200～300 mm,碾压 8～12 遍。碾压后地基的质量常以压实系数 λ_c 和现场含水量控制,压实系数为控制的干密度 ρ_d 与最大干密度 ρ_{dmax} 的比值,在主要受力范围内一般要求 $\lambda_c \geq 0.96$。

9.4.3　振动夯实法

振动夯实法是一种在地基表面施加振动把浅层松散土振密的方法,主要的机具是振动压实机。振动压实法用于振实非黏性土或黏粒含量少、透水性较好的松散填土地基。

振动压实法的效果主要取决于被压实土的成分和施振时间,施工前应先进行现场试验,根据振实的要求确定施振时间。有效的振实深度为 1.2 ~ 1.5 m。如地下水位太高,则将影响振实效果。此外,振动对周围建筑物有影响,振源与建筑物的距离应大于 3 m。

9.4.4　强夯法

强夯法适用于处理碎石土、砂土、低饱和度的粉土与黏性土、湿陷性黄土、素填土和杂填土等地基。强夯置换法适用于高饱和度的粉土与软塑至流塑的黏性土等地基上对变形控制要求不严的工程。

(1)加固机理及适用范围

强夯法加固地基的机理与重锤夯实法表面形式很相似,但有着本质的区别。重锤夯实因锤的质量很小,只能压实浅层地基;而强夯法主要是利用强大的夯击能,迫使深层土液化和动力固结密实,可使地基产生四种作用:①加密作用。强夯时的强大冲击能使气体压缩、孔隙水压力升高,随后在气体膨胀、孔隙水排出的同时,孔隙水压力减小。这样每夯一遍孔隙水和气体的体积都有减少,土体得到加密。②液化作用。在巨大的冲击应力作用下,土中孔隙水压力迅速提高,当孔隙水压力上升到与覆盖压力相等时,土体即产生液化,土的强度消失,土粒可自由地重新排列。③固结作用。强夯时在地基中所产生的超孔隙水压力大于土粒间的侧向压力时,土粒间便会出现裂隙,形成排水通道。此时,增大土的渗透性,孔隙水得以顺利排出,加速了土的固结。④土体触变恢复,并固结压密土体。

(2)强夯法的设计要点

应用强夯法加固软弱土地基,一定要根据现场的地质条件和工程使用要求,正确地选用各项技术参数。这些参数包括:单击夯击能、夯击遍数、时间间隔、加固范围、夯点布置等。

1)有效加固深度

根据研究,有效加固深度 D 与单击夯击能(单击夯击能是指锤重 W 与落距 H 之积)之间的关系可用以下经验公式表达,即

$$D = k\sqrt{W\frac{H}{10}} \tag{9.8}$$

式中　D——有效加固深度,m;

　　　k——修正系数,根据我国经验为 0.35 ~ 0.8,松散新填土取值较高,黄土、饱和黏性土取较低值;

　　　W——锤重,kN;

　　　H——落距,m。

《建筑地基处理技术规范》规定,有效加固深度 D 应根据现场试夯或当地经验确定,在缺少试验资料或经验时,可按表9.2预估。

表9.2 强夯法有效加固深度

单击夯击能/(kN·m)	碎石土、砂土等粗颗粒土/m	粉土、黏性土、湿陷性黄土等细颗粒土/m
1 000	4.0 ~ 5.0	3.0 ~ 4.0
2 000	5.0 ~ 6.0	4.0 ~ 5.0
3 000	6.0 ~ 7.0	5.0 ~ 6.0
4 000	7.0 ~ 8.0	6.0 ~ 7.0
5 000	8.0 ~ 8.5	7.0 ~ 7.5
6 000	8.5 ~ 9.0	7.5 ~ 8.0
8 000	9.0 ~ 9.5	8.0 ~ 9.0
10 000	10.0 ~ 11.0	9.5 ~ 10.5
12 000	11.5 ~ 12.5	11.0 ~ 12.0
14 000	12.5 ~ 13.5	12.0 ~ 13.0
15 000	13.5 ~ 14.0	13.0 ~ 13.5
16 000	14.0 ~ 14.5	13.5 ~ 14.0
18 000	14.5 ~ 15.5	—

注:强夯法的有效加固深度应从最初起夯面算起。

2)夯锤和落距

强夯夯锤质量可取 10 ~ 60 t,其底面形式宜采用圆形或多边形,锤底面积宜按土的性质确定,锤底静接地压力值可取 25 ~ 80 kPa,单击夯击能高时取大值,单击夯击能低时取小值,对于细颗粒土锤底静接地压力宜取较小值。锤的底面宜对称设置若干个与其顶面贯通的排气孔,孔径可取 300 ~ 400 mm。

3)夯击范围

强夯处理范围应大于建筑物基础范围,每边超出基础外缘的宽度宜为基底下设计处理深度的 1/2 ~ 2/3,并不宜小于 3 m。对可液化地基,扩大范围不应小于可液化土层厚度的 1/2,并不应小于 5 m;对湿陷性黄土地基,尚应符合现行国家标准《湿陷性黄土地区建筑地筑规范》(GB 50025)有关规定。

4)夯击点的布置

夯击点位置可根据基底平面形状,采用等边三角形、等腰三角形或正方形布置。第一遍夯击点间距可取夯锤直径的 2.5 ~ 3.5 倍,第二遍夯击点位于第一遍夯击点之间,以后各遍夯击点间距可适当减小。对处理深度较深或单击夯击能较大的工程,第一遍夯击点间距宜适当增大。

5)夯击点的间距

夯点间距视压缩层厚度和土质条件确定。压缩层厚、土质差、夯点间距较大,可取 7 ~

15 m;较薄软弱土层、砂质土可取 5~7 m。

6）夯击次数与遍数

夯点的夯击次数,应按现场试夯得到的夯击次数和夯沉量关系曲线确定,并应同时满足下列条件:

①最后两击的平均夯沉量不宜大于下列数值:当单击夯击能小于 3 000 kN·m 时,为 50 mm;当单击夯击能不小于 3 000 kN·m 而不足 6 000 kN·m 时,为 100 mm;当单击夯击能不小于 6 000 kN·m 而不足 10 000 kN·m 时,为 200 mm;当单击夯击能不小于 10 000 kN·m 而不足 15 000 kN·m 时,为 250 mm;当单击夯击能不小于 15 000 kN·m 时,为 300 mm。

②夯坑周围地面不应发生过大的隆起。

③不因夯坑过深而发生提锤困难。

夯击遍数应根据地基土的性质确定,可采用点夯 2~4 遍,对于渗透性较差的细颗粒土,必要时夯击遍数可适当增加,最后再以低能量满夯 1~2 遍,满夯可采用轻锤或低落距锤多次夯击,锤印搭接。

7）两遍夯击之间的时间间隔

两遍夯击之间应有一定的时间间隔,其间隔时间取决于土中超静孔隙水压力的消散时间。当缺少实测资料时,可根据地基土的渗透性确定。对于渗透性较差的黏性土地基,间隔时间不应少于 3~4 周;对于渗透性好的地基可连续夯击。

(3)施工要点

强夯施工前,应查明场地范围内的地下构筑物和各种地下管线的布置及标高等,并采取必要的措施,以免因强夯施工而造成破坏。另外,由于强夯施工必须要求拟加固的场地有一层稍硬的表层,使其能支承起重设备,并便于对所施工的"夯击能"得到扩散,同时也可以加大地下水位与地表面的距离,因而有时需要铺设垫层,垫层厚度一般为 0.5~2.0 m,铺设的垫层不能含有黏土。

强夯施工必须按试验确定的技术参数进行,以各个夯击点的夯击数为施工控制依据。夯击时,夯锤应保持平稳,夯位准确,如错位或坑底倾斜过大,宜用砂土将坑底整平,才能进行下一次夯地地击。最后一遍的场地平整必须符合设计要求。雨天施工时,夯击坑内或夯过的场地内水必须及时排除,冬季施工时,首先应将冻土击碎,然后再按各点规定的夯击数施工。

强夯法施工时应对每一夯点的夯击能量、夯击次数和每次夯沉量等作好记录,同时还有许多现场测试项目,包括:地面沉降观测、孔隙水压力观测、强夯振动影响范围观测、深层沉降和侧向位移测试等。但由于强夯施工时,振动大、噪声大,影响周围附近建筑物的安全和居民的正常生活,因此在城市市区或居民密集的地段不得采用。

9.5 挤密法和振冲法

在砂土中通过机械振动挤压或加水振动可以使土密实。挤密法和振冲法就是利用这个原理发展起来的两种地基加固方法。

(1)挤密法

挤密法是通过挤密或振动使深层土密实,并在振动挤密过程中,回填砂、石、土、石灰、灰土或其他材料,并加以捣实成为桩体,与桩间土一起组成复合地基,从而提高地基承载力,减少沉降量,消除或部分消除土的湿陷性或液化性。按其填入的材料分为砂桩、砂石桩、石灰桩、灰土桩等。挤密法一般采用打桩机或振动打桩机施工,也有爆破成孔的。

挤密法的加固机理是指利用沉管、冲击、夯扩、振冲、振动沉管等方法在土中挤压、振动成孔,使桩孔周围土体得到挤密、振密,并向桩孔内分层填料形成的挤密地基,地基土的强度也随之增强。适用于处理湿陷性黄土、砂土、粉土、素填土和杂填土等地基。

当以消除地基土的湿陷性为主要目的时,宜选用土桩挤密法。当以提高地基土的承载力或增强其水稳性为主要目的时,宜选用灰土桩(或其他具有一定胶凝强度桩如二灰桩、水泥土桩等)挤密法。当以消除地基土液化为主要目的时,宜选用振冲或振动挤密法。

必须指出:挤密法与9.3节介绍的用于堆载预压加固中的排水砂井都是以砂为填料的桩体,但两者具有不同的作用。砂桩的作用是挤密,故桩径与填料密度大,桩距较小;而砂井的作用主要是排水固结,故井径和填料密度小、间距大。

(2)振冲法

振冲法是利用一个振冲器在高压水流的帮助下,边振动边使松砂地基变密,或在黏性土中成孔,在孔中填入碎石制成一根根的桩体,这样的桩体和原来的土构成比原来抗剪强度高和压缩性小的复合地基。

振冲法在砂土中和黏性土中的加固机理是不同的。在砂土中,振冲器对土施加重复水平振动和侧向挤压作用,使土的结构逐渐破坏,孔隙水压力逐渐增大。由于土的结构破坏,土粒便向低势能位置转移,土体由松变密。当孔隙水压力增大到大主应力值时,土体开始液化。所以,振冲法对砂土的作用主要是振动密实和振动液化,随后孔隙水消散固结。而在黏性土中,振动不能使黏性土液化;除了部分非饱和土或黏粒土含量较少的黏性土在振动挤压作用下可能压密实外,对于饱和黏性土,特别是饱和软土,振动挤压不可能使土密实,甚至扰动了土的结构,引起土中孔隙水压力的升高,降低有效应力,使土的强度降低。所以,振冲法在黏性土中的作用主要是振冲制成碎石桩,置换软弱土层,碎石桩与周围土组成复合地基。在复合地基中,碎石桩的变形模量远比黏性土的大,因而使荷载力集中于碎石桩,相应减少了软弱土中的附加应力,从而改善地基受力状况。

但振冲法在软弱土中形成复合地基是有条件的,即在振冲器制成碎石桩的过程中,桩周围必须具有一定强度,以便抵抗振冲器对土产生的振动挤压力和其后在荷载作用下支撑碎石桩的侧向挤压作用。若地基土强度太低,不能承受振冲过程中的挤压力和支撑碎石桩的侧向挤压,复合地基的作用就不可能形成了。工程实践证明,具有一定抗剪强度的($C_u > 20$ kPa)的地基土采用碎石桩处理地基的效果较好,反之效果不明显,甚至不能采用。

振冲法的机理:在砂土中主要是振动挤密和振动液化作用;在黏性土中主要是振冲置换作用,置换的桩体与土组成复合地基。

振冲法主要适用于处理砂土、湿陷性黄土及部分非饱和黏性土,也可应用于不排水抗剪强度稍高($C_u > 20$ kPa)的饱和黏性土和粉土。

9.5.1 灰土桩

(1)加固机理及适用范围

灰土桩是用石灰和土按体积比 2∶8 或 3∶7 拌和,并填入桩孔内分层夯实后形成的桩,这种材料在化学性能上具有气硬性和水硬性。由于石灰内带正电荷的钙离子与带负电荷的黏土颗粒相互吸附,形成胶体凝聚,并随灰土龄期增长,土体固化作用提高,使灰土逐渐增加强度。在力学性能上,它可达到挤密地基效果,提高地基承载力,消除湿陷性,使沉降均匀度减小。

灰土桩适用于加固地下水位以上,天然含水量 12% ~15%(质量分数),厚度 5 ~15 m 的新填土、杂填土、湿陷性黄土,以及含水率较大的软弱地基。

(2)灰土桩挤密法的设计

灰土桩的直径宜为 300 ~600 mm。桩孔宜按等边三角形布置,间距和排距可按下列公式计算,即

$$s = 0.95d \sqrt{\frac{\overline{\lambda}_c \rho_{d\max}}{\overline{\lambda}_c \rho_{d\max} - \overline{\rho}_d}} \tag{9.9}$$

式中　s——桩的间距,mm;

　　　　d——桩孔直径,mm;

　　　　$\overline{\lambda}_c$——地基挤密后,桩间土的平均压实系数,宜取 0.93;

　　　　$\rho_{d\max}$——桩间土的最大干密度,t/m³;

　　　　$\overline{\rho}_d$——地基挤密前土的平均干密度,t/m³;

　　　　h——桩的排距,mm。

桩孔内回填夯实灰土的压实系数 λ_c 不应小于 0.97。

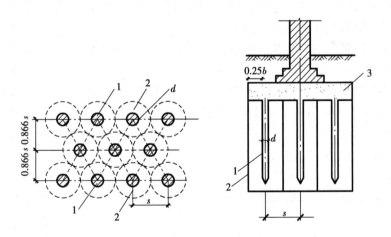

图 9.4　灰土桩及灰土垫层布置

1—灰土挤密桩;2—桩的有效挤密范围;3—灰土垫层

d—桩径;s—桩距(2.5 - 3.0d);b—基础宽度

灰土桩处理地基的深度应根据土质情况、工程要求和成孔设备等因素确定。对非自重湿陷性黄土地基,其处理厚度在附加压力等于土自重压力的 25% 的深度处。灰土桩的桩长一般取 5 ~15 m。

灰土桩处理地基的宽度应大于基础的宽度,以增强地基的稳定性。局部处理时,对非自重湿陷性黄土、素填土、杂填土等地基,每边超出基础宽度不应小于 $0.25b$(b 为基础短边的宽度),如图 9.4 所示,且不应小于 0.5 m;对自重湿陷性黄土地基,不应小于 $0.75b$,且不应小于 1 m。整片处理宜用于Ⅲ、Ⅳ级自重湿陷性黄土场地,每边超出建筑物外墙基础边缘的宽度不宜小于处理土层厚度的 $1/2$,且不应小于 2 m。

灰土桩处理地基承载力标准值 f_k 应通过原位测试或结合当地经验确定,当无经验资料时,f_k 不应大于处理前的 2 倍,且不应大于 250 kPa。

灰土桩地基的压缩模量应通过试验或结合本地经验确定,一般取 $29.0 \sim 30.0$。

桩孔内填料应根据工程要求或处理地基的目的确定。生石灰应消解 $3 \sim 4$ d 后过筛,粒径不大于 5 mm。石灰质量不低于Ⅲ级,活性 $CaO + MgO$ 含量的质量分数(按干重计)不小于 50%。

例 9.4 地基处理工程实例。

1)工程名称

某(集团)股份有限公司新厂地基处理。

2)工程概况

某(集团)股份有限公司新址所处地质条件为:①素土层;②湿陷性黄土地层;③非湿陷性黄土。湿陷性黄土是一种特殊性质的土,在一定的压力下,受水浸湿,土结构迅速破坏,并产生显著附加下沉。因此,在润陷性黄土场地上进行建设,应根据建筑物的重要性、地基受水浸湿可能性的大小和在使用期间对不均匀沉降限制的严格程度,采取以地基处理为主的综合措施,防止地基湿陷对建筑产生危害。

3)工程任务、目的和要求

工程任务就是通过地基处理,消除地基土的湿陷性,使之成为良好的地基。根据场地地质条件,选用灰土挤密桩,消除黄土的湿陷性。

要求掌握湿陷性黄土的特性及消除湿陷性的原理,掌握挤密桩的施工工艺。

4)回填料选取

素土应选用洁净的黄土,有机含量不超过 5%,土颗粒不得大于 10 mm,石灰选用新鲜生石灰,颗粒不得大于 5 mm,桩体是由 2∶8 灰土组成,分层回填夯实而成。

5)施工工艺

①施工准备

了解施工场地的工程地质条件和环境情况,需收集相关资料,施工前清除地表耕植土。平整场地,清除障碍物,标记处理范围地下构造物及管线。

②试桩

在试桩区打一部分挤密桩,通过载荷试验复核地基承载力,取土样处理深度内桩间土的压缩性和湿陷性,检验处理深度内桩体的干密度,验证桩体的平均压实系数和桩间土的挤密系数是否符合要求,从而进一步验证设计参数是否正确。此外,还能了解现场沉管的难易、桩孔回落情况,以及对应的回填量与夯击次数等。试桩数量应符合设计要求,且不少于两个施工单元(如按三角形布置,每个施工单元 7 根桩)。

③测量定位

根据施工图纸和控制桩点进行处理区域的测量定位,然后进行每个桩位的测量定位。为保护桩位,在桩位处用直径为 $\phi20$ mm 的钢钎打深 100 mm 的垂直孔,并在孔内灌满石灰粉作为标记,桩位偏差小于 50 mm,每个处理区域的桩位用纵坐标和横坐标交叉,确定唯一编号,以便施工记录和检测查找桩位方便。

④成孔

桩机就位,使沉管尖对准桩位,调平扩桩机架,使桩管保持垂直,用线锤吊线检查桩管垂直度,确保垂直度偏差不大于 1.5%。利用带立架的履带式打桩机,柴油锤锤击沉管,将带有通气桩尖的钢制桩管沉入土中,深度达到设计要求后,缓慢拔出桩管,形成桩孔。在成孔过程中,桩孔部位的土被侧向挤压,从而使桩间土加密。

⑤桩体夯填

成孔后及时回填夯实,在向孔内填料前先夯实孔底。灰土(或土)分层回填夯实,逐层以量斗定量向桩孔内下料,每层回填厚度 280～320 mm,采用电动卷扬机提升式夯实机分层夯实。回填夯实,应针对施工机具(锤重、落距)在隔夜试验中找出满足密实度要求的夯击次数,作为施工的参数。

夯填前测量成孔深度、孔径,做好记录。灰土(或土)回填夯实采用连续施工,每个桩孔一次性分层回填夯实,不得间隔停顿或隔日施工,以免降低桩的承载力。

成孔和孔内回填夯实应符合下列要求:

a. 成孔和孔内回填夯实的施工顺序,当整片处理时,宜从里(或中间)向外间隔 1～2 孔进行,对于大型工程,可采取分段施工;当局部处理时,宜从外向里间隔 1～2 孔进行。

b. 向孔内填料前,孔底应夯实,并应抽样检查桩孔的直径、深度和垂直度。

c. 桩孔的垂直度偏差不宜大于 1.5%,桩孔中心的偏差不宜超过桩距设计值的 5%。

d. 经检验合格后,应按设计要求向孔内分层填入筛好的素土、灰土或其他填料,并应分层夯实至设计标高。

6)技术要求

①铺设灰土垫层前,应按设计要求将桩顶标高以上的预留松动土层挖除或夯(压)密实。

②施工过程中,应有专人监理成孔及时回填夯实的质量,应作好记录。如果发现地基土质与勘探资料不符,应立即停止施工,待查明情况或采取有效措施处理后,方可继续施工。

③雨季或冬季施工,应采取防雨或防冻措施,防止灰土和土料受到雨水淋湿或冻结。

7)施工中的其他问题

①提高土中含水量的方法

当土的天然含水量低于 14% 时,将使沉管困难,这时,可以预先加水浸润,以提高土的含水量。当需要浸水的土层深度小于 6 m 时,宜采用表面浸水,如浸水土层超过 6 m,表面浸水法所需时间太长且不均匀,可用洛阳铲按 1.0～1.5 m 间距掏进水孔(孔深约 8 cm),孔深达到设计桩孔深度以上 0.5 m 孔中填入小石子,其深度为预计浸水深度的 3/4,然后筑硬防水,浸水后经 1～3 天(冬天稍长)即可施工,每孔浸润影响半径约为 1.25 m。

②缩颈处理

当土层中含水量较高或存在软弱土层时,拔管或爆扩后,桩孔中产生缩颈现象,缩颈将使桩孔面积减少,夯锤无法下落,甚至使填料中途堵塞。当如缩颈严重时,则采取复打办法解决,即在孔中填入适量石灰块、干砂或碎砖渣,稍停一段时间后,再将桩管重新打入,将干灰、砖渣挤向孔壁,以吸取土中水分,如此重复几次,缩颈现象即可消除。如果缩颈不严重或在桩孔上部出现时,可采用洛阳铲将桩孔孔壁凸出部分铲去。

③倾斜控制

桩管应铅直打入,如有倾斜,即使土层不能均匀挤密,又造成拔管困难,一般要求桩管倾斜率不超过2%。倾斜的主要原因是:由于土质软硬不均匀,桩两侧土一边软一边硬,沉管时管向软土一侧倾斜。当遇上空洞墓穴或大块孤石、木材、石砌墓穴等障碍物时,更易造成拔管倾斜。施工中应加强观察,一旦发现管倾斜率超过2%,应及时停止沉管,将沉管拔出,待孔中填如土料后再重新复打。

8)质量验收

①抽样检验的数量,对于一般工程,不应少于总数的1%;对于重要工程,不应少于桩总数的1.5%。

②灰土挤密桩和土挤密桩地基竣工验收时,承载力检验应采用复合地基承载力试验。

③检验数量不应少于桩总数的0.5%,且每项单体工程不应少于3点。

9)结论

从上述湿陷性黄土处理实例以及检测结果可以看出,灰土挤密桩在处理湿陷性中效果良好,同时可提高地基的承载力,增加地基的水稳性,是经济有效的处理方法。

问题讨论:根据该工程实例总结灰土桩的施工要点。

9.5.2 砂石桩

(1)加固机理

1)砂性土的加固机理

疏松砂土为单粒结构、孔隙大,颗粒位置不稳定。在静力和振动力作用下,土粒容易位移至稳定位置,使孔隙减小,达到压密加固的目的。在挤密砂石桩成桩过程中,桩套管对周围砂层产生很大的横向挤压力,体积等于桩套管的原位的砂,被挤向桩管四周,使桩管周围的砂层孔隙比减小,密度增大。因而挤密砂桩的加固效果为:使原松砂地基挤密至临界孔隙以下,以防止砂土振动液化;由于形成强度高的挤密砂石桩,提高了地基的抗剪强度和水平抵抗力;加固后的地基大大减少了固结沉降;由于施工的挤密作用,使得加固后的地基变得十分均匀。

2)黏性土的加固机理

砂石桩在黏性土地基中主要利用砂石桩本身的强度及排水效果。其作用为:砂石桩置换,在黏性土中建成大直径密实砂石桩体,因而砂石桩与黏性土形成复合地基,共同承担上部荷载,提高了地基承载力和整体稳定性,防止地基产生滑动破坏;外部荷载产生向砂石桩的应力集中,使砂石桩周围黏性土承受的压力减小,因而减小了地基的固结沉降;排水固结,由于密实砂石桩在黏性土地基中构成排水路径,起着排水砂井作用,所以加速了固结速率。

(2)适用范围

砂石桩法适用于挤密松散砂土、素填土和杂填土等地基,对于饱和黏性土地基上主要不以变形控制的工程,也可采用砂石桩置换处理。

(3)砂石挤密桩的设计要点

砂石挤密桩加固地基宽度应超出基础的宽度,每边放宽不应少于1~3排,砂石桩用于防止砂层液化时,每边放宽不宜小于处理深度的1/2,且不小于5 m。当可液化土层上覆盖有厚度大于3 m的非液化层时,每边放宽不宜小于液化层厚度的1/2,且不应小于3 m。

砂石挤密桩孔位宜采用等边三角形或正方形布置。砂石挤密桩的直径对采用振冲法成孔的碎石桩,直径通常采用 800 ~ 1 200 mm。当采用振动沉管法成桩时,直径通常采用 300 ~ 600 mm。

砂石挤密桩的间距应通过现场试验确定,但不宜大于砂石桩直径的 4.5 倍。在有经验的地区,砂石挤密桩的间距也可按下述方法计算,现总结如表 9.3 所示。

表 9.3

类　型	松散粉土和砂土地基	黏性土地基
公式	等边三角形布置 $$s = 0.95\xi d\sqrt{\dfrac{1+e_0}{e_0-e_1}}$$ 正方形布置 $$s = 0.89\xi d\sqrt{\dfrac{1+e_0}{e_0-e_1}}$$ $$e_1 = e_{max} - D_{r1}(e_{max}-e_{min})$$	等边三角形布置 $$s = 1.08\sqrt{A_e}$$ 正方形布置 $$s = \sqrt{A_e}$$
说明	式中　s——砂石挤密桩间距,m; d——砂石挤密桩直径,m; ξ——修正系数,当考虑振动下密实作用时,可取 1.1 ~ 1.2;不考虑振动下密实作用时,可取 1.0; e_0——地基处理前砂土的孔隙比,可按原状土样试验确定;也可根据动力或静力触探等对比试验确定; e_1——地基挤密后要求达到的孔隙比; e_{max}、e_{min}——分别为砂土的最大、最小孔隙比,可按现行国家标准《土工试验方法标准》(GB/T 50123)有关规定确定; D_{r1}——地基挤密后要求砂土达到的相对密度,可取 0.70 ~ 0.85。	式中　A_e——每根砂石桩承担的处理面积; $$A_e = \dfrac{A_p}{m}$$ 式中　A_p——砂石桩的截面积,m^2; m——面积置换率。 $$m = \dfrac{d^2}{d_e^2}$$ 式中　d_e——等效影响圆直径。 等边三角形布置 $$d_e = 1.05s$$ 正方形布置 $$d_e = 1.13s$$ 矩形布置 $$d_e = 1.13\sqrt{s_1 s_2}$$ s、s_1、s_2 分别为桩的间距、纵向间距和横向间距。

对于砂石桩的长度,当地基中的松软土厚度不大时,砂石桩宜穿过松软土层;当松软土层厚度较大时,对按稳定性控制的工程,砂石桩桩长应不小于最危险滑动面以下 2 m 的深度;对按变形控制的工程,桩长应根据建筑地基的允许变形值确定;并满足软弱下卧层承载力的要求。对可液化砂层,桩长应按现行国家标准《建筑抗震设计规范》(GB 50011)的有关规定采用。在桩顶和基础之间宜铺设一层厚度为 300 ~ 500 mm 的砂石垫层。

砂石挤密桩孔内填充的砂石量可按下式计算,即

$$s = \frac{A_p l d_s}{1+e_1}(1 + 0.01\omega) \tag{9.10}$$

式中 s——填砂石量(以重量计),kN;

       A_p——砂石桩的截面面积,m^2;

       l——砂石桩的桩长,m;

       d_s——砂石桩的相对密度;

       ω——砂石料的含水量,%。

桩孔内的填料宜采用砾砂、粗砂、中砂、圆粒、角砾、卵石、碎石等,填料中含泥量不得大于5%,并不宜含有直径大于 50 mm 的颗粒。

砂石桩复合地基的承载力标准值,应按现场复合地基载荷试验确定。

(4)砂石桩施工要点

①砂石桩施工可采用振动沉管、锤击沉管或冲击成孔等成桩法。当用于消除粉细砂及粉土液化时,宜用振动沉管成桩法。

②施工前应进行成桩工艺和成桩挤密试验。当成桩质量不能满足设计要求时,应在调整设计与施工有关参数后,重新进行试验或改变设计。

③振动沉管成桩法施工应根据沉管和挤密情况,控制填砂石量、提升高度和速度、挤压次数和时间、电机的工作电流等。

④施工中应选用能顺利出料和有效挤压桩孔内砂石料的桩尖结构。当采用活瓣桩靴时,对砂土和粉土地基宜选用尖锥型;一次性桩尖可采用混凝土锥形桩尖。

⑤锤击沉管成桩法施工可采用单管法或双管法。锤击法挤密应根据锤击的能量,控制分段的填砂石量和成桩的长度。

⑥砂石桩桩孔内材料填料量应通过现场试验确定,估算时可按设计桩孔体积乘以充盈系数确定,充盈系数可取 1.2 ~ 1.4。如施工中地面有下沉或隆起现象,则填料数量应根据现场具体情况予以增减。

⑦砂石桩的施工顺序:对砂土地基宜从外围或两侧向中间进行,在既有建(构)筑物邻近施工时,应背离建(构)筑物方向进行。

⑧施工时桩位水平偏差不应大于 0.3 倍套管外径,套管垂直度偏差不应大 1%。砂石桩施工后,应将基底标高下的松散层挖除或夯压密实,随后铺设并压实砂石垫层。

9.6 化学加固法

化学加固法是在压力作用下将化学溶液或胶结剂(如硅酸钠溶液、水泥浆液等)灌入或喷入土中,使土体固结以加固地基的处理方法。化学加固法的原理是:仿照土的成岩作用,在土中灌入或喷入化学浆液,使土粒胶结成固体,以提高土的强度,减少土的压缩性,消除液化,减少沉降量,从而加强其稳定性。化学加固法可用于基础施工前或施工期间的地基处理,也可在建筑物投入使用后作为补救措施。

根据地基土的颗粒大小、化学浆液的性质不同,国内外常用压力灌浆法、深层搅拌法、高压喷射注浆法等方法。本节主要介绍几种常用的化学加固法。

9.6.1　灌浆法

灌浆法是利用液压、气压或电化学原理,通过注浆管把化学浆液注入地基的孔隙或裂缝中,以填充、渗透、劈裂和挤密等方法,替代土颗粒间孔隙或岩石中的水和气。经过一定时间结硬后,浆液对原来松散的土粒或有裂隙的岩石胶结成一个整体,形成一个强度大、防渗性能高和化学稳定性好的固化体。它可以改善土的性质,提高地基承载力,增加稳定性,减少沉降量,防止渗漏。化学浆液有许多种,目前工程上采用的主要是水泥系浆液。所谓水泥系浆液指的是以水泥为主剂,根据需要加入稳定剂、减水剂或早强剂等外加剂组成的复合型浆液。

(1)灌浆法的分类

1)渗透灌浆

渗透灌浆通常用钻机成孔,将注浆管放入孔中需要灌浆的深度,钻孔四周顶部封死。启动压力泵,将搅拌均匀的浆液压入土的孔隙和岩石的裂隙中,同时挤出自由水。凝固后,将土体与岩石裂隙胶结成整体。这种方法基本上不改变原状土的结构和体积。所用灌浆压力较小,灌浆材料用水泥浆或水泥砂浆,适用于中、粗砂、卵石和有裂隙的岩石。

2)挤密灌浆

渗透灌浆方法与渗透灌浆相似,但需要用较高的压力灌入浓度较大的水泥浆或水泥砂浆。注浆管管壁为封闭型,浆液在注浆管底端挤压土体,形成"浆泡",使地层上抬,硬化后的浆土混合物为坚硬球体。此法适用于黏性土。

3)劈裂灌浆

劈裂灌浆需要更高的压力,使浆液压力超过地层的始应力和抗拉强度,引起岩石和土体的结构破坏,使地层中原有的裂隙或孔隙张开,形成新的裂隙或孔隙,促使浆液的可灌性和扩散距离增大。凝固后,效果良好。

(2)灌浆法加固地基的目的

1)防渗

增加地基的不透水性。常用于防止流砂、钢板桩渗水、坝基及其他结构漏水、隧道开挖时涌水,以及改善地下工程的开挖条件。

2)加固

提高岩土的力学强度和变形模量,固化地基和恢复工程结构的整体性。常用于地基基础事故的加固处理。

3)托换

作为托换工程的一种托换技术,常用于建筑物基础下的注浆式托换。

①水泥浆液灌注法

水泥浆液一般采用普通硅酸盐水泥为主剂,是一种浊液,它能形成强度较高和渗透性较小的结石。

水泥浆的水灰比一般变化范围为 0.6~2.0,常用的水灰比是 1∶1。为了调节水泥浆的性能,有时可加入速凝剂、缓凝剂、膨胀剂等附加剂。常用的速凝剂有硅酸钠和氯化钙,其用量为水泥重量的 1%~2%;缓凝剂有木质磺酸钙和酒石酸,其用量为水泥重的 0.2%~0.5%;木质磺酸钙还有流动剂的作用;膨胀剂常用铝粉,其用量为水泥重量的 0.005%~0.02%。水泥浆可采用加压或无压灌注,其中加压的压力灌浆法在煤炭、水电、建筑、冶金等方面的灌浆工程中得以广泛应用。

②硅化法

利用硅酸钠(俗称水玻璃)为主剂的混合溶液,通过一根下端带孔的管子,利用一定压力将浆液注入渗透性较大的土中(渗透系数 $\kappa = 0.1 \sim 80$ m/d),使土中的硅酸盐达到饱和状态,硅酸盐在土中分解形成的凝胶,把土粒胶结起来,形成固态的胶结物。土的硅化加固法有三种:压力单液硅化法、压力双液硅化法和电动双液硅化法。压力单液硅化法是将水玻璃溶液用泵或压缩空气加压通过注液管压入土中;压力双液硅化法使用的浆液除了水玻璃外还有氯化钙溶液,两种溶液交替压入土中,两者在土中发生化学反应而形成硅胶等物质。当土的渗透系数 $\kappa < 0.1$ m/d 时,在一般压力下难以注入浆液,此时应采用电动硅化法,即在压入溶液的同时,在地基中通以直流电流,借助电渗作用将溶液压入土中。

硅化法不适用于被沥青、油脂和石油化合物所浸透的土,也不适用于 pH > 9 的土。

9.6.2 深层搅拌法

深层搅拌法是利用水泥作固结剂,通过特制的搅拌机械,在地基中将水泥和土体强制拌和,使软弱土硬结成整体,形成具有水稳定性和足够强度的水泥(或石灰)土桩或地下连续墙。

(1)加固地基的原理

深层搅拌法的加固原理:基于水泥加固土的物理化学反应的过程,它与混凝土的硬化机理不同,混凝土硬化是水泥在粗骨料中进行,而水泥土硬化是水泥在具有活性的黏土介质中进行,作用缓慢而复杂。

水泥加固土的加固机理主要有以下三种作用:

1)水泥的骨架作用

水泥与饱和黏土搅拌后,首先发生水泥的水解和水化反应,生成水泥水化物,并形成凝胶体,将土颗粒或小土团凝聚在一起,形成一种稳定的结构整体。

2)离子交换和团粒化作用

水泥遇水后发生水化和水解作用,生成氧化钙等多种化合物,其中钙离子与黏土矿物表面吸附的钾离子及钠离子进行当量交换,使黏土颗粒形成较大的土团粒,同时水泥水化后生成的胶体粒子,将土团粒连接起来形成蜂窝状结构,从而使土体强度提高。

3)硬凝反应和碳酸化作用

随着水泥水化反应的深入,溶液中析出大量的钙离子与黏土矿物中的二氧化硅和三氧化二铝进行化学反应,形成稳定性好的结晶矿物及碳酸钙,这种化合物在水和空气中逐渐硬化成为水泥土,增大了土的强度。

(2)适用范围

深层搅拌法最适宜加固各种成因的饱和软黏土,如处理淤泥、淤泥质土、粉土和黏性土地基,对超软土效果更为显著。可根据需要将加固的地基加固成柱状、壁状和块状三种形式。柱状是每隔一定的距离打设一根搅拌桩,适用于单独基础和条形基础、筏板基础下的地基加固;壁状是将相邻搅拌桩部分重叠搭接而成,适用于深基坑开挖时的软土边坡加固以及多层砌体结构房屋条形基础下的加固;块状是将多根搅拌桩纵横相互重叠搭接而成,适用于上部结构荷载较大而不均匀、沉降控制严格的建筑物地基加固和防止深基坑隆起和封底使用。

（3）主要机具

深层搅拌法的主要机具是双轴或单独回转式深层搅拌机,它由电机、搅拌轴、搅拌头和输浆管等组成。电机带动搅拌头回转,输浆管输入水泥浆液与周围土拌和,形成一个平面 8 字形水泥加固体。其施工顺序如图9.5所示。

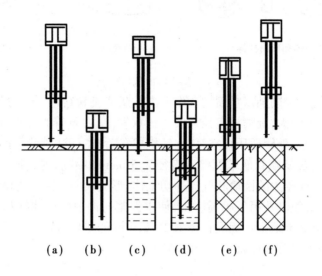

图9.5　深层搅拌的施工顺序
（a）定位下沉;（b）深入到底部;（c）喷浆搅拌上升;
（d）重复搅拌下沉;（e）重复搅拌上升;（f）完毕

由于深层搅拌法是将固化剂直接与原有土体搅拌混合,没有成孔过程,也不存在孔壁横向挤压问题,因此,对附近建筑物不产生有害影响;同时经过处理后的土体重度基本不变,不会由于自重应力增加而导致软弱下卧层的附加变形。用搅拌法形成的桩体与旋喷桩相比,水泥用量大为减少;与以往钢筋混凝土桩相比,节省了大量的钢材,降低了造价,缩短了工期;施工时无振动、无噪声、无污染等,因此,近年来在软土地区其应用越来越广泛。

9.6.3　高压喷射注浆法

（1）加固机理

高压喷射注浆法是利用钻杆将带喷嘴的注浆管钻至土层的预定位置,然后以高压设备使浆液或水以 20 MPa 左右的高压流从喷嘴中喷射出来,冲击破坏土体,使浆液与土体强制混合,待浆液凝固后,即在土中形成一种强度大、压缩性小、不透水的固结体,用以达到加固目的。

（2）分类

①按注浆形式可分为旋喷法、定喷法和摆喷法三种　旋喷时,喷嘴边喷射边旋转和提升,可形成圆柱状或异形圆柱状加固体（又称旋喷桩）如图 9.6（a）所示。定喷时,喷嘴边喷射边提升而且喷射方向固定不变,可形成墙板状加固体,如图9.6（b）所示。摆喷时,喷嘴边喷射边摆动一定角度和提升,可形成扇状加固体,如图9.6（c）所示。

②按喷射管的结构类型可分为单管法、二重管法和三重管法　单管法,应用于黏性土,用 200 MPa 左右的高压水泥浆喷射,桩径仅 0.6～1.2 m。二重管法,此法的旋喷管有内外二重管,内管喷射高压水泥浆,外管同时喷射0.7 MPa 左右的压缩空气。内外管的喷嘴位于喷射管

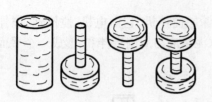 

| (a)圆柱体和形圆柱体 | (b)墙板状 | (c)扇形状 |

图 9.6　加固体的基本形状

底部侧面同一位置,是一个同轴双重喷嘴。由于高压浆液流和它内外圈的环绕气流共同作用,使破坏土体的能量显著增大,旋喷桩直径加大。三重管法,在重管为三根同心圆的管子,内管通水泥浆,中管通高压水,外管通压缩空气,在钻机成孔后把三重旋喷管吊放入孔底,打开高压水与压缩空气阀门,通过旋喷管底端侧壁上直径 2.5 mm 的喷嘴,射出压力为 20 MPa 的高压水,并环绕一股 0.7 MPa 压力的圆筒状气流冲切土体,形成大的空隙。再由泥浆泵注入压力为 2~5 MPa 的水泥浆液,使其从另一喷嘴喷出,使水泥浆与冲散的土体拌和。三重管边慢速旋转边喷射边提升,可把周围地基加固成直径 1.2~2.5 m 的坚硬桩体。

③按加固形状分类可分为柱状、壁状和块状三种。

(3)适用范围

高压喷射注浆法适用于处理淤泥、淤泥质土、黏性土、粉土、黄土、砂土、人工填土和碎石土等地基,亦可用于临时工程基坑开挖中防止基底流砂隆起或做防水帷幕,防止滑坡等。

高压喷射注浆法的特点:能比较均匀地加固透水性很小的细粒土,作为复合地基可提高承载力;可控制加固体的形状,形成连续墙,可防止渗漏和流砂;施工设备简单、灵活,能在室内或洞内净高很小的条件下对土层深部进行加固;不污染环境,无公害;还可用于深基础的开挖,防止基坑隆起,减轻支撑基坑的侧壁压力,特别是对已建建筑物的事故处理,有独到之处。但对于拟建建筑物基础,其作用与灌注桩类似,但强度较差,造价较高。

表 9.4　桩径大小选用

土　质	标准贯入试验锤击数 N/击	方　法		
		单管法	二重管法	三重管法
		直径/m		
黏性土	$0 < N < 5$	1.0 ± 0.2	1.5 ± 0.2	2.0 ± 0.3
	$6 < N < 10$	0.8 ± 0.2	1.2 ± 0.2	1.5 ± 0.3
	$11 < N < 20$	0.6 ± 0.2	0.8 ± 0.2	1.0 ± 0.3
砂　土	$0 < N < 10$	1.0 ± 0.2	1.3 ± 0.2	2.0 ± 0.3
	$11 < N < 20$	0.8 ± 0.2	1.1 ± 0.2	1.5 ± 0.3
	$21 < N < 30$	0.6 ± 0.2	1.0 ± 0.2	1.2 ± 0.3
砂　砾	$20 < N < 30$	0.6 ± 0.2	1.0 ± 0.2	1.2 ± 0.3

用旋喷法加固处理的地基宜按复合地基设计,旋喷桩的强度和直径应通过现场试验确定。当无现场试验资料时,也可参照相似土质条件下其他旋喷工程的试验或选用表 9.4 所列数值。

小　结

地基处理是一项历史悠久的工程技术。地基处理的方法主要有:换填法、预压法、碾压夯实法、挤密桩法和化学加固法五类。在选择地基处理方案前,应结合工程情况,了解本地区地基处理经验和施工条件,以及其他相似场地上同类工程的地基处理经验和使用情况等,对经过地基处理的建筑物,应进行沉降观测。

本章学习要求掌握常见地基处理方法的基本原理、设计与施工要点,明确地基处理的基本概念,熟悉地基处理方法的适用范围与选用原则。

思 考 题

9.1　什么是软弱地基? 软弱土的种类有哪些?

9.2　地基处理的意义和目的是什么?

9.3　常用地基处理的方法有哪些? 各适用什么情况?

9.4　强夯法与重锤夯实法的加固机理是否相同? 已知需要加固深度为 8 m,如何选择锤重与落距?

9.5　换土垫层的理想材料有哪些? 垫层法设计的原则是什么? 如何确定垫层的厚度与宽度?

9.6　预压法处理软弱土地基的原理是什么? 真空预压法和堆载预压法有何不同? 如何确定预压荷载、预压时间和砂井直径、间距与深度?

9.7　挤密法有哪几种? 挤密法与振冲法有何相同之处与区别?

9.8　深层搅拌法的加固机理是什么? 有哪几种作用?

习　题

9.1　某五层砖混结构的住宅建筑,墙下为条形基础,宽 1.2 m、埋深 1 m,上部建筑物作用于基础上的荷载为 150 kN/m,基础的平均重度为 20 kN/m³。地基土表层为粉质黏土,厚 1 m,重度为 17.8 kN/m³;第二层为淤泥质黏土,厚 15 m,重度为 17.5 kN/m³,含水量 $\omega = 55\%$;第三层为密实的砂砾石,地下水距地表为 1 m。因地基土较软弱,不能承受上部建筑物的荷载,试设计砂垫层厚度和宽度。

(答案:厚 1.6 m,底宽 3.05 m)

9.2 某市住宅小区经工程地质勘察,地表为耕土,厚度 0.8 m;第二层为粉砂,松散,厚度为 6.50 m;第三层为粉质黏土,可塑状态,厚度 4.8 m,地下水位埋深 2.00 m。考虑用强夯加固地基。试设计锤重与落距,以进行现场试验。

(答案:锤重 150 kN,落距 15 m)

9.3 某市保税区某外资企业拟建一幢三层办公楼与单层仓库。地基为淤泥质土,地基承载力仅 40 kPa,厚度超过 30 m。选择地基处理方案,提高地基承载力并消除震沉。

第**10**章
特殊土地基及山区地基

我国地域辽阔,分布着多种多样的土类。某些土类由于不同的地理环境、气候条件、地质成因、历史过程、特质成分和次生变化等原因,而具有特殊的工程性质,此类土称为特殊土。这些特殊土在分布上也存在一定的规律,表现出明显的区域性,又称为区域性特殊土。

我国山区广大,广泛分布在我国西南区的山区地基同平原地基相比,其工程地质条件更为复杂。

本章仅介绍膨胀土、湿陷性黄土、红黏土三种特殊土地基及山区地基在我国的分布特征、特殊土的工程性质以及为防止其危害应采取的工程措施。

10.1 膨胀土地基

膨胀土一般是指黏粒成分主要由亲水性矿物组成,同时具有显著的吸水膨胀和失水收缩两种变形特性的黏性土,它一般强度较高,压缩性低,易被误认为是建筑性能较好的地基土。膨胀土在我国的分布范围很广,云南、广西、四川、湖北、陕西、安徽、河南、河北及山东各地都有膨胀土。

10.1.1 膨胀土的特性

(1)膨胀土的特征

在自然条件下,膨胀土呈坚硬或硬塑状态,结构致密,裂隙发育,常有光滑面和擦痕,风干时出现大量的微裂隙,遇水则软化。

膨胀土是一种特殊的黏性土,其黏粒含量很高,塑性指数 $I_P > 17$,且多在 $22 \sim 35$,自由膨胀率一般超过40%。天然含水量接近或小于塑限,液性指数常小于零。表现为压缩性低、强度高,因而被误认为良性地基。由于膨胀土具有明显的膨胀和收缩性,在工程建设上,如不采取一定的措施,很容易导致土体的变形、基础的升降、建筑物开裂及倒坍等严重的事故。

(2)膨胀土对建筑物的危害

由于膨胀土具有显著的吸水膨胀和失水收缩的变形特性,因此建造在膨胀土地基上的建筑物,会随着季节气候的变化而产生不均匀的沉降,造成建筑物的开裂,通常具有地区性成群

287

出现的特点,其中以低层砖木结构的民用房屋最为严重。

房屋裂缝的形态如下:

①山墙上的对称或不对称的倒八字形缝,主要是由于山墙的两侧下沉量比中部大的缘故。

②外纵墙下部裂缝为水平方向,同时墙体外倾,基础向外转动。

③由于地基胀缩多次反复作用,造成墙体斜向交叉裂缝。

④独立砖柱发生水平向断裂,同时产生水平位移。地坪向上隆起,多出现纵长裂缝,并常与室外地裂相连,在地裂通过建筑物的地方,建筑物墙体上出现上小下大的竖向或斜向裂缝。

⑤膨胀土边坡不稳定,易产生浅层滑坡,并引起建筑物开裂。

膨胀土地基的胀缩作用能造成基础位移,建筑物和地坪开裂、变形。美国用于处理膨胀土对建筑物危害的费用,超过处理震害费用的若干倍,由此可见,膨胀土对建筑物所造成的危害性应加以重视。

(3)影响胀缩变形的因素

膨胀土的胀缩性是由土的内在因素所决定的,同时受外部因素制约。胀缩变形的产生是膨胀土的内在因素在外部适当的环境条件下综合作用的结果。

1)内在因素

影响膨胀土胀缩性的主要内在因素有:矿物及其化学成分、黏土的颗粒含量、土的密度、土的含水量以及土的结构强度。其特征如下:

膨胀土主要由蒙脱石、伊利石等亲水性矿物组成,其亲水性强,胀缩变形大;化学成分以氧化硅、氧化铝和氧化铁为主,如氧化硅含量越高,则胀缩性越大;黏土颗粒含量越高,胀缩变形越大;土的密度大、孔隙比小,则浸水膨胀强烈,失水收缩小;反之,土的密度小、孔隙比大,则浸水膨胀小,失水收缩大;当土的初始含水量与胀后含水量越接近,则土的膨胀就越小,收缩就越大;当土的结构强度越大时,则限制胀缩变形的作用也就越大,当土的结构受到破坏后,膨胀性增大。

2)外在因素

影响膨胀土胀缩变形的外在因素首要是气候条件,如雨季土中水分增加,土体发生膨胀;旱季水分减少,土体发生收缩。地形地貌也是影响膨胀土胀缩变形的一个重要因素,同类膨胀土地基,地势低处胀缩变形比地势高处小;在边坡地带,坡脚地段比坡肩地段的胀缩变形要小得多,这主要是由于高地的临空面大,地基土中水分蒸发条件好。建筑物周围的树木也会对土的胀缩变形造成影响,在炎热和干旱地区,建筑物周围的阔叶树对建筑物的胀缩变形造成不利影响,尤其在旱季,当无地下水或地表水补给时,由于树根的吸水作用,会使土中的含水量减少,加剧了地基的干缩变形,使附近有成排树木的房屋产生裂缝。另外,日照时间和强度也会影响土的胀缩性,调查表明,房屋阳面开裂较多,背阴面开裂较少。

10.1.2　膨胀土的地基的工程措施

(1)设计措施

1)建筑场地的选择

根据工程地质和水文地质条件,建筑物应尽量避免布置在地质条件不良的地段。重要建筑物最好布置在胀缩性较小和土质较均匀的地方,避开地裂、冲沟发育、地下水变化剧烈和可能发生浅层滑坡等地段。同时,应利用和保护天然排水系统,并设置必要的排洪、截流和导流等排水措施,有组织的排除雨水、地表水、生活和生产废水,防止局部浸水和渗漏现象。

2)建筑措施

建筑物的体型应力求简单,尽量地避免平面曲折和立面高低不一,不宜过长,必要时用沉降缝分段隔开。膨胀土地区的民用建筑层数宜多于 1~2 层,外廊式房屋的外廊部分宜采用悬挑结构。

3)结构措施

为了加强建筑物的整体刚度,可适当设置钢筋混凝土圈梁或钢筋砖腰箍。单独排架结构的工业厂房(包括山墙、外墙及内隔墙)均宜采用单独柱基承重,角端部分适当加深,围护墙宜砌在基础梁上,基础梁底与地面应脱空 10~15 cm。在建筑物的角端和内外墙的连接处,必要时可增设水平钢筋。

4)基础埋深

基础埋深的选择应考虑场地类型、膨胀土地基的胀缩等级、建筑物结构类型、大气影响深度、作用在地基上荷载大小和性质、建筑物用途、有无地下室和设备基础、基础形式和构造、相邻建筑物的埋深等因素,基础不宜设置在季节性干湿变化剧烈的土层内,一般膨胀土地基上建筑物基础的埋深不应小于 1.0 m,当膨胀土位于地表下 3 m,或地下水位较高时,基础可以浅埋。若膨胀土层不厚,则尽可能将基础埋置在非膨胀土上。对于以基础埋深为主要防治措施的平坦场地上的砖混结构房屋,基础埋深应取大气影响急剧层深度或通过变形计算确定。当坡度角小于 14°,基础外边缘至坡肩的水平距离大于或等于 5.0 m 时,基础埋深(如图 10.1)可按下式计算,即

$$d = 0.45da + h(1 - 0.2\cot\beta) - 0.2\alpha + 0.20 \qquad (10.1)$$

式中　d——基础埋置深度,m;

　　　h——设计斜坡高度,m;

　　　β——设计斜坡的坡角,(°);

　　　a——基础外边缘至坡肩的水平距离,m。

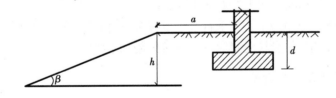

图 10.1　坡地上基础埋深计算示意图

5)地基处理

对于膨胀土地区的地基设计,应充分利用地基土的承载力,并采用缩小基底面积及合理选择基底形式等措施,以便增大基底压力,减小地基膨胀变形量。膨胀土地基处理可采用换土、砂石垫层、土性改良等方法,也可采用桩基。换土可采用非膨胀土或灰土,换土厚度可通过变形计算确定。平坦场地上 Ⅰ、Ⅱ 级膨胀土的地基处理宜采用砂、碎石垫层。垫层厚度不应小于300 mm,垫层宽度应大于基底宽度,两侧宜采用与垫层相同的材料回填,并作好防水处理。

（2）施工措施

对于膨胀土地区的建筑物，应根据设计要求、场地条件和施工季节，作好施工组织设计。在施工中应尽量减少地基中含水量的变化，以便减少土的胀缩变形。基础施工前应完成场区土方、挡土墙、排水沟等工程，使排水畅通，边坡稳定。临时水池、洗料场、搅拌站与建筑物的距离不少于 10 m。基础施工宜采用分段快速作业，进行开挖工程时，应在达到设计开挖标高以上 1.0 m 处采取严格保护措施，防止长时间暴晒或浸泡。基坑挖土接近基底设计标高时，宜在上部预留 150~300 mm 土层，待下一步工序开始前挖除。验槽后，应及时浇注混凝土垫层或采取措施封闭坑底，封闭办法可选用 1：3 水泥砂浆或土工塑料膜覆盖。基础施工出地面后，应及时分层回填夯实。填料可选用非膨胀土、弱膨胀土及掺有石灰或其他材料的膨胀土，每层虚铺厚度 300 mm。在地面层施工时，应尽量减少地基浸水，并宜用覆盖物湿润养护。对于临坡建筑，不宜在坡脚挖土施工，避免改变坡体平衡，使建筑物产生水平膨胀位移。

10.2 湿陷性黄土地基

具有天然含水量的黄土，如未受水浸湿，一般强度较高，压缩性较小。但黄土在一定压力下水浸湿后，结构迅速破坏，并发生显著的附加下沉，其强度也随着迅速降低，这种性能称为湿陷性。湿陷性是黄土独特的工程地质性质，具有湿陷性的黄土。称为湿陷性黄土；有的黄土并不发生湿陷，则称为非湿陷性黄土。非湿陷性黄土地基的设计与施工与一般黏性土地基并无差别。湿陷性黄土分为自重湿陷性和非自重湿陷性。自重湿陷性黄土在土自重应力下受水浸湿后发生湿陷；非自重湿陷性黄土在土自重应力作用下受水浸湿后不发生湿陷。

我国的湿陷性黄土具有以下特点：

①颗粒组成以粉粒为主，粉土黏粒含量常占土重的 60% 以上；

②含大量的碳酸盐、硫酸盐等可溶盐类；

③含水量少，其天然含水量一般在 10%~15%；

④孔隙比大，天然孔隙比在 1 左右或更大；

⑤一般具有肉眼可见的大孔隙，垂直节理发育，能保持独立的天然边坡；

⑥在一定压力作用下，受水浸湿后发生显著的附加下沉。

10.2.1 黄土湿陷性的评价

（1）黄土湿陷性判定

1）计算湿陷系数

黄土是否具有湿陷性，以及湿陷性的强弱程度如何，可用湿陷性系数 δ_s 值来进行判定。湿陷性系数是利用现场采集的原状土样，通过室内压缩试验测定求得的，计算公式如下：

$$\delta_s = \frac{h_p - h_p'}{h_0} \tag{10.2}$$

式中 h_p——保持天然的湿度和结构的土样，加压至一定压力 p 时，下沉稳定后的高度，mm；

h_0——土样的原始高度，mm；

h_p'——土样在加压稳定后，在浸水作用下，下沉稳定后的高度，mm。

2）测定湿陷系数的压力

测定湿陷系数的压力 P，应自基础底面算起，若为初步勘察时，应自地面下 1.5 m 算起。10 m 以内土层应用 200 kPa。10 m 以下至非湿陷性土层顶面，应用其上覆土的饱和自重压力（当大于 300 kPa 时，仍应用 300 kPa）。当基底压力大于 300 kPa 时，宜用实际压力判别黄土的湿陷性。

3）黄土湿陷性判别标准

①当 $\delta_s < 0.015$ 时，定为非湿陷性黄土；

②当 $\delta_s \geq 0.015$ 时，定为湿陷性黄土。

（2）建筑场地的湿陷类型

建筑场地的湿陷类型应按实测自重湿陷量 Δ_{zs} 或按室内压缩试验累计的计算自重湿陷量 Δ_{zs} 判定。

1）自重湿陷系数 δ_{zs}

按室内浸水压缩试验测定不同深度的土样在饱和土自重压力下的自重湿陷系数 δ_{zs}，可按下式计算：

$$\delta_{zs} = \frac{h_z - h'_z}{h_0} \tag{10.3}$$

式中　δ_{zs}——黄土的自重湿陷系数；

　　　h_z——保持天然的湿度和结构的土样，加压至土的饱和自重压力时，下沉稳定后的高度，cm；

　　　h'_z——上述加压稳定后的土样，在浸水作用下，下沉稳定后的高度，cm；

　　　h_0——土样的原始高度，cm。

2）计算自重湿陷量 Δ_{zs}

$$\Delta_{zs} = \beta_0 \sum_{i=1}^{n} \delta_{zsi} h_i \tag{10.4}$$

式中　Δ_{zs}——黄土的计算自重湿陷量，cm；

　　　δ_{zsi}——第 i 层土在上覆土的饱和（$S_r > 0.85$）自重压力下的自重湿陷系数；

　　　h_i——第 i 层土的厚度，cm；

　　　β——因土质地区而异的修正系数，对陇西地区，可取 1.5；对陇北地区，可取 1.2；对关中地区，可取 0.7；对其他地区，可取 0.5。

计算自重湿陷量 Δ_{zs} 的累计，应自天然地面算起（当挖、填方的厚度和面积较大时，应自设计地面算起），至其下全部湿陷性黄土层的底面为止。其中自重湿陷系数 $\delta_{zs} < 0.015$ 的土层不应累计。

3）建筑场地湿陷类型判别

当 $\Delta_{zs} \leq 7$ cm 时，为非自重湿陷性黄土；当 $\Delta_{zs} > 7$ cm 时，为自重湿陷性黄土场地。

（3）黄土地基的湿陷等级

湿陷性黄土地基的湿陷等级，应根据基底下各土层累计的总湿陷量和计算自重湿陷量的大小等因素按表 10.1 判定。总湿陷量的计算公式如下：

$$\Delta_s = \sum_{i=1}^{n} \beta \delta_{si} h_i \tag{10.5}$$

式中 Δ_s——湿陷性黄土地基的总湿陷量,cm;

δ_{si}——第 i 层土和湿陷系数;

h_i——第 i 层土的厚度,cm;

β——考虑地基土的侧向挤出和浸水几率等因素的修正系数。基底下 5 m(或压缩层)深度内,可取 1.5;5 m(或压缩层)深度以下,在非自重湿陷性黄土场地,可不计算;在自重湿陷性黄土场地,可按式(10.4)中的 β_0 取值。

总湿陷量应自基础底面算(初勘时从地面 1.5 m)算起;对于非自重湿陷性黄土地基,累计计算至其下 5 m 深度或沉降计算深度为止;对于自重湿陷性黄土地基,应根据建筑物类别和地区建筑经验确定,其中非湿陷性黄土层不应累计。

表 10.1 湿陷性黄土地基的湿陷等级

湿陷类型	非自重湿陷性场地	自重湿陷性场地	
计算自重湿陷量 总湿陷量/cm	$\Delta_{zs} \leqslant 7$	$7 < \Delta_{zs} \leqslant 35$	$\Delta_{zs} > 35$
$\Delta_s \leqslant 30$	Ⅰ(轻微)	Ⅱ(中等)	—
$30 < \Delta_s \leqslant 60$	Ⅱ(中等)	Ⅱ或Ⅲ	Ⅲ(严重)
$\Delta_s > 60$	—	Ⅲ(严重)	Ⅳ(很严重)

注:①当总湿陷量 30 cm$\leqslant\Delta_s<$50 cm,计算自重湿陷量 7 cm$<\Delta_{zs}<$30 cm 时,可判为Ⅱ级。

②当总湿陷量 $\Delta_s\geqslant$50 cm,计算自重湿陷量 $\Delta_{zs}\geqslant$30 cm 时,可判为Ⅲ级。

10.2.2 湿陷性黄土地基的计算和工程措施

(1)湿陷性黄土地基的计算

1)地基承载力

①地基承载力基本值 f_0

地基承载力基本值 f_0 见表 10.2、表 10.3。此外,《湿陷性黄土地区建筑规范》提供了湿陷性黄土地基的承载力,可供设计时使用。

表 10.2 新近堆积黄土 Q_4^2 承载力 f_0

静力触探比贯入阻力	0.3	0.7	1.1	1.5	1.9	2.3	2.8	3.3
f_0/kPa	55	75	92	108	124	140	161	182

注:本表确定河谷低阶地的新近堆积黄土 Q_4^2 承载力 f_0。

表 10.3 新近堆积黄土 Q_4^2 承载力 f_0

轻便触探锤击数 N_{10}	7	11	15	19	23	27
f_0/kPa	80	90	100	110	120	135

②地基承载力特征值 f_{ak}

地基承载力特征值,按如下公式计算:

$$f_{ak} = \phi_f f_0 \tag{10.6}$$

式中　f_{ak}——地基承载力特征值,kPa;

　　　ϕ_f——回归修正系数,对湿陷性黄土地基上的各类建筑与饱和黄土地基上的一般建筑 ϕ_f 宜取 1,对饱和黄土地基上的甲类建筑和乙类中的重要建筑,ϕ_f 应按规范中相关公式计算确定;

　　　f_0——地基承载力基本值,kPa;

③地基承载力设计值 f_a

地基承载力设计值的计算公式如下:

$$f_a = f_{ak} + \eta_b \gamma (b - 3) + \eta_d \gamma_m (d - 1.5) \tag{10.7}$$

式中　f_a——地基承载力经基础宽度和埋深修正后的设计值,kPa;

　　　f_{ak}——湿陷性黄土地基承载力特征值,kPa;

　　　η_b、η_d——分别为基础宽度和埋深的地基承载力修正系数,按基底以下土的类别由表 10.4 采用。

表 10.4　基础的宽度和埋深的承载力修正系数

地基土类别	有关物理指标	修正系数	
		η_b	η_d
晚更新世 Q_3、全新世 Q_4^1 湿陷性黄土		0.2	1.25
		0	1.10
饱和黄土		0.2	1.25
		0	1.10
		0	1.00
新近堆积黄土 Q_4^2		0	1.00

2)黄土地基沉降量

湿陷性黄土地基沉降量包括压缩变形和湿陷性变形两部分。按下式计算:

$$s = s_h + s_w \tag{10.8}$$

式中　s——黄土地基的总沉降量,mm;

　　　s_h——天然含水量的黄土未浸水的沉降量,计算公式如下:

$$s_h = \varphi_s \sum_{i=1}^{n} \frac{P_0}{E_{si}} (z_i \bar{\alpha}_i - z_{i-1} \bar{\alpha}_{i-1})$$

　　　ψ_s——沉降计算经验系数,由表 10.5 确定。

　　　s_w——黄土浸水后的湿陷变形量,按下式计算:

$$s_w = \sum_{i=1}^{n} \frac{e_{mi}}{1 + e_{li}} h_i \tag{10.9}$$

式中　n——受压范围内黄土层的数目;

　　　e_{mi}——在相应的附加压力作用下,第 i 层土样浸水前后孔隙比的变化,即 i 层土样的大孔隙系数;

e_{1i}——第 i 层土样浸水前的孔隙比；

h_i——第 i 层黄土的厚度,mm。

表 10.5　黄土沉降计算经验系数 ψ_s

E_s'/MPa	3.0	5.0	7.5	10.0	12.5	15.0	17.5	20.0
ψ_s	1.80	1.22	0.82	0.62	0.50	0.40	0.35	0.30

注: E_s' 为沉降计算深度范围内压缩模量的当量值,应按下式计算:

$$E_s' = \frac{\sum A_i}{\sum (A_i/E_{si})}$$

式中　A_i——基底以下第 i 层的附加应力面积,cm^2;

　　　E_{si}——第 i 层土的压缩模量,MPa。

(2)湿陷性黄土地基的工程措施

湿陷性黄土地基的设计和施工,除了必须遵循一般地基的设计和施工原则外,还应针对黄土湿陷性这个特点和工程要求,因地制宜采用以地基处理为主的综合措施。

1)地基处理

地基处理其目的在于破坏湿陷性黄土的大孔结构,以便全部或部分的消除地基的湿陷性,从根本上避免或削弱湿陷现象的发生。常用的地基处理方法有垫层法、重锤夯实法、强夯法、预浸水法、挤密法、化学加固法等,在黄土地基上进行工程建设时,宜根据具体的工程地质条件和工程要求,采用相应的地基处理方法。例如:当仅要求消除基底下处理土层的湿陷性时,宜采用局部或整片土垫层;当要求消除湿陷性的土层厚度为 3~6 m 时,宜采用强夯法;当要求消除湿陷性的土层厚度为 1~2 m 时,宜采用重锤夯实法;预浸水法可用于处理湿陷性土层厚度大于 10 m,自重湿陷量不小于 50 cm 的场地。

2)防水措施

防水措施不仅要考虑整个建筑场地的排水、防水问题,还要考虑到单个建筑物的防水措施,在长期使用过程中要防止地基被水浸湿,同是做好施工阶段临时性排水、防水工作。

3)结构措施

在建筑物设计中,应从地基、基础和上部结构相互作用的概念出发,采用适当的措施,增强建筑物适应或抵抗因湿陷引起的不均匀沉降的能力。

在上述措施中,地基处理是主要的工程措施,防水措施和结构措施应根据实际情况配合使用。在实际工作中,对地基作了处理,若消除了全部地基土的湿陷性,就不必再考虑其他措施;若地基处理只消除地基主要部分的湿陷量,为了避免湿陷对建筑物的危害,确保建筑物的安全和正常使用,还应该采取适当的防水措施和结构措施。

10.3　红黏土地基

红黏土是指主要由碳酸盐系出露区的岩石经红土化作用形成的棕红、褐黄等颜色的高塑性黏土,其液限一般大于 50%,具有表面收缩、上硬下软、裂隙发育的特征。红黏土经再搬运之后仍保留红黏土的特征,液限大于 45% 的土称为次生红黏土。

红黏土的形成及分布与气候条件密切相关,一般气候变化大,潮湿多雨地区有利于岩石的风化,易形成红黏土。因此,在我国以贵州、云南、广西分布最广泛和典型,其次在安徽、四川、湖南等省也有分布。

10.3.1　红黏土的工程性质

红黏土的矿物成分以石英和高岭石为主。颜色呈褐红、棕红、紫红及黄褐色,一般土层厚度为 3 ~ 10 m,个别地带厚度达 20 ~ 30 m。红黏土具有较高的孔隙比、高含水量、高分散性及呈饱和状态,致使红黏土有很高的收缩量,因此,红黏土的胀缩性表现为以收缩为主。

红黏土常处于饱和状态,它的天然含水量几乎与塑限相同,但液性指数较小,故土中以含结合水为主。因此,虽然红黏土的含水量较高,但一般仍处于硬塑或坚硬状态,具有较高的强度和较低的压缩性。

红黏土由于收缩作用形成了大量裂隙,并且裂隙的发育和发展速度极快。在干旱气候条件下,新挖坡面数日内便可被裂隙切割得支离破碎,使地面水容易侵入,导致土的抗剪强度降低,常常造成边坡变形和失稳。

10.3.2　红黏土地基的工程措施

在红黏土地基上的建筑物,基础应尽量浅埋,充分利用红黏土表层的较硬土层作为地基持力层,还可以保持基底下相对较厚的硬土层,以满足下卧层承载力的要求。

对于红黏土地基中常见的不均匀地基,应优先考虑地基处理;对基底下有一定厚度,但变化较大的红黏土地基,通常是挖除土层较厚端的部分土,把基底做成阶梯状。

红黏土网状裂隙发育,对边坡和建筑物形成不利影响。对于天然土坡和人工开挖的边坡和基槽,必须注意土体中裂隙发育情况,避免水分渗入引起滑坡或崩塌事故。因此,应防止破坏自然排水系统和坡面植被,土面上的裂隙应加堵塞,做好防水排水措施,以保证土体的稳定。

由于红黏土具有干缩性,故施工时必须做好防水排水工作,开挖基槽后,不得长久暴露使地基土干缩或浸水软化,应及时进行基础施工并回填夯实。

10.4　山区地基

山区地基覆盖层厚薄不均,下卧基岩面起伏较大,有时出露于地表,并且地表高低悬殊,常见大块孤石或石芽出露,形成了山区不均匀的土岩组合地基,这些地质条件造成了山区地基的不均匀性;由于山区地势不均,造成了许多不良的地质现象,如滑坡、崩塌、泥石流、岩溶和土洞等,这些特征说明山区地基的均匀性和稳定性都很差。

10.4.1　土岩组合地基

土岩组合地基是指在建筑物地基的主要受力范围之内既有岩石又有土层,且岩土在平面和空间分布很不均匀,这类地基在山区建设中较为常见,其主要特点为地基在水平方向和垂直方向的不均匀性。土岩组合地基主要有以下三种类型。

(1)下卧基岩表面坡度较大的地基

由于下卧基岩表面坡度较大,基础将会产生较大的不均匀沉降,引起建筑物倾斜、开裂、或土层沿岩面活动而丧失稳定性。当建筑地基处于稳定状态、下卧基岩面为单向倾斜且基岩表面距基础底面的土层厚度大于 300 mm 时,如果结构符合地质条件及规范要求时,可不作变形验算,否则要作变形验算。当变形值超出建筑物地基沉降允许值时,应调整基础的宽度,埋深或采用褥垫方法进行处理。对于局部为软弱土层的,可采用基础梁、桩基、换土或其他方法进行处理。

(2)石芽密布并有出露的地基

这类地基的特点是基岩表面凹凸不平,其间充填黏性土。当石芽间距小于 2 m,其间为硬塑或坚硬状态的红黏土,或当房屋为六层或六层以下的砌体结构,三层或三层以下的框架结构或配设 15 t 和 15 t 以下吊车的单层排架结构,其基底压力小于 200 kPa 时,可不作地基处理。如不能满足上述要求,可利用稳定可靠的石芽作支墩式基础。当石芽间有较厚的软土层时,可挖去土层,夯填碎石、土夹石等压缩性较低的材料。个别石芽露出部位可凿去,并设褥垫,如图 10.2 所示。

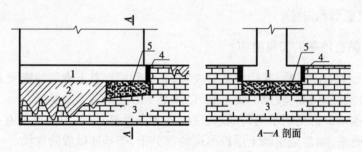

图 10.2 褥垫构造

1—基础;2—土层;3—基岩;4—沥青;5—褥垫

(3)大块孤石或个别石芽出露的地基

这种地基容易在软硬交界处产生不均匀沉降,导致建筑物开裂。因此,地基处理的目的,应使地基局部坚硬部位的变形与周围土的变形相适应。

当土层的承载力标准值大于 150 kPa,房屋为单层排架结构或一、二层砌体结构时,宜在基础与岩石的接触部位采用褥垫进行处理;对于多层砌体结构,应根据土质情况,适当调整建筑平面位置,也可采用桩基或梁、拱跨越等处理措施。在地基压缩性相差较大的部位,宜结合建筑平面形状、荷载条件设置沉降缝。

10.4.2 岩石地基

岩石地基常具有强度高和压缩性低的特点。对一般工业与民用建筑,其强度和变形均能满足上部结构的要求。因此,在山区建设时,可广泛采用岩石作为地基持力层。但由于岩石受风化的影响,其强度会降低而压缩性则会增高,在风化严重、破碎剧烈的地段,如不处理,则不能作为建筑物的地基。

岩石地基上的基础可根据岩石的强度、风化程度以及上部结构的特点,采用以下几种形式:

①置于完整、较完整、较破碎岩体上的建筑物可仅进行地基承载力计算。

②地基基础设计等级为甲、乙级的建筑物,同一建筑物的地基存在坚硬程度不同,两种或多种岩体变形模量差异达 2 倍及 2 倍以上,应进行地基变形验算。

③地基主要受力层深度内存在软弱下卧岩层时,应考虑软弱下卧岩层的影响进行地基稳定性验算。

④桩孔、基底和基坑边坡开挖应控制爆破,到达持力层后,对软岩、极软岩表面应及时封闭保护。当基岩面起伏较大,且都使用岩石地基时,同一建筑物可以使用多种基础形式。

⑤当基础附近有临空面时,应验算向临空面倾覆和滑移稳定性。存在不稳定的临空面时,应将基础埋深加大至下伏稳定基岩;也可在基础底部设置锚杆,锚杆应进入下伏稳定岩体,并满足抗倾覆和抗滑移要求。同一基础的地基可以放阶处理,但应满足抗倾覆和抗滑移要求。

⑥对于节理、裂隙发育及破碎程度较高的不稳定岩体,可采用注浆加固和清爆填塞等,对遇水易软化和膨胀、易崩解的岩石,应采取保护措施减少其对岩体承载力的影响。

10.4.3　岩溶

岩溶(又称喀斯特)是指可溶性岩石在水的溶蚀作用下,产生的沟槽、裂隙和空洞以及由于空洞顶板塌落使地表出现陷穴、洼地等现象的总称,如图 10.3 所示。

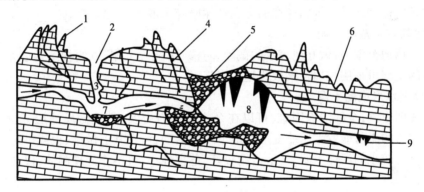

图 10.3　岩溶岩层剖面
1—石芽、石林;2—漏斗;3—落水洞;4—溶蚀裂隙;5—塌陷洼地;
6—溶沟、溶槽;7—暗河;8—溶洞;9—钟乳石

可溶岩在我国分布广泛,以贵州、广西、云南分布最广。由于可溶岩的溶解速度快,因此,评价岩溶对工程的危害不但要评价其现状,更要着眼于工程使用期限内溶蚀作用继续对工程的影响。

在岩溶地区首先要了解岩溶的发育规律、分布情况和稳定程度,查明溶洞、暗河、陷穴的界限以及场地内有无出现涌水、淹没的可能性,以便作为评价和选择建筑场地、布置总图时的参考。属于工程地质条件不良或不稳定的地段为:地在石芽、溶沟、溶槽发育、基岩起伏剧烈,其间有软土分布;有规模较大的浅层溶洞、暗河、漏斗;溶洞水流通路堵塞造成涌水时,有可能使场地暂时被淹没。在岩溶地区进行工程建设时,要因地制宜采取下列处理措施:

①对较小的岩溶洞隙,可采用镶补、嵌塞与跨越等方法处理。

②对较大的岩溶洞隙,可采用梁、板和拱等结构跨越,也可采用浆砌块石等堵塞措施,以及洞底支撑或调整柱距等方法处理。跨越结构应有可靠的支承面。梁式结构在稳定岩石上的支

承长度应大于梁高 1.5 倍。

③基底有不超过 25% 基底面积的溶洞(隙)且充填物难以挖除时,宜在洞隙部位设置钢筋混凝土底板,底板宽度应大于洞隙,并采取措施保证底板不向洞隙方向滑移,也可在洞隙部位设置钻孔桩进行穿越处理。

④对于荷载不大的低层和多层建筑,围岩稳定,如溶洞位于条形基础末端,跨越工程量大,可按悬臂梁设计基础,若溶洞位于单独基础重心一侧,可按偏心荷载设计基础。

10.4.4 土洞

土洞是指埋在岩溶地区可溶性岩层的上覆土层内的空洞,它是岩面以上的土体在特定的水文地质条件下,遭到流失迁移而形成的。土洞的形成和发育与土层的性质、地质构造、水的活动、岩洞的发育等因素有关。根据地表水或地下水的作用可把土洞分为:地表水形成的土洞、地下水形成的土洞和人工降水形成的土洞。

由于土洞继续发展即形成地表塌陷,它是一种不良地质现象,因此建筑场地最好选择在地势较高或地下的最高水位低于基岩面的地段,并避开岩溶强烈发育及基岩面上较软黏土厚而集中的地段。若地下水位高于基岩面,在建筑施工或建筑物使用期间,应注意由于人工降低地下水位或取水时形成土洞或发生地表塌陷的可能性。

对建筑场地和地基范围内存在的土洞和塌陷应采取如下处理措施:

(1)地表水形成的土洞

在建筑场地范围内,做好地表水的截流、防渗、堵漏等工作,以便杜绝地表水渗入土层内;对已形成的土洞可采用挖填及梁板跨越等措施。

(2)地下水形成的土洞

对于浅埋土洞,全部清除困难,可以在余土上抛石夯实,其上做反滤层,层面上用黏土夯填。由于残留的土可能发生压缩变形及地下水的活动,可在其上做梁、板或拱跨越。

对于直径较小的深埋土洞,其稳定性较好,危害性小,可不作处理洞体,仅在洞体顶上部采取梁板跨越即可。

对于直径较大的深埋土洞,可采用顶部钻孔灌砂,或灌碎石混凝土,以充填空洞。

对于重要建筑物,可采用桩基处理。

(3)人工降水形成的土洞

人工降水形成的土洞与塌陷,可在极短时间内成群出现。一旦发生,由于并未改变其水动力条件,即使处理了,仍可再生。因此,工程措施的原则应以预防为主。预防措施包括:选择地势较高的地段及地下水静动水位均低于基岩面的地段进行建筑;建筑场地应与取水中心保持一定距离,建筑物应设置在降落漏斗半径之外;塌陷区内不应把土层作为基础持力层,一般多采用柱(墩)基。

小　结

区域性地基是指特殊土地基(湿陷性黄土、红黏土和膨胀土、冻胀土)地基,软土地基,山区地基以及地震区地基等。区域性土的种类很多,由于不同的地理环境、气候条件、地质历史及物质成分等原因,使它们具有不同于一般地基的特征,分布也存在一定的规律,表现出明显的区域性,而且与一般土的工程性质有显著的区别。

本章重点介绍了湿陷性黄土、红黏土和膨胀土在我国的分布情况及其主要的物理特性,并介绍了为减少其对基础的危害所采取的方法和措施。

思 考 题

10.1　膨胀土有何特征?膨胀土地基应采取哪些工程措施?

10.2　如何判定膨胀土?

10.3　什么是湿陷性黄土?对于湿陷性黄土地基应采取何种工程措施?

10.4　红黏土地基有何工程特征?

10.5　什么是土岩组合地基、岩溶及土洞?土岩组合地基主要有哪几种类型?在岩溶和土洞地区进行建筑时,应采取哪些措施?

习 题

10.1　某地区的建筑场地的地形坡度 8 度,表层为褐色耕土,地表下 1.0 ~ 3.0 m 的灰黄色黏土层,已判定为膨胀土并由试验测得其自由膨胀率 $\delta_{ef} = 82\%$,无地下水。试确定该膨胀土的膨胀潜势强弱和建筑场地类型。

10.2　已知某医院住院楼地基为全新世湿陷性黄土地基。测得土的天然含水量 $w = 19\%$,$w_1 = 25.2\%$,$e = 0.9$,$\gamma = 18$ kN/m^3,设计独立基础宽度底宽为 4.0 m,埋深 2 m。求此黄土地基的承载力。

（答案：$f_0 = 170$ kPa, $f = 185$ kPa）

第11章
地基基础工程事故与分析实例

地基基础工程事故是建筑工程中最为突出且处理难度最大的工程事故。统计资料显示，在各种建筑工程事故中，因地基基础工程的质量产生的问题约占总事故的1/3。

地基基础属地下隐蔽工程，建筑工程竣工后难以检查，使用期间出现事故苗头也不易察觉，一旦发生事故，难以补救，甚至造成灾难性的后果。

地基视建筑场地的条件而定，一旦确定了场地，只能由其具体条件来选用地基基础类型，而基础类型的选择，要按建筑场地的工程地质状况、结构的种类与荷载、建筑地区的气候条件和外界作用以及施工技术水平等因素来决定。因此，地基基础工程发生事故可能是因勘测、设计、构造、制造、安装与使用等因素相互作用而引起的。主要表现形式为整体超量变形或不均匀变形及局部不均匀变形，从而使上部结构出现裂缝、倾斜，结果整体性、耐久性受到削弱和破坏，影响正常使用，严重者危及安全，甚至造成建筑倒塌。一旦地基基础事故苗头出现时，应加强监测并分析原因，针对事故的类型，选择合理的加固处理方法，及时处理，防患于未然。

当发生一次重大的地基基础事故后，最关键的是对事故发生的原因进行分析，只有正确的分析，才能发现事故的原发症结，明确事故的责任，找到今后应吸取的教训，制订出适宜的防治措施。

11.1 地基基础事故类型及原因

建筑地基基础事故有多种类型，产生原因也多样，对建筑的危害也不一。其常见的事故类型和内部原因及危害见表11.1。

表 11.1

事故类型	事故原因	造成危害
建筑物墙体开裂事故	主因是地基的不均匀沉降所致。地基中存在局部高压缩性软弱土层，或软弱土层分布不均，厚薄相差悬殊。此外，建筑物置于软土地基上，邻近建造工程产生的附加应力扩散至已有建筑物，也会引起不均匀沉降，导致墙体开裂。基础施工不当，如基槽开挖后被水浸泡，严重扰动了地基土的原状结构，也会造成地基沉降隐患	建筑墙体开裂，轻则影响工程美观和使用，严重时危及建筑物的安全

续表

事故类型	事故原因	造成危害
建筑物整体倾斜事故	当同一建筑物各部分地基土软硬不同,或受压层范围内压缩性高的土层厚薄不均,基岩面倾斜其上覆盖层厚薄悬殊,以及上部建筑层数不一,结构荷载轻重变化较大时,地基都要产生不均匀沉降,致使建筑物发生倾斜。另外,设计与使用不当也会造成建筑物发生倾斜	轻微的建筑物倾斜对工程美观和使用产生不良影响,严重时危及建筑物的整体安全,使建筑开裂、倾覆、倒塌
建筑物严重下沉事故	在软弱地基上修建重量巨大的多层或高层建筑,由于地基承载力不够,可能产生较大的沉降量。如建筑物发生的是均匀沉降,从理论上讲并不可怕,可通过预先计算出沉降数值,采取提高室内地坪标高的设计措施得以解决。但通常地基沉降是不均匀的,所以危害难以避免	地基出现严重不均匀沉降时,往往导致墙体开裂、散水倒坡、雨水积聚。建筑物与外网之间的上下水管、暖气管、照明电缆、通讯电缆、天然气管道也可能发生断裂
基础开裂事故	建筑物的地基软硬突变时,在软硬地基交界处往往由于产生巨大的剪应力,导致基础产生开裂事故	基础开裂比墙体开裂危害更加严重,对上部结构产生严重影响,由于破坏位置深埋地下,处理起来更为困难
地基滑动事故	在天然地基上建造各类建筑物后,由建筑物上部结构荷重传到基础底面的接触应力数值如果超过持力层地基土的抗剪强度,地基将产生滑动,建筑物基础和上部结构也一起滑动	地基滑动的同时,建筑物基础和上部结构也一起滑动而倾倒,往往是突发性和灾难性的,难以挽救
地基溶蚀与管涌事故	一些石灰岩地区由于长期地下水的作用,会产生各类溶洞。在山区,残积土或坡积土颗粒大小悬殊,在地下水作用下,会产生溶蚀。在一些矿山的矿产采空区,地下水的作用可能会产生地表坍坑。在地下水流动区域,如土质级配不良,细的土颗粒可能被冲走,从而产生管涌	建筑地基基础几乎长期被地下水以各种形式"掏空",一旦发生事故,往往是突发性的,且破坏巨大,轻则发生大幅度的建筑不均匀沉降,重则整体严重倾斜或坍塌
土坡滑动事故	当建筑傍山建设,自然界中原来稳定的土坡,由于修建工程而切削坡脚或在坡上堆放材料、建造房屋,或将大量工业废水与生活污水排放坡底,改变了土坡天然受力状态和土体的物理力学特性,从而导致土坡失稳而滑动	土坡滑动时,处在坡上的建筑物基础和上部结构也一起滑动而倾倒;处在坡下方的建筑则可能被埋没,或被挤压而倾倒。这类事故往往也是突发性和灾难性的

续表

事故类型	事故原因	造成危害
地基液化失效事故	当建筑物地基为砂土或粉土,同时地下水位高、埋藏浅时,如再受强烈地震作用,就有可能产生振动液化,使地基呈液态,失去承载能力,导致工程失事	这类事故与地震关系密切,一旦发生往往是大范围的,可导致一片地区的大部分建筑受损,建筑物发生严重的沉陷、倾覆和开裂
基槽变位滑动事故	高层建筑为保证其稳定性,基槽深度相当大,施工过程中一旦基槽变位滑动,大量土涌入基槽,将对现场人员与设施构成极大的威胁。尤其在软土地区,即使按常规进行护坡,如果设计不当,也会发生难以补救的灾难	基槽变位滑动事故往往具有突发性,会瞬间将基槽里一切埋没,导致重大人身安全事故或设备毁损,还可能导致邻近建筑物的开裂破坏
季节性冻胀事故	温度在零度以下时,地基土中的水常常被冻结成冰。由于土中毛细作用,使地下水上升,然后又结成冰,造成地基中冰体越来越大,产生向上托举的冻胀力,一旦建筑物重量小于冻胀力时,建筑即被拱起。当温度上升,地基土中的含水量增加,土体呈流塑状态,又造成建筑下沉	由于地基土质和含水量分布不均匀,融化速度不同,以及建筑物各部位自重和刚度不均等原因,使地基产生不均匀沉降,进而导致墙体开裂、建筑倾斜等各种事故
特殊土地基事故	特殊土地基主要指湿陷性黄土地基、膨胀土地基、冻土地基以及盐渍土地基等。特殊土的工程性质与一般土不同,事故产生的内因也不尽相同,具体详见本教材第 10 章	特殊土地基工程事故内因有其特殊性,但最终也都是以建筑开裂、倾斜等最常见形式表现出来

11.2　地基基础事故的人为因素

在各类地基基础事故中,人的因素占了很大比例,例如:建筑设计前对所在地地质情况不勘察或勘察不细;设计过程中出现种种失误;施工过程中施工质量低劣;建筑规划部门规划错误;各种人造地下设施的影响;过量开采地下水;施工中基坑支护措施不当;甚至使用过程中使用不当等。

11.2.1　不勘察或勘察不细

不进行地质勘察,或勘察时勘测点布置过少,钻孔深度不够,或只借鉴相邻建筑物的地质资料,对建筑场地没有进行认真勘察评价,提出的地质勘察报告不能真实反映场地情况,如岩溶土洞、墓穴、甚至旧的人防地下道没有被发现,使建筑物发生严重下陷、倾斜和开裂。

11.2.2　设计工作失误

建筑物基础设计时没有认真研究建筑场地的地基土性质,采用了错误的基础方案而导致事故;在深厚淤泥地基上错误选用沉管灌注桩基础,以致发生缩颈、断桩或桩长达不到持力层从而导致事故;在填土地基上采用条形或筏板基础方案,使基底下残留填土层厚薄不均,导致事故发生;在采用强夯技术方案处理地基时,由于夯击能量不足,影响深度不够,没有消除填土或黄土的湿陷性,埋下事故隐患;对淤泥软土地基、地面大量回填或堆载地基、饱和粉细砂易发生振动液化地基或地下水位严重下降的地基,采用桩基方案时,忽视桩的负摩擦力的作用,常发生桩基过量沉降、断桩等严重事故;在基础设计时,对同一栋建筑物错误地选用两种以上基础方案或置于刚度不均的地基土层上,从而引发事故;设计人员对位于一般土质地基上高度变化较大且形体复杂的建筑物,未能按照变形与强度双控条件进行地基基础设计,以确保建筑物的整体均匀沉降;设计人员未按规范进行设计,如高层建筑基础设计时总荷载的偏心矩过大,超过规范规定的范围;设计人员未考虑寒冷地区地基土因季节性的冻胀,结果导致建筑物墙体开裂。

11.2.3　施工质量低劣

由于施工现场技术人员素质低劣,或为降低工程成本而随意缩小基础尺寸,减少基础埋深,减少基础配筋,采用劣质钢材,降低混凝土强度等级,以及基础施工放线不准确等,都给建筑物埋下重大事故隐患。

11.2.4　建筑规划错误

在批准建筑用地时,常使相邻建筑物相距过近,如有的地区两栋建筑物的外墙净距居然规定为 800 mm,造成相邻建筑基底应力严重叠加,施工时相互影响,引起建筑物相互倾斜变形,严重者完全丧失使用条件。

11.2.5　地下设施影响

由于城市建设的需要,修建地铁、开挖各种地下管网以及旧的人防工程等地下建筑物,或者矿区进行地下采矿、采煤,都会引发地面沉降,造成地面建筑物基础的下沉、开裂和倾斜等。

11.2.6　超量开采地下水

大量超限开采地下水,造成地面严重下陷,致使地基下沉。此外,由于修建水库、地下挡水工程等,使地下水位上升,会导致地基土性改变,也会引起基础下沉。

11.2.7　支护措施不当

在高层建筑基础工程施工中,由于深基坑的开挖、支护、降水、止水、监测等技术措施不当,造成支护结构倒塌或过大变形,基坑大量漏水,涌土失稳,桩头侧移变位、折断,引起基坑周边地面塌陷,使相邻建筑物开裂、倾斜甚至倒塌,也是建筑工程事故频繁的一个重要方面。

11.2.8 使用维护不当

若建筑上下水管道破裂长期不修,会造成地基浸水湿陷;随意在建筑物室内外大量堆载,改变原设计的承载条件;错误进行增层改造工程,使原建筑物的地基基础承载压力过大;破坏结构承载条件,改变传力路径等,都会导致建筑发生严重损坏或倒塌。

11.2.9 其他因素

除以上因素外,建筑施工队伍素质偏低,建设过程中工程监理不当,工程现场管理不当,或盲目降低工程造价,都是可能产生各种地基基础工程事故的隐患。

11.3 地基基础事故预防及处理

11.3.1 事故预防

工程建设做到精心勘察、精心设计、精心施工,绝大多数地基基础工程事故是可以预防的。

(1)精心勘察

必须十分重视对建筑场地工程地质和水文地质条件的全面而正确的了解,关键是搞好工程勘察工作。要根据建筑场地特点、建筑物情况,合理确定工程勘察的目的和任务。工程勘察报告要能正确反映建筑场地工程地质和水文地质情况。

(2)精心设计

在全面而正确了解场地工程地质条件的基础上,根据建筑物对地基的要求,进行地基基础设计。若天然地基不能满足要求,则应进行地基处理形成人工地基,并采用合理的基础形式。对地基基础力求做到精心设计,此外,地基、基础和上部结构是一个统一的整体,设计中应统一考虑。要认真分析地基变形,正确估计工后沉降,并控制建筑物工后沉降在允许范围内。

(3)精心施工

合理的设计需要通过精心施工来实现。施工单位和监理单位必须是有国家相关资质的正规企业,有严格的施工及监理工作规章制度,做到严格按照设计图施工和监理。

11.3.2 事故处理

发生地基与基础工程事故后,一方面要对现场进行调查,对包括设计图、工程地质报告和施工记录等设计施工资料进行分析,分析工程事故原因;另一方面对建筑物现状作出评估,并对进一步发展作出预估,根据上述两方面的分析决定事故处理意见。

对地基不均匀沉降造成建筑上部结构开裂、倾斜的,如地基沉降已稳定且未超标准,能够保证建筑物安全使用的,只需对上部结构进行补强加固处理,可不必处理地基。若地基沉降变形尚未稳定,则需对建筑物地基进行加固,以满足建筑物对地基沉降的要求。在地基加固的基础上,对上部结构也要进行修复或补强加固。若地基工程事故已造成结构严重破坏,难以补强加固,或进行地基加固和结构补强费用较大,则应拆除原有建筑物进行重建。

11.4　建筑工程基础事故案例介绍

【案例 1】　无勘察和施工不当引发的基础开裂事故

1）事故概况

四川某医学院住宅综合楼,建筑总高度 30 m,主体 9 层,裙房两层。1～2 层为框架结构,层高 4.2 m,3～9 层为单元式砖房,层高 3.0 m,纵横墙承重。框架部分为柱下独立桩基础,裙房部分为条形桩基础,桩基采用 φ400 mm 的振动冲击沉管灌注桩,单桩设计承载力 400 kN,成桩后由低应变法测桩,均满足设计要求。该工程 1994 年 12 月破土,主体工程 1995 年 10 月完工。至 1996 年 5 月,除 1～2 层外装饰工程均已基本完成。1996 年 2 月时,上部结构发现部分梁开裂,基础有严重不均匀沉降,地梁已明显断裂。沉降观测表明有的承台的沉降量已超过 40 mm,有的承台的沉降量已接近 40 mm,说明已达到或接近达到桩基的极限状态,至 1996 年 5 月时,有的基础仍以 0.1 mm/d 的速度在发展。

2）原因分析

经调查,该工程设计前未进行地质勘察,事故发生后才作了补充勘察。场地土层自上而下为可塑状黏土层、可塑状粉质黏土层、软塑状粉质黏土层、圆砾层、卵石层及砂质泥岩(基岩)、设计桩端持力层为卵石层(卵石层顶面埋深 11～12 m)。桩基施工先由 DZ-30 型桩锤成桩,施工了部分桩后,改由 DZ-45 型桩锤成桩。显然,在同一幢建筑物内,由打击能量相差较大的两种桩锤进行桩基施工,其承载能力和变形性能不同,会造成桩基的不均匀沉降。虽然对桩基进行了低应变检测,但也不排除部分桩基施工中存在弊病。从土层剖面来看,软塑状粉质黏土层是极易产生桩身质量事故的土层。除了上述方面的问题外,还存在着布桩数量少,部分桩位偏离轴线较大等问题,同时上部结构也存在着较多问题,因桩基及上部结构的加固难度大而被整体拆除。

【案例 2】　勘察不细和设计错误造成的建筑开裂事故

1）事故概况

陕北某县新建一建筑面积 5 631 m² 的教学楼,为两侧四层、中间五层的外廊式砖混结构,钢筋混凝土条基基础,基础下设 0.90 m 厚 3:7 灰土垫层,垫层下为洛阳铲成孔(孔径为 12 cm、桩间距为 50 cm、孔深为 2.5 m)的梅花形 3:7 灰土挤密桩。该建筑于 1998 年由某设计院完成了勘察设计,1999 年 10 月竣工。1999 年 8 月主体完工后,发现一层砖砌体出现细微裂缝,至 10 月初,门厅上部第二、三、四层框架填充墙上出现斜向裂缝。1999 年 11 月投入使用,到 2000 年 2 月墙体裂缝沿墙面斜向贯通,裂缝明显加大,二层框架填充墙裂缝宽度达 7.1～8.0 mm,经在墙面裂缝处抹石膏条、贴纸等方法监测,裂缝还在继续发展。

2）事故分析

事后通过补充勘察及有关检测,认为原勘察设计存在如下主要问题:

①场地中北部原为深度达 13～19 m 的黄土冲沟,以后削山人工填土形成现地形,而原勘察报告中对冲沟不仅没有明确反映且将回填土说成是风积黄土,勘探深度也不够。

②通过试验地基持力层的压缩系数平均值为 0.66,压实系数平均值为 0.79,为高压缩性土,自身固结也未完成,原勘察报告未提及。

③场地为自重湿陷性黄土场地,湿陷等级为Ⅲ(严重)级,而原报告却定为非自重湿陷性黄土场地,湿陷等级为Ⅱ(中等)级。

④楼体中部大部分位于冲沟内的虚填土之上,部分位于斜坡原始黄土之上,地基土差异极大,属不均匀地基,原报告未明确说明。

⑤该楼地基处理方案为基础下设0.9 m厚3:7灰土垫层,垫层处理范围仅超出基础外缘0.5~0.6 m;灰土垫层下采用了洛阳铲成孔(孔径12 cm,深2.5 m,桩心距0.5 m,梅花形布桩),人工夯填3:7灰土的地基处理方法,经检测桩间土无明显挤密作用,这均不符合《湿陷性黄土地区建筑规范》的要求。

⑥地基处理后未进行人工地基工程质量检测。

⑦该楼在四、五层变化处未设变形缝。

【案例3】 地下水位降低造成的建筑倾斜事故

1)事故概况

浙江省某高校教学楼建于1960年,建筑面积约5 000 m²,平面为L形,门厅部分为5层,两侧3~4层,混合结构,条形基础。地基土为坡积砾质土,胶结良好,设计采用地基承载力为200 kPa,建成后经过16年,使用正常,未出现任何不良情况。1976年由于在该楼附近开挖深井,过量抽取地下水,引起地基不均匀沉降,导致墙体开裂,最大开裂处手掌能进出自如,东侧墙身倾斜,危及大楼安全。

2)原因分析

为了解沉降原因,1976年8—10月在室内外钻了8个勘探孔。钻探查明,建筑物中部,在5~8 m砾质土下埋藏有老池塘软黏土沉积体,软土体底部与石灰岩泉口相通,在平面上呈椭圆形,东西向长轴32 m,南北向短轴23 m。建造房子后,由于原来有承压水浮托作用,上覆5~8 m的砾质土又形成硬壳层,能承担一定外荷,所以该楼能安全使用16年。1976年5月在该楼东北方200 m处有一深井,每昼夜抽水约2 000 m³,另一深井在该楼东南方300 m处,每昼夜抽水约1 000 m³,深井水位从原来高出地表0.2 m,下降到距地表25.0 m。因深井过量抽水,地下水位急剧下降,土中有效应力增加而引起池塘软黏土沉积体的固结,另外,还由于承压水对上覆硬壳层的浮托力的消失,引起池塘沉积区范围内土体的变形。抽水还造成淤泥质黏土流失。由于以上原因,因而导致地基不均匀沉降,造成建筑物开裂。

【案例4】 设计错误造成的建筑物倒塌事故

1)事故概况

四川某棉麻公司综合楼由办公楼和商住楼两部分组成,其中办公楼为7层钢筋混凝土框架结构(局部8层),商住楼为6层底框砖混结构,办公楼与商住楼设伸缩缝,均采用φ350 mm的沉管灌注桩基础。办公楼部分为矩形板式承台(8桩及11桩),承台设计厚度为500 mm。该楼1994年10月开工,1995年9月主体完工,主体工程经验收为优良,准备创样板工程。当主楼处于墙体抹灰阶段时,突然于1995年12月8日中午瞬间发生整体倒坍,造成重大人身伤亡和经济损失,倒坍时还使相邻商住楼的部分底层框架严重受损。

2)原因分析

该楼在施工期间进行了沉降观测,倒坍前最后一次沉降观测表明,有一根柱子的最大沉降量已超过40 mm,表明柱基承载力已达极限状态,但未引起有关方面的重视和采取必要的措施。倒坍后开挖了3个基础,经实测承台的实际厚度未达设计厚度,3个承台均发生了柱对承台的冲切破坏,3 根柱子均冲入承台下 2 m 以上,除 1 个承台板较完整外,另外 2 个承台板还同时发生了桩对承台的冲切破坏和受弯破坏而严重破损。在开挖中还发现有 1 根桩在承台垫层底面以下一定范围内为空心桩,空心直径达 20～25 cm。设计时未对承台作受冲切承载力验算,承台的设计厚度过薄,承台的受冲切、受弯和受剪承载力严重不足。经验算承台的受冲切承载力不到冲切力设计值的 1/3,因而在施工过程中发生了柱对承台的冲切破坏,柱子突然下沉失稳,柱与梁的连接破坏,导致了整幢办公楼在瞬间突然倒坍的重大事故。

【案例 5】　设计和施工质量低劣造成的建筑物倾斜事故

1)事故概况

遵义市某商住楼,砖混结构,1994 年 1 月竣工,地上 9 层, 建筑面积 5 268 m²,建筑物总高度 26.1 m。于 1994 年即发生倾斜,到 1997 年最大倾斜量已 600 mm 以上,于 1997 年 7 月初被勒令强行拆除。该商住楼位于南北两个小山包之间的低洼地带,建于后填土的地基上,采用石砌条形基础,基础埋深 2.5 m,基础落在岩石和厚薄不均填土地基上。北侧基础直接落在页岩上,南侧基础落在深达 7 m 的黏土地基上,地下水位为 0.2～0.5 m。

2)原因分析

事后查明,此建筑的设计和施工单位均无相应资质,造成设计、施工质量低劣,将全楼置于填土厚薄不均,土层厚度高差 5 m 以上的高水位黏性土地基上,在施工过程中已发生倾斜,虽然施工单位边施工,边补救、边掩饰也无济于事,到 1996 年 5 月,最大倾斜量已超过 400 mm。原设计采用的石砌条基础方案本来就是错误的,但在施工过程中,施工单位负责人又私自在顶部增建一层,由 8 层改为 9 层,这样更加剧了大楼的倾斜。

【案例 6】　人为和自然原因造成的滑坡事故

1)事故概况

重庆某制药厂位于达渝铁路以西,嘉陵江以北,明家溪东岸。厂区地形不平,高差超过 7 m。工厂北部为柠檬酸车间和土霉素车间。

1988 年 6 月 22 日制药厂发生大规模滑坡。滑坡体外形近似箕形,滑坡后缘在柠檬酸车间和土霉素车间之西部。滑坡体长达 61 m,宽为 70～105 m,厚度 8～12 m,面积达 5 287 m²,体积超过 50 000 m³。滑坡体后缘地面开裂,最宽的裂缝达 50 cm,高程 222.07 m。滑坡体前缘高出地面 32 cm,高程 214.80 m。滑坡体使建筑墙体开裂错位 8 cm,地板脱落。滑坡体后缘与中部发生大裂缝 14 条,裂缝长为 12～35 m,最长一条达 70 m,裂缝宽为 0.2～15 cm,最宽达 40 cm。滑坡体产生两个沉陷区,一个在西部,沉降量约为 500 mm;另一个在东部,沉降量约为 300 mm。

2)原因分析

该制药厂位于河岸顺向斜坡带上,地形坡度约 15°。地表为人工填土卵砾石,粒径 d 为 20～130 mm,质地松散,厚度 1.0～2.66 m,最厚达 5.41 m。第二层为残坡积粉质黏土,呈可塑状态,厚薄不均,一般厚 0.15～2.19 m,最厚达 4 m。第三层为泥岩,泥质,抗风化能力差,吸水后易软化,强度低。

柠檬酸车间用于排放工业废水的排水管年久失修,管道破裂,大量废水由地表拉裂缝渗入地下,侵蚀与软化土体,使土与泥岩的抗剪强度降低。另外,滑坡体前缘位于空气压缩站,因建房平基切坡,造成临空面,虽然修筑了 7 m 高的挡土墙,但挡土墙的基础未达基岩,不能有效阻挡滑坡体滑动。事故发生期间当地降雨较多,尤其是接连三天 60 mm 的降雨,造成雨水大量深入地表,地下水抬高,土体有效应力降低,并产生动水力,最终导致发生大滑坡。

【案例7】 地基液化造成的建筑下陷和倾斜事故

1)事故概况

日本新潟市位于日本本州岛中部东京以北,西临日本海。新潟市有很大范围的砂土地基,1964年6月16日,当地发生7.5级强烈地震,使大面积的砂土地基液化,地基丧失承载力。新潟市机场建筑物震沉915 mm,机场跑道严重破坏,无法使用,当地的卡车和混混凝土结构等重物在地震时沉入土中。原来位于地下的一座污水池,地震后被浮出地面高达3 m。有的高层公寓陷入土中并发生严重倾斜,无法居住。

2)原因分析

地震后据调查统计,新潟市大地震共计毁坏房屋2 890幢,都是因地基液化所致,许多沉入土中的公寓楼上部结构并未损坏,但也无法再使用。究其原因,即没有对饱和状砂土地基引起重视,也没进行处理,致使砂土在强烈地震作用下严重液化,丧失承载力。

【案例8】 基槽滑坡造成的施工事故

1)事故概况

北京某饭店位于北京市城区东直门外,东二环北路西侧。该饭店主楼平面呈S形,29层,高102 m,裙房2层,总建筑面积79 000 m^2。基坑开挖长190 m,宽79 m,深12 m,土方量120 000 m^3。

1983年7月1日零时10分,该饭店施工基槽北坡发生滑坡。滑坡体长约10 m,宽3.5 m,高7 m。滑坡顶部到达塔吊轨道边缘,幸亏司机下班前将塔吊开出基槽外停放才避免了重大设备损失。

2)原因分析

该饭店施工开挖基槽时,曾遇到由地下水带来的表层滞水,需要进行排水。由于水量不大,采用排水沟与集水井明排方案。在基槽底四周挖排水沟,将上层滞水排至集水井后再抽到基槽外。为了便于施工,在基槽外北坡临时设置一中转井,由中转井向外排放。因中转井是临时性工程,未进行水泥砂浆衬砌,结果中转井中的水渗透到周围土中,使周围土的强度降低,导致基槽边坡失去稳定,从而产生滑坡事故。

【案例9】 气候寒冷使地基开裂的建筑事故

1)事故概况

盘锦市位于辽宁省中部,地处北纬41.2°,属季节性冻土地区。盘锦市地基土表层为黏土与粉质黏土,呈可塑状态,厚度为3.0~5.0 m。第二层为灰色淤泥质粉砂,软弱。地下水位埋藏浅,为0.5~2.0 m。属强冻胀性土。

盘锦市建筑工程事故主要是冻害。经对1978年以前建成的48栋单层砖木混合结构的家属宿舍调查,就发现有42栋宿舍发生不同程度的冻胀破坏,破坏率达87.5%,其中30%严重破坏。盘山区铁东街建造13栋家属宿舍和办公室,几乎全部遭受冰害,其中5栋家属宿舍严重破坏,有的宿舍墙体开裂,裂缝长度超过1 m,裂缝宽度超过15 mm。有的宿舍楼台阶冻胀抬高,以致大门被卡,无法打开。不得已只有将台阶挖去,才能打开房门。

2)原因分析

盘锦市冬季标准冻深为1.1 m,最大冻深为1.27 m。上述发生冻胀破坏的房屋,基础埋深一般为0.7~0.9 m,小于标准冻深,又没有采取技术措施,结果造成地基部位地下水冻结,产生冻胀事故。

【案例 10】　特殊土地基事故

1）事故概况

邯郸某地,地形坡度约为 1.72°,1954 年兴建 54 栋砖木结构平房,1958 年陆续发现开裂,至 1980 年开裂房屋竟达 53 栋。以后拆除重建,基础加深为 0.8 ~ 1.5 m 增设圈梁和地梁,建成后二三年又开裂。

2）原因分析

事后查明,平房开裂主要是由于该平房群处在膨胀土缓坡场地上。膨胀土除因遇水或气候变化形成胀缩不均匀外,主要是由于"土体滑移"或"蠕动"而导致房屋严重破坏。

小　结

本章重点剖析了建筑工程地基基础典型事故案例,总结了地基基础事故的主要类型与原因,阐述了地基基础事故预防及处理的方法与原则。通过学习,要明确确保基础工程的安全与质量是一项复杂的系统工程,它涉及许多方面,包括勘察、设计、施工、监测和管理等几个密切联系的环节。要学会分析建筑工程基础事故产生的原因,熟悉其预防及处理的方法与原则。

思考题

11.1　为什么说地基基础工程事故是各种建筑工程事故中最严重也是最难处理的?

11.2　因地基问题造成的建筑工程事故有哪些类型? 内在原因是什么?

11.3　产生地基基础事故的人为原因是什么? 如何避免?

习　题

11.1　简述哪些环节可能导致建筑出现地基基础事故以及处理对策。

11.2　如何预防地基基础工程事故?

参考文献

[1] 高大钊,袁聚云.土质学与土力学[M].3版.北京:人民交通出版社,1979.

[2] 陈仲颐,叶书麟.基础工程学[M].北京:中国建筑工程出版社,1991.

[3] 唐业清.土力学基础工程[M].北京:中国铁道出版社,1989.

[4] 沈杰.地基基础设计手册[M].上海:上海科学技术出版社,1988.

[5] 陈希哲.土力学与地基基础[M].北京:清华大学出版社,1989.

[6] 金问鲁.地基基础实用设计施工手册[M].北京:中国建筑工业出版社,1995.

[7] 雍景荣,等.土力学与基础工程[M].成都:成都科技大学出版社,1995.

[8] 陈晓平,陈书申.土力学与地基基础[M].2版.武汉:武汉理工大学出版社,2003.

[9] 中华人民共和国国家标准.建筑桩基础技术规范(JGJ 94—2008)[S].北京:中国计划出版社,2008.

[10] 中华人民共和国国家标准.砌体结构设计规范(GB 50003—2001)[S].北京:中国建筑工业出版社,2001.

[11] 中华人民共和国国家标准.混凝土结构设计规范(GB 50010—2002)[S].北京:中国建筑工业出版社,2002.

[12] 何世玲.地基与基础工程[M].武汉:武汉理工大学出版社,2002.

[13] 张力霆.土力学与地基基础[M].北京:高等教育出版社,2002.

[14] 中华人民共和国行业标准.建筑地基处理技术规范(JGJ 79—2002)[S].北京:中国建筑工业出版社,2002.

[15] 中华人民共和国国家标准.建筑地基基础设计规范(GB 50007—2002)[S].北京:中国建筑工业出版社,2002.

[16] 中华人民共和国国家标准.岩土工程勘察规范(GB 50021—2001)[S].北京:中国建筑工业出版社,2009.

[17] 《实用建筑施工手册》编写组[M].实用建筑施工手册.北京:建筑工程出版社,2001.

[18] 中华人民共和国国家标准.土工试验方法标准(GB/T 50123—1999)[S].北京:中国计划出版社,1999.